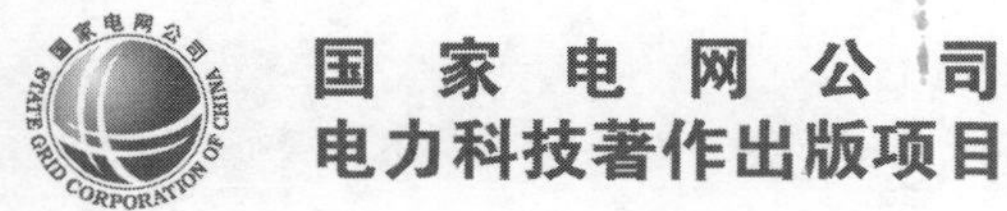

国家电网公司
电力科技著作出版项目

# 电网二次设备智能运维技术

GRID
SECONDARY EQUIPMNET
INTELLIGENT OPERATION
& MAINTENANCE
TECHNOLOGY

葛亮　秦红霞　赵纪元　翁磊　编著

中国电力出版社
CHINA ELECTRIC POWER PRESS

## 内 容 提 要

本书立足于智能电网建设，介绍电网二次设备智能运维技术的发展历程，以及二次设备智能运维技术的原理和系统构建准则，并采用详尽的案例说明智能运维技术在电网中的应用。本书包括概述、二次设备智能运维技术综述、二次设备智能运维诊断技术、二次设备智能运维检修辅助决策技术、二次设备智能运维可视化技术、二次设备建模技术、二次设备智能运维主站设计、二次设备智能运维子站设计、智能变电站设计配置一体化工具软件、二次设备智能运维工程实践、二次设备就地化保护运维11章内容。

本书可供电力相关专业的研究人员、规划设计人员和工程人员参考，也可为从事智能电网二次设备信息管理技术研究和智能运维系统建设的人员提供有益帮助。

**图书在版编目（CIP）数据**

电网二次设备智能运维技术 / 葛亮等编者. —北京：中国电力出版社，2019.2
ISBN 978-7-5198-2723-6

Ⅰ. ①电… Ⅱ. ①葛… Ⅲ. ①电网–二次系统–智能系统–设备管理 Ⅳ. ①TM7

中国版本图书馆 CIP 数据核字（2018）第 284461 号

出版发行：中国电力出版社
地　　址：北京市东城区北京站西街 19 号（邮政编码 100005）
网　　址：http://www.cepp.sgcc.com.cn
责任编辑：刘　薇（010-63412357）
责任校对：黄　蓓　李　楠
装帧设计：左　铭
责任印制：石　雷

印　　刷：三河市万龙印装有限公司
版　　次：2019 年 2 月第一版
印　　次：2019 年 2 月北京第一次印刷
开　　本：710 毫米×1000 毫米　16 开本
印　　张：24
字　　数：429 千字
印　　数：0001—2000 册
定　　价：108.00 元

# 前　言

近年来，随着智能电网的快速发展，电力系统变电站正在进行着由传统向智能转变的过程。通过使用网络、信息技术对变电站进行技术改造，变电站二次设备的智能化提升到了更高的水平。随着智能变电站技术的发展，传统的二次设备运维模式已经不能满足智能变电站二次设备的运维工作要求。为适应智能变电站二次系统的变化，利用二次设备智能化、信息化后产生的信息优势，以数据为核心，利用计算机技术和数据分析技术，发现表征二次设备故障的特征数据，从而合理安排对二次设备进行维护，实现对二次设备的智能运维已经成为智能电网发展的迫切要求。

本书编者结合长期进行电力系统保护产品及自动化系统的研发和工程经验，分析和总结了二次设备智能运维技术的发展历程，从工程实践角度介绍了二次设备智能运维所涉及的环节和关键技术。本书着力聚焦于可视化技术、二次设备状态评估技术、智能诊断技术、智能检修处理和设备管理及大数据处理技术等一系列高新技术的介绍，并结合当前二次设备运维在湖北电网二次设备智能运维系统建设、南方电网二次设备智能运维系统建设等多个工程项目的实际应用，力图为读者全面、深入地了解二次设备智能运维技术的基本概念、系统结构、关键技术和发展方向提供参考。

本书的章节内容安排如下：

第 1 章为概述，介绍智能电网和变电站自动化技术的发展，并简单介绍智能变电站发展对二次系统运维的影响。

第 2 章为二次设备智能运维技术综述，介绍变电站二次系统、二次设备运维系统的发展历程，分析国内二次设备运维技术现状，提出二次智能运维系统的目标，以及智能运维系统设计的技术路线，阐述智能运维系统的总体架构和所涵盖的关键技术。

第 3 章为二次设备智能运维诊断技术，详细介绍设备状态评价、运行智能预警、自检信息智能分析、动作行为分析与故障原因诊断等方面的技术。

第 4 章为二次设备智能运维检修辅助决策技术，详细介绍检修辅助决策、检修智能安全措施等技术。

第 5 章为二次设备智能运维可视化技术，详细介绍设备在线监视及实现方法。

第 6 章为二次设备建模技术，详细介绍构建二次设备运维系统所需要的关键支撑技术，包括数据建模和通信模型技术、数据处理技术和设计配置一体化技术等。

第 7 章为二次设备智能运维主站设计，介绍主站系统设计的架构、支撑平台、一体化综合模型和功能应用体系等方面内容。

第 8 章为二次设备智能运维子站设计，介绍子站系统的架构、信息处理和功能应用等方面内容。

第 9 章为智能变电站设计配置一体化工具软件，介绍智能运维工具的架构、信息处理和功能应用等方面内容。

第 10 章为二次设备智能运维工程实践，介绍二次设备智能运维系统在工程中的应用情况。

第 11 章为二次设备就地化保护运维，介绍就地化保护整体方案、智能管理单元以及测试仿真系统等内容。

本书在编写过程中，借鉴参考了近年来北京四方继保自动化股份有限公司与中国南方电网电力调度控制中心、国网浙江省电力公司电力调度控制中心、国网湖北省电力公司电力调度控制中心、广东电网有限责任公司电力调度控制中心等单位合作完成科研项目的研究成果，以及一些公开发表的科研成果，在参考文献中已注明，在此表示衷心的感谢！

由于编者水平有限，时间仓促，书中难免有疏漏之处，还望广大读者批评指正。

编　者

2018 年 3 月

# 目 录

# 第1章

# 概　述

## 1.1　智能电网

近年来，智能电网的发展已经引起了世界范围的广泛关注。智能电网利用先进的信息通信技术、计算机技术、控制技术及其他先进技术，实现对发电、电网运行、终端用电和电力市场中各利益方需求的协调，在提高电网系统各部分的运行效率、降低成本和环境影响的同时，尽可能提高系统的可靠性、自愈能力和稳定性。智能电网的主要特征有自愈、激励和抵御攻击、提供满足用户需求的电能质量、容许各种不同发电形式的接入、启动电力市场以及资产的优化高效运行等。智能电网的最终目标是把电网建设成覆盖电力系统整个生产过程，包括发电、输电、变电、配电、用电及调度等多个环节的全景实时系统。即在高速通信网络的基础上，通过先进的传感和测量技术、先进的设备技术、先进的控制方法以及先进的决策支持系统技术的应用，实现电网的可靠、安全、经济、高效、环境友好和使用安全的目标。

发展智能电网是社会经济发展的必然选择，为实现清洁能源的开发、输送和消纳，电网必须提高其灵活性和兼容性。为抵御日益频繁的自然灾害和外界干扰，电网必须依靠智能化手段不断提高其安全防御能力和自愈能力。为降低运营成本，促进节能减排，电网运行必须更为经济高效，同时须对用电设备进行智能控制，尽可能减少用电消耗。分布式发电、储能技术和电动汽车的快速发展，改变了传统的供用电模式，促使电力流、信息流、业务流不断融合，以满足日益多样化的用户需求。与传统电网相比，智能电网体现出电力流、信息流和业务流高度融合的显著特点，其先进性和优势主要表现在：

（1）具有坚强的电网基础体系和技术支撑体系，能够抵御各类外部干扰和攻击，能够适应大规模清洁能源和可再生能源的接入，电网的坚强性得到巩固和提升。

（2）信息技术、传感器技术、自动控制技术与电网基础设施有机融合，可获取电网的全景信息，及时发现、预见可能发生的故障。故障发生时，电网可以快速隔离故障，实现自我恢复，从而避免大面积停电的发生。

（3）柔性交/直流输电、网厂协调、智能调度、电力储能、配电自动化等技术的广泛应用，使电网运行控制更加灵活、经济，并能适应大量分布式电源、微电网及电动汽车充放电设施的接入。

（4）通信、信息和现代管理技术的综合运用，将大大提高电力设备使用效率，降低电能损耗，使电网运行更加经济和高效。

（5）实现实时和非实时信息的高度集成、共享与利用，为运行管理展示全面、完整和精细的电网运营状态图，同时能够提供相应的辅助决策支持、控制实施方案和应对预案。

（6）建立双向互动的服务模式，用户可以实时了解供电能力、电能质量、电价状况和停电信息，合理安排电器使用；电力企业可以获取用户的详细用电信息，为其提供更多的增值服务。

支撑智能电网安全可靠运行的基础是电网全景实时数据采集、传输和存储，以及对累积的海量多源数据快速分析。随着通信、计算机、自动化等技术在电网中得到广泛深入的应用，新技术在与物理电网高度集成的基础上实现与传统电力技术的有机融合，极大地提升了电网的智能化水平。例如，传感器技术与信息技术在电网中的应用，为系统状态分析和辅助决策提供了技术支持，使电网自愈成为可能。调度技术、自动化技术和柔性输电技术的成熟发展，为可再生能源和分布式电源的开发利用提供了基本保障。电力通信网络的逐步完善和用户信息采集技术的推广应用，使电网与用户的双向互动成为可能。

建立高速、双向、实时、集成的通信系统是实现智能电网的基础。高速双向通信系统使得各种不同的智能电子设备、智能表计、控制中心、电力电子控制器、保护系统以及用户进行网络化的通信，实现智能电网的数据获取、保护和控制。以电力设备为节点建立上述的通信网络，实现整个电力系统各组成元件的互联互通需具备两个前提条件：① 开放的通信架构，即形成一个“即插即用”的环境，使电网各元件之间能够进行网络化的通信；② 统一的技术标准，在此标准下所有的电力数据能被有效采集，所有的传感器、智能电子设备以及应用系统之间实现无缝通信，也就是信息在所有这些设备和系统之间能够得到完全的理解，实现设备和设备之间、设备和系统之间、系统和系统之间的互操作功能。IEC 61850《变电站通信网络和系统》系列标准的推出满足了上述的两个前提条件。

## 1.2 智能变电站及其发展

智能变电站是坚强智能电网建设中实现能源转化和控制的核心平台之一。智能变电站遵循IEC 61850系列标准，以当前先进的自动化信息技术为基础，以通信平台网络化、全站信息数字化和信息共享为支撑，在信息采集、控制、测量、保护、监测和计量过程中，实现了管控自动化，根据需要对电网进行自动控制、智能调控、在线分析和协同互动。智能变电站的这些优势有效地满足了电网对电气设备高效、稳定、节能和安全的要求。由此可见，智能变电站的应用可以有效提高电网资源的优化配置和安全可靠性。在智能变电站中，一次设备智能化，二次设备网络化，以网络通信平台为基础，实现了变电站监测信号、控制命令、保护跳闸命令的数字化采集、传输、处理和数据共享。同时智能变电站在应用实践中还采用了先进、可靠、集成、低碳、环保的智能设备，电子式互感器、合并单元的引入实现了二次系统采样环节的智能化，智能操作箱的引入实现了开关量采集和控制输出环节的智能化。

二次系统是智能电网数据采集、智能调度和自动化控制的主要载体。在变电站中，二次系统承担着对电网一次设备进行监视、测量、控制、保护和调节的功能，是整个变电站自动化控制和监视的中枢系统。二次系统由多个二次设备及其相互间的联络关系组成。近年来，变电站自动化技术得到了较快的发展，二次系统的组成也随技术的进步不断地发展，尤其是IEC 61850系列标准推出以后，进一步推进了变电站二次系统设计和应用的标准化，使得各类二次设备能够以标准的方式建模和通信，在变电站内能够完成统一的信息交互，形成了以IEC 61850系列标准为核心技术的智能变电站技术体系。

国内变电站自动化技术的发展可分为三个阶段：常规变电站、数字化变电站、智能变电站。

### 1.2.1 常规变电站

常规变电站的二次系统主要由间隔层和站控层构成。在实践中，由于没有一个相对统一的建模，信息标准呈现出多样化的特点，接口多样且兼容性差，同时，常规变电站综合自动化软件版本比较多，而且存在保护、监控、计量和远动等多个网络。常规变电站的站控层设备主要包括带数据库的远动工作站、操作员站和“五防”主机等；间隔层设备主要包括测控、保护和智能电子设备（Intelligent Electronic Device，IED）等二次设备。录波、测控和保护等二次设备与一次设备之间通过二次电缆连接，导致二次电缆的布线非常多，且存在重复问题。此外，常规变电站运行过程中的信息采集主要是基于电磁型电压互感器、电流互感器的应用。系统中各设备之间是相互独立的，且功能较为分散，整体协调机制、功能优化机制等难以落实，以至于信息输入难以实现有效的共享，进而限制了系统的兼容性和扩展性。传统的二次设备包括继电保护、测控装置、监控主机、远动机等。

### 1.2.2 数字化变电站

数字化变电站是站内信息（电压电流值、开关量）数字化的一类变电站，是由智能化一次设备（电子式互感器、智能化开关等）和网络化二次设备分层（过程层、间隔层、站控层）构建，建立在 IEC 61850 系列标准基础上，能够实现变电站内智能电气设备间信息共享和互操作的现代化变电站。数字化变电站是应用 IEC 61850 系列标准进行建模和通信的变电站。数字化变电站体现在过程层设备的数字化，整个站内信息的网络化，以及开关设备的智能化实现。

在数字化变电站中，一次设备被检测的信号和被控制的操作驱动回路经过重新设计，采用了采样微处理器和光电技术设计。原来要通过二次采样电缆输入的电压电流信号，通过电子式互感器取代传统互感器的方式，使开关位置、闭锁信号和保护、测控的跳合闸命令等原来用二次电缆传输的信号量，都通过集成智能化一次设备实现。简化了常规机电式继电器及控制回路的结构，用数字程控器及数字公共信号网络取代传统的电缆导线连接。变电站内常规的二次设备之间的连接全部采用高速的网络通信，二次设备不再出现常规功能装置重复的输入/输出（I/O）现场接口，通过网络真正实现数据共享、资源共享，常规的功能装置在这里变成了逻辑的功能模块。数字化变电站可看作是从常规变电站到智能变电站的中间过渡状态，以 IEC 61850 系列标准的智能电子设备和电子式互感器为基础，促进变电站的数字化改造。

数字化变电站二次设备包括继电保护、测控装置、监控主机、数据通信网关机、综合应用服务器、同步相量测量装置、合并单元、智能终端、网络分析仪、网络交换机、时间同步装置等。

### 1.2.3 智能变电站

智能变电站所包含的二次设备基本与数字化变电站相同，在数字化变电站的基础上，进一步完善了变电站的智能化应用与管理。智能变电站以当前先进的自动化信息技术为基础，以通信平台网络化、全站信息数字化和信息共享为支撑，在信息采集、控制、测量、保护、监测和计量过程中，实现了管控自动化，根据需要对电网进行自动控制、智能调控、在线分析和协同互动。智能变电站的这些优势有效地满足了电网对电气设备高效、稳定、节能和安全的要求。由此可见，智能变电站的应用可以有效提高电网资源的优化配置和安全可靠性。根据功能定位和要求，智能变电站主要包括过程层、间隔层和站控层。这三层之间既相互独立，又紧密联系。其中，过程层由不同电压的电子式互感器、智能变压器、智能断路器和一次智能化设备构成；间隔层主要由基于继电保护设备的保护单元和基于计量状态检测的测控单元、消防报警系统、智能化消防报警系统构成；站控层主要由以远程通信和外部通信为核心的站域控制通信系统、电力用户智能管理系统和调度指挥系统构成。

以全站信息数字化、通信平台网络化、信息共享标准化为基本特点的智能变电站，利用先进的网络技术、智能化技术，实现了电气设备间、变电站与电气设备间、变电站间的信息数据数字化控制和智能化传输，完成信息采集、测量、控制、保护、计量和监测等基本功能，并可根据需要支持电网实时自动控制、智能调节、在线分析决策、协同互动等高级功能，为智能电网的发展提供技术支撑。

## 1.3　二次设备智能运维

二次系统是智能变电站的核心组成部分，二次系统安装调试、日常运维的水平直接关系到整个变电站乃至系统能否安全可靠运行，是保障变电站安全运行的重要组成部分。变电站基建完毕正常投运后，如无异常情况，二次系统一般不发生变化，需通过运行过程中持续的运维来保障其功能的正常，对二次系统的日常运维与管理主要针对变电站二次设备进行。

一个功能齐全的变电站，拥有众多功能各异的设备，通过各类设备相互作用与配合成为一个整体系统，这些设备不但安装起来较为复杂，而且其配合关系复杂，因此设备的维护工作具有较强的专业性。对变电站的运维，并不是查看与维修那么简单，而是需要进行日常巡视与运维，使设备和器具保持良好的状态，除了日常设备检查外，还要加强值班安排、交接、记录等工作，对运维中出现的停电间断、设备静电感应、电压留存、线路跳闸等可能影响供电效果的各个运维环节也要科学仔细检测，做好硬件、软件的运维管理工作，全面掌控二次设备在购置、建设、运维、大修、退运、报废等关键环节的相关信息，实现各个管理环节的有效衔接和信息及时更新。长期以来，在我国电力系统中，对常规变电站的二次设备运维已经形成一套较为全面的方法与制度，保障了电网的安全运行。

近年来，随着智能电网的快速发展、变电站自动化技术的进步，智能变电站成为变电站建设的发展方向，通过使用网络、信息技术对变电站的技术改造，变电站二次设备的智能化提升到了更高的水平，同时智能化的设备也给变电站二次设备的管理、运维、检修人员的工作带来了新的问题，传统的运维模式已经不能适应智能变电站的运维需求。例如，智能变电站采用数字信息取代了常规变电站的模拟量信息，采用少量光纤代替传统变电站的大量电缆，将设备的功能从硬件回路中解脱出来，有效降低了投资成本，还解决了电缆信号易受干扰的问题。但同时，由于智能变电站中保护装置无端子、无连线，所有信息都隐没在光纤中，二次回路成了“虚回路”，使变电站可实际操作的二次回路变成了可编辑的文本信息，由看得见、摸得着的电缆连接，变成了看不见、摸不着的虚连接。在运维人员眼中，一个可以操作可以检测的变电站，由“实”变“虚”了，传统运维方式中的检查回路端子连接状况等检查方法不再具备实施的对象了。

同时，从常规变电站到智能变电站的发展，由于采用了新设备、新技术，设备自检能力和通信能力由弱变强，二次设备能够提供的信息也更加全面，设备与设备之间、设备与人之间的信息能够得到充分交互，使得二次设备运维人员能够更全面准确地掌握设备的运行情况，为二次设备的运维提供了新的方法和思路。例如，常规变电站中为了及时掌握设备的运行状态，处置异常运行状态，达到跟踪控制设备的目的，需花费大量的人力、物力对变电站设备进行日常巡视、专业巡视等。在智能变电站中，由于二次设备数据采集能力和通信能力的加强，可以利用自动化的手段周期性地对表征二次设备运行状况的数据进行巡视，代替人工巡视。再如，传统二次设备运维模式中为确保装置和回路基础状态良好，通常会安排停电计划，对二次设备进行定检、全检、特殊维护等设备检修试验工作。但在设备数量大量增加、新技术大量引入的情况下，由于运维人员有限，为提高供电可靠性，停电检修时间往往又要求很短，在有限的时间内，要完成大量的运维检修任务往往会产生问题，如维修不足（该修的项目未修）、维修过剩（不该修的项目修了）、提前维修（设备未坏，修坏）、维修滞后（坏了才修，达不到预防检修的目的）、盲目维修（不知道该不该修，时间到了就修）。在智能变电站中，由于二次设备运行数据可被实时采集和存储，利用计算机技术对这些数据进行分析，可以获知设备当前运行状况及异常趋势，有针对性地安排设备检修计划，避免周期性检修的盲目性。

总之，随着智能变电站技术的发展，传统的二次设备运维模式已经不再能满足智能变电站二次设备的运维工作要求。为适应智能变电站二次系统的变化，同时利用二次设备智能化、信息化产生的信息优势，以数据为核心，利用计算机技术和数据分析技术，发现表征二次设备故障的特征数据，从而合理安排对二次设备进行维护，实现对二次设备的智能运维已经成为智能电网发展的迫切要求。

## 参考文献

[1] 赵文波. 浅析智能变电站与常规变电站运行维护的差异[J]. 低碳世界. 2016(25): 34-35.
[2] 秦红霞，武芳瑛，彭世宽，等. 智能电网二次设备运维新技术研讨 [J]. 电力系统保护与控制. 2015，43（22）：35-40.
[3] 邓子良. 浅析智能变电站与常规变电站运行维护的差异来源[J]. 科技与创新，2014(23): 25-26.

# 第2章

# 二次设备智能运维技术综述

智能变电站采用光缆代替常规变电站的二次回路电缆，避免了因使用电缆导致电磁兼容、传输过电压、交直流误碰等造成继电保护的误动和拒动。通过光纤传输简化了二次回路，实现了监控联/闭锁、保护采样、跳/合闸、启动、闭锁等变电站二次系统的分布式功能，使用通信校验与自检技术，提高了二次信号的可靠性。相比常规变电站二次系统，智能变电站二次系统的不同主要体现在以下几个方面：

（1）二次系统复杂度增加。智能变电站中的所有智能电子设备均采用对等的方式相连，运行过程中的信号以数字信息的形式基于网络系统来实现信息的传递。过程层利用面向通用对象的变电站事件（Generic Object Oriented Substation Event，GOOSE）代替了传统变电站的“开入信号”的设计方式，打破了原有的继电保护采样、计算与出口的一体化形式，数据信息、保护对象及装置不再进行绑定，从物理设备上增加了合并单元、智能终端及大量交换机，二次系统构成更加复杂。同时因各种采集信息以网络通信方式传输给需要的装置，二次系统对于网络设备的依赖性也同步增加，特别是对于一些“网采网跳”的装置，一旦交换机发生异常或故障，将直接导致装置失去作用。二次系统的可靠性建立在网络链路的可靠性上。

（2）二次回路数字化。在常规变电站中，各种保护装置功能的实现都是通过“点对点”的方式，保护装置与一次设备之间、各保护装置之间、保护装置与操作箱之间都是通过二次电缆连接，是一一对应的。而智能变电站中，物理上的电缆连接变成了逻辑上的数字信号，对运维人员来说，变电站站内巡视和检查对象由看得见摸得着的电缆连接，变成了看不见摸不着的虚连接，二次回路（虚端子、虚回路）变成了“黑匣子”。

（3）压板操作方式变化。保护装置取消了传统意义上的保护硬压板，将跳闸、合闸压板结构简化为软件操作控制逻辑，采用装置内部的相应软压板实现。

软压板类型包括功能软压板、出口软压板、接收软压板等。在智能变电站中，所有开关保护装置的跳、合闸控制逻辑都在智能控制装置内，可通过后台实现智能控制。与传统变电站的硬压板相比，GOOSE 软压板及检修压板隔离措施存在不直观、易漏投退等问题。传统的综合自动化变电站设备检修时，将继电保护设备退出仅需要退出其屏柜上的出口硬压板，就可以解开该设备和其他继电保护设备间的逻辑联系，在操作中并不需要严格的控制执行顺序。然而智能变电站因其采样方式和跳闸回路的设计，继电保护设备退出时需考虑对其他设备的波及。例如线路因检修需退出运行，在投入该线路合并单元的检修压板之前，一定要在母差保护装置中将设备元件退出，不然将造成母差保护装置误动，常规变电站“明显电气断点”安全措施的理论将无法在智能变电站中得到继承。

（4）全站系统配置文件管控复杂。与常规变电站相比，智能变电站整个二次系统基于全站系统配置文件（Substation Configuration Description，SCD）描述，在变电站基建时通过厂内联合调试检测，从而保证 SCD 描述的数据模型与变电站实际连接基本一致。但 SCD 文件在工程应用中存在以下问题：① SCD 文件大而全，浏览不方便，各种应用或业务信息深度耦合在一起，局部改动往往影响全局，即在完成智能变电站工程验收后进行智能变电站间隔扩建或智能电子设备（Intelligent Electronic Device，IED）装置升级时，有时不得不采取全站停电或模拟搭建完整站方案进行 SCD 验证试验；② SCD 文件中各个 IED 相互关系离散，模型结构层次多，配置复杂度高，完全依赖厂家配置和维护，存在较大风险，调试或运维人员在使用和操作 SCD 文件时存在较大困难，管理人员缺乏 SCD 文件的有效管控手段，目前对于 SCD 文件的管理基本采取离线模式。

二次设备运维工作模式伴随着变电站自动化技术的发展而逐步发展，为研究适应智能变电站的二次设备智能运维技术，需分析常规变电站二次设备运维的工作模式和工作内容，将智能变电站技术和常规变电站二次设备运维的经验有机融合，实现安全高效的智能变电站二次设备智能运维。

二次系统由二次设备及其回路构成，二次设备种类繁多，包括继电保护、测控装置、监控主机、数据通信网关机、综合应用服务器、同步相量测量装置、合并单元、智能终端、网络分析仪、网络交换机、时间同步装置等，其运维方式大体相同，部分设备因功能不同略有差异。而在变电站众多的二次设备中，继电保护占据了 90%以上的数量，特别是继电保护之间功能配合关系较多，相应运维工作相对复杂，比较有代表性，因此本书选取继电保护的运维进行重点介绍。

## 2.1 二次设备智能运维技术概念及功能

### 2.1.1 二次设备智能运维技术概念

智能变电站设计上的特点决定了其二次设备的运维方式必然和传统的二次设备运维方式不同。先进的智能变电站技术加上相应的运维技术支撑才能真正体现智能变电站相比于常规变电站的进步。二次设备智能运维技术是以保障二次设备安全运行为目标，以数据化、信息化为基础，综合现代通信、网络、数据库等技术手段，将电网二次设备的运行数据收集汇总，并结合运维专家知识进行数据分析和推理，对二次设备运行情况进行辨识，为二次设备运维提供辅助决策的技术。基于此技术构建的二次设备智能运维系统，能够在二次设备的调试、运行、检修、退役各环节的全生命周期中为电网二次设备运维人员的工作提供支撑，减轻运维工作强度，提高运维工作效率。二次设备智能运维系统对二次设备运维的支撑可从空间和时间两个维度进行阐述，如图 2－1 所示。

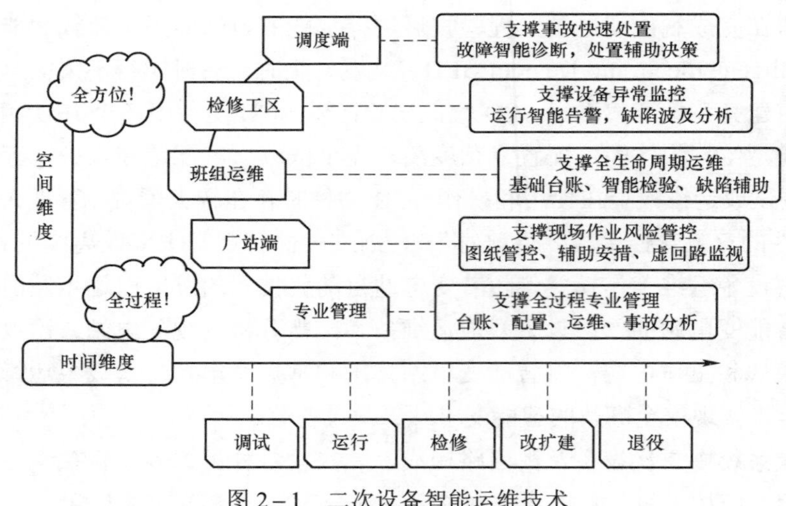


图 2－1 二次设备智能运维技术

（1）空间维度。面向电网不同专业人员使用二次设备信息的不同业务场景，深入分析各自的业务需求，在此基础上分别提供了符合专业需求的解决方案。面对调度人员，为支撑电网事故快速处理，基于二次设备的动作信息和录波信息提供智能诊断功能，用于电网故障处置的辅助决策；面对检修工区人员，提供设备远程监视和智能告警功能，用于发现二次设备的异常状况，及时进行缺陷处理；面对运维班组人员，为其提供基础台账、智能检验等功能，用于支撑对二次设备全生命周期的运维管理；在厂站端，为支撑现场作业风险管控，提供虚回路监视、辅助安全措施等功能；为满足二次设备专业管理的需要，提供台账、配置、运维、事故分析等功能，对二次设备全过程管理提供支撑。

（2）时间维度。在调试阶段，为二次设备的准确配置集成提供简便易行的技术支撑；在运行阶段，为实时监视二次设备的运行状态，及时发现设备异常提供技术支撑；在检修阶段，为二次设备的状态检修和检修过程监视提供技术支撑；在改扩建阶段，为改扩建对二次系统的波及分析提供技术支撑；在退役阶段，为判断设备能否正常退役和设备管理提供技术支撑。

### 2.1.2　二次设备智能运维技术功能

为实现对二次设备的智能运维，满足各业务人员对设备异常监控、事故快速处理、设备故障智能诊断、检修辅助决策、辅助安全措施等功能以及全过程的设备台账、配置管理需求，需从其生命周期的各环节业务需求出发，研究合适的二次设备智能运维技术。从信息采集、信息传输、数据分析、信息展示等方面入手进行分析，需要考虑的问题包括：

（1）信息采集。在智能变电站中，二次设备通过站控层网络和过程层网络连接，依靠对站控层网络和过程层网络的监视及数据分析，可有效地获取二次设备运行状况。通过站控层网络，二次设备可输出运行信息，包括动作、告警、状态变位、模拟量、开关量、定值、压板、中间节点、录波文件等。通过过程层网络，二次设备获取和输出采样值（Sample Value，SV）、GOOSE 等信息。将数据采集设备接入站控层网络和过程层网络，可实现站内数据的采集。

（2）信息传输。数据采集的目标是传送给使用者，二次设备的数据在变电站中采集完毕后，需将数据传送至调度机构或运维中心的二次设备智能运维主站系统，完成数据分析后，最终要将分析结果发送给使用者。数据的最终使用对象是二次设备运维人员，因此信息的传输除了考虑数据二次设备智能运维主站系统与厂站端的数据通信外，还需考虑数据如何从二次设备智能运维主站系统分发到设备运维人员具体的工作环境中。

（3）数据分析。二次设备的数据复杂多样，基于智能变电站设备强大的数据通信能力及丰富的信息资源，从系统的角度挖掘继电保护等二次设备的运行信息，对二次设备进行在线监视、智能诊断和状态评价。同时根据设备的健康状况制定合理的检修计划和检修方案，做到按需检修。

（4）信息展示。将目前智能二次设备中看不见摸不着的数据信息，通过可视化的方式转化为看得见的具体信息，实现设备本体及二次回路的当地/远程在线可视化查看和管理，从而准确地识别二次设备运行状况，实现相关设备之间回路检查、配置检查、运行状态自诊断。

## 2.2 二次设备运维方式发展历程

设备运维的目的是保证设备正常工作，而设备的检修是设备运维的重要组成部分，在工业充分发展的今天，工业设备的检修制度已经逐步完善，对新的二次设备运维方式的研究探索可以参考设备检修制度的发展历程，从中寻找适合的思路。设备检修制度随着生产力的发展、科学技术的进步不断演变，可分为事后维修、计划检修、状态检修三个阶段，即从对设备发生故障后进行的非计划性维修，到以设备平均故障时间为依据，制定设备检修周期，按计划执行检修，再到根据设备实际运行状况进行检修的三个阶段。可见，检修技术是随着社会与技术的进步不断发展的，当前最先进的检修技术发展方向是状态检修。二次设备的运维技术同样也要不断适应社会与技术的发展，探索符合自身实际情况的运维方式。

### 2.2.1 常规变电站运维方式及存在的问题

常规变电站经过了数十年的发展和积累，已经对继电保护设备的运维形成了一整套成熟的安全运行机制和运维测试技术和方法，包括运行巡视、定期检验、缺陷处理等。

#### 2.2.1.1 常规变电站运行巡视

运行巡视是保障变电站设备日常运行的重要维护方法，通过对设备外观、运行面板告警、温度等方面进行巡视来判断设备的运行状况，从而及时发现设备异常，进行设备的维护，保证电网的正常运行。各电网公司运行单位均制定了符合自身实际的运行巡视周期和项目，作为巡视工作制度的内容，变电站的值班人员应定期地对继电保护装置及其二次回路进行巡视检查，一般包括以下内容：

（1）变电站内须保存有效、完整的保护定值单，正式定值单应有运行值班人员和定值执行人员签字，使保护装置打印的定值与站内保护定值单对应一致；

（2）查看继电器有无接点卡住、变位倾斜、烧伤、脱轴、脱焊等情况；

（3）检查保护装置、安全自动装置、测控装置等设备的电源、指示灯显示是否正确，装置的液晶面板是否正常显示；

（4）检查压板及转换开关的位置是否与运行要求一致；

（5）检查设备的交流采样、开入量、报文，分析是否运行正常；

（6）检查有无异常声响、发热冒烟以及烧焦等异常气味。

通过上述检查，保证在设备发生异常时，能够及时发现运行设备缺陷，做出相应的运行方式调整，防止因设备异常造成更大的事故。

#### 2.2.1.2　常规变电站定期检验

为了保证在电力系统故障情况下，继电保护装置能正确动作，除了对运行中的继电保护装置及其二次回路进行日常的巡视检查外，还应定期地对继电保护设备进行校验和检查。目前在变电站二次系统全生命周期的运维阶段，主要通过定期检验来实现变电站二次系统的风险管控。依据《继电保护及电网安全自动装置检验条例》的要求，常规变电站二次设备检修要求对继电保护、安全自动装置及二次回路接线进行定期检验，以确保装置完好、功能正常，确保回路接线及定值正确。

定期检验主要针对变电站继电保护系统和自动化系统实施，分为全部检验和部分检验两种，对二次设备的定期检验应尽可能配合在一次设备停电检修期间进行。根据 DL/T 995—2006《继电保护和安全自动装置检验规程》，结合现场装置及回路实际情况制定作业表单，规范检验项目及要求，明确作业表单，记录试验结果。根据检验周期表，在二次设备的使用寿命期间，一般会有 1～2 次的全部检验和多次的部分检验，以确定装置的元件是否良好，回路、定值及特性等是否正确。在一般情况下，定期检验周期计划的制定应考虑所辖设备的电压等级及工况，按检验规范要求的周期、项目进行。微机型装置宜每 2～4 年进行 1 次部分检验，继电保护系统的第一次部分检验在投入后第三年进行，全部检验是投入后第六年进行，此后每三年交替进行部分检验和全部检验。在装置第二次全部检验后，若发现装置有运行情况较差或已暴露出需予以监督的缺陷，可考虑适当缩短部分检验周期，并有目的、有重点地选择检验项目。

变电站继电保护系统和自动化系统的各项定期检验项目均严格按照检验规范设定的检查步骤进行，若检验结果符合检查标准，可初步认为该项目所检验的设备或回路功能正常；若检验结果不符合标准，则可以认为设备或二次回路存在缺陷。在定检时，通常需要将一次设备停电，对二次设备的外观、通信、遥测、遥信、遥控、逻辑等项目进行抽检，在定检时通常要解开被测设备与周边设备之间的连线，使用测试仪器按照检测大纲对被测设备逐项检验。高压线路两侧需要同时进行试验。复用通道的线路纵联保护还需要与通信设备的检修予以配合。

在上述二次设备运维的方法基础上，还形成了较完整的运维流程。在二次设备的运行过程中发现异常现象时，应加强监视并立即向主管部门报告；继电保护动作开关跳闸后，应检查保护动作情况并查明原因。恢复送电前，应将所有的掉牌信号全部复归，并记入值班记录及继电保护动作记录中；检修工作中，如涉及与其他工作班组交叉工作需要分合开关时，应与运行值班人员和该工作班的工作负责人协商；值班人员对保护装置的操作，一般只允许接通或断开压板，切换转换开关及卸装熔断器等操作；在二次回路上的一切工作，均应遵守电气安全工作规程的有关规定，并有与现场设备符合的图纸作为依据。

#### 2.2.1.3 常规变电站检修制度的缺陷处理

虽然常规变电站已经形成了较成熟的二次设备运维方式，但随着电网规模的扩大及变电站运行管理方式的改变，已经逐步地暴露出该方式人力资源投入大、效率较低的问题。分析如下：现有的以定期计划检修为主、事后维修为辅的设备检修制度虽然可有效保障重大设备的正常运行，但是由于其检修项目和检修间隔时间的设定脱离设备的实际运行状况，使其不可避免地会产生“维修不足”或“维修过剩”的现象，最终造成设备有效利用时间及人力、物力、财力的损失和浪费，严重情况下甚至会引发电网故障。现行检修制度的缺陷主要表现为：

（1）设备检修间隔时间设定不合理，脱离设备的实际运行状况。电力设备在寿命周期内各个阶段的故障特点各不相同，但是现行检修管理制度下确定的检修标准项目和检修周期却一成不变。这样在故障率高的阶段会因为失修造成设备可用率降低，而在稳定运行阶段则会因为过修造成人力、物力、财力的浪费。在计划检修模式下，一方面会造成设备该修的得不到及时处理，使一般性缺陷扩大为事故；另一方面，也有大量运行状况良好的设备到期必须检修，造成设备使用率的降低和资源浪费。

（2）检修项目的制定缺乏科学性，未结合设备当前状态。在现行的检修管理制度下，没有建立对设备故障周期的研究和对设备工况检测的定量分析，而是机械地照搬有关标准，希望在设备解体后发现问题和处理问题。这样就造成一些该修的设备没有修，又有一些设备修后运行工况反而更差。

（3）任务繁重、效率低下。现有周期性检验（包括全部检验和部分检验），检测项目繁多，不考虑检修对象的实际运行状况，按照既定检修项目进行检修，检测效率较低，停电时间较长。电气设备的电压等级不同，规定的预试周期也不同，导致电气设备需要进行一次和二次的试验却要停电两次。随着迅速发展的经济对电力的需求增长，电力企业面对频繁的检修任务，已经不堪重负。且单纯的以时间定义检修周期，不考虑设备运行情况的传统定期检修制度，导致检修过程中没有明确检修重点。如果全部按作业指导书来试验，消耗时间较长，到最后部分检验项目的执行走马观花，浪费人力、物力、精力，达不到定检的要求，给企业的安全生产埋下隐患。

（4）安全措施复杂，容易出错。

1）风险难控制，安全措施复杂。尽管各种安全措施、风险管控、指导书一应俱全，但是对不同的运维人员来讲，能否认真执行，与执行时的主客观因素有着直接的关系。比如检验时需要考虑对相邻间隔、关联间隔的影响，需要考虑措施不到位对一次设备、个人生命安全的影响。对于一些不同时期的设备，工作的复杂程度可能不尽相同，如果措施不到位，有可能导致重大事故的发生，大大增加了出错的概率。此外，如果安全措施较多，也会引起措施执行混乱、安全措施恢复不到位的情况。

智能变电站的间隔检验，对风险控制需要更加严格。智能变电站因为间隔之间没有可以直观看到的开断点，全部是通过网络（光纤）联系，安全措施出错或执行不到位，会直接引起保护的误动或保护的闭锁。

2）劳动强度大，容易出错。在每次的设备停电检验时，都需要对相邻受影响的间隔或者回路进行安全措施隔离，并对检测对象拆线再接线，还要做各项检查工作，劳动强度大，执行的好坏受主客观因素影响较大。检修过程中，运维人员连续作业，容易引起注意力不够集中、反应迟钝等，往往出现影响准确判断的操作性事故，尤其是在各种恶劣的环境（暴风雪天气）中或者抢险、抢修过程中。此情况下连续作业增大了工作强度，使运维人员无法确保变电运维工作的有序开展。

（5）增加磨损，增大故障风险。定检在技术理论上来说缺乏统一的规划性，在应用实践中又存在盲目性。传统的定检制度，未考虑电气设备的运行状况、初始状态及其运行存在的不同环境差异，一刀切均执行“到期必修”，直接导致的结果就是检修过剩或是检修不足。一方面不仅增加了设备的检修费用，而且也加速了设备的磨损，尤其是设备高压耐压试验，甚至会缩短设备使用寿命；另一方面，存在隐患的设备，却因检验周期未到，不能得到及时发现和维护，从而引发事故，造成损失。

基于上述传统维修制度存在的明显缺陷，如何采用合理的维修策略，运用高科技手段对设备实行更先进、更科学的管理和维修制度，以保证设备安全运行，提高设备运行的可靠性成为电力设备检修技术发展的关键。

随着智能电网的发展和变电站运行管理模式的变化，二次设备的日常巡视也存在以下问题：

（1）设备巡视侧重于全面性和长期性，具有巡视范围广、周期密集和专业面宽的特点，但在一定程度上存在着专业化水平较弱的问题，对一些深层次的设备隐患难以发现。

（2）变电站无人值守工作模式的推广，因运行变电站中无值守工作人员，传统的定期巡视工作方法不再具备进行的基础。

（3）随着智能变电站大量投运，常规变电站二次设备运维管理模式已经不太适应于智能变电站二次设备的运维。主要体现在：

1）现场原有操作检修方式不适用。智能变电站采用光纤、网络通信方式及软压板代替传统电缆二次回路，智能变电站二次回路“看不见、摸不着”，检查确认难；安全隔离没有明显断开点，并通过遥控实现软压板的控制，安全措施实施复杂。所有二次设备回路联系由全站 SCD 文件进行统一配置，通过各种智能装置之间的通信实现保护逻辑，高度智能化、互动化特征使得常规变电站二次设备操作、检修方式无法适用。

2）缺乏针对智能变电站运行检修的规范。智能变电站大量应用后，缺乏运行检修各项业务的标准化作业指导书，急需智能变电站继电保护现场运行检修工作的标准化、规范化。

综上所述，传统的二次设备运维方式存在着效率低下、无法适应智能变电站二次设备发展和电网运行管理模式的改变等问题，如何在智能变电站条件下，安全有效地对二次设备进行检测，提高继电保护及其二次回路失效检验的水平，并改变目前继电保护运维方式存在的工作量大、效率低、维护成本高的问题，需要探索研究新的二次设备运维方式。

### 2.2.2 二次设备状态检修发展状况

随着状态监测与故障诊断技术的发展，人们对设备故障模式有了更深入的认识和理解，技术的进步使得针对设备运行状态进行检修成为可能。状态检修就是在先进的状态监测与故障诊断技术的基础上，以设备实际健康状况为指导的一种预防性检修技术。状态检修可以有效地避免设备的过修或失修。

状态检修技术包含三方面的内容：① 设备的状态监测及故障诊断；② 设备的状态评价；③ 设备检修决策的制定。

#### 2.2.2.1 设备的状态监测及故障诊断

设备状态监测是指利用仪器或装置灵敏地监测设备的各种功能、特性，为状态诊断提供必要的设备运行状态特性参数。电力设备的状态监测基本分为离线检测和在线监测两大类。

设备的故障诊断则是根据设备的异常现象和监测到的故障数据、故障信息进行综合分析，来判定故障原因、故障模式，确定故障部件、元件。在设备故障诊断过程中，故障状态、故障特征以及诊断规则等，都需要采用合适的描述方法。

基于人们对事物的确定性、随机性和模糊性的基本认识，故障诊断方法一般可以分为依据规则的诊断方法和依据样板的诊断方法两类。

#### 2.2.2.2　设备的状态评价

设备的状态评价指根据设备运行工况、负荷数据、状态检测数据、缺陷信息、故障和事故信息、检修记录等综合状态信息，依据规程标准、运行经验、设备厂家技术指标等判据，对设备的状态信息进行量化分析，从而判断评价设备的真实状态。目前国内外常用的综合评价模型主要可以分为基于专家经验的评判模型、经济性评判模型、运筹学及其他数学模型三大类。

（1）基于专家经验的评判模型主观性较强，一般用于简单系统的评判和对比。常用的专家模型分析方法有加权平均法、综合扣分法、综合项次合格率法等。当前继电保护的状态评价多采用基于专家经验的评判模型。

（2）经济性评判模型是以预先拟定好的综合经济指标为优化目标来评价不同对象的综合分析模型。常用的有效益 – 费用分析模型等。该种模型含义明确，适于不同对象的对比。但是，经济性评判模型对于涉及较多指标的评价对象，往往难以给出一个统一量纲的公式，一般用于经济部门的效益评判和对比。

（3）运筹学及其他数学模型主要是利用数学研究的方法来建立数学模型，进行综合评价。常见的模型有多目标决策模型、模糊物元分析模型、模糊综合评判模型。① 多目标决策模型较严谨，要求评价对象描述清楚，评价者能明确表达自己的偏好，对于涉及某些模糊因素的情况，评价者难以准确表达自己的偏好，会给评价带来一定的困难，该法多用于多种方案的比较和决策；② 模糊物元分析模型是模糊数学和物元分析的有机结合，它通过事物的物元变换和系统的结构变换来解决现实世界的不相容问题，该模型介于数学和试验之间，可用于最优方法的选择问题和一个系统的评价问题，但是，模糊物元分析法的数学计算过程过于复杂，不适合编程计算，相对而言更适合解决具有模糊不相容特性的评价问题；③ 模糊综合评判模型是一种定性和定量相结合的评判方法，对影响因素多、因素的评定具有模糊性又需要分层的复杂系统的评价是一种非常有效的方法。

#### 2.2.2.3 设备的检修决策

检修决策的重点在于根据状态评价的结果对设备的维修内容、维修期限进行安排。维修内容的安排多依据专家系统，结合现有的监测和试验技术，在适当参考传统检修项目的基础上，根据设备的实际状态进行检修项目的选择和安排。设备的最佳维修期限的确定，多是在设备的可靠性评价的基础上进行的，常见的设备可靠性评价方法有概率法、马尔科夫模型法、故障树法等，通过不同的可靠性评价模型推得的设备可用率表达式，然后建立设备可用率同检修周期之间的关系，以推算出最佳的检修周期。

状态检修的目标是减少停运时间，提高设备可靠性和可用系数，延长设备寿命，减少运检人员往返现场的频次，降低检修维护费用，改善设备运行性能，提高经济效益。近年来，状态检修也成为国内外变电站继电保护设备及二次回路检修最新和最热门的方向。状态检修以设备当前的工作状况为依据，借助各种技术先进的平台，通过状态监测手段，诊断设备健康状况，从而确定设备是否需要检修及检修的最佳时机。该方式将大部分的设备运维工作通过远程来实现，是一种先进的检修方式。

继电保护状态监测有以下几个特点：

（1）微机保护装置本身带有自检功能，具备状态监测的基础。微机保护装置理论上可以对逆变电源、模拟/数字（A/D）转换系统、采样数据合理性、保护定值完整性、保护的输入输出接点、保护数据通信环节、控制回路断线等进行监视，其结果完全可以作为设备运行状态的指标，为运维人员提供设备检修依据。

（2）继电保护在没有一次设备故障的情况下装置一直处于“静止”状态，只有在被保护设备发生故障时才进入“动作”状态。这就造成了平时不可能监测到装置“动作”状态的信息。

（3）传统的继电保护系统除装置本身，还包含交流输入、直流回路、操作控制回路等外部回路，目前对这些外回路监测的手段还不多，而近年来由于外回路造成继电保护不正确动作的比例相当高。

国内二次设备的状态检修尚处于探索和试行阶段，其实用化程度无法支撑状态检修工作的开展，重要的原因是：状态检修需要对二次设备进行全面的状态监测才能给出较为准确的检修建议，并在较完善的自动化系统上方可实现，而传统的二次设备不具备这样的基础。但在智能变电站中，继电保护等二次设备的状态监测和通信能力大为加强，为根据运行数据实现对继电保护进行智能化的检修决策提供了条件。

通过上述对二次设备运维技术发展状况的介绍，研究新的二次设备运维方式应借鉴状态检修的思路，考虑利用自动化的手段，对二次设备数据进行分析和应用，评判设备当前运行状态下是否存在故障风险，并根据评判结果有目的地开展预防性检修安排，实现对传统的二次设备运维工作的替代，这种建立在计算机技术、通信技术等新技术基础上的运维方式极大减轻了传统工作中效率低下、人力资源等浪费的问题，可称为二次设备智能运维技术。而依托二次设备智能运维技术实现用于辅助电网二次设备运维人员工作的计算机系统称为二次设备智能运维系统。

## 2.3　二次设备智能运维系统

智能电网和信息化技术的发展为二次设备运维方式的研究提供了新的方向和机会。智能变电站实现了全站信息数字化、信息共享标准化，为全面对二次设备进行状态监测提供了数据基础，而基于全面状态监测数据的数据挖掘分析为准确地进行二次设备的状态评价提供了有力的支撑。基于全景数据平台的二次设备智能运维系统可以采用丰富的数据挖掘和分析技术，在调度机构或运维中心对庞大的二次设备运行数据进行综合分析和挖掘，实现对二次设备运行状态的集中在线监视和智能诊断，集中运行数据、技术资源、专家人力资源等对二次设备的运行状况进行全面可靠的分析。

### 2.3.1　二次设备智能运维系统的目标

与常规变电站相比，智能变电站二次系统发生了较大的变化，如采用光纤、网络通信方式及软压板代替传统电缆二次回路，智能变电站二次回路“看不见、摸不着”，检查确认难；安全隔离没有明显断开点，并通过遥控实现软压板的控制，安全措施实施复杂，所有二次设备回路联系由全站 SCD 文件进行统一配置，通过各种智能装置之间的通信实现保护逻辑，高度智能化、互动化。但系统的组建方式变化同时也造成传统的二次设备操作、检修方式不再适用。针对智能变电站的系统特点，设计二次设备新的运维模式和方法，并在此基础上研制智能化二次设备运维系统，从而对二次设备运行状态进行自动化监视，提升智能化继电保护设备运维检修效率，提升继电保护的运行水平，降低运维人员的工作量。

二次设备智能运维系统不但需要解决智能变电站架构设计的变化带来的变电站二次回路状态不直观可见问题，同时还要解决因变电站无人值班带来的站内二次设备状态不可知问题。基于智能变电站二次设备较强的自检和通信能力，可以实现对二次设备的工作状态监测和状态评价。根据二次设备实际情况安排检修计划，在二次设备智能运维系统的支撑下，能够实现二次设备运维智能化、检修定制化、管理可视化的目标。

（1）运维智能化，可以充分利用二次设备运维经验知识，利用自动化的手段及二次设备丰富的状态信息，实现相关设备之间回路检查、配置检查、运行状态自诊断以及顺序控制，最大限度地减少二次设备运维工作的人工参与度。

（2）检修定制化，可以发挥二次设备强大的自检功能和通信功能，充分利用设备的信息交互技术对丰富的信息资源进行分析，对二次设备进行在线监视、智能诊断，根据设备的健康状况制定合理的检修计划和检修方案，促使传统的定检、全检向面向个体的定制化检修模式转变。

（3）管理可视化，可以针对智能电网二次回路的数字化，通过网络通信技术、计算机技术以及变电站高级应用技术，将以数字化的网络通信方式存在的二次回路状态在本系统人机交互界面中恢复为二次设备运维人员所熟悉的实体化的二次回路，实现二次回路的当地/远程在线可视化查看和管理。

为了实现上述目标，需要依托二次设备的信息服务能力，从多维度研究数据模型、数据采集、支撑工具、数据分析、智能诊断决策、可视化展示等相关技术，在整合各技术要素的基础上完成二次设备智能运维系统的建设。运维原则如图 2-2 所示。

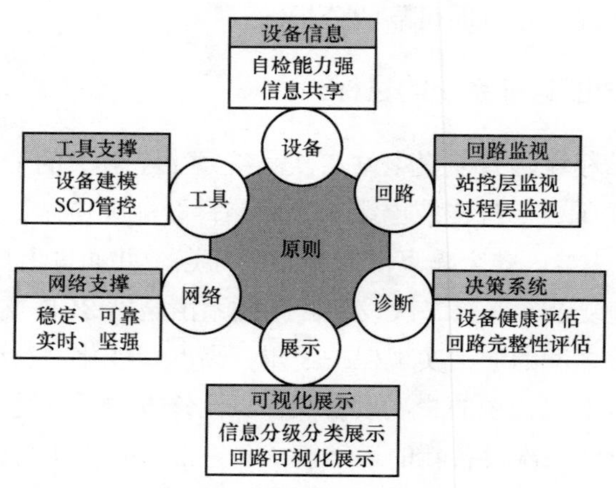


图 2-2 运维原则示意图

（1）设备信息。作为分析对象的二次设备，首先需要提供全面的运行状态信息和强有力的自检能力，同时还要提供稳定可靠的通信能力，这是二次设备实现信息全面共享的前提和支撑。

（2）二次回路的链路完整性检测技术。站控层回路和过程层回路要能够提供完善的自检信息，并为回路监视提供必要的辅助条件。该功能不但要求对过程层信息的完整采集，还需要对二次回路和 SCD 文件进行完善的管理。

（3）可视化展示技术。需要包括信息的分级分类展示和二次回路可视化展示两大方面。

（4）智能诊断决策技术。需要对设备健康状态、回路完整性、设备寿命等做出有效评价，为决策方案提供依据。

（5）数据通信技术。需要具备坚强、可靠、稳定、实时的网络通信设备，为变电站数据共享和对外发布提供网络基础。

（6）模型工具技术。为实现装置的信息共享、二次回路的在线可视化展示，还需要通过工具将设备和二次回路的信息进行建模，以实现信息的规范化共享。

在上述通用技术研究的基础上，针对二次设备运维的业务场景需求，寻找合适的数据处理方法，例如：通过网络技术实现数据远程自动巡视技术，可部分代替运行人员日常巡维工作，大幅度减轻运行人员日常工作强度；通过电网级数据远程实时监视与智能诊断，对二次设备缺陷准确定位，可大幅度提高检修人员工作效率；通过基于大数据的录波文件智能分析等电网故障分析技术，可大幅度提高调度人员的事故处理能力，缩短故障停电时间。通过应用上述通用技术到二次设备运维业务逻辑的实现上，实现二次设备运维智能化、检修定制化、管理可视化的目标。

### 2.3.2　二次设备智能运维系统架构

智能变电站监控系统的监控对象主要为站内的二次设备，在智能变电站中各种运行数据、设备间逻辑配合关系已基本实现了数字化，可依据上述数据对二次设备进行工况监视，并在此基础上对二次设备进行运维辅助工作。但在变电站小范围内评价二次设备的运行状态及运行可靠性评价准确性低，也无法实现对二次设备的集中运维。尤其是在无人值守的情况下，二次设备发生动作后无法快速及时地分析二次设备的动作行为，无法从大电网全景的角度快速准确评价保护系统动作行为的结果，事故分析不全面、准确。当二次设备故障后也无法及时获取设备的故障等级、波及影响等，不能准确对二次设备故障进行智能诊断，从而为二次设备运维人员提供决策辅助支撑。因此在调度、运维中心等机构建立二次设备智能运维系统，实时获取电网运行数据，在综合数据分析的基础上，集中对二次设备的运维进行管理，是二次设备智能运维管理的必然要求和发展方向。

为实现二次设备运维智能化、检修定制化、管理可视化的目标，首先，需要利用智能变电站二次设备自检和通信能力增强的特点，完整采集变电站内海量二次设备信息；其次，还需要采用数据挖掘和分析技术，实现对保护设备自下而上、一体化的在线监视和智能诊断，提供智能化的电网二次设备故障辨识功能；最后，还需要实现二次设备运行状态可视化及提供统计分析功能，满足现有无人值守、远程运维、远程智能诊断、实时预警等运维相关工作的实际要求。在实现高效的对二次设备运行数据的实时分析基础上，还要适应全网海量数据的交互，考虑和数据采集与监控（SCADA）、能量管理系统（EMS）、广域相量测量系统（WAMS）等其他调度自动化系统数据共享，实现业务深度融合、高效协同和同质化管理。二次设备智能运维系统为满足上述系统运行场景，其架构设计需考虑大规模数据接入和高速的数据访问需求。

同时，系统架构设计还要考虑系统使用者的物理分布情况。电网中各变电站分布于广阔地域中，供电部门对不同电压等级设备的管辖范围不同，二次设备运维班组的工作地点也各有差异，本系统在架构设计上要考虑能够为物理上存在于多个地域的使用者提供所需的数据。因此，基于多业务系统分布式数据综合采集和集成，构建在逻辑上完整一致和在物理上分布相结合的一体化数据服务系统成为本系统架构设计的必然选择。逻辑上统一是高层次应用对数据综合有效的必然要求，而物理上分布则是依据高内聚、低耦合原则和系统工程的思想，以及大系统理论对数据设置和操作的科学处置。在此思路上构建电网一体化全景数据模型的海量数据中心，数据中心系统应具备充分的可扩展性及可持续发展能力，充分满足数据服务的性能要求。同时因为二次设备数据基数大，众多的二次设备每天产生的数据量庞大，为避免业务系统在数据统计分析上出现响应缓慢的问题，需围绕数据采集频率高、数据量庞大以及长期持久化存储等典型特征，分析研究电网二次设备信息采集等业务系统的数据存储、检索、计算分析所采用的技术架构，总结归纳结构化数据与非结构化数据所需采用的数据存储与检索技术架构与性能。在此基础上建立的二次设备智能运维系统平台，可为二次设备的在线监视和智能诊断提供安全、可靠、及时、高效、完整的数据支持。

数据中心的建设需要明确统一的二次设备模型，用于描述二次设备信息。IEC 61850 系列标准较完整地描述了二次设备基础模型，但因标准制定时未能考虑到二次设备运维业务的实现，尚不能完整地描述业务所需的各种信息，因此可在此标准的基础上进行适当的扩展，结合 IEC 61970《能量管理系统应用程序接口（EMS－API）》系列标准，实现一、二次模型的一体化，用于支撑二次设备运维业务功能的实现。同时，需制定资源全局标识规则和分配策略，为每个资源分配唯一的全局资源标识，使资源可以在全局被应用程序直接寻址。资源标识不仅可以作为直接寻址的手段，也是区分一组资源是否相同的重要依据。各数据资源可以采用统一资源标识符（URI）作为资源标识的标准，并制定一个合理的可操作的 URI 分配机制和策略。

基于上述对系统应用和数据的分析，系统架构设计的原则如下：

（1）采用主站—子站两层设计的方式，在各变电站部署运维子站，负责站内数据的集中采集以及变电站内数据分布式处理，在调度端或运维中心部署运维主站，负责数据的综合处理，完成运维功能。

（2）在主站系统的软件体系上采用分层架构，底层平台大致包括通用操作系统接口、网络通信中间件、分布式实时数据库服务、通用商用数据库接口等基本组件，中间层次包括基本图形界面、通信、数据服务等基础应用，最上层则为具体的二次设备相关应用。不同的层利用其下层提供的服务，实现相应的功能，并为上层提供接口。分层的结构屏蔽了硬件平台、操作系统、数据库和网络通信等的具体差异，使上层应用获得更好的灵活性、高效率、高可靠性和可移植性。同时提供标准化的数据接口和定义统一的信息模型和信息交换模型，实现系统的开放性。据此设计方式实现的系统由位于上游的调度中心运维主站、省检中心运维分站及枢纽变电站的运维站组成，下游由位于变电站端的运维子站组成。其基本网络架构图如图 2-3 所示。

在此系统架构中，依托电力数据网及二次设备的通信能力实现变电站就地、调度端、检修端、运维站间的分布式数据采集及数据交换，采用数据订阅分发机制为跨地域分布的多个数据订阅方提供二次设备数据，同时针对电网多业务的应用需求，面向系统不同使用对象，利用功能组态和人机组态方法，提供了多视图的数据应用场景，在多端数据贯通的基础上构建了涵盖调度、检修、运维及就地维护的“三级一地”电网二次设备智能运维平台。

其中，运维主站由数据采集、平台支撑、业务处理、信息展示四层组成，主要负责利用数据采集分析、通信等技术，构建二次设备运维分析平台，实现监视预警、故障分析、远程控制等业务处理，并针对不同业务场景人员需求，对各项信息进行全景展示。对于调度人员，提供以电网故障分析功能为主体的数据视图。对于运行人员，提供以二次设备异常发现与预警功能为主体的数据视图。对于检修人员，提供以设备检修辅助决策与支持功能为主体的数据视图。

运维子站包括各种二次设备以及智能运维管理单元，负责对变电站保护、录波器、站内网络设备及其他二次设备装置的信息采集、信息监视及智能诊断，并将监视信息及诊断信息送至上一级运维主站。

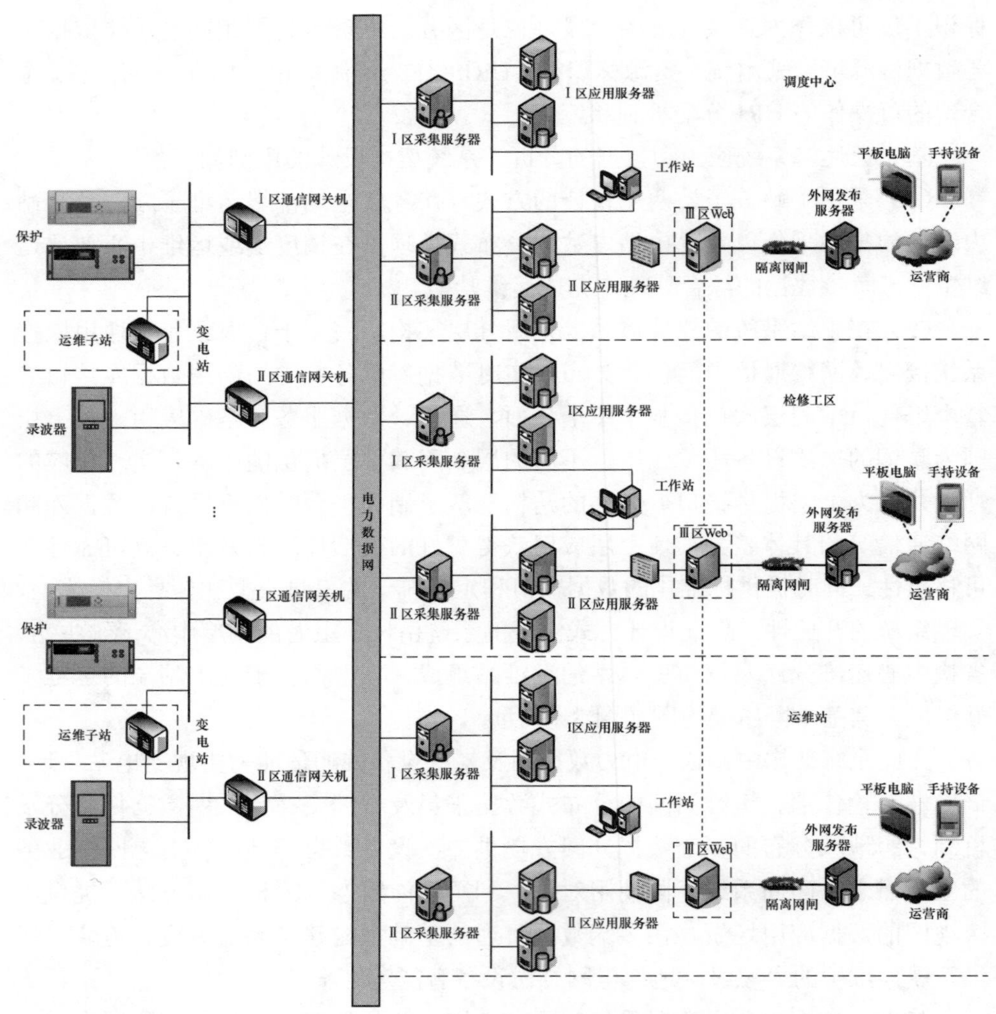


图 2-3　二次设备智能系统网络架构图

从二次设备智能运维的系统结构和功能结构可以看出，二次设备智能运维系统建立在分层分布式处理架构上，是多设备分工协同作业的自动化数据处理系统，包含多种应用功能。下面将围绕多种应用功能对二次设备智能运维技术展开介绍，并描述以这些关键技术为依托的运维系统的主站和子站设计方案。

## 2.4　二次设备智能运维的关键技术

为构建二次设备智能运维系统，要根据现有二次设备运维存在的各种问题，提出相应的解决方法，针对二次设备智能运维的目标，从解决方法的思路上提炼出各项应用功能，在此基础上通过对功能分解、组合，研究分析各项功能实现所需的底层技术，最后再考虑实现这些功能所需的技术支撑，从而汇总得出完整的二次设备智能运维技术的整体构架。例如：在人工巡检方式下，仅能依赖运行人员的巡视发现二次设备的缺陷，不但效率低下，而且巡视质量无法保证，而利用自动化技术和数据挖掘技术进行设备运行状况的智能诊断，可以实现二次设备异常的自动发现，即智能化运维；在计划检修方式下，检修内容针对性弱，易出现检修过剩、检修不足等问题，而利用对二次设备智能诊断的结果作为二次设备检修决策的依据，可以实现按照设备需要安排检修工作，即定制化检修；针对变电站无人值班工作模式带来的设备状态不可见的问题，利用通信技术和可视化技术，在调度或检修中心可以实现二次设备的远程全景可视化，即可视化的管理。要实现上述功能，需要有完善的技术支撑。通过上述分析，可以列出二次设备智能运维技术的实现思路及整体的技术构成，如图 2－4 所示。

在软件功能实现上，二次设备智能运维系统基于分布式协同作业模式，根据不同的业务需求和应用场景，将不同的功能分别部署于运维主站系统和运维子站系统中，协同实现二次设备智能运维功能，如图 2－5 所示。

在此系统架构中，运维子站主要负责数据的采集和实时数据的处理分析，并负责将数据传送给远端的运维主站系统。运维子站具体功能包括数据采集、可视化监测、智能预警、诊断报告、检修安全措施、配置管控、就地操作等。运维主站对数据进行全面的分析，具体功能包括智能诊断、状态评价、智能预警、辅助决策等。

在依托通信技术、数据存储技术、大数据分析技术以及二次设备建模技术等技术构建的二次设备运维分析的平台上，可利用智能诊断技术对二次设备运行状况进行诊断，实现检修辅助决策，并应用可视化技术对各种功能的计算结果进行全景综合展示。

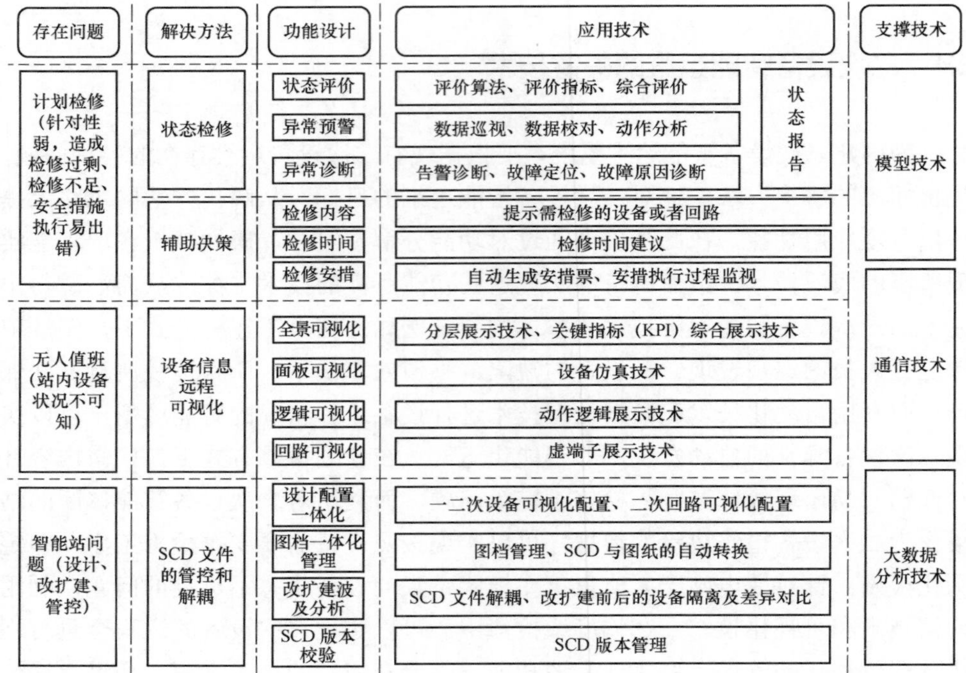


图2-4　二次设备智能运维系统设计技术框架图

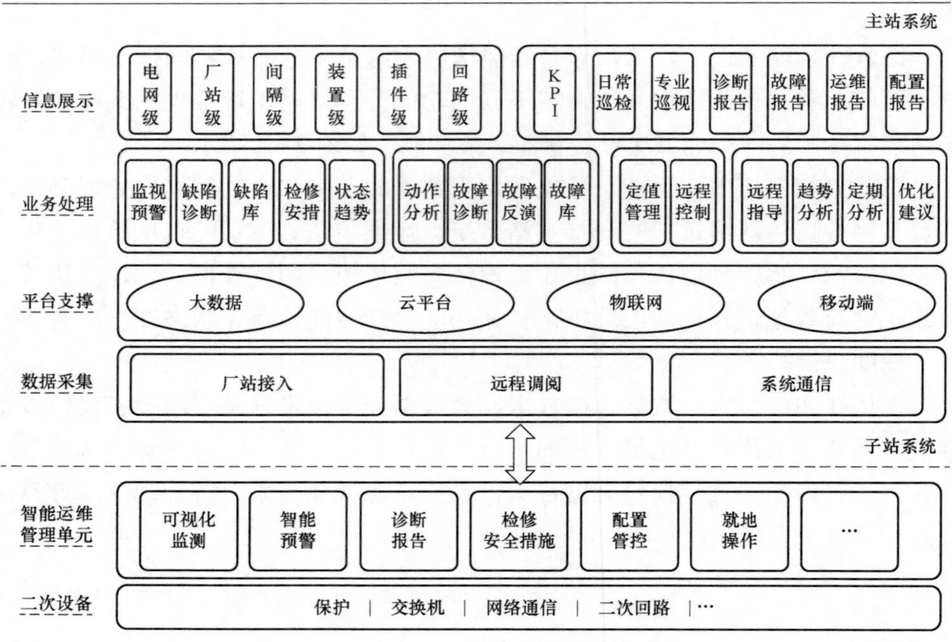


图2-5　系统分层结构示意图

### 2.4.1　智能诊断技术

智能诊断技术利用智能变电站中二次设备较强的数据监测能力、自检能力和网络通信能力，对二次设备能够输出的信息进行梳理，深入挖掘运行数据所表征的设备运行状态，以在线运行数据为基础建立对二次设备状态评价的关键指标系统，并通过周期性地对二次设备运行数据的采集和校验，发现隐藏于异常数据后的二次设备异常；并从系统角度出发分析运行继电保护设备的电气量、状态量数据，利用周期性运行数据校验、突发告警数据分析、电网拓扑相关设备的数据联动分析、历史数据挖掘等多种技术手段，进行多套二次设备相关性数据间的差异度量，发现继电保护故障特征，并结合运维经验知识，实现对二次设备缺陷的在线辨识；同时通过利用二次设备自身的异常诊断能力，对二次设备自检产生的告警信息进行分析，对故障位置进行推理定位；在电网故障发生时，结合一次设备的数据对继电保护的动作情况进行分析，验证继电保护的动作行为是否正确。通过上述方法的综合利用，得出可用于进行状态评价的数据，利用大数据分析的思想，研究合适的二次设备状态评价方法，对二次设备的运行状况进行评价，得出二次设备是否正常运行的结论，该功能便于设备运维人员实时掌握设备的运行状态、及时发现并处置设备异常，更重要的是基于对运行数据的分析，可以实现继电保护设备异常预警和状态评价，为继电保护设备的状态检修提供数据支撑。

综上所述，二次设备智能诊断技术主要功能包括状态评价、智能预警、告警智能分析、动作行为分析等。

### 2.4.2　辅助决策技术

为解决当前计划性检修存在的检修项目重点不明确、针对性不强、检修步骤易出错等问题，需要研究符合设备实际运行状况的检修计划制定方法。在对设备故障规律分析的基础上，结合二次设备智能诊断方法，得出融合二次设备运行状态和设备故障经验的检修辅助决策技术，为设备检修提供依据。通过智能诊断技术，能够判断出二次设备是否存在异常，而基于对二次设备故障的统计分析，可以得出持续运行二次设备故障的经验时间分布，结合上次检修时间和运行数据校验，可制订设备检修计划。这种建立在数据分析基础上的设备检修能够准确地确定设备的检修时间和检修内容，避免了检修的盲目性，减少因计划检修造成的资源浪费以及不必要的一次设备停电。

同时，因设备检修过程中需将二次设备从电网运行系统中解列和恢复，需制定较为复杂的安全措施及步骤，安全措施执行过程中也比较容易出错，引发事故或者给电网安全运行造成隐患。为减少检修过程中安全措施出错的可能性，可在设备检修中的安全措施制定、审核等环节中寻找自动化的解决方案，减少人工操作。可通过利用检修业务安全措施的制定规则和电网实际的拓扑结构，结合典型安全措施票等专业知识经验，自动生成、校验检修安全措施票，从而避免因人工制定安全措施票引起的错误。在安全措施执行过程中，也可通过自动化技术、通信技术将每一步安全措施执行后的结果反馈到远方的运维主站系统中，用可视化的方式进行展示，实现对安全措施执行过程的监视，避免执行过程发生错误。

上述技术可归纳为二次设备智能运维检修辅助决策技术，其主要功能包括检修内容提示、检修时间提示、智能安全措施制定、安全措施执行监视等。

### 2.4.3 可视化技术

为解决变电站无人值班引起的二次设备运行状态不可知的问题，需研究远程二次设备监视的功能。传统的二次设备人工巡视内容主要包括检查设备的面板、信号灯等，对二次设备的远程监视应包含上述内容。二次设备运行中的数据，在变电站内可在装置面板上进行操作查询，远方监视也应提供数据查询的方法。同时，对于因智能变电站中二次回路数字化造成二次回路状态难以直观监视的问题，远方监视也要考虑如何解决。二次设备的运行状态可通过数据进行描述和反映，通过采集二次设备运行数据，并通过通信技术将数据传送到远方，在远方的运维主站系统中将这些数据分析，重新映射为二次设备的具体状态，从不同的维度对二次设备进行可视化的展示，实现远程对二次设备全景的监视。

上述技术可归纳为二次设备智能运维可视化技术，其主要功能包括全景可视化、面板可视化、逻辑可视化、回路可视化、趋势可视化等。

### 2.4.4 设计配置一体化建模技术

针对智能变电站二次系统设计和配置分步执行导致的数据一致性难以保证的问题，探索 SCD 文件的管控方法，将 SCD 文件的形成过程提前到设计阶段完成。以各二次设备提供的配置描述文件 ICD 为基础，结合变电站各二次设备间的配合关系进行设计，给出各二次设备的虚端子表信息，并提供可视化的方法，由系统配置人员配置各虚端子间的连线，完成变电站 SCD 文件的制作。即通过提供设计配置一体化工具，将原来设计和配置两个环节合并为一个环节，避免因分步操作造成数据不一致的问题。同时，还可实现根据 SCD 文件自动生成图档和 SCD 文件的版本校验功能。

因 SCD 文件中各种应用或业务信息耦合在一起，局部改动往往影响全局，造成集成调试或改扩建时难以定位 SCD 文件改动的影响范围的问题，可采用按照业务或者间隔等维度的数据分析方法，实现 SCD 文件中各逻辑单元的业务解耦，对变电站改扩建需要变更的设备进行隔离，避免因设备改扩建造成的全站停运现象。

上述技术可归纳为二次设备智能运维 SCD 管控技术，其主要功能包括设计配置一体化技术、图档一体化技术、SCD 解耦技术、SCD 版本校验技术等。

### 2.4.5　数据处理技术

二次设备智能运维功能的实现建立在完备的二次设备的数据之上，二次设备提供的数据类型复杂多样，为实现数据的有效利用，需对二次设备进行详尽的建模，完整地描述数据及数据间的关系。另外，为获取数据，保证数据分析所需数据的完整性和时效性，需要利用合适的通信方式，进行二次设备运行数据的实时采集。而二次设备数据不但数据量极大，且其数据格式已经不限于传统的数字、字符、字符串等结构化的数据，更多的是非结构化数据，比如录波、工作日志、视频被应用到二次设备输出信息中，庞大且非结构化的二次设备数据需要被快速分析处理。因此为实现二次设备智能运维功能，首先需在业务需求分析的基础上研究二次设备的模型构建方式，构建完整的二次设备运维数据模型；其次需结合高效的通信技术实现二次设备智能运维系统所需的数据采集；然后还要利用大数据分析技术进行在线/离线、线性/非线性、流数据和图数据等多种复杂数据的混合分析。这些基础的技术可汇总归纳为二次设备智能运维数据处理技术。

总之，以二次设备智能诊断技术、二次设备检修辅助决策技术、设计配置一体化建模技术为核心构成的二次设备智能运维技术体系，利用智能变电站设备自检和通信能力增强的特点，完整采集变电站内海量二次设备信息，并基于大数据思想，采用数据挖掘和分析技术，实现对保护设备自下而上、一体化的在线监视和智能诊断，满足现有无人值班、远程运维、远程智能诊断、实时预警等运维相关工作的实际要求，解决了现有二次设备计划检修效率低下、无人值班造成的站内信息无法监视、智能变电站设计配置困难等问题。

## 2.5 二次设备智能运维技术的发展趋势

近年来，电力企业的数据已告别以往数据类型较为单一、增长较为缓慢的时代，对于电力系统这样一个典型的大系统，随着SCADA、管理信息系统、地理信息系统以及电网运行实时信息系统等的广泛应用，各种电网实时数据呈爆炸性增长态势。相比数据量的增长幅度而言，当前利用海量数据进行分析处理的技术却相对滞后，传统的统计手段已难以满足要求，需要运用新方法来挖掘更深层次的规律，来保证系统运行的经济性、安全性和可靠性。如何充分利用这些积累下来的数据，快速有效分析、加工、提炼，揭示数据背后蕴含的原理、规则，转化为实际价值，已成为电网运行管理面临的关键问题。特别是随着智能电网建设的开展和深入，数据量以几何级速度增长（由TB级向PB级转变），数据来源更加复杂和多样（结构化、非结构化和半结构化），明显具备了大数据的特征。大数据就是一种规模大到在获取、存储、管理、分析方面大大超出了传统数据库软件工具能力范围的数据集合，具有海量的数据规模、快速的数据流转、多样的数据类型和价值密度低四大特征。如何充分利用应用这些海量的多样化数据，对其进行深入分析以提供大量的高附加值服务，需要应用大数据的理念与技术。另外，大数据是能源变革中电力工业技术革新的必然过程，而不是简单的技术范畴，大数据不仅仅是技术进步，更是涉及整个电力系统在大数据时代下发展理念、管理体制和技术路线等方面的重大变革，是下一代智能化电力系统在大数据时代下价值形态的跃升。

智能电网的高速发展，通过高速通信网络在厂站端和调度端均可以获取大量、实时、完整、海量的保护设备运行数据。电网中的二次设备数量具有采样频率高、数据量大的特征，是典型的大数据，为大数据挖掘及分析提供了必要条件。依托于大数据平台对二次设备运行数据进行深入的挖掘和分析，综合二次设备自身的运行特性和保护原理，可实现对二次设备的在线监视和智能诊断，获取设备的运行状态，在最恰当的时间给出需要维修设备的信息，实现设备的状态检修，使设备运行在最佳状态。此外，先进的信息技术将提供大量的数据和资料，大大强化电网设备的数据分析能力，用以优化运行和维修过程。

二次设备智能运维系统中的大数据处理及人工智能分析要求有深厚的电力系统相关领域知识和理论指导，使大数据算法和二次设备运维业务密切结合，进而使人工智能应用更有效。未来二次设备智能运维发展的重点方向，可归纳为以下几方面：

### 2.5.1　人工智能技术在设备状态诊断方面的应用

利用集数学、物理、化学、电子技术、计算机技术、通信技术、信息处理、模式识别和人工智能等多学科于一体的人工智能技术，通过与关系数据库及神经网络等技术相结合，在电网设备状态诊断中可自动发现某些不正常的数据分布，暴露运行中的异常变化，协助运维人员迅速找到问题发生的范围。通过数据挖掘将每一种状态的故障特征提取出来，可以发现问题的内在规律，并能估计某一属性的重要程度，获得分类规则的能力，通过分层分类的可视化技术进行展示，为二次设备检修提供辅助决策。通过进一步完善信息融合诊断、进化算法、图论模型推理法等，对多种不同诊断技术的交叉融合，将智能诊断系统集成化，向诊断全智能化、综合化方向推进发展，即向集监控、测试诊断、管理和根据现阶段运行状况进行后期预测于一体的全智能综合系统诊断方向发展。高效、及时、经济、准确、便捷的诊断方法，将使设备状态诊断技术不断取得进展并在生产实践中得到应用。当代前沿学科与相关学科的新思维和新方法相结合，将逐步提高诊断的智能水平。

### 2.5.2　移动作业在智能运维方面的应用

标准化、一体化、小型化、智能化、规模化与低成本化已经成为移动终端物联网的趋势，应用移动作业、物联网新技术，将可穿戴技术运用到二次设备运维作业中，融合云交互、数据交互和软件支持，实现更多辅助功能的可穿戴智能设备。实现基于智能穿戴技术对电力设备的巡检、维修，以及作业人员的安全监护，开发覆盖变电验收、运维、检修、检测、评价全流程业务的移动作业应用软件，实现运维工作的全流程业务闭环，减轻运维班组负担，提高运检效率。

实现基于行为告警的可穿戴技术和电力现场作业的融合，将在很大程度上改变电力现场作业模式，解放人们的手脚和头脑，带来新的工作模式，优化决策方式。随着可穿戴设备在电力作业的实用化，将解决二次设备的数据采集和维修中单纯凭借视频监控和作业人员的主观判断、不能满足电网统一管理的智能化和安全性的问题，特别是站内安全措施操作执行过程中运维系统的数据支持无法利用的问题。

### 2.5.3　二次设备大数据高速存储、检索及流计算即时处理技术研究与应用

电力数据基数大，每天产生的数据量庞大，导致业务系统在统计分析业务

上出现响应缓慢、用户等待时间较长的问题。因此，分析研究电网一次、二次设备信息采集等业务系统的数据存储、检索、流计算所采用的技术架构，即结构化数据与非结构化数据所采用的数据存储与检索技术架构与性能，及典型业务系统中对即时流处理技术的现状与需求很有必要。

针对大数据采集频率高、数据量庞大以及长期持久化存储等典型特征，主要研究方向有：① 研究支持数据节点副本数可调节的分布式存储技术和架构；② 研究电力大数据高速存储系统中数据副本动态调节算法，实现新增数据节点的快速部署和自动存储均衡；③ 研究基于副本的数据访问加速技术；④ 设计基于激励理论的数据副本优化放置算法；⑤ 研究多副本的数据一致性协议和同步机制，保证多节点间的状态同步；⑥ 研究网络分区故障敏感的多副本数据容错机制以及自动恢复技术。

### 2.5.4 流计算即时处理技术在状态监测中的应用研究

（1）二次设备信息采集：针对要在短周期内完成二次设备信息数据采集及异常判断的需求，引入流计算技术，对实时采集的数据进行预处理。

（2）数据质量监测：针对业务数据质量在线实时监测的需求，引入流计算技术，对数据传输环节进行质量监测，对数据从单位、频度、来源系统、所属业务等维度进行明细透视，对数据质量监测异常实现互动预警及处理，及时通报，持续改进数据质量。

（3）视频图像处理：在视频流计算应用方面，通过对视频监控图像的实时计算，结合目标特征提取、运动目标分割、背景光影变化等分析处理算法，获取二次设备原始数据，掌握二次设备的运行状态，提高故障检测的实时性。

随着科学技术的迅速进步，深度融合了大数据、人工智能、物联网、移动作业等先进技术的二次设备智能运维技术必然是变电运维业务的发展方向。利用大数据分析技术，可进行海量数据的挖掘、分析、诊断等，更准确地诊断二次设备异常；利用云计算等分布式计算技术，高效地对海量数据进行计算，提高二次设备数据的处理速度；利用人工智能自动识别二次设备故障信息，自动判断故障类型，自动推送处理策略，提升故障处理准确性，减少故障处理时间；利用移动作业、物联网等技术，基于覆盖变电验收、运维、检修、检测、评价全流程业务的移动作业应用软件，强化变电运检标准化作业和全过程质量管控。通过上述先进技术的应用，二次设备智能运维技术必将能更有效地支撑二次设备运维人员的工作，为电网安全运行保驾护航。

## 参考文献

[1] 张勇，廖丽萍，姜国辉，等. 第二代智能变电站典型设备及技术浅析［A］. 中国电机工程学会2016年年会论文集.

[2] 敖非，许立强，沈杨，等. 变电站二次专业巡视模式的构建与应用［J］. 湖南电力，2015，35（3）：38－40.

[3] 秦建光，刘恒，陶文伟，等. 电力系统二次设备状态检修策略［J］. 广东电力，2011，24（1）：24－27.

[4] 李孟超，王允平，李献伟. 智能变电站及技术特点分析［J］. 电力系统保护与控制，2010，38（18）：50－56.

[5] 李博通，李永丽，姚创，等. 继电保护系统隐性故障研究综述［J］. 电力系统及其自动化学报，2014，26（7）：34－38.

[6] 陈建民，周健，蔡霖. 面向智能电网愿景的变电站二次技术需求分析［J］. 华东电力，2008，36（11）：37－39.

[7] 高翔，张沛超. 数字化变电站的主要特征和关键技术［J］. 电网技术，2006，30（23）：67－70.

[8] 文继锋，盛海华，周强，等. 智能变电站继电保护在线监测系统设计与应用［J］. 江苏电机工程，2015，34（1）：21－24.

# 第3章

# 二次设备智能运维诊断技术

二次系统是智能电网的核心组成部分，是整个变电站控制和监视的中枢系统，变电站的安装调试、日常运行维护的管理水平直接关系到整个变电站乃至系统能否安全可靠运行。二次系统由二次设备及其回路构成。二次设备种类繁多，包括继电保护、测控装置、监控主机、数据通信网关机、综合应用服务器、同步相量测量装置、合并单元、智能终端、网络分析仪、网络交换机、时间同步装置等。继电保护是电网二次系统的重要组成部分，在变电站二次设备中占90%以上的数量，且其在电力系统中有着重要的地位，它的存在可以有效防止电网事故的进一步扩大和联锁事故的发生；而其他二次设备的软硬件组成与继电保护设备相比相对简单，出现异常的概率也远小于继电保护，因此对继电保护进行智能诊断有较高的意义。本书以继电保护为例来介绍二次设备的智能运维。

影响继电保护运行可靠性的因素有很多，贯穿设备投运阶段、运行维护阶段。继电保护系统的可靠性问题主要有：① 保护装置由于制作工艺等方面的原因导致保护装置内部某些部分质量不良，这样就会使继电保护装置不能高度可靠地保障电网的安全运行；② 电网发生故障时，保护装置的正确动作需要一系列的保护装置相互配合、共同作用，错误的二次接线将导致各继电保护设备无法正常配合从而完成对事故的切除。从国内外的事故、事件分析来看，酿成系统事故、事件的根本原因往往是二次回路或继电保护设备本身有缺陷造成的。因此，在设备运行阶段实时对二次设备的运行状态进行监测及评价，对评价结果较差的二次设备及时进行设备检修，是保障电网安全稳定运行的重要保障手段。

利用智能变电站二次设备信息描述完备、实时性强的特点，针对在每个可能引入缺陷的阶段研究相应的继电保护故障智能诊断方法，提高继电保护及其二次回路故障诊断的水平，确保继电保护设备装置元件完好、功能正常，二次回路接线及定值正确。继电保护智能诊断功能包括设备状态评价、运行智能预警、自检告警智能分析、动作行为分析及故障原因诊断，通过以上功能，给出继电保护设备的状态评价结果和故障诊断结果，实现对继电保护设备全过程的异常诊断。其功能的组成如图3－1所示。

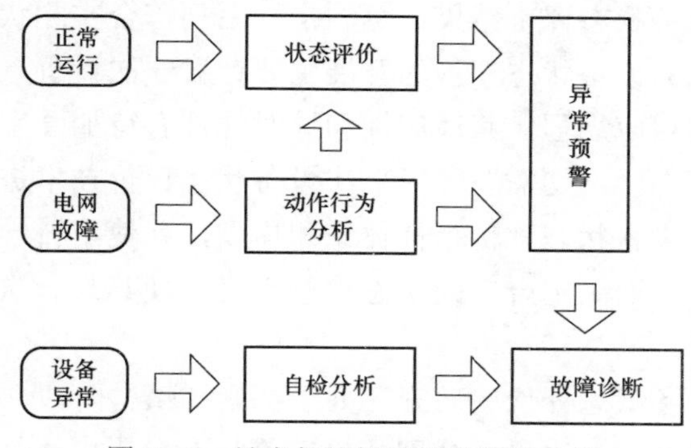


图3－1　继电保护智能运维诊断功能

在设备运行阶段，可利用智能二次设备提供的大量数据，对设备进行在线状态评价和诊断，发现异常后进行故障的预警，提醒对异常设备进行检查或者处理。

继电保护在电网故障时通过跳开断路器切除故障，防止故障扩大。故障时继电保护动作、开关动作是否正确是二次系统功能是否正常的重要指标，因此对继电保护动作进行分析也是状态评价的重要内容之一，同时发现动作异常直接触发预警。根据预警提示进行故障诊断。

当二次设备本身异常时，通过较完善的设备自检功能发现异常，并以告警的形式发送异常信息，通过对自检告警信息的智能判断分析，可以判断定位设备的故障原因和故障位置。

## 3.1　设备状态评价

针对二次设备运行状态进行合理的建模以及评价是提高二次设备运行可靠性的基础和关键。在电力系统的实际运行管理中，我国二次设备检修一直推行全国统一的定期检修制度，在一定程度上为合理地组织安排二次设备运行，保证系统的安全、稳定运行起到了积极作用，但也存在一些不足：① 随着技术的发展，各种数字二次设备越来越广泛地应用于电力系统中，其误动和拒动的可能性会大大降低，故其检修周期和策略应与传统的保护装置有较大差别；② 原来对二次设备检修策略的制定都是基于工作人员的经验，缺乏理论指导，不可避免地出现检修过剩或检修不足。因此，状态检修是二次设备检修方式发展的必然选择。

二次设备状态评价是开展状态检修的基础，其核心是建立合理的设备状态评价模型。基于设备状态评价结果，可制定一系列符合实际状况的设备检修策略。由于国内外电网设备状态评价的开展主要针对一次设备，二次设备评价主要参照一次设备的相应规程，其适应性和针对性都有待加强。为了确保得到即时、准确的设备状态，迫切需要针对二次设备状态评价技术进行系统研究，建立与之相符的二次设备状态评价指标体系和模型，并使用科学评价方法对其状态进行综合评价，从而制定合理的状态检修策略，使其与一次设备保持同步，适应电力系统发展。

目前对二次设备状态评价的研究还处于探索和试验阶段。例如，利用健康状态评价方法，对相关二次设备分别从投运前状况、历史运行状况、检修状况和实时运行状况等方面选取状态参量，根据设备的健康状况对参量制定评价标准，并逐项打分；利用专家评价系统对各状态参量的相对设备重要性进行评分，从而确定参量的权重值；综合各参量的评分和权重，加权得出参评设备的状态评价分值。为便于统计故障概率，对状态评分进行分类来确定状态等级，并计算统计同等级设备的故障概率。

设备状态评价是一个多指标评价问题，多指标可以使评价结果更合理、更精确，但同时也带来大量需要处理的数据。同时，评价包含随机性、模糊性与不确定性。例如，各种试验由于测试环境、仪器精度及认为影响的程度不同，导致不同检测手段的测试数据具有随机性；运行状态与判断指标评判等级的划分具有模糊性；定性指标评价时所需要的专家经验具有认识的不确定性。因此，需要选用合适的评价方法对大量数据进行分析，对不确定的信息进行处理。

### 3.1.1 状态评价技术

综合考虑二次设备的历史与现状、试验与运行、电气因素与非电气因素，结合众多专家和学者的观点，认为任何一种设备都可以从自身质量、预防性试验、运行工况和历史数据四个方面分析其运行安全状态，如图 3－2 所示。

（1）自身质量是设备安全运行的本质属性，设备的质量等级、性能效果及用户反馈的质量问题和意见可以从现实静态的角度反映出设备运行的安全状态。

（2）历史数据从历史静态的角度出发，包括设备投运前的基础数据（如技术参数、交接验收数据等）、家族质量史（如家族的质量声誉、亲疏关系等）、故障缺陷记录、检修记录和预防性试验历史数据。

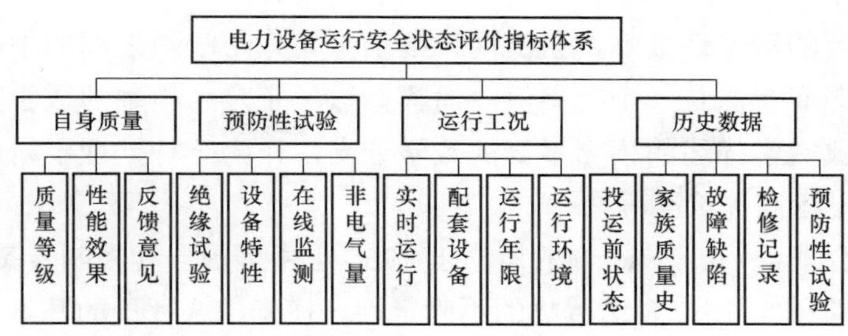


图 3－2　电力设备运行安全状态评价指标体系

（3）预防性试验是判断电力设备能否继续投入运行并保证安全运行的重要措施，目前发展为停电试验和在线监测两大方法。其中停电试验包括设备的绝缘试验和特性试验两大电气方法，以及诸如油中溶解气体色谱分析、油中含水量测定等非电气方法。在线监测是一种时间连续的监视技术，由于绝大多数故障在事故前都有先兆，在线监测可以提高试验的真实性、有效性和灵敏度。

（4）所评设备及相关配套设备的实时运行状态、运行年限、运行环境反映了设备的运行工况，从现时的、动态的角度构成了设备运行的安全状态。值得提出的是，当前条件下，实时运行状态是从自动采集的数据和人工巡视记录两方面获悉的，而且运行年限对于设备运行工况的反映不是绝对的，刚投运的设备安全状态不一定就好，运行多年的老设备不一定就比新设备状态差，但是接近或超过服役期限对于设备安全运行总是不利的。

近年来，各种智能方法在诊断、预测、决策等领域都取得了很大的成功，推动了技术的进步。二次设备作为电力系统中重要的电力设备，采用智能方法对二次设备的状态进行评价也成为技术发展的必然趋势。在评价某种二次设备状态时，可利用智能变电站二次设备和二次回路的信息和实际统计信息，基于电网监测的大数据，从已有的众多监测信息中挖掘表征设备、系统健康状态的性能指标，实现设备、系统状态变化的实时过程地分析，并结合历史运行情况进行分析，利用模糊推理、证据理论、粗糙集等多种数理统计分析方法，在数据统计分析的基础上，由概率或模糊原理建立故障严重程度、设备性能优劣的概率或隶属表达，进而给出表征故障严重程度、设备性能优劣的评价指标和综合评判方法，从而对风险防控、设备运维决策、保护设计改进及设备优化选型等提供支撑。难点在于如何以保护原理为指导并结合专家经验，确定出全面且精准的数据统计分析维度。

#### 3.1.1.1　模糊理论

电力系统二次设备存在着大量不确定的信息，它们往往是不完整、模糊的。

对于渐变发展的潜伏性故障，会出现一些处于完好与故障之间的中间状态，二次设备的征兆和状态是一个模糊值。而模糊数学正是用精确的数学方法处理过去无法用经典数学描述的模糊事物的数学分支，作为一种处理不精确信息的工具，它有助于提高评价准确性。

模糊集合理论（fuzzy sets）的概念于 1965 年由美国自动控制专家查德（L.A. Zadeh）教授提出，用以表达事物的不确定性。模糊综合评价的基本原理是从影响问题的诸因素出发，确定被评价对象从优到劣若干等级的评价集合和评价指标的权重，对各指标分别做出相应的模糊评价，确定隶属函数，形成模糊判断矩阵，将其与权重矩阵进行模糊运算，得到定量的综合评价结果。其中，指标权重的计算采用层次分析法，首先将层次结构模型的各要素进行两两比较判断，其次按照一定的标度理论建立判断矩阵，通过计算得到各因素的相对重要度，最后建立权重向量。模糊综合评价法一般分为四个步骤：① 模糊综合评价指标的构建；② 构建权重向量；③ 构建评价矩阵；④ 评价矩阵和权重的合成。

模糊综合评价法根据模糊数学的隶属度理论将定性评价转化为定量评价，即用模糊数学对受到多种因素制约的事物或对象做出一个总体的评价。它具有结果清晰、系统性强的特点，能较好地解决模糊的、难以量化的问题，适合各种非确定性问题的解决。

模糊理论在应用中还可与其他各种人工智能技术（例如专家系统、神经网络等）结合在一起使用。其不足之处主要在于对不确定性用隶属度函数描述时，隶属函数的选择没有统一标准，主观性强。目前用于电力设备评价的确定隶属函数的方法还较简单。

针对二次设备各环节状态的不确定性，可利用模糊理论对二次设备的各环节进行风险评价，选取二次设备故障的严重度、发生度作为风险评价指标，并设置合理的权重，进行加权评价。通过应用模糊理论对二次设备运行状态进行分析，可找出二次设备运行中的薄弱环节，有助于采取针对性的预防措施，提高二次系统的可靠性。

#### 3.1.1.2 证据理论

证据理论是美国学者 Dempster 于 1967 年首先提出，由他的学生 Shafer 于 1976 年进一步发展起来的一种不精确推理理论，也称为 Dempster/Shafer 证据理论（DS 证据理论），属于人工智能范畴，最早应用于专家系统中，具有处理不确定信息的能力。证据理论的主要特点是：满足比贝叶斯概率论更弱的条件；具有直接表达“不确定”和“不知道”的能力。

在 DS 证据理论中，由互不相容的基本命题（假定）组成的完备集合称为识别框架，表示对某一问题的所有可能答案，但其中只有一个答案是正确的。该框架的子集称为命题。分配给各命题的信任程度称为基本概率分配（BPA，也称 $m$ 函数），$m(A)$为基本可信数，反映着对 $A$ 的信度大小。信任函数 $Bel(A)$表示对命题 $A$ 的信任程度，似然函数 $Pl(A)$表示对命题 $A$ 非假的信任程度，也即对 $A$ 可能成立的不确定性度量。实际上，[$Bel(A), Pl(A)$] 表示 $A$ 的不确定区间，[0, $Bel(A)$]表示命题 $A$ 的支持证据区间，[0, $Pl(A)$]表示命题 $A$ 的拟信区间，[$Pl(A)$,1] 表示命题 $A$ 的拒绝证据区间。DS 证据理论的几个基本概念定义为：

（1）基本概率分配（BPA）。

设 $U$ 为识别框架，则函数 $m$：$2^u \rightarrow [0,1]$ 满足下列条件：

1）$m(A)=0$；

2）$\sum\limits_{A\subset U} m(A)=1$时，称 $m(A)=0$ 为 $A$ 的基本赋值，$m(A)=0$ 表示对 $A$ 的信任程度，也称为 mass 函数。

（2）信任函数（Belief Function）。

$Bel$：$2^u \rightarrow [0,1]$；

$Bel(A)=\sum\limits_{B\subset A} m(B)=1$（$\forall \subset AU$）表示 $A$ 的全部子集的基本概率分配函数之和。

（3）似然函数（plausibility Function）。

$$pl(A)=1-Bel(\bar{A})=\sum_{B\subset U} m(B)-\sum_{B\subset \bar{A}} m(B)=\sum_{B\bigcap A\neq\phi} m(B);$$

似然函数表示不否认 $A$ 的信任度，是所有与 $A$ 相交的子集的基本概率分配之和。

（4）信任区间。

[$Bel(A), pl(A)$] 表示命题 $A$ 的信任区间，$Bel(A)$表示信任函数为下限，$pl(A)$表示似真函数为上限。

证据理论可以看作是根据证据做出决策的理论。一个证据会在对应问题的决策解集合（决策框架）上产生一个基本信任分配（信任函数），该信任分配就是要决策的结果。多个证据产生多个基本信任分配，再求出多个信任分配的正交和，即证据合成，最终得到一个决策结果。该决策结果综合了多个专家的经验和知识。

采用证据理论融合多类数据，充分利用不同的状态参数进行综合分析，评价结论分别对应不同的检修决策。证据理论非常适合将来自不同渠道的证据进行组合，但其局限性在于：

（1）各数据源在综合评价中的相对重要性需要由专家组确定，主观性较强；

（2）各证据之间必须是独立的，然而设备不少特征参数之间往往是有联系的。

针对二次设备状态评价过程中存在的数据传输堵塞、数据源不同步等导致的数据采集不全的问题，可利用证据理论对继电保护状态进行评价。将表征二次设备故障的测量量、状态量构成评价命题，采用模糊加权算子计算二次设备的模糊评价结果，并把模糊评价结果作为证据理论的初始概率分布，从而获取二次设备整体的状态评价结果。采用证据理论对二次设备运行状态进行评价，需优先解决各证据间具备独立性的问题。

#### 3.1.1.3 粗糙集

粗糙集是波兰理工大学 Z.pawlak 教授提出用来研究不完整数据、不精确知识的表达、学习、归纳等的一套理论。从数学的角度看，粗糙集是研究集合的；从编程的角度看，粗糙集的研究对象是矩阵（一些特殊的矩阵）；从人工智能的角度来看，粗糙集研究的是决策。

粗糙集理论可以对数据进行分析和推理，从中发现隐含的知识，揭示潜在的规律，它无须提供除问题所需处理的数据集合之外的任何先验信息。粗糙集理论用于评价一般分为两个步骤：① 根据样本数据（或历史数据）进行学习，从而提炼过程知识，形成评价规则；② 应用所形成的规则进行综合评价。其局限在于评价规则的获取取决于条件属性集下各种状态的训练样本集，而典型样本不容易取得。关键属性较多时，粗糙集方法将出现决策表十分庞大，甚至出现“组合爆炸”的问题。

粗糙集理论的知识表达方式一般采用信息表或称为信息系统的形式，它可以表现为四元有序组 $K=(U, A, V, P)$。其中 $U$ 为对象的全体，即论域；$A$ 是属性全体；$V$ 是属性的值域；$P$ 为一个信息函数，反映了对象 $x$ 在 $K$ 中的完全信息。无决策的数据分析和有决策的数据分析是粗糙集理论在数据分析中的两个主要应用。粗糙集理论给出了知识约简和求核方法，提供从信息系统中分析多余属性的能力。决策表抽取规则的一般方法如下：

（1）在决策表中将信息相同的对象及其信息删除只留其中一个得到压缩后的信息表，即删除多余事例；

（2）删除多余属性；

（3）对每一对象及其信息中将多余的属性值删除；

（4）求出最小约简；

（5）根据最小约简，求出逻辑规则。

粗糙集理论中的不确定性主要由两个原因产生：① 直接来自于论域上的二元关系及其产生的知识模块，即近似空间本身；② 来自于给定论域里粗糙近似的边界，当边界为空集时知识是完全确定的，边界越大，知识就越粗糙或越模糊。

该理论与其他处理不确定或不精确问题理论的最显著的区别是：它无需提供问题所需处理的数据集合之外的任何先验信息，所以对问题的不确定性的描述或处理比较客观，由于这个理论未能包含处理不精确或不确定原始数据的机制，所以这个理论与模糊理论、证据理论等其他处理不确定或不精确问题的理论有很强的互补性。

利用粗糙集理论对二次设备状态进行评价，需根据二次设备不同的运行状态以及相关的运行参数指标构建一个二维决策表，在此表中将运行参数指标作为条件属性，运行状态作为决策属性，从而全面描述二次设备状态和运行指标间的关系。在此决策表的基础上，进行约简操作，即去掉冗余的条件属性，将一个复杂的决策表约简为一个或多个不含多余条件属性，并保证分类正确的最小条件属性决策表，进而求解出核，即影响分类的重要属性。根据重要属性的值，可实现对二次设备整体的状态评价。但同样，因表征二次设备运行状态的运行参数指标众多且有相关性，导致此表的规模较大，约简困难。

综合分析上述国内外学者提出的设备状态诊断规则与方法，都有各自的优势和局限性，对设备做出准确的状态评价往往需要综合它们的评价结论。二次设备的状态评价不仅要注重设备状态监测参数的提取，还要注重结合二次设备运行、检修和家族缺陷等设备历史资料，通过对二次设备的运行统计数据的深入分析和设备逆向分析找出影响二次设备可靠性的因素及设计中的薄弱环节，并通过对设备的运行状态进行实时的状态监视，对这些影响因素进行专家分析，为确定设备定期维护、检修、退役的最佳时间间隔提供指导意见。设备状态评价结果也是制定检修方案的依据，通过对失效和退役设备的分析和数据统计，可以对二次设备状态做出全面的评价，并给出对运行设备的维护和检修指导意见。根据上述方法推断出设备是否需要检修，使得检修更有针对性，提高效率和设备的安全稳定运行水平。但因电气二次设备特征参数具有不确定性，所取得的数据通常也不完整，对其进行状态评价，实质是处理多指标不确定信息的问题。建立合理的设备状态评价模型是电气二次设备状态检修的关键。

通过对上述智能评价技术的介绍与分析，结合传统人工对二次设备的评价方法，以智能变电站中可采集到的二次设备信息更加丰富和完善为基础，采用基于模糊理论的状态评价方法对二次设备进行状态评价更具备可行性。

### 3.1.2 二次设备状态评价

基于模糊综合评价的电气二次设备状态评价体系包括评价的指标体系、评价方法、评价流程等。评价以继电保护基础评分和运行数据评分为基础，依据模糊综合评价方法，实时计算继电保护当前运行状态分值，根据所得分值得出保护设备的运行状态。

基础评分是对交接试验合格、具备投运条件的新设备或检修之后验收合格可重新投运的设备按照给出的项目和依据进行评分，作为之后设备状态评价的基础。设备基础评分项目涉及工厂试验、交接试验和家族缺陷等设备的基础状态信息，是对设备基础状态的全面评价。

设备状态评估主要通过设备状态因子反映设备当前状态的因子量，它根据设备的状态监测信息，采用模糊综合评价模型得出。模糊综合评价模型是基于模糊数学的综合评价方法，该方法根据模糊数学的隶属度理论将定性评价转化为定量评价。该方法具有结果清晰、系统性强的特点，能较好地解决模糊的、难以量化的问题。

根据二次设备不同时期的状态参数可以推测设备的劣化速率及劣化趋势，判断其工作状况。二次设备的运行维护单位必须建立完善的档案资料库，根据这些资料每年组织一次由检修部门和运行部门共同参与的保护状态评价，确定其校验周期和类别。二次设备状态评定包括四种状态：正常、注意、异常、严重。

设备评价以百分制对设备状态进行评分，100 分表示最佳设备状态，0 分则表示需要尽快维修设备，其他情况的状态评分介于 0～100 分。表 3－1 推荐了设备状态评分参考值。

**表 3－1　设备状态评分参考值**

| 评分 | 设备状态 | 评分 | 设备状态 |
|---|---|---|---|
| 0～30 | 严重 | 76～85 | 正常（较好） |
| 31～55 | 异常 | 86～100 | 正常（良好） |
| 56～75 | 注意 | | |

**1.** 评价指标

与继电保护装置运行状况相关的数据种类多、格式不同、描述复杂，不同类型的数据对设备的运行状态评价的影响程度也不同，因此选取有效的评价指标是使用模糊综合评价法首先要解决的问题。除在线运行数据之外，继电保护历史运行数据也可为判断继电保护的运行状态提供支撑，因此建立在结合实时运行数据和历史运行数据基础上的指标体系，才能实现对继电保护状态进行全面的综合评价。

在线监测状态评价依据非检修设备的在线数据，如告警、特征值、运行量值、通信状态、自动化测试等，对设备的当前运行情况进行评价；历史运行水平评价则根据非检修设备的历史信息，如动作记录、动作正确性、缺陷记录等数据，对设备的历史运行水平进行评价。最终结合在线监测状态评价、历史运行水平两个方面得出二次非检修设备运行状态的综合评价。评价指标体系如图 3－3 所示。

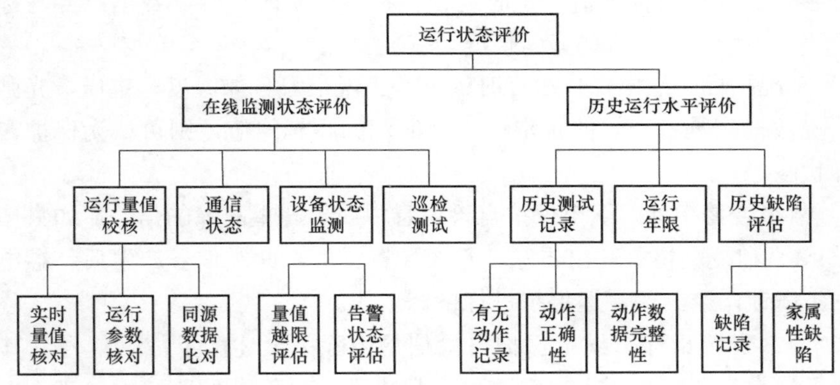


图 3－3　二次设备运行状态评价指标

（1）设备缺陷定义：

为实现对设备状态的评价，设备缺陷定义如下：

1）设备通信不正常，即“通信率＜阈值”；

2）设备重要运行参数与标准值不一致；

3）设备的实时监测数据和同源冗余监测数据对比越限；

4）设备产生自检告警信号，分为保护故障告警和保护异常告警；

5）设备工况信息越限异常；

6）电网发生故障时，保护未正确动作；

7）人工巡视发现的缺陷；

8）频繁告警；

9）运行年限大于标准年限；

10）产品具有家属性缺陷。

（2）运行状态评价指标。

上述对继电保护设备缺陷的定义可归纳为实时运行数据指标、运行参数指标、工况指标、故障告警指标、异常告警指标、历史数据指标六大类指标。下面分别介绍各指标：

1）实时运行数据指标。对二次回路各量测信号和状态监测信号的同源冗余数据对比所依据的原理是利用变电站层数据中心收集的大量继电保护设备冗余量测信息，对各量测量和状态量信息进行真值估计，通过对估计值和实际值的比较，发现继电保护设备组件的隐藏故障。冗余信息可来自于设备的保护、测控等不同量测回路，也可从人工诊断设备获取。数据包括模拟量、状态量、时钟等。

2）运行参数指标。在系统中设置设备定值、软压板、控制字等继电保护正常运行参数数据检验标准值，定时巡视保护设备实时运行参数信息并与标准值进行比较，识别保护运行的异常情况。

3）工况指标。继电保护运行时的一些工况信息，如温度、电压、光强等，这些工况数据应具备一定的正常运行阈值，如超越阈值，则可认为保护在非正常运行状态。

4）故障告警指标。继电保护自检信息中属于严重故障的信号，如只读存储器（ROM）和校验错、开出击穿、系统配置错等，此类信号产生后，继电保护装置发生闭锁，需立即停运保护进行检修工作。

5）异常告警指标。继电保护自检信息中除去上述严重故障信号的其他信号，属于异常告警，如开入击穿、电流互感器（TA）断线告警、电流不平衡告警等，此类信号产生后，继电保护部分功能发生闭锁，但仍具备部分功能可用。

6）历史数据指标。根据浴盆曲线原理，继电保护各元件及本体均存在功能失效期，因此历史运行年限也需作为指标系统中的一项。另外，根据系统中继电保护的历史运行数据，如频繁告警等，可判断该设备的运行状况。还可从系统的角度对某型号或某制造商产品历史运行情况进行统计分析，可判断某产品是否具备家族性缺陷等异常因素，从而给出评价得分。

**2.** 评价方法

（1）评价因素集及评语集。以反映设备状态的各种指标为元素组成的集合，即 $U$={运行实时数据指标、运行参数指标、工况指标、故障告警指标、异常告警指标、历史数据指标}。

根据评价最终所得分值将保护设备的状态分为正常、注意、异常、严重四种状态，即评语集 $V$={正常，注意，异常，严重}。

（2）评价因素权重。选取状态参量后，需根据指标间的相对重要性赋予相应的权重，确定合理的权重是模糊综合评价的关键步骤，其一般表现形式是 $A=\{a_1, a_2, \cdots, a_n\}$，其中，$a_i$ 代表第 $i$ 个因素的权重值，$\sum a_i=1$。权重的设置采用专家评价法，邀请多位专家按要求给出指标的相对重要性，综合专家意见其权重结果为 $A=\{0.16，0.12，0.1，0.42，0.12，0.08\}$，如表 3－2 所示。

表 3－2　　　　　　　　　指标权重表

| 指　标 | 权　重 | 指　标 | 权　重 |
|---|---|---|---|
| 实时数据 | 0.16 | 故障告警 | 0.42 |
| 运行参数 | 0.12 | 异常告警 | 0.12 |
| 运行工况 | 0.1 | 历史数据 | 0.08 |

**3.** 评价矩阵

逐个对被评价对象从每个因素 $u_i$ 上进行量化，从单因素来看评价对象对各等级模糊子集的隶属度，进而得到模糊关系矩阵：$R=\begin{pmatrix} r_{11} & \cdots & r_{1n} \\ \vdots & \ddots & \vdots \\ r_{m1} & \cdots & r_{mn} \end{pmatrix}$，其中，$r_{ij}$ 表示某个被评价对象从因素 $u_i$ 来看对等级模糊子集 $v_i$ 的隶属度。

按照专家打分方法构建评价矩阵的方法需专家进行评分，计算效率低且不具备较高频度评价的基础。可利用在线运行系统的数据计算优势，由计算机多次计算分数代替专家打分，指标正常时计算频率为 1h 一次，取最近 12 次得分值计算归一化处理后确定隶属关系，求得隶属度。特别是当发现指标处于异常状态时，应加快定时打分的频率，便于及时计算出异常情况。下面以运行实时数据指标为例介绍隶属度的求解。

实时运行数据主要依靠同源冗余数据之差（$\Delta x$）是否超出一定范围来检测是否正常，因电气量呈正弦曲线分布，采用比较有效值方法计算。表 3－3 展示了得分规则，段内的得分依据线性进行计算。

表 3－3　　　　　　　　　得分规则表

| 指　标 | 规　则 | 得　分 |
|---|---|---|
| 正常 | $\lvert\Delta x\rvert \leqslant 2\%$ | 76～100 |
| 注意 | $2\% < \lvert\Delta x\rvert \leqslant 5\%$ | 51～75 |
| 异常 | $5\% < \lvert\Delta x\rvert \leqslant 10\%$ | 26～50 |
| 严重 | $\lvert\Delta x\rvert > 10\%$ | 0～25 |

例如，一段运行时间内，按照设定周期定时对某台继电保护设备实时运行数据打分结果为{88，92，75，86，73，80，74，72，85，82，82，78}，则单因素隶属度可求解为：$r_i=\{0.6, 0.4, 0, 0\}$.

即该段时间内该继电保护实时运行数据指标在正常状态下运行的概率为60%，在注意状态下运行的概率为40%。

**4.** 评价矩阵和权重的合成

将权重和矩阵按下述公式进行合成计算，得出评价结果集

$$B=A\cdot R=(a_1, a_2,\cdots,a_n)\begin{pmatrix} r_{11} & \cdots & r_{1n} \\ \vdots & \ddots & \vdots \\ r_{m1} & \cdots & r_{mn} \end{pmatrix}=(b_1, b_2,\cdots,b_n)$$

其中，$b_i(i=1\sim n)$ 表示被评价对象在整体上对评价等级模糊子集元素 $v_i$ 的隶属程度。将结果集归一化处理，得出评语集中不同评价结果的概率。按最大隶属度原则评价出当前继电保护设备运行状况，即取结果集中概率最高的状态作为继电保护设备当前的运行状况。

例如：某台继电保护设备根据运行情况的状态评价结果计算为

$$B=A\cdot R$$

$$=(0.16, 0.12, 0.1, 0.42, 0.12, 0.08)\begin{pmatrix} 0.6 & 0.4 & 0 & 0 \\ 1 & 0 & 0 & 0 \\ 0.5 & 0.3 & 0.2 & 0 \\ 1 & 0 & 0 & 0 \\ 1 & 0 & 0 & 0 \\ 1 & 0 & 0 & 0 \end{pmatrix}=(0.886, 0.09, 0.02, 0)$$

归一化处理后结果为（0.89，0.1，0.01，0），按照最大隶属度原则，该设备的运行状况为正常。

#### 3.1.2.1 设备整体健康状态评价

根据上述二次设备状态信息，对其健康状态进行评价，首先根据上述不同重要度的状态信息确定二次设备所处的状态，然后对设备健康状态进行评分，分为两个部分，一是根据健康状态得出基础分，二是根据信息量的情况进行综合评价得出综合分，最后得出二次设备健康状态总得分，如图 3－4 所示。

**1.** 信息量状态判定模型

（1）开关量信息。逻辑信息的处理模型比较简单，对于逻辑信息，其状态是跳变的，无法对该信息做出评分，故只能从信息的告警量多少来区别。在进行综合评价时予以综合考虑，具体计算方法在设备状态综合评分时详细介绍。

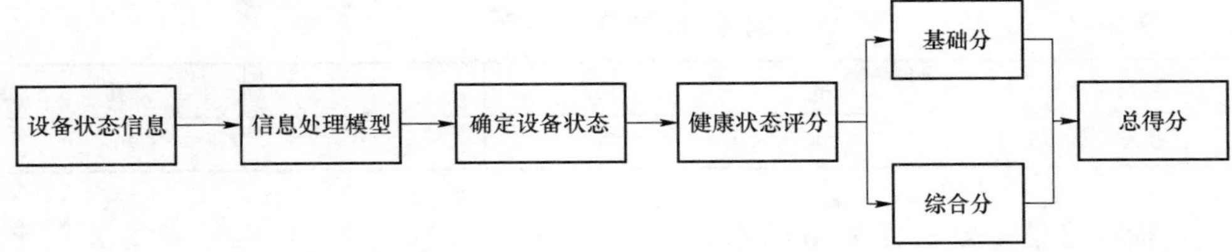


图 3-4　设备健康状态评价模型

（2）模拟量信息。二次设备模拟量信息主要包括 CPU 负荷率、设备内部温度、电源电压、端口发送功率、光口发送光强、设备振动（只考虑智能终端）、运行室温、运行环境噪声、运行环境湿度、设备误动作率、设备运行时间。将以上信息分为三种类型进行分析：第一类设备健康状态信息，只与该信息的越限程度有关，这类信息包括内存使用率、设备误动作率；第二类设备健康状态信息，与该信息的越限时间和越线程度都有关，这类信息包括 CPU 负荷率、设备内部温度、电源电压、端口发送功率、光口发送光强、运行室温、运行环境湿度；第三类设备健康状态信息，与该信息的越限时间和越限程度有关，而且越限具有累积效应，这类信息包括振动、噪声。下面分别对这三类信息建立不同的评分模型。

设某模拟量测量值为 $a_x$，定义设备状态信息阈值，额定值或初值 $a_0$，注意阈值 $a_1$、异常阈值 $a_2$、严重阈值 $a_3$，然后对在线信息进行评分，以上信息对设备影响不同，采用不同的评价模型进行分析，如表 3-4 所示。

**表 3-4　　模拟量信息分类模型**

| 信息影响类型 | 模拟量信息 |
| --- | --- |
| 仅与越限程度有关 | 设备误动作率、内存使用率 |
| 与越限程度和越限时间都有关 | CPU 负荷率、CPU 温度、电源电压、端口发送功率、光口发送光强、运行室温、运行环境湿度 |
| 与越限程度和越限时间有关，而且具有累计效应 | 振动、噪声、设备内部温度 |

1）仅与越限程度有关的信息。对该类信息进行采样，对每一次的采样值都按如下方式进行判定，具体评分步骤为：

a）设定信息阈值，设备误动作率只有两个阈值，注意阈值和异常阈值，内存使用率有三个阈值；

b）将设备状态信息测量值与状态信息的阈值进行比较，判定信息的状态；

c）计算状态信息得分。

设备状态信息基础得分 $S_A$ 如表 3-5 所示。

**表 3-5　　健康状态基础得分**

| 健康状态 | 正常 | 注意 | 异常 | 严重 |
|---|---|---|---|---|
| 状态基础得分 | 100 | 90 | 80 | 70 |

状态信息得分如表 3-6 所示。

**表 3-6　　状态信息得分计算办法**

| 监测信息 | 信息状态 | 评分办法 | 备注 |
|---|---|---|---|
| $m_i < m_x < m_j$ | 正常、注意、异常 | $S=S_A-\left\|\frac{10(m_x-m_i)}{m_j-m_i}\right\|$ | 特殊的，若该信息只有两个阈值，注意阈值和异常阈值，且信息处于异常状态时 $m_j=m_k$ |
| $m_x > m_{3+}$<br>$m_x < m_{3-}$ | 严重 | $S=S_A-\left\|\frac{70(m_x-m_{3-})}{m_k-m_{3-}}\right\|$ | |

$m_i$ 表示 $i$ 状态阈值，$m_j$ 表示 $j$ 状态阈值，每个状态阈值可能有上下两个阈值，$m_x$ 表示状态信息监测值或越限量平均值或越限能量值，$S$ 表示该状态信息的最终得分，$S_A$ 表示该状态信息的基础得分。

2）与越限程度和越限时间都有关的信息。对该类信息进行采样，对每一次的采样值都按如下方式进行判定，具体评分步骤为：

a）定义越限量平均值 $E$。根据设备状态信息测量值，按式（3-1）计算越限量，然后定义越限量平均值 $E$

$$E=\frac{1}{T}\int_0^T\left(\frac{a_x-a_0}{a_0}\right)\mathrm{d}t \tag{3-1}$$

式中，$T$ 表示监测的有效周期，即评价周期；$a_x$ 表示测量值；$a_0$ 表示额定值或初值。

b）设定越限量平均值 $E$ 的状态阈值，此类信息中运行室温、运行环境湿度只有两个阈值（注意阈值和异常阈值），其他的信息有三个阈值。将计算结果与阈值进行比较，判断设备信息状态。

c）按表 3-6 计算状态信息得分。

3）与越限程度和越限时间有关，而且具有累计效应的信息。对该类信息进行采样，从开始采样到结束采样为止，对状态信息所有的采样值都进行累积，按如下方式进行判定，具体评分步骤为：

a）定义越限能量值 $F$

$$F=\int_0^t\left(\frac{a_x-a_f}{a_f}\right)\mathrm{d}t \tag{3-2}$$

式中，$a_x$ 表示测量值；$a_f$ 表示有效判定阈值，该值的意义为该信息是否达到影响设备的健康状态，$a_f$ 根据相关标准或者通过实验测试确定。

b）设定越限能量值 $F$ 的状态阈值。这类信息中，振动和噪声这两种信息与设备的健康状态评价关系不大，这两个信息只有两个阈值，即注意阈值 $F_1$ 和异常阈值 $F_2$，而没有严重阈值；设备内部温度有三个阈值，这些阈值根据相关标准或者通过实验测试确定。将计算结果与阈值进行比较，判断设备信息状态。

c）按表 3－6 计算状态信息得分。

**2.** 设备状态判定

二次设备健康状态由不同重要度的监测信息告警或越限决定，根据信息分类模型把监测信息分为逻辑类信息和数字类信息，按照监测对象对二次设备重要程度分为注意信息、异常信息、严重信息，如图 3－5 所示。

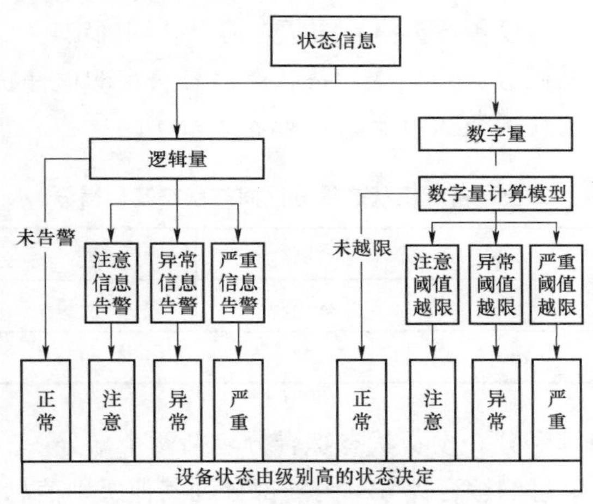


图 3－5　设备健康状态判定示意图

（1）开关量信息。根据信息分类模型，把开关量信息按照对二次设备健康状态重要程度分为注意信息、异常信息、严重信息，这三类信息在确定设备健康状态时，具有不同的级别。

严重信息＞异常信息＞注意信息＞正常信息

若这些信息同时有告警情况，由等级最高的告警信息决定设备的健康状态。例如，若二次设备的异常信息告警、注意信息也告警，那么二次设备的健康状态由级别高的异常信息决定为异常状态。

（2）模拟量信息。因电气量的特性，需监测的模拟量信息是连续变化的，检测模拟量变化需对每个模拟量信息设定三个阈值，即注意阈值、异常阈值、严重阈值（根据模拟量信息的情况，有的阈值分为上阈值和下阈值），可根据多个模拟量的实时数据状况综合判断二次设备属于哪个状态。表 3–7 中各阈值由二次设备运维人员依据运行经验设置。

表 3–7　设备状态判断方法

| 设备状态 | 正常 | 注意 | 异常 | 严重 |
|---|---|---|---|---|
| 监测信息 | ＜注意阈值 | ＞注意阈值，＜异常阈值 | ＞异常阈值，＜严重阈值 | ＞严重阈值 |

当两类信息同时有越限或告警时，可按照信息级别对设备状态进行状态判定。

**3.** 设备评分

二次设备健康状态评分结果由两部分组成：一部分为设备状态的基础分；另一部分为综合分，由设备各类信息的状态情况共同确定。

（1）设备状态基础分。由二次设备状态信息决定的板件状态，根据设备健康状态得分表，得出其状态基础分 $S_A$，如表 3–8 所示。

表 3–8　二次设备健康状态得分区间与状态基础得分

| 健康状态 | 正常 | 注意 | 异常 | 严重 |
|---|---|---|---|---|
| 得分 | 90～100 | 80～90 | 70～80 | 0～70 |
| 基础得分 | 100 | 90 | 80 | 70 |

（2）设备状态综合分。设备状态综合分包括两个部分：一部分为与设备所处状态同状态级别信息的综合评分；另一部分为其他级别信息的综合评分。

如表 3–9 所示，二次设备信息状态量重要度为 $i$，$i$ 的取值与所表示的状态见表 3–10，$n_i$ 表示模拟量越过 $i$ 阈值的信息总数；$m_i$ 表示开关量中为 $i$ 类信息的总数；数字参量有 $k_{i1}$ 个超过严重阈值；开关量有 $k_{i2}$ 个严重信息告警；$\beta_i$ 用来衡量综合评价时，数字信息所占的权重；$\alpha_i$ 用来衡量综合评价时，逻辑信息所占的权重，级别越高，权重值越大。

表 3–9　二次设备状态参量定义

| 状态量类型 | 信息重要度 | 总数 | 越限或告警数 | 重要度因子 |
|---|---|---|---|---|
| 模拟量 | $i$ | $n_i$ | $k_{i1}$ | $\beta_i$ |
| 开关量 | | $m_i$ | $k_{i2}$ | $\alpha_i$ |

$$k_{i1}=n_i,\ \ k_{i2}\leqslant m_i,\ \ \beta_2>\beta_3>\beta_4,\ \ \alpha>\alpha_2>\alpha_3>\alpha_4$$

**表 3－10**　　　　信息类型与重要度对应值

| 信息类型 | 正常 | 注意 | 异常 |
|---|---|---|---|
| 重要度 $i$ | 4 | 3 | 2 |

1）二次设备在 $i$ 状态下，数字参量有 $k_{i1}$ 个超过严重阈值，开关量有 $k_{i2}$ 个严重信息告警

$$A=1-\frac{k_{i1}}{n_i+m_i} \tag{3-3}$$

$$B=1-\frac{k_{i2}}{n_i+m_i} \tag{3-4}$$

2）考虑二次设备信息告警和超过阈值的模拟量，得分系数为

$$S_{\rm Y}=\min(A,B)-\frac{1-\max(A,B)}{\alpha} \tag{3-5}$$

3）合分系数

$$S_{\rm Z}=S_{\rm Y}-\sum_{j=i}^{4}\frac{\alpha_i k_{i1}}{n_i}-\sum_{j=i}^{4}\beta_i\left(1-\frac{y_i}{100}\right)\qquad (S_{\rm z}\geqslant 0) \tag{3-6}$$

式中，$\sum_{j=i}^{4}\frac{\alpha_i k_{i1}}{n_i}$ 用来衡量开关量的影响；$\sum_{j=i}^{4}\beta_i\left(1-\frac{y_i}{100}\right)$ 用来衡量模拟量的影响，$y_i$ 表示数字信息的得分。

（3）设备总得分。

1）设备在严重状态时

$$S=S_{\rm A}S_{\rm Z} \tag{3-7}$$

2）其他状态

$$S=S_{\rm A}-10(1-S_{\rm Z}) \tag{3-8}$$

**4.** 考虑役龄的状态评价

由于应力疲劳和热疲劳、电路老化等原因，二次设备健康状态与设备投产后的累计运行时间（役龄）有很大关系。反映设备健康状态演变的重要指标是故障率。大部分电气设备故障率随役龄变化的曲线遵循经典的浴盆曲线，大致分为早期故障期、偶发故障期、老化故障期三个阶段，直至寿命终期报废。与电气一次设备相比，由于二次设备出厂前检验更严格、安装工作较简易、投运前调试更方便充分，一般其早期故障期不明显。在偶发故障期设备故障率为常

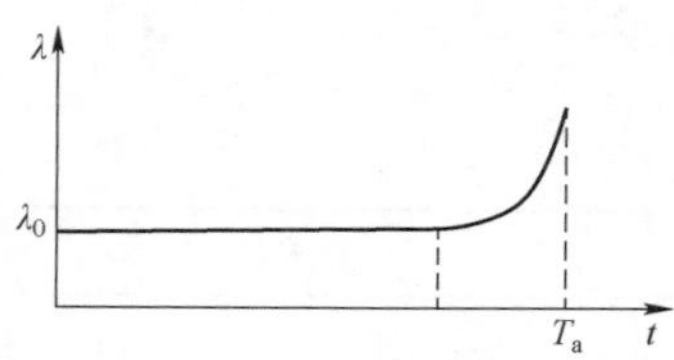


图 3－6　二次设备典型寿命曲线

数（在盆底），而在设备老化期设备故障率将沿着盆边变化，如图 3－6 所示。图中 $\lambda$ 为设备故障率，$T_a$ 为设备设计寿命。

因此，在对二次设备健康状态评价中，必须计及设备役龄因素的影响。以处于偶发故障期的设备为正常状态，在前述基于历史因数、实时因素、环境因数状态评价的基础上，根据二次设备典型寿命特征建立基于役龄的状态评价递减模型。

取设备的实际役龄

$$t_a = \max(t_1 / T_1,\ t_2 / T_2,\ \cdots,\ t_n / T_n)$$

式中，$t_1,t_2,\cdots,t_n$ 为设备各主要组成板件的实际役龄年化值；$T_1,T_2,\cdots,T_n$ 为各板件的设计寿命，通常可设 $T_1 = T_2 = \cdots = T_n = T_a$，则设备健康状态最后评分为

$$S_{ta} = S - C_{ta} \tag{3-9}$$

$$C_{ta} = \begin{cases} 0 & \forall 0 \leqslant t_a < 0.8 \\ 40 - 50t_a & \forall t_a \geqslant 0.8 \end{cases} \tag{3-10}$$

式中，$S$ 表示不考虑设备役龄的评分结果。

这样，在设备役龄小于其设计寿命的 80%前，不考虑其对设备健康状态的影响，其后随着役龄的增大，其对设备状态的影响逐渐增加，到达设计寿命时，设备状态将降低一级，到达 1.2 倍设计寿命时，设备状态将降低两级。

#### 3.1.2.2　多维度评价

除对设备整体健康状态进行评价外，还可从反映设备健康状态情况的不同维度对设备进行评价。二次设备历史状况、实时健康状态、运行环境，分别反映了二次设备损耗与衰老情况、二次设备当前实时健康状态以及设备运行环境的优劣程度，对影响设备健康状态的这三个维度进行分别评价，得出三个维度的状态指标，从而反映出设备各方面的健康情况，为状态检修策略制定做出指导。该方法可称为二次设备多维度评价技术。

**1.** 历史状态评价

二次设备经过一段时间的运行后，由于故障、维修、设备老化等原因，导致二次设备的健康状态相对于设备刚投运时的健康状态有所下滑，根据二次设备的历史信息进行分析，得出二次设备历史状态得分，反映二次设备损耗与衰老情况。

二次设备的历史信息主要从设备的历史运维记录和台账信息中获取，主要

包括三个方面的内容，如图 3－7 所示。

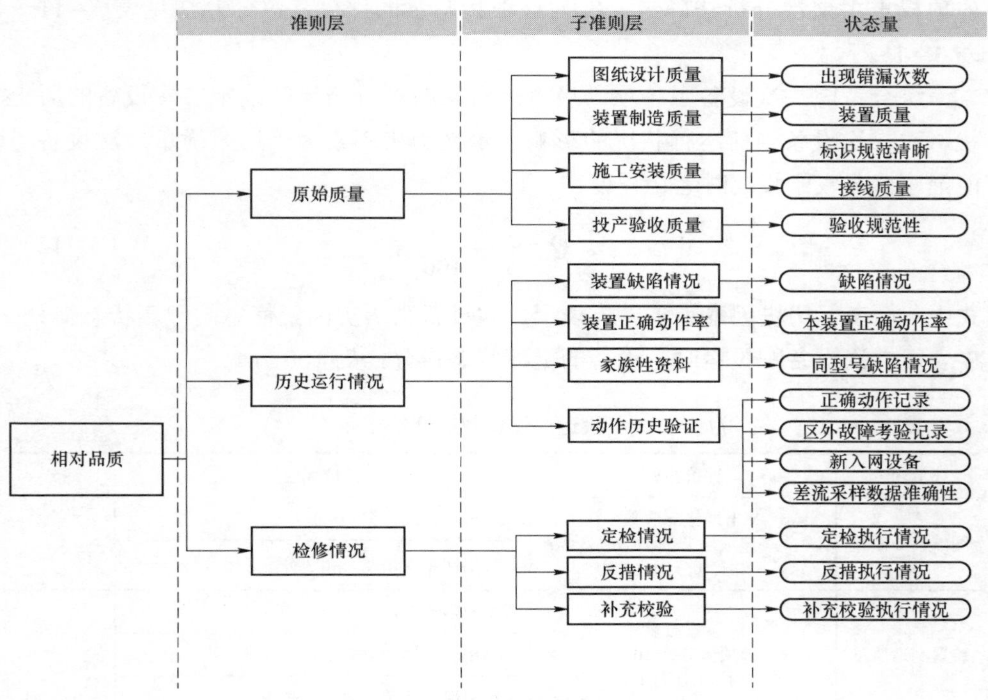


图 3－7　设备历史因数内容

（1）设备原始质量（投产前状态）。主要包括设备的技术资料质量、设备的制造质量、设备的施工安装质量、设备的投产验收质量等设备投产前的状态量。原始质量对于设备投产后的运行水平起到重要的影响。

（2）设备的历史运行状况。主要包括该设备运行以来的缺陷故障情况、设备运行考核指标、同型号（同批次）设备的家族性运行资料等。

（3）设备的检修情况。主要包括设备的定检情况、反措情况、设备改造或插件更新等情况下的补充校验等。

二次设备的历史状态得分由以上三个方面共同评价得到，通过对二次设备的各个信息类别开展状态分析，对二次设备历史状况开展分级评价，逐步向上等效，最终实现对所研究的二次设备的历史状况评价，具体计算方法为

$$S=10\times\sum_{i=1}^{n}\left\{a_i\times\sum_{j=1}^{m}\left[a_j\times\sum_{k=1}^{l}\left(a_k\times P_k\right)\right]\right\} \tag{3-11}$$

式中，$S$ 为历史状况得分；$n$ 为准则层的准则数量；$a_i$ 为该项准则相对于目标的权重；$m$ 为在准则 $i$ 中的子准则数量；$a_j$ 为该项子准则相对于其对应准则的权重；

$l$ 为子准则 $j$ 中的状态参量数量；$a_k$ 为该项状态量相对于其对应子准则的权重。各项权重由层次分析法确定；$P_k$ 为该项状态量的评分，评分办法见表 3－11～表 3－13。

综合考虑二次设备中各项二级评价对象的评价结果，确定二次设备的历史状态对二次设备当前运行状况的影响。定义历史因素因子用来衡量二次设备当前健康情况较刚投运时老化程度

$$Q=\frac{S_1}{S_0}=\frac{S_1}{100} \tag{3-12}$$

式中，$Q$ 表示历史因素因子；$S_1$ 表示二次设备由历史因素信息的健康状态得分；$S_0$ 表示二次设备刚投运时，设备的健康状态得分，为 100 分。

**表 3－11　投运前设备状态评价**

<table>
<tr><th>评价内容</th><th>评价指标</th><th>评价标准</th><th>评分</th></tr>
<tr><td rowspan="2">图纸设计质量</td><td rowspan="2">出现错漏次数<br>（该项满分为 10 分，扣至 0 分为止）</td><td>未出现错漏，记 10 分</td><td rowspan="2"></td></tr>
<tr><td>每出现 1 次错漏，扣 3 分</td></tr>
<tr><td rowspan="3">装置制造质量</td><td rowspan="3">装置质量<br>（该项满分为 10 分，扣至 0 分为止）</td><td>无缺陷情况，记 10 分</td><td rowspan="3"></td></tr>
<tr><td>每出现 1 次一般缺陷，扣 5 分</td></tr>
<tr><td>每出现 1 次重大缺陷，扣 10 分</td></tr>
<tr><td rowspan="6">施工安装质量</td><td rowspan="3">标识规范清晰（30%）<br>（该项满分为 10 分，扣至 0 分为止）</td><td>标识规范、清晰，记 10 分</td><td rowspan="3"></td></tr>
<tr><td>每出现 1 处手写的标识或模糊无法辨识的标识，扣 1 分</td></tr>
<tr><td>每出现 1 处错误标识，扣 5 分</td></tr>
<tr><td rowspan="3">接线质量（70%）<br>（该项满分为 10 分，扣至 0 分为止）</td><td>每出现 1 处接线松动，扣 2 分</td><td rowspan="3"></td></tr>
<tr><td>每出现 1 处不符合的要求，扣 2 分</td></tr>
<tr><td>接线出现错线、漏线，记 0 分</td></tr>
<tr><td rowspan="6">投产验收质量</td><td rowspan="2">技术档案资料完备性（25%）<br>（该项满分为 10 分，扣至 0 分为止）</td><td>资料完备，记 10 分</td><td rowspan="2"></td></tr>
<tr><td>每缺少 1 类资料，扣 3 分</td></tr>
<tr><td rowspan="2">验收规范性（50%）（该项满分为 10 分，扣至 0 分为止）</td><td>每有 1 项验收检验子项目未检验，扣 2 分</td><td rowspan="2"></td></tr>
<tr><td>装置投产 4 年内，每发现 1 处全站同电压等级保护设备二次回路设计错误，全站每个间隔该项扣 1 分</td></tr>
<tr><td rowspan="2">传动试验（25%）</td><td>已进行传动试验，记 10 分</td><td rowspan="2"></td></tr>
<tr><td>未进行传动试验，记 0 分</td></tr>
</table>

注　技术档案资料包括原理图、施工图、竣工图、装置说明书、调试报告等。

**表3-12　　设备历史运行状态评价**

<table>
<tr><th>评价内容</th><th>评价指标</th><th>评价标准</th><th>评分</th></tr>
<tr><td rowspan="4">装置缺陷情况</td><td rowspan="4">本评价周期内的缺陷情况（70%）<br>（该项满分为10分，<br>扣至0分为止）</td><td>无缺陷情况，记10分</td><td rowspan="4"></td></tr>
<tr><td>每出现1次一般缺陷，扣2分</td></tr>
<tr><td>每出现1次重大缺陷，扣4分</td></tr>
<tr><td>每出现1次紧急缺陷，扣10分</td></tr>
<tr><td rowspan="4">装置缺陷情况</td><td rowspan="4">上一个评价周期及以前的缺陷情况（30%）<br>（该项满分为10分，<br>扣至0分为止）</td><td>无缺陷情况，记10分</td><td rowspan="4"></td></tr>
<tr><td>每出现1次一般缺陷，扣2分</td></tr>
<tr><td>每出现1次重大缺陷，扣4分</td></tr>
<tr><td>每出现1次紧急缺陷，扣10分</td></tr>
<tr><td rowspan="3">装置正确动作率</td><td rowspan="3">本装置正确动作率</td><td>装置动作，且正确动作率为100%，记10分</td><td rowspan="3"></td></tr>
<tr><td>无动作记录，记5分</td></tr>
<tr><td>正确动作率低于100%，记0分</td></tr>
<tr><td rowspan="8">家族性资料</td><td rowspan="4">本评价周期内的同型号缺陷情况（70%）<br>（该项满分为10分，<br>扣至0分为止）</td><td>无缺陷情况，记10分</td><td rowspan="4"></td></tr>
<tr><td>每出现1次一般缺陷，扣1分</td></tr>
<tr><td>每出现1次重大缺陷，扣2分</td></tr>
<tr><td>每出现1次紧急缺陷，扣4分</td></tr>
<tr><td rowspan="4">上一个评价周期及以前的同型号缺陷情况（30%）<br>（该项满分为10分，<br>扣至0分为止）</td><td>无缺陷情况，记10分</td><td rowspan="4"></td></tr>
<tr><td>每出现1次一般缺陷，扣1分</td></tr>
<tr><td>每出现1次重大缺陷，扣2分</td></tr>
<tr><td>每出现1次紧急缺陷，扣4分</td></tr>
<tr><td rowspan="8">动作历史验证</td><td rowspan="5">装置正确动作记录（50%）<br>（该项满分为10分，<br>扣至0分为止）</td><td>有区内正确动作记录，且有A、B、C相正确动作记录，记10分<br>（母线保护、主变保护、其他保护设备仅评价区内正确动作记录）</td><td rowspan="5"></td></tr>
<tr><td>无区内正确动作记录：<br>线路保护该项扣7分；<br>母线保护、主变保护、其他保护扣10分</td></tr>
<tr><td>无A相故障正确动作记录，扣1分<br>（仅线路保护考核该项）</td></tr>
<tr><td>无B相故障正确动作记录，扣1分<br>（仅线路保护考核该项）</td></tr>
<tr><td>无C相故障正确动作记录，扣1分<br>（仅线路保护考核该项）</td></tr>
<tr><td rowspan="3">装置区外故障考验记录（20%）<br>（该项满分为10分，<br>扣至0分为止）</td><td>设备正常工作，记10分</td><td rowspan="3"></td></tr>
<tr><td>电压、电流采样、开关量异常，扣5分</td></tr>
<tr><td>保护通道不正常，扣5分</td></tr>
</table>

续表

| 评价内容 | 评价指标 | 评价标准 | 评分 |
|---|---|---|---|
| 动作历史验证 | 是否为新入网设备（10%）（全网小于等于 30 套） | 不是新入网设备，记 10 分 | |
| | | 是新入网设备，记 0 分 | |
| | 差流数据是否异常（20%）（非差动原理装置不考核该项） | 差流数据正常，记 10 分 | |
| | | 发生差流数据异常，该项记 0 分 | |
| | 若有发生误动或拒动记录，“动作历史验证”项直接记 0 分 | | |

**表 3-13　　二次设备检修状况评价**

| 评价内容 | 评价指标 | 评价标准 | 评分 |
|---|---|---|---|
| 定检情况 | 定检执行情况 | 超期 3 个月内且按要求进行定检，记 10 分 | |
| | | 超期 3～6 个月且按要求进行定检，记 7 分 | |
| | | 超期 6～12 个月且按要求进行定检，记 4 分 | |
| | | 超期 1 年以上或未按要求进行定检，记 0 分 | |
| 反措情况 | 反措执行情况 | 已按要求完成反措，记 10 分 | |
| | | 反措计划时间内未完成反措，记 5 分 | |
| | | 超出反措计划时间未完成反措或未按要求完成反措，记 0 分 | |
| 补充校验 | 检验执行情况 | 按期、按要求进行校验，记 10 分 | |
| | | 未按期、按要求进行校验，记 0 分 | |

各层级信息的权重通过层次分析法确定，层次分析法是一种定性和定量相结合的、系统化的、层次化的分析方法。它是将半定性、半定量问题转化为定量问题的行之有效的一种方法，使人们的思维过程层次化。通过逐层比较多种关联因素来为分析、决策、预测或控制事物的发展提供定量依据，它特别适用于那些难以完全用定量进行分析的复杂问题，为解决这类问题提供一种简便实用的方法。层次分析法解决问题的基本思想与人们对一个多层次、多因素、复杂的决策问题的思维过程基本一致，最突出的特点是分层比较，综合优化。其解决问题的方法包含以下四个步骤，如图 3-8 所示。

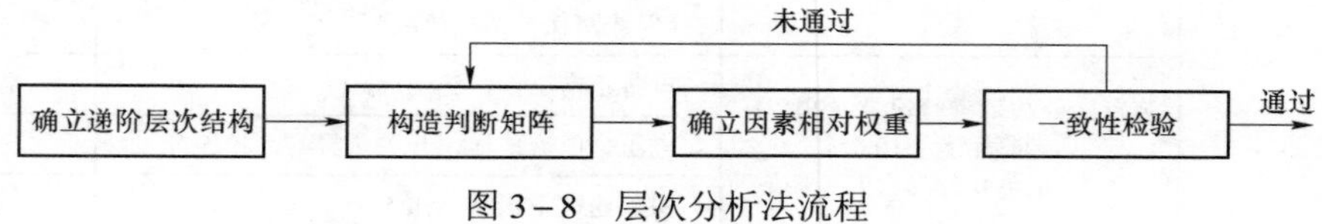


图 3-8　层次分析法流程

（1）分析系统中各因素之间的关系，建立系统的递阶层次结构，如表 3－14 所示。

表 3－14　历史因素递阶层次结构

<table>
<tr><th>目标层</th><th>准则层</th><th>子准则层</th></tr>
<tr><td rowspan="11">历史因数评价</td><td rowspan="4">原始质量</td><td>图纸设计</td></tr>
<tr><td>装置制造</td></tr>
<tr><td>施工安装</td></tr>
<tr><td>投产验收</td></tr>
<tr><td rowspan="4">历史运行</td><td>装置缺陷</td></tr>
<tr><td>装置正确动作率</td></tr>
<tr><td>家族性资料</td></tr>
<tr><td>动作历史验证</td></tr>
<tr><td rowspan="3">检修情况</td><td>定检情况</td></tr>
<tr><td>反措情况</td></tr>
<tr><td>补充校验</td></tr>
</table>

（2）构造两两比较矩阵（判断矩阵），对于同一层次的各因素关于上一层中某一准则（目标）的重要性进行两两比较，构造出两两比较的判断矩阵。该步骤中只需要确定同级信息的重要度排序，即可确定各信息的权重系数，大大减小了专家打分的主观性，如表 3－15 所示。

表 3－15　信息的重要度排序

| 标度 | 含义 |
|---|---|
| 1 | $C_i$ 与 $C_j$ 的影响相同 |
| 3 | $C_i$ 比 $C_j$ 的影响稍强 |
| 5 | $C_i$ 比 $C_j$ 的影响强 |
| 7 | $C_i$ 比 $C_j$ 的影响明显得强 |
| 9 | $C_i$ 比 $C_j$ 的影响绝对得强 |
| 2，4，6，8 | $C_i$ 与 $C_j$ 的影响之比在上述两个相邻等级之间 |

假设要比较 $n$ 个因素 $C_1, C_2, \cdots, C_n$ 对上一层（如目标层）$O$ 的影响程度，即要确定它在 $O$ 中所占的比重。对任意两个因素 $C_i$ 和 $C_j$，用 $a_{ij}$ 表示 $C_i$ 和 $C_j$ 对 $O$ 的影响程度之比，按 1～9 的比例标度，如表 3－15 所示，来度量 $a_{ij}(i, j=1,2,\cdots,n)$，

可得到两两成对比较矩阵 $A=(a_{ij})_{n\times n}$，又称为判断矩阵，显然

$$a_{ji}=\frac{1}{a_{ij}},a_{ii}=1,(i,j=1,2,\cdots,n) \tag{3-13}$$

（3）由比较矩阵计算被比较因素对每一准则的相对权重，并进行单层次判断矩阵的一致性检验。

在步骤（2）里形成的判断矩阵 $\boldsymbol{A}$ 对应的最大特征值 $\lambda_{\max}$ 的特征向量 $\boldsymbol{W}$，经归一化后即可得同一层次相应因素对于上一层次某因素相对重要性的排序权值，这一过程成为单层次排序。

为避免比较结果中可能出现的非一致性，需要对判断矩阵进行一致性检验，步骤如下：

1）计算一致性指标 $CI$

$$CI=\frac{\lambda_{\max}-n}{n-1} \tag{3-14}$$

2）查找相应的平均随机一致性指标 $RI$，对 $n=1,\cdots,9$，表 3－16 给出了 $RI$ 的值。

**表 3－16　　　　平均一致性指标 *RI* 取值**

| $n$ | 1 | 2 | 3 | 4 | 5 | 6 | 7 | 8 | 9 |
|---|---|---|---|---|---|---|---|---|---|
| $RI$ | 0 | 0 | 0.58 | 0.90 | 1.12 | 1.24 | 1.32 | 1.41 | 1.45 |

3）计算一致性比例 $CR$

$$CR=\frac{CI}{RI} \tag{3-15}$$

当 $CR<0.10$ 时，认为判断矩阵的一致性是可以通过的，否则应对判断矩阵做适当修改。

（4）计算方案层对目标层的组合权重进行组合一致性检验及排序。

步骤（3）得到的是一组元素对其上一层中某元素的权重向量，而常常需要的是最低层各方案对于目标层的排序权重，从而进行方案选择。

设上一层（$k$ 层）$m$ 个因素层次总排序权重分别为 $\omega_1^k,\cdots,\omega_m^k$，其后下一层（$k+1$ 层）$n$ 个因素关于上一层的层次单排序权重分别为 $\omega_{1j},\cdots,\omega_{nj}$，则 $k+1$ 层相对于顶层的总排序权重 $\omega_1^{k+1},\cdots,\omega_n^{k+1}$ 的计算方法为

$$\omega_i^{k+1}=\sum_{i=1}^{m}\omega_{ij}\omega_i^{k+1},\quad i=1,\cdots,n \tag{3-16}$$

如此逐层计算即可得到最低层（方案层）对最高层（目标层）的总排序权重。由于各层的非一致性有可能累积，因此对层次总排序的一致性也需要进行检验。

设 $k$ 层的一致性指标为 $CI_1^k, CI_2^k, \cdots, CI_m^k$，随机一致性指标为 $RI_1^k, RI_2^k, \cdots, RI_m^k$，则第 $k$ 层对目标层的（最高层）的组合一致性指标

$$CI^k = \left(CI_1^k, CI_2^k, \cdots, CI_m^k\right) w^{k-1} \tag{3-17}$$

组合平均一致性指标

$$RI^k = \left(RI_1^k, RI_2^k, \cdots, RI_{n_{k-1}}^k\right) w^{k-1} \tag{3-18}$$

组合一致性比例为

$$CR^k = CR^{k-1} + \frac{CI^k}{RI^k}(k \geqslant 3) \tag{3-19}$$

当 $CR^k < 0.10$ 时，则认为整个层次的比较判断矩阵通过一致性检验，并接受该分析结果。

二次设备历史因素信息重要度分级如表 3－17 所示。

**表 3－17　　二次设备历史因素信息重要度分级**

| 目标层 | 准则层 | 准则层重要度 | 子准则层 | 子准则层重要度 |
|---|---|---|---|---|
| 历史因素评价 | 原始质量 | 4 | 图纸设计 | 4 |
| | | | 装置制造 | 3 |
| | | | 施工安装 | 4 |
| | | | 投产验收 | 2 |
| | 历史运行 | 1 | 装置缺陷 | 1 |
| | | | 装置正确动作率 | 2 |
| | | | 家族性资料 | 3 |
| | | | 动作历史验证 | 4 |
| | | | 运行时间 | 1 |
| | 检修情况 | 1 | 定检情况 | 1 |
| | | | 反措情况 | 3 |
| | | | 补充校验 | 4 |

根据上述信息的权重，计算各信息权重如表 3－18 所示。

表 3-18　　二次设备历史因素信息权重

| 目标层 | 准则层 | 准则层权重 | 子准则层 | 子准则层权重 |
|---|---|---|---|---|
| 历史因数评价 | 原始质量 | 0.067 | 图纸设计 | 0.095 |
| | | | 装置制造 | 0.250 |
| | | | 施工安装 | 0.095 |
| | | | 投产验收 | 0.560 |
| | 历史运行 | 0.467 | 装置缺陷 | 0.362 |
| | | | 装置正确动作率 | 0.161 |
| | | | 家族性资料 | 0.076 |
| | | | 动作历史验证 | 0.039 |
| | 检修情况 | 0.467 | 定检情况 | 0.731 |
| | | | 反措情况 | 0.188 |
| | | | 补充校验 | 0.081 |

**2.** 实时健康状态评价

二次设备在运行过程中，由于设备自身或外界因素，使得设备的某些状态发生短暂的变化，导致设备当时的健康状态有所变化，例如保护设备的一次侧发生故障，此时保护设备开始判定，接着保护设备 CPU 负荷率显著上升，可能导致其他功能的延缓，设备实时健康状态有所下降。根据二次设备的实时监测数据，对二次设备当前运行状态下的健康状态进行评价，可获取二次设备实时健康状态得分。

首先根据设备监测对象不同，把信息分类到不同板件或各附属设备，然后根据在线信息对设备板件或附属设备进行评价，根据评价结果逐级向上评价等效，最终实现对二次设备的实时健康状态评价。

（1）监测信息分类。

根据二次设备的特点和目前可以获取的条件，确立了二次设备实时因素信息，并根据功能部位和信息量的类型进行了分类。尽管二次设备由众多种类的设备组成，其结构、功能和在电网运行中的地位各不相同，但其设备主体结构均是基于计算机技术构建，可以借鉴计算机设备的健康状态指标，逐一对各类二次设备进行分析，归纳出能充分表征不同二次设备状态的共性指标、特性指标。

二次设备具备较强的自检功能，可实时对设备进行自检，实现二次设备自我监测，监测对象可以分为设备本身和附属设备。设备自身根据不同功能模块，可以分为控制面板、CPU 板、开入开出板、电源板、A/D 模块、内部通信以及设备内部的环境，设备的监测信息主要包括各板件的自检信息和设备采集到的内部或外部的同源冗余信息比对结果、信息序列异常等，内部环境主要是设备内部温湿度和振动。新型数字化保护测控装置都有较为完善的自检，这些自检信息都可以通过MMS网获得，过程层设备需要由测控装置从GOOSE网获取再从MMS网发送。在常规变电站中的保护测控装置，自检功能不完善，通过MMS网可获取部分信息。附属设备主要是和二次设备功能完成相关性很大的设备，例如继电保护设备的二次回路等，监测内容主要是对二次设备与外界联系是否联通，以及联通程度。

二次设备与其他设备之间通过电量或其他信息量进行数据信息的交互，二次设备给其他设备发送信息，其他设备会有一些反馈信息，某些反馈信息会在一定程度上反映二次设备的健康状态，因此，对某些能够反映设备健康状态的反馈信息进行监测，可以反映二次设备实时的健康情况。

（2）实时状态健康度评价方法。

基于在线信息对二次设备实时健康情况进行评价，评价流程如下：

1）对二次设备实时因素信息进行分层。

首先根据实时因素数据信息对二次设备子准则层进行评价，然后利用子准则层的评价结果逐级向上评价，最终得到目标层评价结果，如表3－19所示。

**表3－19　　　　继电保护实时因素信息情况**

| 评价目标 | 监测对象 | | 设备组成 | 监测信息 | 信息类别 | 重要度 |
|---|---|---|---|---|---|---|
| 实时健康状态评价 | 自检信息 | 设备自身 | 控制面板 | 显示屏故障 | 开关量 | 注意 |
| | | | | 命令失灵 | 开关量 | 异常 |
| | | | CPU板 | CPU负荷率 | 模拟量 | — |
| | | | | CPU温度 | 模拟量 | — |
| | | | | 内存使用率 | 模拟量 | — |
| | | | | 定值错 | 开关量 | 严重 |
| | | | | 定值区指针错 | 开关量 | 注意 |
| | | | | 设备参数错 | 开关量 | 异常 |
| | | | | ROM和校验错 | 开关量 | 异常 |
| | | | 开入开出板 | 开入输入不正常 | 开关量 | 异常 |
| | | | | SRAM自检异常 | 开关量 | 异常 |
| | | | | FLASH自检异常 | 开关量 | 异常 |

续表

| 评价目标 | 监测对象 | | 设备组成 | 监测信息 | 信息类别 | 重要度 |
|---|---|---|---|---|---|---|
| 实时健康状态评价 | 自检信息 | 设备自身 | 开入开出板 | 开入击穿 | 开关量 | 异常 |
| | | | | 开入异常 | 开关量 | 注意 |
| | | | | 开入自检回路出错 | 开关量 | 注意 |
| | | | | 开出 EEPROM 出错 | 开关量 | 注意 |
| | | | | 跳位开入异常 | 开关量 | 注意 |
| | | | 电源板 | 电源电压 | 模拟量 | — |
| | | | | 电压温度 | 模拟量 | — |
| | | | A/D 模块 | SV 采样失步 | 开关量 | 异常 |
| | | | | SV 板通信中断 | 开关量 | 严重 |
| | | | | SV 采样数据异常 | 开关量 | 注意 |
| | | | | SV 采样数据检修 | 开关量 | 注意 |
| | | | 通信模块 | GOOSE 板通信中断 | 开关量 | 严重 |
| | | | | GOOSE 无开入信息 | 开关量 | 异常 |
| | | | | 位置状态无效 | 开关量 | 异常 |
| | | | | 光口接收光强 | 模拟量 | — |
| | | 附属设备 | 二次回路 | TV 断线 | 开关量 | 异常 |
| | | | | TA 断线 | 开关量 | 异常 |
| | | | | 端口接收功率 | 模拟量 | — |
| | | | | 软压板错 | 开关量 | 异常 |
| | 反馈信息 | | | 双位置输入不一致 | 开关量 | 异常 |
| | | | | 端口发送功率 | 模拟量 | — |
| | | | | 三相相序不对应 | 开关量 | 注意 |
| | | | | 光口发送光强 | 模拟量 | — |
| | | | | 位置状态无效 | 开关量 | 注意 |
| | | | | 同期电压异常 | 开关量 | 注意 |
| | | | | 开入 EEPROM 出错 | 开关量 | 注意 |
| | | | | 开出通信中断 | 开关量 | 异常 |
| | | | | 3 次谐波过量告警 | 开关量 | 注意 |
| | | | | 温度 | 模拟量 | — |
| | | | | 湿度 | 模拟量 | — |

2）子准则层评价办法。

a）状态确定。板件状态由不同重要度的监测信息告警或越限决定，根据信息分类模型把监测信息分为逻辑信息和数字信息，按照监测对象对板件重要程度分为正常信息、注意信息、异常信息、严重信息。

a. 逻辑信息。根据信息分类模型把逻辑类信息按照监测对象分为设备各板件信息、附属设备信息，按照对板件重要程度分为正常信息、注意信息、异常信息、严重信息，这四类信息在确定设备健康状态时，具有不同的级别：

严重信息＞异常信息＞注意信息＞正常信息

若这些信息有告警情况，由等级最高的告警信息决定设备的健康状态，例如，若二次设备的异常信息告警、注意信息都告警，那么二次设备的健康状态由级别高的异常信息决定为异常状态。

b. 数字信息。对于监测的数字信息是连续变化的，判定按照上节数字信息处理模型进行。

两类信息同时有越限或告警时，按照信息级别对设备板件或附属设备进行状态判定。

b）分数评价。根据设备板件或附属设备的状态判定，然后对设备实时健康状态进行评分，根据监测信息的数据类型不同，数字信息和逻辑信息评价方法不同，应分别评价，评分细则如下：

a. 逻辑信息。对于逻辑信息，其状态是跳变的，无法对该信息做出评分，故只能从信息的告警量多少来区别。在进行综合评价时予以考虑就行，具体计算在综合评分时详细介绍。

b. 数字信息。信息评分按照数字信息处理模型进行计算。

c）综合评分。二次设备实时健康状态评分结果由两部分组成：① 设备实时状态的基础分；② 综合分，由设备各类信息的状态情况共同确定。实时健康状态总得分由二次设备实时基础分和综合分共同决定。按照设备整体健康状态评价计算状态与得分。

**3.** 环境因素的影响评价

二次设备健康状态与设备所处的运行环境息息相关，设备运行环境的优劣程度会直接或间接地对二次设备的健康状态产生影响，对设备运行环境进行监测，从环境信息量计算得出运行环境因子，了解二次设备运行条件。

（1）信息分类。

二次设备的运行环境主要从主观环境和客观环境两个方面反映，如图 3－9 所示。

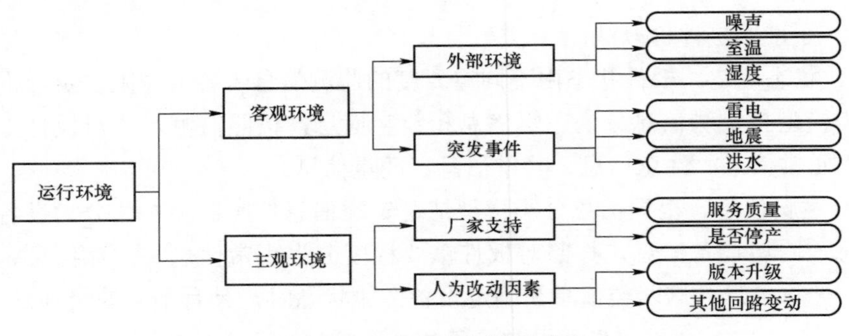


图 3－9 设备运行环境分类图

1）客观环境。二次设备运行的客观环境主要是设备所处的外部环境和突发事件，外部环境包括噪声、室温、相对湿度；突发事件主要考虑雷电、地震、洪水。

2）主观环境。二次设备的主观因素主要是生产厂家的支持，包括服务质量优劣和设备停产与否，以及人为改动因素，包括版本升级和接线改动。

（2）评价模型。

二次设备运行环境因素评价分为客观环境与主观环境，两个部分进行，若客观环境得分为 $S_1$，主观环境得分为 $S_2$，则总得分为 $S=k_1S_1+k_2S_2$。$k_1$、$k_2$ 为对应的权重系数。

由于客观环境因素多为连续变化的模拟量信息，可以用阈值越限计算法进行处理，而主观环境信息与设备历史因素的信息类似，可以采用打分的方式处理。具体办法如下：

1）客观环境因素。外部环境因素按照前文介绍的设备模拟量信息处理模型进行计算，确定各信息量的状态和分数，然后计算出每个模拟量信息的得分后，求取三个信息的平均值。

突发事件中雷电事件可以根据天气预报情况进行预测，在获得天气预报有雷电时，所有设备状态进入注意状态，并提醒运维人员准备抢修。另外两个信息无法获取，暂时不予以考虑。

2）主观环境因素，如表 3－20 所示。

**表 3－20　　主 观 环 境 评 价**

| 评价内容 | 评价指标 | 评价标准 | 评分 |
|---|---|---|---|
| 厂家支持 40% | 服务质量 30%（满分为 100 分） | 对支持厂家的服务质量进行打分 | a |
| | 是否停产 70%（满分为 100 分） | 停产 3 个月内，记 80 分 | b |
| | | 停产 3～6 个月，记 60 分 | |
| | | 超期 6 个月以上，记 20 分 | |

续表

| 评价内容 | 评价指标 | 评价标准 | 评分 |
|---|---|---|---|
| 人为改动 60% | 更新版本 60%（满分为 100 分） | 版本更新 1 个月内，记 60 分 | c |
| | | 版本更新 3 个月，记 80 分 | |
| | | 版本更新 6 个月以上，记 100 分 | |
| | 回路变动 40%（满分为 100 分） | 每变动一次减 20 分，减完为止 | d |

主观环境因素得分为 $S=40\%\times(a\times30\%+b\times70\%)+60\%\times(c\times60\%+d\times40\%)$。

结合量化计算方法，通过对二次设备进行多维度的状态评价计算，可以较准确地对二次设备当前的运行状况进行评价。

#### 3.1.2.3　安全风险评价

设备风险评价为设备的运行、维护、检修、试验、技改等生产管理工作的决策提供依据，当前的设备风险评价理论通过统计和计算特定事故发生的概率及后果来量化设备存在的风险。对于投运数量庞大的二次设备，分类统计各类别设备的故障发生概率较困难；而二次设备故障可能造成的损失也很难准确与故障相对应。因此，对二次设备存在的风险进行分析与评价仍以定性模式为主，没有量化评价二次设备风险的具体方法和规范。为有效预控二次设备的风险，需要寻求一种更可行的方法，要求在计算故障概率时，样本数据少，原理简单，可检验性强，能将故障类型与可能的损失合理、准确地对应起来。

**1.** 安全风险评价技术简介

电网安全风险评价问题早在 20 世纪 80 年代就已经受到关注，但到目前为止，相关研究还主要集中在一次系统。从可靠性研究开始，国内外研究人员已经对电力一次系统风险评价进行了比较系统、深入的研究，从设备到系统都有比较完善的分析和评价方法，并且运用于调度运行、检修计划和电网规划等。二次系统安全风险研究大多从安全防御角度提出构想，关注影响系统安全的各个因素，而对整体系统风险评价的研究尚较缺乏。已有的分析手段基本是从设备和信息分别入手，但对两者风险融合分析和人为因素的考虑，及二次系统风险对一次系统的作用形式研究尚少。

电网二次设备由多个电子元器件组件，其正常工作的完成是各元器件配合的结果。各元器件是否能正常运行是二次设备的安全风险因素。如继电保护装置的安全风险因素主要包括二次回路绝缘老化，裸露接地故障，三相操作继电器箱等辅助装置失效，通信及接口装置通信阻断等。此外，二次设备往往处于复杂多变的外部环境之中，如大部分远端RTU装置往往受到温度骤变、电磁干扰和大量灰尘污秽的影响，增加了量测不确定性，也减少了设备寿命。电网正常运行时，二次设备故障会造成量测丢失或错误，影响调度人员对电网的准确感知；一次系统发生故障时，由于继电保护装置等二次设备的拒动或误动，会发生联锁故障，增加停电范围。

目前对电力系统的风险评价方法较为全面，大致可以分为三类：基于可靠性理论的评价方法、基于风险管理的评价方法、基于人工智能等新理论的评价方法。

（1）基于可靠性理论的安全风险评价。

该方法先要建立元件的失效模型，根据失效概率和后果确定风险指标，它一般包含四个方面的内容：① 确定元件停运模型；② 选择系统失效状态并计算它们的概率；③ 评价所选择状态的后果；④ 计算风险指标。电力系统一次设备是电能传输和分配的重要元件，而元件停运是系统失效的根本原因。如何正确建立元件失效模型和选择系统的失效状态是该评价方法的重点，目前选择系统状态的方法主要有解析法、蒙特卡罗模拟法及两者相结合的方法。

解析法（即状态枚举法）是尽可能地列举出系统的各种故障状态，并按照合适的准则逐个地进行选择，然后评价所选择状态的后果，最后计算系统的风险指标。因此该方法的物理概念十分清晰，理论上可以较好地模拟系统的各种故障状态。但电力系统非常复杂，故障状态数非常庞大，因此该方法在实际应用中会遇到计算量过大，并且难以模拟多重故障的情况。因此，目前解析法只适用于模拟一些简单的小规模系统。针对以上缺点，许多专家学者都在研究减少计算量的方法，如减少故障重数、截断概率、对故障进行分类等，取得了一定的成果。

蒙特卡罗模拟法是一种随机模拟数学方法，它首先建立一个概率模拟或随机过程，通过概率抽样来模拟系统的运行状态，根据样本的统计特征计算系统风险指标。只要有足够的样本，就可以比较真实地模拟系统的各种状态，包括多重故障情况，同时避免了计算量过大的问题，因此它在一定程度上克服了解析法的缺点，比较适合规模大的系统。通过以上分析可以看出，基于可靠性理论的评价方法在物理层面上可以较好地模拟系统的状态，并且可以通过潮流计算得出精确的系统故障后果。但不足在于很难真实地模拟人为、自然灾害等不确定性因素的影响，且一些方法存在计算精度与计算时间之间的矛盾。

（2）基于风险管理的安全风险评价。

基于风险管理的电力系统安全风险评价通常是将定性与定量分析相结合的

综合评价方法。定性分析通常是建立评价模型及评价指标（包括定性指标和定量指标）的过程，这就要求评价者非常熟悉被评价对象（系统）的属性、特点，并且需要考虑外在的各种因素的影响。定量计算通常是选取相应的实际数据并计算各项评价指标，对一些定性的指标需要先将其定量化，最后根据各项指标计算出评价目标的数值（系统的风险）。该方法往往需要根据专家经验来确定定性指标的取值，并且所建立的评价模型要便于实际操作。

定性分析时通常采用故障树分析法。故障树分析法的基础是系统故障事件（项事件），并以顶事件为出发点，分析引起顶事件的各种原因，画出它们之间的逻辑关系图。该方法构建的故障树模型结构和层次清晰，便于分析影响顶事件的各种因素。

定量计算中关键的一个环节是确定各指标的权重。目前，定量计算中应用较多的方法有层次分析法、熵权法、与模糊数学相结合的方法和灰色理论方法等。

1）层次分析法（AHP）是美国 T. L. aaty 教授于 20 世纪 70 年代提出的一种定性分析和定量分析相结合的系统分析方法。该方法通过明确问题、建立层次分析结构模型、构造判断矩阵、层次单排序和层次总排序五个步骤，计算各层次构成要素对于总目标的组合权重，从而得出不同可行方案的综合评价值，为选择最优方案提供依据。AHP 的关键环节是建立判断矩阵，判断矩阵是否科学、合理直接影响到 AHP 的效果。

2）熵权法是一种应用广泛的客观权重分配方法。该方法中指标权重的确定是很重要的一部分，它根据各指标所反映的信息量的大小来确定指标权重。某项评价指标的差异越大，熵值越小，该指标包含和传输的信息越多，相应权重越大。该方法可以对评价中的定性指标进行度量，从而减少主观因素带来的影响。

3）利用模糊数学相结合的方法便于将存在模糊性的定性指标定量化，这是它的一个较大的优点，但其缺点是难以克服评价过程中部分主观因素的影响。

4）灰色理论方法。其基本原理是从有限的离散数据中找出规律，并根据数据序列的相似性来判断评价指标之间的联系程度。

基于风险管理的电力系统风险评价方法不足在于，很少考虑系统的物理结构，且在确定指标权重的时候受主观因素的影响。但该方法可以很好地将定性与定量分析相结合起来，有利于充分发挥专家经验，并且方便电力企业在管理上的应用。

（3）基于人工智能等新理论的安全风险评价。

近年来，人工智能等新理论发展迅速，各种新的算法也在不断被完善，基于这些新理论、新方法的电力系统风险评价的研究也受到了专家学者的青睐。例如，利用模糊神经网络优化第一道防线的性能，在此基础上建立联锁故障风险评价的模型和评价指标，从而在预防联锁故障的发生方面具有指导意义。

二次设备是二次系统与一次系统的关联点，也是测量与控制的直接执行设备，一直是电力系统设备可靠性研究的重要组成部分。对二次设备的安全风险相关研究是从可靠性领域发展而来的，其风险评价的方法可以借鉴电力系统风险评价方法或是一次设备风险评价方法。随着马尔科夫状态模型的应用推广，通过建立相关的模型计算可靠性指标变得可能。可将影响继电保护系统可靠性的因素分为三类，并建立软件数学模型、硬件数学模型和人员可靠性分析模型，得到数字保护系统的状态空间图，应用马尔科夫过程求解系统在无备用和有备用情况下的综合失效率及可用度。但可靠性的结果只涉及设备层次，对于设备故障对系统故障发展的影响则无法判断。事件树法可以对设备故障导致系统故障的因果关系进行分析，进而分析二次设备对一次系统风险的影响。可将其用于模拟保护和开关动作行为，建立保护和自动装置等二次设备功能模型，然后模拟“$N-1$”的原发性故障引发的联锁故障，通过建立并分析故障事件树，评价故障发生后二次设备的拒/误动引起的系统风险增量。该方法可以通过控制事件树的规模来很好地协调计算效率和精度，以满足在线分析的计算要求。

上述的一些新理论和新方法虽然在某些方面发展和完善了风险评价理论，但距实际应用还有一定的距离。

**2.** 二次设备安全风险评价

二次设备安全风险评价采用基于风险管理的安全评价方法，首先根据二次设备自身特点和工作环境，选取最能直观、全面反映设备运行健康状态的状态信息，对二次设备状态评价信息进行标准化定义，并将二次设备的信息按监测对象、对设备健康状态重要度和数据类型进行分类。然后建立基于实时因素数据的健康状态评价模型，直接根据实时因素信息情况，从反映设备健康状态的三个方面进行评价，并考虑到设备寿命与设备故障率之间的对应关系，以此为基础，计及设备实时状态与设备检修条件等各方面的因素，修正设备故障的概率值，克服以往通过经验公式对设备故障概率求取过程中系数难以确定的问题，找出设备健康状态的薄弱环节。

发现二次设备运行风险后，进行风险容忍度计算，通过定义风险当量系数，将消除风险所需花费转化为风险当量值，比较风险当量值与风险值之间的大小，得出二次设备风险容忍度指标，用来权衡二次设备检修策略的效益。并结合实际生产运行，给出了风险容忍度取值下的检修策略决策建议，进而为状态检修策略的制定提供了一定参考。

**3.** 风险评价模型

电网风险评价是在设备状态评价结果之后，综合考虑安全、环境和效益等三个方面的风险，确定设备运行存在的风险程度，为检修策略和应急预案的制定提供依据。电网二次设备风险评价应充分考虑危害可能导致的电网危害后果，风险的危害程度主要用风险值来衡量，风险值可用特定危害事件的发生概率 $p$ 和后果损失程度 $c$ 的函数来表示，即 $R(t)=f(c,p)$。目前风险值计算方法常用概率和损失的乘积来表示，风险评价事件的公式可表达为

$$R=CP \tag{3-20}$$

式中，$R$ 表示二次设备发生的风险值；$C$ 表示发生风险事件的损失值；$P$ 表示发生风险事件的概率值。

为计算风险值，首先要确立风险损失值和风险概率值，风险损失值计算主要考虑风险影响的四个方面，即危害程度、社会影响、损失负荷和用户性质，计算风险概率值，主要考虑设备实时故障概率、设备健康状态、设备故障因素的影响。二次设备风险评价模型如图 3－10 所示。

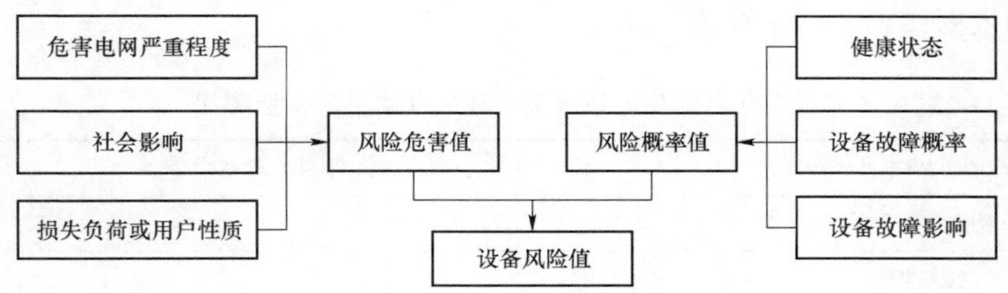


图 3－10　二次设备风险评价模型

针对二次设备存在电网风险的影响及危害程度，可按风险值大小区分为Ⅰ～Ⅵ 6 级，同类设备Ⅰ级为最高风险级别，Ⅵ级为最低风险级别。设备的电网风险评价工作完成后，可以获得设备风险值，确定设备风险。

（1）风险危害值量化评价。

设备风险产生的危害主要为对设备无法正常工作造成损失，主要从危害程度、对社会影响和供电用户性质来衡量，风险危害值计算公式为

$$\text{风险危害值}=(\text{电网风险危害分值})\times(\text{社会影响因数})\times(\text{损失负荷或用户性质因数}) \tag{3-21}$$

根据风险可能对电网安全的威胁和负荷损失的程度，危害严重程度分值分

为九级。查阅各级事故、事件等级后，获得各级危害严重程度的分值如表 3－21 所示。

**表 3－21　　电网风险危害的定级及分值**

| 危害严重程度 | 对应的事故/事件等级 | 分值 |
|---|---|---|
| 特大事故危害 | 特别重大事故 | 4000～8000 |
| 重大事故危害 | 重大事故 | 2000～2400 |
| 较大事故危害 | 较大事故 | 400～600 |
| 一般事故危害 | 一般事故 | 200～250 |
| 一级事件危害 | 一级事件 | 100～150 |
| 二级事件危害 | 二级事件 | 50～80 |
| 三级事件危害 | 三级事件 | 10～30 |
| 四级事件危害 | 四级事件 | 3～5 |
| 五级事件危害 | 五级事件 | 1～3 |

通过对设备故障记录调研，对于电网二次设备而言，其故障一般都不会造成“事故”级以上的危害，故将二次设备故障风险等级划分为六级事件，其等级评判依据如表 3－22 所示。

**表 3－22　　二次（自动化）系统失灵事故（事件）对应等级**

| 对应的事故/事件等级 | 事故（事件）类型 |
|---|---|
| 特别重大事故 | |
| 重大事故 | |
| 较大事故 | |
| 一般事故 | 故障造成 7 个以上 110kV 变电站全站对外停电 |
| 一级事件 | 1. 220kV 以上变电站全站对外停电<br>2. 故障造成 3 个以上 7 个以下 110kV 变电站全站对外停电 |
| 二级事件 | 1. 220kV 单线终端变电站全站对外停电<br>2. 故障造成 1～2 个 110kV 变电站全站对外停电，或造成 3 个以上 35kV 变电站全站对外停电<br>3. 集控站系统失灵超过 60min |
| 三级事件 | 1. 故障造成 1～2 个 35kV 变电站全站对外停电<br>2. 220kV 以上变电站自动化系统失灵超过 8h |
| 四级事件 | 1. 主站二次系统发生非计划停运<br>2. 110kV 厂站二次系统失灵超过 8h |
| 五级事件 | 造成某个间隔单元的二次设备的失灵 |

社会影响因数、损失负荷或用户性质因数分别见表 3－23、表 3－24，重要用户类别见表 3－25。

表 3－23 社会影响因数

| 检修时间 | 一般时期 | 特殊时期保供电 | 二级保供电 | 一级保供电 | 特级保供电 |
|---|---|---|---|---|---|
| 分值 | 1 | 1.2 | 1.4 | 1.6 | 2 |

表 3－24 损失负荷或用户性质因数

| 损失负荷或用户性质 | 一般负荷 | 重要城市负荷 | 特级和一级重要用户 |
|---|---|---|---|
| 分值 | 1 | 1.5 | 2.5 |

注 重要城市包括省会、经济特区、重要旅游城市。

表 3－25 重要用户类别

| 序号 | 用 户 |
|---|---|
| 1 | 省级党、政、军、警首脑机关 |
| 2 | 地市级党、政、军、警（消防指挥中心、110 指挥中心）首脑机关 |
| 3 | 应急指挥中心 |
| 4 | 广播电台、电视台 |
| 5 | 电力调度中心 |
| 6 | 省级及以上气象局、地震局 |
| 7 | 银行 |
| 8 | 民用机场 |
| 9 | 铁路客运枢纽站 |
| 10 | 大型汽车、港口客运等交通枢纽 |
| 11 | 关系国计民生的水利设施 |
| 12 | 天然（煤）气及石油中站枢纽、大型油库 |
| 13 | 重要通讯枢纽 |
| 14 | 县级及以上医院（疾控中心等）不包括区医院 |
| 15 | 地市级及以上中心大型血库 |
| 16 | 监狱 |
| 17 | 省级及以上报社 |
| 18 | 人员流动高度密集的场所 |
| 19 | 外事接待重要宾馆 |
| 20 | 体育场馆 |

续表

| 序号 | 用　　户 |
|---|---|
| 21 | 科研院所（军工） |
| 22 | 高等院校（211 院校） |
| 23 | 石油化工企业 |
| 24 | 冶金有色 |
| 25 | 矿井 |

（2）风险概率值量化模型。

风险概率值的确定主要考虑三个方面的因素：设备故障概率、健康状态和设备故障因素的影响，分别由设备故障概率、状态评价因数和设备故障影响因数来衡量，则风险发生概率值由以下公式计算得出

风险概率值=（设备故障概率）×（状态评价因数）×（其他影响因数）（3－22）

1）设备寿命曲线与故障概率的关系。设备一生的故障率是变化的，存在着磨合期 1、稳定期 2 和老化期 3 三个阶段，其形状如浴盆曲线，如图 3－11 所示。

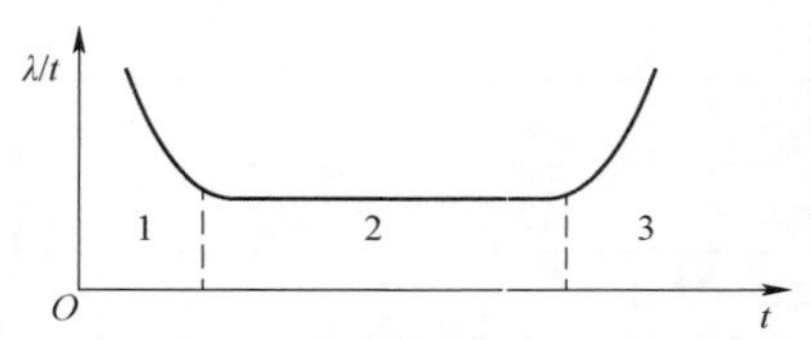


图 3－11　设备故障率与设备役龄的关系

新安装设备的故障率比较高，常常出现故障，这段期间为磨合期；当设备通过磨合期，设备运行良好，故障率很低，称为稳定期；设备使用时间较长，设备进入老化期，此阶段设备可靠性变差，并随着时间的延长，故障率会越来越高，最后报废。而实际情况下，设备磨合期在设备测试阶段已经完成，因此一般直接进入稳定期，即阶段 1 不存在。

通过历史运行经验，并结合现场反馈的故障数据对电力系统二次设备运行失效率研究，可得出二次设备的“失效率－时间”曲线，依据此曲线，可以根据已知的设备运行时间求取设备对应的故障概率。

2）状态评价因数。二次设备实时的健康状态对于二次设备故障概率有影响，采用状态评价因数来衡量设备健康状态对设备故障率的影响，评价因数的计算方式为根据设备的健康状态评分进行等值转化。暂定义设备健康状态得分为状态基础得分时，状态评价因数取值如表 3－26 所示，对给定状态下的等值按照线性转化，求得状态评价因素系数，又根据前文介绍的设备健康状态评价方法，可求得设备的健康状态和健康状态得分，然后将设备健康状态得分转化为评价因数，具体计算见式（3－23）

表 3-26　　状态评价因数

| 类型 | 正常状态 | 注意状态 | 异常状态 | 严重状态 |
|---|---|---|---|---|
| 状态基础得分 | 100 | 90 | 80 | 70 |
| 评价因数 | 1 | 1.2 | 1.5 | 2 |
| 评价因数系数 | 0.02 | 0.03 | 0.05 | 0.014 28 |

$$H = H_A + \lambda(S_A - S) \tag{3-23}$$

式中，$H$ 为评价因数；$S_A$ 状态基础分；$S$ 为设备健康状态得分；$H_A$ 为设备状态基础分对应评价因数；$\lambda$ 为设备评价因素系数。

3）设备故障类型因数。

设备故障类型因数=（设备类型因数）×（故障冗余因数）×（历史数据统计因数）×（天气影响因数）×（检修时间因数）×（现场施工因数）×（控制措施因数）×（操作风险因数）　　（3-24）

由于二次设备历史数据统计不完整，不存在大型机械作业对于设备运行的影响，不存在针对二次设备的安稳装置、低频低压减载装置以及不会因为一次带电设备的倒闸操作引发设备的异常或跳闸风险，所以忽略“历史数据统计因数”“现场施工因数”“控制措施因数”“操作风险因数”。则

设备故障类型因数=（设备类型因数）×（故障冗余因数）×（天气影响因数）×（检修时间因数）　　（3-25）

二次设备类型因数见表 3-27。

表 3-27　　二次设备类型因数

| 类型 | 继保 | 监控 | 直流屏 | 交换机 | 母线合并单元 | 智能终端 | 间隔合并单元 | 录波器与网分 | 测控 | 时钟 |
|---|---|---|---|---|---|---|---|---|---|---|
| 分值 | 0.9 | 0.6 | 0.9 | 0.9 | 0.9 | 1 | 0.9 | 0.6 | 0.9 | 0.5 |

二次设备的故障冗余因数分类方法见表 3-28。

表 3-28　　二次设备冗余类别因数

| 类型 | 自动化单系统<br>单一设备故障 | 自动化单系统<br>冗余节点双机故障 | 自动化主备系统<br>冗余设备双机故障 |
|---|---|---|---|
| 分值 | 1 | 0.4 | 0.2 |

天气影响因数主要应考虑潮湿炎热、强电磁干扰、雷电、地震四类天气的影响，见表 3-29。

表 3-29　　天 气 影 响 因 数

| 天气状况 | 正常 | 潮湿炎热 | 强电磁干扰 | 雷电 | 地震 |
|---|---|---|---|---|---|
| 分值 | 1 | 1.1 | 1.2 | 1.2 | 1.5 |

注　该影响因数的取值按照不同天气情况取不同值，若有多种天气情况同时发生，将分值相乘得到最终取值。

检修时间因数见表 3-30。

表 3-30　　检 修 时 间 因 数

| 检修时间 | 0～4 小时 | 5～8 小时 | 1～2 天 | 3～7 天 | 8～30 天 | 30 天以上 |
|---|---|---|---|---|---|---|
| 分值 | 0.1～0.2 | 0.3～0.4 | 0.6 | 0.7～1 | 1～1.5 | 1.5～2 |

注　此风险因数由检修工作引起时，可按照检修时间进行对应取值；无检修情况下，按照二次设备风险存在的时间进行对应取值。

（3）风险量化（风险分级）。

在确定了设备寿命曲线与故障概率的关系和状态评价因数及设备故障类型因数后，可以利用运行风险以量化风险值的方法对二次设备进行风险评价。风险评价以风险值为指标，综合考虑二次设备风险危害及设备风险概率两者的作用。风险值按式（3-26）计算

$$R(t)=C(t)\times P(t) \tag{3-26}$$

式中，$R$ 为风险值（Risk）；$C$ 为风险危害（Loss）；$P$ 为风险概率（Probability）；$t$ 为某时刻（Time）。

风险的影响及危害程度按风险值大小进行区分，分为六个风险级别：Ⅰ级、Ⅱ级、Ⅲ级、Ⅳ级、Ⅴ级、Ⅵ级。其中，对于同类设备Ⅰ级为最高风险级别，Ⅵ级为最低风险级别。通过对设备的风险评价获得设备风险值，用以确定设备风险级别。

电网风险评价是在设备状态评价结果之后，综合考虑安全、环境和效益三个方面的风险，确定设备运行存在的风险程度，为检修策略和应急预案的制定

提供依据。针对二次设备存在电网风险的影响及危害程度按风险值大小进行区分，分为六个风险级别，如表 3－31 所示。

**表 3－31　　　　二次设备风险评价标准**

| 风险级别标志 | Ⅰ级风险 | Ⅱ级风险 | Ⅲ级风险 | Ⅳ级风险 | Ⅴ级风险 | Ⅵ级风险 |
|---|---|---|---|---|---|---|
| 风险级别分类 | Ⅰ级 | Ⅱ级 | Ⅲ级 | Ⅳ级 | Ⅴ级 | Ⅵ级 |
| 风险值（R） | R≥5 | 5>R≥3 | 3>R≥1 | 1>R≥0.5 | 0.5>R≥0.1 | R<0.1 |

## 3.2　运行智能预警

继电保护隐性故障的发生是导致联锁故障的主要原因。隐性故障作为一种永久性缺陷存在于保护装置中，当电网系统发生故障或不正常运行时，继电保护不能正常动作切除故障，或者在没有故障发生或保护区外故障时装置误跳闸，往往是当事故发生后才通过事故原因分析被发现。隐性故障现象主要包括两类：① 保护系统本身存在未显现的固有缺陷，但继电保护设备的自检未能检出；② 二次回路的误接线。这两类情况虽都影响了继电保护正常的功能，但不会触发继电保护告警。而电网故障具有随机性，所以这两类故障很难在运行中被发现，因此称为隐性故障。运行经验表明，二次设备在运行过程中，除了装置告警、机械故障等已明确的异常状态外，还可能处于介于异常和正常状态之间的状态，可能最终发展或确认为二次设备异常，这些情况也都属于继电保护的隐形故障。如：

（1）设备已经异常，但不能通过装置面板或报文体现出来，例如保护动作行为异常；

（2）二次设备可能还处于正常和异常之间的“亚健康”状态，例如未达到告警门槛的异常；

（3）有些异常问题可能由多个可能出错环节导致，二次设备仅是其中的一环，在尚未进行检修或详细分析的情况下，只能认为该设备可能存在异常，需进行监视或检查，如开关跳闸行为异常，既可能是二次设备异常，也可能是开关机构异常。

及时发现上述的继电保护隐性故障，并进行设备缺陷预警，通知运行维护人员及时消除运行隐患，对电网安全运行意义重大。及时发现隐性故障，就必须针对隐性故障产生的原因进行分析，并采取相应的故障发现和诊断方法。隐性故障多由以下四个原因造成：① 软件设定失误和数据整定不正确，包括装置工作原理存在缺陷、动作逻辑不够完善等；② 保护装置回路发生问题引发的隐性故障，包括通信通道故障、TA/TV 故障等；③ 由元件老化故障诱发；④ 由环境本身的恶劣性或突发严重环境灾害造成。

状态监测是实时发现设备异常常用的技术手段之一。微机保护的发展为保护设备的状态监测奠定了技术基础。虽然，数字式保护装置本身具备状态监测的实施基础，但作为电网安全屏障的继电保护除装置本身，还包含交流输入、直流回路、操作控制回路等，状态监测范畴如果仅仅局限在装置本身将很难全面反映继电保护系统的可靠性，对于保护的状态监测必须作为一个系统性的问题来考虑，或者说保护的状态监测环节如果能包含交流输入、直流、操作回路等，在此基础上实现的设备运行状态评价就比较有可能在实际应用中得到推广。因此，对保护设备在线监测还应包括：① 交流测量系统，包括二次回路完整、测量元件的完好；② 直流系统，包括直流动力、操作及信号回路完整；③ 逻辑判断系统，包括硬件逻辑判断回路和软件功能。

智能变电站中装置的运行数据可实时传送到主站系统中，大量的数据完整描述了电网系统的运行状况，如二次系统运行配置通过“遥信量”（硬压板、软压板、控制字、连接端口等）进行描述，二次系统运行状态通过“遥测量”（定值、流量、延时、负载率等）来进行描述。在正常运行情况下，这些运行数据应相对固定，因此可将确认过的正常运行数据作为标准数据固化下来，将实时数据和标准数据进行实时比较，从而发现运行中的设备异常。

另外，从变电站运行的角度来看，因高电压等级保护双重化配置，以及继电保护双 AD 配置等原因，变电站中存在大量的二次设备冗余量测信息，这些量测数据直接反映了继电保护采样、开入回路的运行情况。通过对信息进行综合分析和数据挖掘，将这些冗余信息进行相互校验，可以发现二次回路以及对应的二次设备组件的隐藏故障。针对站内多个二次设备采集同一数据源数据出现较大偏差，使数据信息的真实性不再可靠的情况，对同源数据进行实时在线比较，通过设定差值波动范围、提示警告次数、告警持续时间等策略，在不一致时给出告警，辅助辨识数据信息的可信度。因此应该将其纳入监视，在发生时给予预警。

从系统的角度出发，识别和预测设备或者系统的隐患，对可能发生的设备故障及时做出预警，提高系统的运行安全性。对二次设备的隐性故障进行运行预警能在设备异常造成电网事故之前引起变电站二次设备运行维护人员的注意，提醒其及时关注，尽早检查，做好设备的维护检修工作，达到设备事故防范或发现隐性故障的目的。对二次设备的智能预警包括二次设备的在线巡视和同源数据互校等。

### 3.2.1　设备在线巡视

二次设备在正常运行过程中，其运行参数、外部输入量不会主动发生变化，即会保持在一个相对稳定的状况下运行，传统的二次设备巡视工作方式即是在此基础上进行，巡视的目的就是发现二次设备的工况是否发生了变化，从而辨识二次设备是否正常工作。在智能变电站中，由于大量的工况信息可以通过网络通信的方式进行传送，因此通过自动化系统对二次设备进行自动巡视成为可能。二次设备智能运维系统自动对各变电站进行定期巡检，测试变电站二次设备是否正常运行。巡检内容涵盖了传统人工巡视的内容，包括各变电站保护通信状态查询、定值及定值区号召唤、开关量召唤、模拟量召唤等功能测试，发现功能状况异常需以告警形式提示相关用户，并将巡检结果自动形成符合用户使用习惯的报告，以备查看。

二次设备智能运维系统的设备巡视逻辑如图3－12所示。

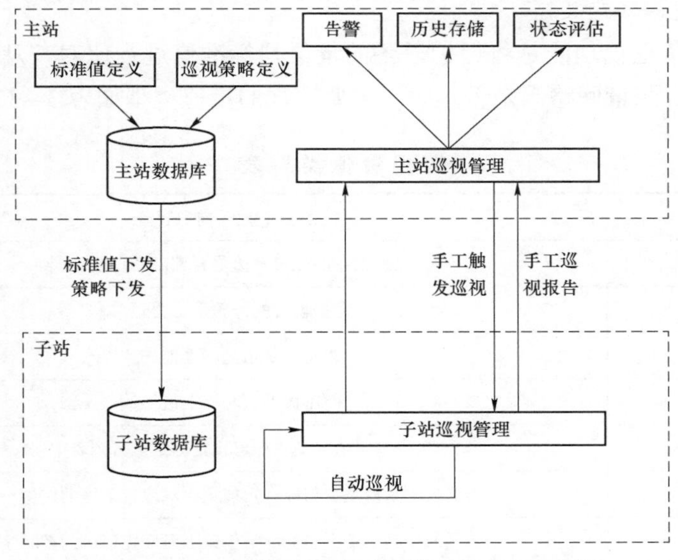


图3－12　二次设备智能运维系统的设备巡视逻辑

自动巡视实现包括以下几个部分：

（1）巡视策略。主站定义正常状态专家库（即量值的标准值）及巡视策略（例如巡视周期、巡视内容等），并将标准值文件、巡视策略下发到子站，子站依此进行定期巡视，并返回巡视异常结果；子站也可依据主站手工触发巡视策略进行巡检，并返回巡视结果。

（2）正常状态专家库在主站端定义。主要包括各类数据的标准值的定义：正常状态定值、定值区、软压板、硬压板、控制字、模拟量（用户给出经验值）、把手、电源开关、TV 小开关、保护时间等。

（3）下发标准值。主站根据正常状态专家库，以触发的方式下发当前定值区下的标准值文件，标准值文件可以是一个文件，文件可包含多个装置的标准值。如果在子站巡检的过程中下发标准值文件，则主站先告知子站停止巡检，然后下发标准值文件，最后告知子站恢复巡检。

（4）下发巡检策略。在运行时，主站根据需要触发下发巡检策略，巡检策略中可定义巡检的装置及巡检的数据类型等信息，站端根据此巡检策略进行巡检，并返回巡检结果。

（5）巡检结果。子站依据巡检策略及标准值自动定期对站内二次设备进行巡视，巡检完成后，向主站返回巡检异常结果，主站收到子站的巡视异常结果后，可通过通用文件召唤的方式向子站召唤详细的巡视报告。

#### 3.2.1.1 巡视内容定义

保护设备巡视功能是将保护设备的量值与标准值进行比对，从而判断保护设备的参数、测量回路等是否正确。主要巡视的量值类型如表 3－32 所示。

表 3－32　　巡视量值类型表

| 巡检项 | 巡 视 内 容 |
|---|---|
| 模拟量 | 保护设备的模拟量值是否偏离合理值范围 |
| 开关量 | 保护设备的开关量是否正常 |
| 软压板 | 软压板是否与标准值一致 |
| 硬压板 | 硬压板是否与标准值一致 |
| 当前定值区 | 当前定值区是否在可设定的定值区列表中 |
| 定值 | 当前区的定值是否与标准定值单上对应定值区的定值一致 |
| 控制字 | 当前区的控制字是否与标准定值单上对应定值区的控制字一致 |
| 时钟 | 保护设备的时钟与本系统时钟的偏差在定值范围内 |

#### 3.2.1.2 标准值的定义

为判断保护设备的量值是否合理，需要定义保护设备的标准值，用于作为巡视量值的巡视标准。标准值分为参数类量值标准值和实时电气量标准值。

（1）参数类量值标准值包括当前定值区、当前定值、控制字、软压板、功能硬压板、出口硬压板、控制字等信号点的正常状态规定量值，用于作为上述类型量值的判断标准。由于保护设备的参数仅与定值区有较密切的关系，因此用给定定值区下的参数值来描述参数类量值的标准值。

（2）实时电气量标准值包括模拟量标准值和状态量标准值。由于量测量在实际运行时是变化的，其标准值是一个取值范围，当实际值在这个取值范围内时表示该电气量正常。

#### 3.2.1.3　巡视流程

巡视流程如图 3－13 所示。保护设备巡检在标准值配置、巡检配置的基础上确定巡视配置，巡检配置中包含要巡检的保护设备、保护设备的巡检内容及对应的标准值。每当巡检中获取到新量值时，将新获取到的量值与标准值进行比对来确定保护设备量值是否存在异常，在发现异常时进行告警，并将异常结果保存到历史库数据库中。

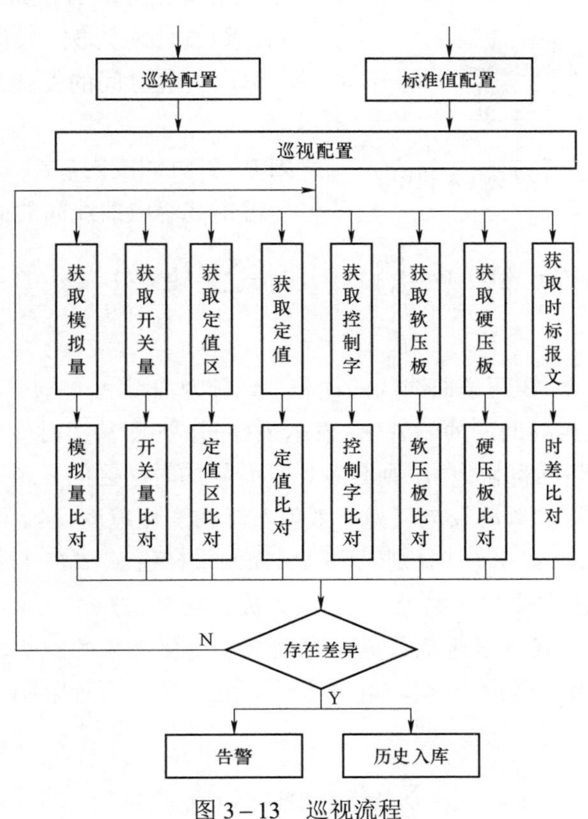


图 3－13　巡视流程

### 3.2.2 同源数据互校技术

从变电站运行的角度来看，因高电压等级保护双重化配置，以及继电保护双 AD 配置等原因，变电站中存在大量的二次设备冗余量测信息，这些量测数据直接反映了继电保护采样、开入回路的运行情况。将这些冗余信息进行相互校验，可以发现二次回路以及对应的二次设备组件的隐藏故障。

#### 3.2.2.1 同源数据比较原理

利用变电站层数据中心收集的大量二次设备冗余量测信息，对各二次回路的量测量和状态量信息进行比较，可发现二次回路以及对应的二次设备组件的隐藏故障，并对运行人员给出主动提醒。冗余信息可来自于设备的保护、测控等不同量测回路，也可从人工诊断设备获取。

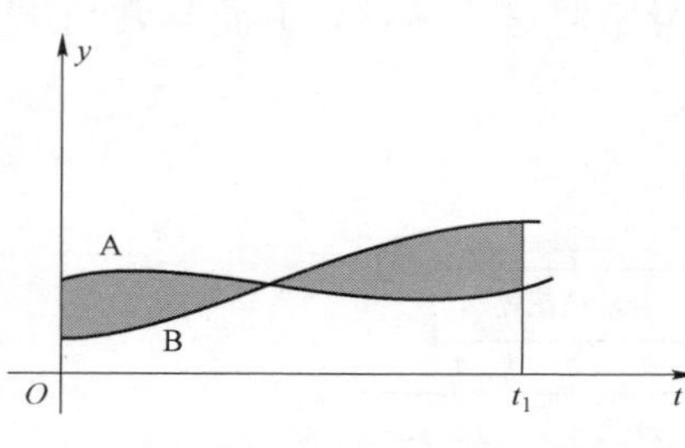

图 3－14 同源冗余数据变化规律图

因电流电压等测量点值在一定范围波动，用断面数据比较可能差异较大，因此比对算法需采用积分的方法进行计算。以模拟量的同源数据比对为例，设同源的两个数据点 A、B，其随时间的变化规律如图 3－14 所示。

则 0～$t_1$ 时间段内，A、B 两个量值之间的差异可用其对应曲线间的面积来表示

$$diff=\int_0^{t1}|y_{\mathrm{A}}(t)-y_{\mathrm{B}}(t)|\,\mathrm{d}t\Big/\int_0^{t1}|y_{\mathrm{A}}(t)|\,\mathrm{d}t=\sum_{i=0}^{n}\Delta t\,|y_{\mathrm{A}}(t_i)-y_{\mathrm{B}}(t_i)|\Big/\sum_{i=0}^{n}\Delta t\,|y_{\mathrm{A}}(t_i)| \tag{3-27}$$

式中，分子表示 A、B 两条曲线间的面积；分母为曲线 A 与横坐标间的面积（也可用曲线 B 与横坐标间的面积）；$\Delta t$ 表示采样间隔（即从实时库获取模拟量的间隔，为简化这里取等间隔）；$t_1$ 则表示计算差异的时间区间，考虑到保信主子站规约中模拟量获取的频度及电气量有效值实际的变化速度，$\Delta t$ 可取 2min，$t_1$ 可以取 10min；$y_{\mathrm{A}}(t_i)$、$y_{\mathrm{B}}(t_i)$ 分别表示 A、B 的采样值。

当 *diff* 大于给定值时（如 10%），认为数据存在差异。

采用积分的方式可以避免数据短时间突发变化带来的影响。另外，为了避免数据很小时零漂带来的影响，可对比较的触发条件进行限制，必须满足下述条件时才进行比较

$$\sum_{i=0}^{n}\Delta t\,|y_{\mathrm{A}}(t_i)|>k_1 t_1 y_{\mathrm{Ae}} \tag{3-28}$$

式中，$y_{Ae}$ 表示 $y_A$ 的额定值；$k_1$ 为门槛系数 1。

此外，为了避免在数据变化剧烈时 A、B 两点采样时间不同步带来的影响，可对比较的条件进行限制：只有数据变化较缓慢时才进行比较。衡量数据变化快慢可简单用计算期间的最大值、最小值的差来衡量

$$|\max(y_A)-\min(y_A)|<k_2 y_{Ae} \quad (3-29)$$

式中，$k_2$ 为门槛系数 2。

开关量可以做类似处理。

对于录波的模拟量波形、开关量波形数据，同样可采用此方法来计算两个波形的差异，并根据启动点位置实现对录波进行零点对齐以及利用插值算法实现采样间隔标准化等处理。

#### 3.2.2.2 同源数据比较方法

收集变电站继电保护设备中保护的遥信、遥测信息，进行一致性比较、计算，实现输入信息在线监测的智能告警和可视化展示，如图 3-15 所示。可实现的自诊断功能包括：双重化输入信息不一致监测；双 AD 输入信息不一致监测；自诊断功能配置一致性监测，形成告警信息点、设置告警级别、告警方式；按分类、分级进行告警并可视化展示。

对于任一个同源数据，可根据同源配置获取其不同的数据测量点，每隔一定时间（例如 24h，可配置）可采集这些点的实时测量值来进行比较，如果差值超出规定的范围，则认为存在差异，此时需发出同源数据差异告警并在界面进行展示，同时将差异信息保存到历史库。

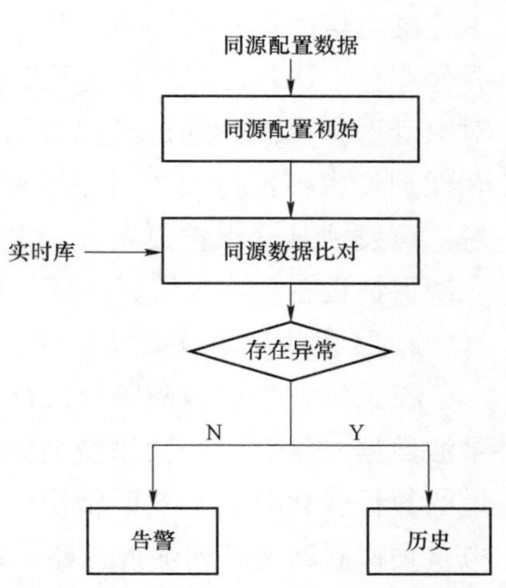

图 3-15 同源冗余数据对比流程图

（1）同源数据的选取。同源数据指同一实际数据由不同的设备或信号点采集，通过对这些不同设备或信号点的数据进行比较，可以判断设备是否可能存在异常。同源数据可能来自于双套保护、同间隔二次设备、EMS 与保信主站的重复数据、同一次电网故障（或扰动）中的针对同一一次设备的录波暂态数据等。选取的同源数据定义如下：

1）高压线路的双套保护，仅考虑一次设备电气量数据，如一次设备的模拟量（三相电压、三相电流、零序电流等）、状态量（断路器、隔离开关位置）；

2）同间隔下的不同二次设备，仅考虑一次设备电气量数据，如一次设备的模拟量（三相电压、三相电流、零序电流等）、状态量（断路器、隔离开关位置）；

3）电网故障（或扰动）中的不同设备的录波数据，仅考虑同间隔下的不同保护设备的录波数据。

（2）建立同源数据逻辑关系。新建同源数据表，将定义为同源数据的相关数据写入模型表，建立同源数据逻辑关系，作为比较的数据基础。

（3）同源数据比对。将上文中同源数据模型点表中的点实时值，按照上述的算法周期性地进行比对，发现异常给出告警提示。

#### 3.2.2.3 基于录波数据的同源数据对比

继电保护的录波数据，包含了录波记录期间的模拟量和开关量变化情况，可用于对回路的检测。对于区外故障，可根据双套保护录波各通道模拟量的采样点分别进行比对，若有差别，则可说明某套保护设备模拟量相关回路异常。同理，对双套保护开入量通道进行比对，可发现某套保护设备开入量相关回路异常。对于区内故障，还可通过比对双套保护的跳闸、重合、跳位等通道状态判别跳合闸回路是否正常。

**1.** 区外故障录波数据分析

继电保护正常运行时，在区外故障、开关操作、负荷波动等情况下会启动，并保存、上送相应启动报文及启动录波数据。采用双套保护同源数据比对方法，对双套保护录波各通道模拟量的采样点分别进行比对，若有差别，则可说明某套保护设备模拟量相关回路异常。同理，对双套保护的同源开入量通道进行比对，可发现某套保护设备开入量相关回路异常。分析启动录波数据可实时监控二次保护设备二次电流、电压等模拟量采样回路及开入输入回路的完好性。

**2.** 区内故障录波数据分析

在系统发生区内故障时二次保护设备会动作，并保存相应动作报文及动作录波数据。结合对一次系统故障的分析，通过分析动作录波数据，比较相关通道的数据变化是否与实际情况一致，可验证二次保护设备二次电流、电压等模拟量采样回路及开入输入回路，还有开出跳闸回路的完好性。

通过故障录波，可以分析保护跳闸回路的正确性，其判据为：接到主一或主二保护录波数据后，录波开关量有该相跳令、该相电流小于 $0.1I_n$、有该相跳位，可判别该相跳闸回路正常，可用于分别判别 A、B、C 相。

除对比双套保护模拟量和开入量通道外，故障录波还可对比跳闸、跳位通道情况来相互校验双套保护的跳闸回路，如存在一台启动、一台动作，可给出行为不一致的告警提示。

对于将要达到常规定检周期而一直没有动作过的跳闸回路，可作为发起检测的依据。

## 3.3　自检信息智能分析

继电保护是电网安全运行的第一道防线，其稳定运行保障着电网的稳定运行，当继电保护发生故障时，需要设备异常能被及时发现并通知设备运行维护人员。因此在继电保护设备设计上就具备比较完善的自检功能，能够在运行过程中对设备自身的异常进行自诊断，发现设备异常用自检信号的方式给出告警，其自检功能需做到“只要保护不发告警信号，装置就是完好的”。因此自检信息可作为继电保护检验的重要判据。

但是具体自检告警信号的描述因各设备制造企业采用的逻辑原理及算法的差异各自不同，使用了较多专业术语和未规范的语言，导致这些信号可读性比较差，仅继电保护专业人员才能有效识别告警描述含义，设备监控人员发现告警后如不能识别告警信息的含义，则会造成设备缺陷无法被及时处理，给电网安全运行带来了隐患。在理想的情况下，应对继电保护的自检告警信息的类别做出规范性定义，使电网运行维护人员能根据自检告警的描述识别其含义。但是在电网中，继电保护已经得到广泛应用，如按上述方案，则需对每台运行的继电保护进行升级，其工作量和造成的设备停运风险是电网公司难以接受的。因此通过数据研究，将现有继电保护设备自检告警信号映射为具体的故障性质、影响范围及告警原因，使电网设备监控人员、运行维护人员能轻易地识别自检告警信息描述的含义，有着重要的现实意义和应用价值。

### 3.3.1　分类算法技术

继电保护的自检告警信息复杂，且没有提供较为详细的信息分类，因此对其信息的辨识和利用极度依赖人的经验，难以做到自检告警信息的有效识别，需对众多的自检告警信息进行数据挖掘，通过模式识别和机器学习，将继电保护输出的自检告警信息自动分类，并进一步归纳为具体的故障性质、影响范围及告警原因，便于继电保护运维人员使用。

分类是数据挖掘、机器学习和模式识别中一个重要的研究领域。分类是将一个未知样本分到几个预先已知类的过程。数据分类问题的解决是一个两步过程：

（1）建立一个模型，描述预先的数据集或概念集。通过分析由属性描述的样本（或实例、对象等）来构造模型。假定每一个样本都有一个预先定义的类，由一个被称为类标签的属性确定。为建立模型而被分析的数据元组形成训练数据集，该步也称作有指导的学习。

（2）使用模型，对将来的或未知的对象进行分类。通过近几十年的发展，产生了许多优秀的分类算法，针对继电保护自检告警信息的数据分类的应用场景，需对当前数据挖掘中具有代表性的优秀分类算法进行分析和比较，选择合适的算法。常用的分类方法主要包括决策树、贝叶斯、人工神经网络、K–近邻、支持向量机和基于关联规则的分类等。

**3.3.1.1　决策树**

决策树是用于分类和预测的主要技术之一，决策树学习是以实例为基础的归纳学习算法，它着眼于从一组无次序、无规则的实例中推理出以决策树表示的分类规则。构造决策树的目的是找出属性和类别间的关系，用它来预测将来未知类别的记录的类别。它采用自顶向下的递归方式，在决策树的内部节点进行属性的比较，并根据不同属性值判断从该节点向下的分支，在决策树的叶节点得到结论。

决策树的构成有四个要素：决策节点、方案枝、状态节点、概率枝。如图 3–16 所示。

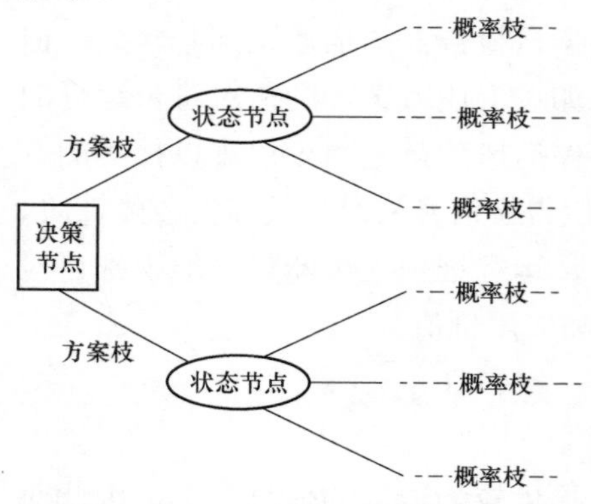

图 3–16　决策树构成示意图

在机器学习中，决策树是一个预测模型，它代表的是对象属性与对象值之间的一种映射关系。树中每个节点表示某个对象，而每个分叉路径则代表的某个可能的属性值，而每个叶节点则对应从根节点到该叶节点所经历的路径所表示的对象的值。

从数据产生决策树的机器学习技术叫做决策树学习。决策树学习是数据探勘中一个普通的方法，每个决策树都表述了一种树型结构，它由它的分支来对该类型的对象依靠属性进行分类。所谓分类，简单来说，就是根据文本的特征或属性，划分到已有的类别中。分类作为一种监督学习方法，要求必须事先明确知道各个类别的信息，并且断言所有待分类项都有一个类别与之对应。决策树的构建可以依靠对样本数据的分割进行数据测试，这个过程可以递归式地对树进行修剪。当不能再进行分割或一个单独的类可以被应用于某一分支时，就完成了决策树的构建。

主要的决策树算法有 ID3、C4.5（C5.0）、CART、PUBLIC、SLIQ 和 SPRINT

算法等。它们在选择测试属性采用的技术、生成决策树的结构、剪枝的方法以及时刻、能否处理大数据集等方面都有各自的不同之处。

在分类问题中使用决策树模型有很多优点：① 决策树便于使用，而且高效，计算量相对来说不是很大；② 易于理解和解释，人们在通过解释后都有能力去理解决策树所表达的意义；③ 根据决策树可以很容易地构造出规则，而规则通常易于解释和理解；④ 决策树可很好地扩展到大型数据库中，同时它的大小独立于数据库的大小；⑤ 对于决策树，数据的准备往往是简单或者是不必要的，可以对有许多属性的数据集构造决策树。决策树模型也有一些缺点：① 对连续性的字段比较难预测；② 对有时间顺序的数据，需要很多预处理的工作；③ 当类别太多时，错误可能就会增加得比较快；④ 处理缺失数据时有困难；⑤ 出现过度拟合问题；⑥ 忽略数据集中属性之间的相关性等。

#### 3.3.1.2 贝叶斯算法

贝叶斯分类技术通过对已分类的样本子集进行训练，学习归纳出分类函数，利用训练得到的分类器实现对未分类数据的分类。贝叶斯分类算法是一类利用概率统计知识进行分类的算法，这些算法主要利用贝叶斯定理来预测一个未知类别的样本属于各个类别的可能性，选择其中可能性最大的一个类别作为该样本的最终类别。在许多场合，朴素贝叶斯分类算法可以与决策树和神经网络分类算法相媲美，该算法能运用到大型数据库中，而且方法简单、分类准确率高、速度快。

贝叶斯算法实现分类的思路如下：设每个数据样本用一个 $n$ 维特征向量来描述 $n$ 个属性的值，即 $X=\{x_1, x_2, \cdots, x_n\}$，假定有 $m$ 个类，分别用 $C_1$，$C_2$，$\cdots$，$C_\mathrm{m}$ 表示。给定一个未知的数据样本 $X$（即没有类标号），若朴素贝叶斯分类法将未知的样本 $X$ 分配给类 $C_i$，则一定是

$$P(C_i|X)>P(C_j|X)1\leqslant j\leqslant m,\ j\neq i$$

根据贝叶斯定理，由于 $P$（$X$）对于所有类为常数，最大化后验概率 $P(C_i|X)$ 可转化为最大化先验概率 $P(X|C_i)P(C_i)$。如果训练数据集有许多属性和元组，计算 $P(X|C_i)$ 的开销可能非常大，为此，通常假设各属性的取值互相独立，这样先验概率 $P(x_1|C_i)$，$P(x_2|C_i)$，$\cdots$，$P(x_n|C_i)$ 可以从训练数据集中求得。

根据此方法，对一个未知类别的样本 $X$，可以先分别计算出 $X$ 属于每一个类别 $C_i$ 的概率 $P(X|C_i)P(C_i)$，然后选择其中概率最大的类别作为其类别。

在进行分类计算时，朴素贝叶斯算法具有以下优点：

（1）朴素贝叶斯模型发源于古典数学理论，有着坚实的数学基础，以及稳定的分类效率。

（2）朴素贝叶斯模型所需估计的参数很少，对缺失数据不太敏感，算法也比较简单。

但朴素贝叶斯算法的缺点也比较多：

（1）理论上，朴素贝叶斯与其他分类方法相比具有最小的误差率。但是实际上并非总是如此，这是因为朴素贝叶斯模型假设属性之间相互独立，这个假设在实际应用中往往是不成立的（可以考虑用聚类算法先将相关性较大的属性聚类），这给朴素贝叶斯模型的正确分类带来了一定影响。在属性个数比较多或者属性之间相关性较大时，朴素贝叶斯模型的分类效率比不上决策树模型。而在属性相关性较小时，朴素贝叶斯模型的性能最好。

（2）在实际情况下，类别总体的概率分布和各类样本的概率分布函数（或密度函数）常常是不知道的。为了获得它们，贝叶斯就要求样本足够大。

（3）由于贝叶斯定理的成立本身需要一个很强的条件独立性假设前提，而此假设在实际情况中经常是不成立的，因而其分类准确性就会下降。

#### 3.3.1.3 人工神经网络

人工神经网络是基于生物学中神经网络的基本原理，在理解和抽象了人脑结构和外界刺激响应机制后，以网络拓扑知识为理论基础，模拟人脑的神经系统对复杂信息的处理机制的一种数学模型。该模型以并行分布的处理能力、高容错性、智能化和自学习等能力为特征，将信息的加工和存储结合在一起，以其独特的知识表示方式和智能化的自适应学习能力，引起各学科领域的关注。它实际上是一个有大量简单元件相互连接而成的复杂网络，具有高度的非线性，能够进行复杂的逻辑操作和非线性关系实现的系统。神经网络通常需要进行训练，训练的过程就是网络进行学习的过程。训练改变了网络节点的连接权的值使其具有分类的功能，经过训练的网络就可用于对象的识别。

神经网络是一种运算模型，由大量的节点（或称神经元）相互连接构成，如图 3－17 所示。每个节点代表一种特定的输出函数，称为激活函数（activation function）。每两个节点间的连接都代表一个对于通过该连接信号的加权值，称之为权重（weight），神经网络就是通过这种方式来模拟人类的记忆。网络的输出则取决于网络的结构、网络的连接方式、权重和激活函数。而网络自身通常都是对自然界某种算法或者函数的逼近，也可能是对一种逻辑策略的表达。神经网络的构筑理念是受到生物的神经网络运作启发而产生的。人工神经网络则是把对生物神经网络的认识与数学统计模型相结合，借助数学统计工具来实现。另外，在人工智能学的人工感知领域，通过数学统计学的方法，使神经网络能够具备类似于人的决定能力和简单的判断能力，这种方法是对传统逻辑学演算的进一步延伸。

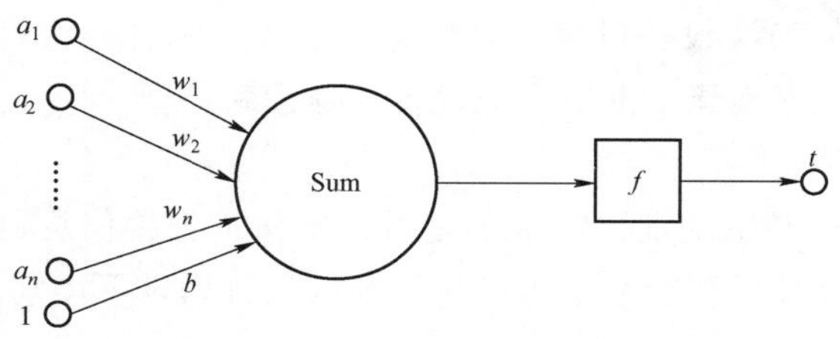


图 3－17　神经网络模型示意图

人工神经网络中，神经元处理单元可表示不同的对象，例如特征、字母、概念，或者一些有意义的抽象模式。网络中处理单元的类型分为三类：输入单元、输出单元和隐单元。输入单元接受外部世界的信号与数据；输出单元实现系统处理结果的输出；隐单元是处在输入和输出单元之间，不能由系统外部观察的单元。神经元间的连接权值反映了单元间的连接强度，信息的表示和处理体现在网络处理单元的连接关系中。人工神经网络是一种非程序化、适应性、大脑风格的信息处理，其本质是通过网络的变换和动力学行为得到一种并行分布式的信息处理功能，并在不同程度和层次上模仿人脑神经系统的信息处理功能。

目前，神经网络已有上百种不同的模型，常见的有 BP 网络、径向基 RBF 网络、Hopfield 网络、随机神经网络（Boltzmann 机）、竞争神经网络（Hamming 网络，自组织映射网络）等。但是当前的神经网络仍普遍存在收敛速度慢、计算量大、训练时间长和不可解释等缺点。

人工神经网络的优点：分类的准确度高，并行分布处理能力强，分布存储及学习能力强，对噪声神经有较强的鲁棒性和容错能力，能充分逼近复杂的非线性关系，具备联想记忆的功能等。

人工神经网络的缺点：神经网络需要大量的参数，如网络拓扑结构、权值和阈值的初始值；不能观察之间的学习过程，输出结果难以解释，会影响到结果的可信度和可接受程度；学习时间过长，甚至可能达不到学习的目的。

继电保护自检告警信息可以根据制造厂商的说明书和运维人员的使用经验来形成较为粗略的分类，且该类型信息离散生成，无时间上的连续性。要解决继电保护自检告警信息的分类与信息识别问题，找出其属性和类别间的关系，通过对上述三种分类算法的优劣分析，使用决策树算法更为合适。

### 3.3.2 自检信息智能分析

基于决策树的二次设备自检告警故障诊断步骤包括：告警分类、决策树构建、检修专家知识库构建、继电保护设备故障诊断。

#### 3.3.2.1 告警分类

依据告警数据产生决策树的基础是对继电保护告警信息进行分类，按照各类告警数据的故障性质和影响范围可将告警信息分为以下类别。

**1.** 保护运行异常

对于普通告警（保护运行异常），发出信号提示运行人员注意检查处理。包括：

（1）保护功能告警，不闭锁保护或只闭锁部分保护功能。包括二次回路异常、纵联通道异常、定值整定错误、开入异常、功能压板投退异常等。

（2）交流异常：如TV断线告警，会闭锁距离保护、带方向的零序保护等，差动保护只计算电流，TV断线对差动保护没有影响，不闭锁差动保护。

（3）保护功能告警：如报“通道一环回错”告警，需要检查通道一的接线回路。

（4）定值整定错误：如“重合闸控制字错”告警，需要检查自动重合闸控制字，如果检同期、检无压两种方式同时投入，则告警。

（5）开入告警：如“远方跳闸开入异常”，检查开入信号是否长期存在。

（6）功能压板投退异常：如“差动压板不一致”，应是两侧差动压板不一致，一侧投入、一侧退出。

（7）通信异常：Master插件实时监视CPU插件情况，CPU插件与Master插件不通信、两块CPU插件设置不一致、对时异常等情况，会发出告警。

（8）操作回路异常。

**2.** 装置故障告警

装置故障告警，主要是通过保护装置的自检，发现装置的硬件出现异常，导致保护不能继续正常切除故障。对于危及保护安全性和可靠性的严重告警（装置故障告警），发出信号的同时闭锁保护出口。包括：

（1）CPU插件异常；

（2）定值异常；

（3）开出告警；

（4）压板异常；

（5）模拟量采集错；

（6）其他。

告警描述与引起告警的故障位置的对应关系见表 3－33。

表 3－33　　告警关键字和故障位置对照表

| 故障位置 | 告警关键字 |
| --- | --- |
| 装置本体 | CPU |
| | Master |
| | 电源 |
| | 开入 |
| | 开出 |
| | 交流 |
| 回路 | 交流 |
| | 开入 |
| | 开出 |
| | 对时 |
| | 直流 |
| | 控制回路 |
| 通道 | 纵联通道 |
| 外部 | 过负荷告警 |
| | 差流越限告警 |
| | 零序过压告警 |
| | 轻瓦斯告警 |

#### 3.3.2.2　决策树构建

决策树构建采用自顶向下的递归方式，在决策树的内部节点进行属性值的比较，并根据不同属性判断从该节点向下的分支，在决策树的叶节点得到结论. 所以从根节点就对应着一条析取规则，整棵树就对应一组析取表达式规则。

决策树的核心在于如何选择特征从而构建出想要的决策树，进而能够更加通用的去进行分类。分类作为一种监督学习方法，要求必须事先明确知道各个类别的信息，并且断言所有待分类项都有一个类别与之对应。

**1.** 决策树算法

决策树算法是 DM 的一个活跃的研究领域。该算法是一个多阶段的决策过程。决策树是用来解决风险型决策问题时使用的一种分析工具，具体是用树形图来分析和选择行动方案的一种系统分析方法，如图 3－18 所示。它利用树的结构将数据记录进行分类，树的一个叶节点就代表某个条件下的一个记录集，根据记录集的不同取值建立树的分支；在每个分支子集中重复建立下层节点和分支，便生成一棵决策树。对生成的决策树进行截枝，很容易得到具有商业价值的信息，供决策者做出正确的决策。

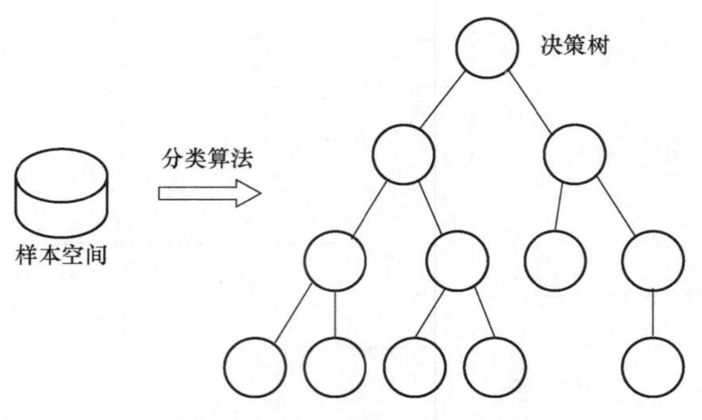


图 3-18　决策树构建方法

决策树的输入是一组带有类别标记的例子，构造的结果是一棵二叉或多叉树。二叉树的内部节点（非叶节点）一般表示为一个逻辑判断，如形式为（$a_i=v_i$）的逻辑判断，其中 $a_i$ 是属性，$v_i$ 是该属性的某个属性值；树的边是逻辑判断的分支结果。多叉树（ID3）的内部节点是属性，边是该属性的所有取值，有几个属性值，就有几条边。树的叶节点都是类别标记。构造决策树的方法是采用自上而下的递归构造。以多叉树为例，它的构造思路是，如果训练例子集合中的所有例子是同类的，则将之作为叶节点，节点内容即是该类别标记。否则，根据某种策略选择一个属性，按照属性的各个取值，把例子集合划分为若干子集合，使得每个子集上的所有例子在该属性上具有同样的属性值。然后再依次递归处理各个子集。这种思路实际上就是“分而治之”（divide-and-conquer）的道理。二叉树同理，差别仅在于要选择一个好的逻辑判断。

**2.** 决策树生成

ID3 算法（Iterative Dichotomiser 3，迭代二叉树 3 代）是一个由 Ross Quinlan 发明的用于决策树的算法。ID3 算法的核心思想就是以信息增益度量属性选择，选择分裂后信息增益最大的属性进行分裂。该算法采用自顶向下的贪婪搜索遍历可能的决策树空间。

设 $E=D_1D_2,\cdots,D_n$ 是有穷向量 $n$ 维空间，其中 $D_j$ 是有穷离散符号集，$E$ 中的元素 $e=\{v_1, v_2, \cdots, v_n\}$ 叫作例子，其中 $v_j\in D_j$，$j=1，2，3，\cdots，n$，设 $S_1$，$S_2$，$\cdots$，$S_m$ 是 $E$ 的 $m$ 个例子集。假设向量空间 $E$ 中的这 $m$ 个例子集的大小为$|S_i|$，ID3 基

于下面两个假设：① 在向量空间 $E$ 上的一棵正确决策树对任意例子的分类概率同 $E$ 中的这 $m$ 个例子的概率一致；② 一棵决策树能做出正确类别判断所需的期望信息比特为

$$I(S_1, S_2, \cdots, S_m) = -\sum pi\log_2^{pi}(i=1, 2, \cdots, m)\text{，其中 } Pi \approx \frac{|S_i|}{|S|} \quad (3-30)$$

如果以属性 $A$ 作为决策树的根，$A$ 具有 $v$ 个值，它将 $E$ 分成 $v$ 个子集$\{E_1, E_2, \cdots, E_v\}$，假设 $E_i$ 中含有 $S_i(i=1, 2, \cdots, m)$，那么子集 $E_i$ 所需的期望信息是 $E(A)$

$$E(A) = \sum |S_{1j} + S_{2j} + \cdots + S_{mj}|/|S| * I(S_{1j}, S_{2j}, \cdots, S_{mj})$$

因此，以属性 $A$ 为根所需的期望信息是

$$\text{gain}(A) = I(S_1, S_2, \cdots, S_m) - E(A)$$

ID3 选择 gain($A$)最大的属性 $A$ 作为分枝属性，这种方法使生成的决策树平均深度最小，从而以较快的速度生成了一棵决策树。

树的截枝。为了避免决策树“过拟合”样本，需要对树进行截枝。树的截枝有两种方法：

（1）预先截枝：在树生成的过程中根据一定的准则（如树已经达到某高度，节点中最大的样本的比例达到设定阀值）来决定是否继续扩张树。

（2）后截枝：待决策树完全生成后进行截枝。

截枝数据集的选择：选择与生成决策树数据集不同的数据进行截枝。例如，使用训练集 2/3 的数据生成树，另外 1/3 的数据做截枝（代价复杂性算法）。但是当训练数据集较小时，这样容易导致过学习。当缺乏独立截枝数据集时可以采用交叉有效性来判断决策树的有效性。

所以，ID3 的算法思想是：自顶向下的贪婪搜索遍历可能的决策树空间构造决策树；从“哪一个属性将在树的根节点被测试”开始；使用统计测试来确定每一个实例属性单独分类训练样例的能力，分类能力最好的属性作为树的根节点测试。然后为根节点属性的每个可能值产生一个分支，并把训练样例排列到适当的分支（也就是说，样例的该属性值对应的分支）之下。重复这个过程，用每个分支节点关联的训练样例来选取在该节点被测试的最佳属性。这形成了对合格决策树的贪婪搜索，也就是算法从不回溯重新考虑以前的选择。

根据上节中所述的继电保护自检告警信息的分类方法，将所有告警信号作为一个根节点，依据 ID3 算法按照故障性质、故障范围、故障原因三种规则进行树的分支，最终可形成如图 3－19 所示的决策树。

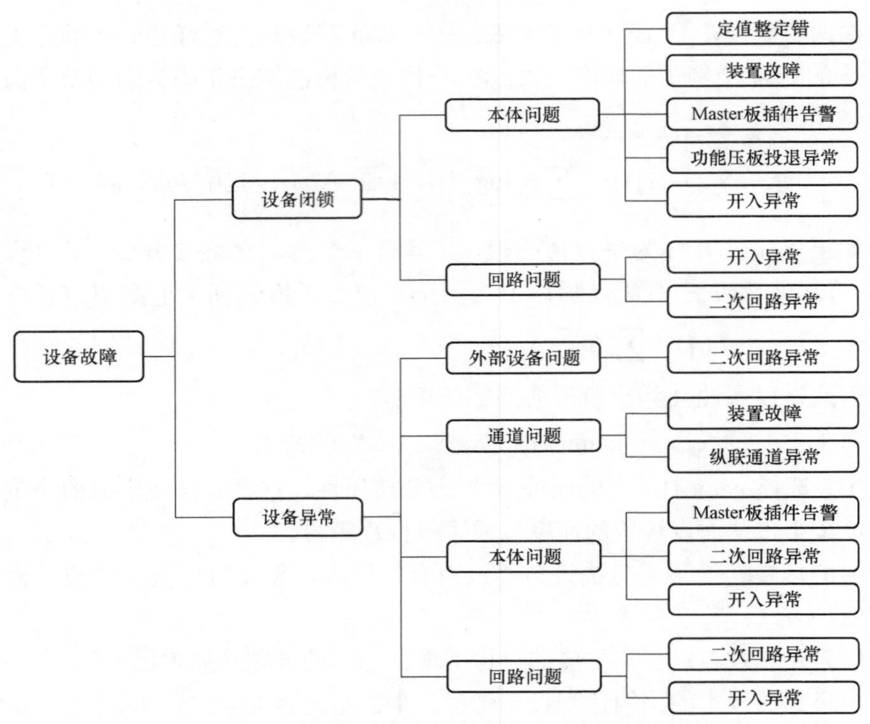


图 3－19　根据告警进行二次设备故障定位的决策树

#### 3.3.2.3　检修专家知识库构建

继电保护告警信息决策树构建完成后，可实时识别告警信息的故障位置及故障性质，但对于故障的原因及如何处理故障，仍需建立相应专家经验系统库，从而针对故障原因给出较为详细的推荐处理措施。专家知识库的建立，需要收集继电保护研发及运行专家对于继电保护故障的处理方法，综合分析提炼，形成继电保护故障处理专家知识库。专家库的组成要素包括告警描述、告警原因、处理措施等。

将各厂家继电保护的故障原因及处理方式信息收集整理后，进行信息的合并与整理，形成专家库，供后续系统功能使用。

#### 3.3.2.4　继电保护设备故障诊断

在建立起告警决策树及专家知识库后，就可依据实时运行中产生的告警对继电保护继电设备进行故障诊断。继电保护设备故障诊断是在建立起告警多维度分类模型、并建立告警原因及处理办法专家知识库的前提下，以各种一次和二次告警事件为触发条件，按照决策树路径定位故障产生的位置，从而实现的二次设备故障诊断，并在此基础上实现告警的辅助决策。其工作流程为：在收到二次设备告警后，依据其告警信息点的告警多维度分类模型、告警原因及处理办法知识库快速确定告警的严重程度、影响范围等，并获得告警产生的原因及处理办法，从而形成告警的辅助决策报告，依据此报告可确定告警处理的时间计划、处理方式等，从而实现状态检修。

在事件分析过程中，对上述各类告警信息，根据专家系统知识库结合相关的定量分析，进行逻辑推理，判断出引起二次设备告警的具体原因。例如，判断是设备本体故障，还是外围设备故障导致的本体设备的保护装置作为后备保护动作，并对二次设备故障的原因实现精确描述，告警分类维度表见表 3－34。

**表 3－34　　告警分类维度表**

| 维度 | 分　类 | 说　明 |
|---|---|---|
| 对装置影响程度 | 危急/严重/一般 | 按照国家电网公司对缺陷分级进行定义<br>兼容南方电网公司<br>与之前相比，扩展了“危急”分类 |
| 告警类型 | CPU 插件异常；<br>定值异常；<br>开出告警；<br>压板异常；<br>模拟量采集错；<br>开入告警；<br>交流异常；<br>保护功能告警；<br>通道异常；<br>通信异常；<br>操作回路异常；<br>其他 | 以四方公司保护为基础，对保护告警的类型进一步细分，方便对告警进行各类统计，方便有针对性地制定检修策略 |
| 影响范围 | 装置：CPU/Master/电源/开入/开出/交流<br>回路：交流/开入/开出/对时/直流/控制回路<br>通道：纵联通道<br>系统：过负荷/差流越限/零序过压/轻瓦斯 | 以四方公司保护为基础，对保护告警按照波及范围进行分类 |

在建立的告警多维度分类模型、并建立告警原因及处理办法专家知识库后，可以很容易实现告警的辅助决策，并借此实现状态检修，见图 3－20。

如图 3－20 所示，在收到二次设备告警后，依据其告警信息点的告警多维度分类模型、告警原因及处理办法知识库快速确定告警的严重程度、影响范围等，并获得告警产生的原因及处理办法，从而形成告警的辅助决策报告，依据此报告可确定告警处理的时间计划、处理方式等，从而实现状态检修。

辅助决策的实现包括两个方面：

（1）装置状态监视可视化界面，可列出装置当前的告警状态、影响范围、原因及处理办法；

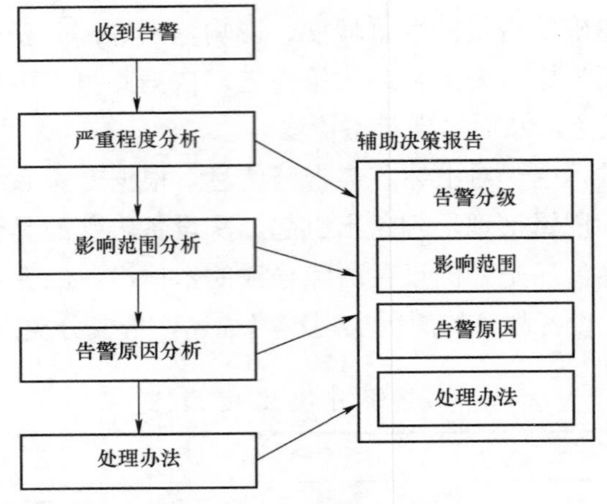


图 3－20　告警处理流程图

（2）基于告警产生缺陷记录，并展示缺陷的原因及处理办法。

### 3.3.2.5 故障诊断实例

在将继电保护告警信息进行多维度分类的基础上，以 ID3 算法为基础构建决策树，并建立告警原因、告警处理方法知识库，依据决策树实时对继电保护告警进行分析，给出继电保护状态异常的严重程度判断及故障处理措施，便于对继电保护故障进行定位和检修。

并通过收集继电保护设备告警信号与故障原因的对照关系，建立检修知识专家库如下（以线路保护 CSC103 为例）。

**1.** 装置故障告警

装置故障告警见表 3－35。

**表 3－35**　　装置故障告警表

| 事件序号 | 报文名称 | 告警原因及处理方法 |
|---|---|---|
| 1 | 模拟量采集错 | 检查电源输出情况、更换保护 CPU 插件 |
| 2 | 设备参数错 | 重新固化设备参数，若无效，更换保护 CPU 插件 |
| 3 | ROM 和校验错 | 更换保护 CPU 插件 |
| 4 | 定值错 | 重新固化保护定值及装置参数，若仍无效，更换保护 CPU 插件 |
| 5 | 定值区指针错 | 切换定值区，若仍无效，更换保护 CPU 插件 |
| 6 | 开出不响应 | 检查是否有其他告警导致闭锁 24V＋失电，否则更换相应开出插件 |
| 7 | 开出击穿 | 更换相应开出插件 |
| 8 | 软压板错 | 进行一次软压板投退 |
| 9 | 开出 EEPROM 出错 | 更换相应开出插件 |

**2.** 运行异常告警

运行异常告警见表3-36。

表3-36　　运行异常告警

| 事件序号 | 告警报文 | 可能原因及处理措施 |
|---|---|---|
| 1 | TA变比差异大 | 若两侧TA一次额定电流相差5倍及以上，装置报“TA变比差异大”告警 |
| 2 | SRAM自检异常 | 检查芯片是否虚焊或损坏，更换CPU板 |
| 3 | FLASH自检异常 | 检查芯片是否虚焊或损坏，更换CPU板 |
| 4 | 低气压开入告警 | 长期有低气压闭锁重合闸开入，检查外部开入 |
| 5 | 通道检修差动退出 | 如果运行通道同时退出且差动压板投入，则延时1min告警 |
| 6 | 电流不平衡告警 | 检查交流插件、端子等相关交流电流回路 |
| 7 | 系统配置错 | 重新下载保护配置 |
| 8 | 闭锁三相不一致 | 非全相已经动作，但仍有不一致开入；或长期有不一致开入 |
| 9 | 不一致动作失败 | 三相不一致保护动作后，仍有三个分相跳位不一致 |
| 10 | 纵联压板不一致 | 当两侧保护，其中一侧投入差动功能压板，另一侧投入纵联功能压板时，两侧保护10min后均告警“差动压板不一致”“纵联压板不一致”，闭锁两侧的差动保护和纵联距离保护 |
| 11 | 纵联差动压板投错 | 一侧保护纵联距离和差动功能压板同时投入时，5min后告警，此时保护按光纤纵联距离保护逻辑处理 |
| 12 | 开入配置错 | 重新下载保护配置 |
| 13 | 开出配置错 | 重新下载保护配置 |
| 14 | 开入通信中断 | 检查开入插件是否插紧，更换开入插件 |
| 15 | 开出通信中断 | 检查开出插件是否插紧，更换开出插件 |
| 16 | 传动状态未复归 | 开出传动后没有复归，按复归按钮 |

通过上述决策树和专家库的建立，实现了以各种继电保护告警事件为触发条件，按照决策树路径定位故障产生的位置，从而实现继电保护设备故障诊断，并在此基础上实现告警的辅助决策。当收到实时告警后，对告警信息依据决策树进行分析，产生智能告警，智能告警的界面如图3-21所示。

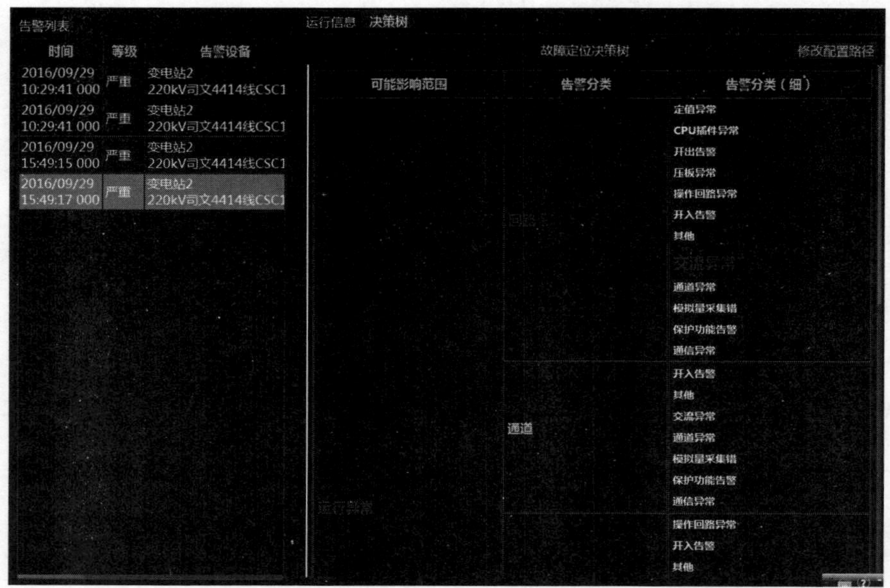


图 3－21　告警决策树功能图

## 3.4　动作行为分析与故障原因诊断

电网发生故障时，正确而又快速地对输电网的故障性质进行诊断和分析，不仅对现场事故分析和事故恢复处理具有重要作用，而且对整个电力系统的安全运行和提高电网可靠性及保障生命财产安全都具有重要意义。

当电力系统发生故障时，大量的故障信息和报警信息涌入控制中心，单凭运行人员的经验，很难快速、正确地诊断出故障，而合理的恢复处理决策的制定又依赖于正确的故障诊断和对设备动作性能的分析，因此对电力系统故障诊断和设备动作性能分析方法进行研究是关键。由于高压架空输电线路距离较长，跨越地区的地理环境较恶劣，要人工查找故障点是极其困难的，所以必须要求在输电线路发生故障时，采取有效的方法，准确而迅速地判断故障类型并查出故障位置。另外，当电力系统事故发生后，对输电网的一次和二次设备进行诊断分析，指出存在的隐患，可以减少由其引起的不必要的故障损失，也为运行人员查找故障设备和分析故障原因提供了帮助。所以，在故障诊断的基础上，需要对电力网安装的保护及断路器的动作进行进一步分析，分析出保护或断路器是否正确动作，不正确动作的原因是由于原理性错误还是由于机械元件失灵。可帮助运行人员根据诊断的结果及时对不正常工作的保护或断路器进行处理，以提高电力系统安全运行指数，同时也为电力部门对保护动作的可靠性评价提供依据。因此，对输电网进行故障诊断和保护控制系统一、二次设备的动作性能进行分析研究是有理论意义和实用价值的。电网故障分析包括以下内容：

（1）快速故障诊断。系统应在事故发生后，根据实时系统运行方式，实时获得的保护动作情况、开关动作情况、安全自动装置动作情况、事故后全网设备电流、电压遥测信息快速进行故障分析，迅速进行电网故障诊断，确定故障位置，分析故障性质，以便调度中心值班人员在事故后最短的时间内获得最核心的故障信息，给出处理方案。快速电网事故报告内容有：

1）按时间顺序排列事故重要事项，时间精确到毫秒级。事故重要事项主要包括：保护各元件动作事件、安自动作事件（含备自投、负荷均分、低频低压等安全自动装置的动作信息）、开关变位事件等。

2）定位故障元件或故障元件范围。

3）保护装置各元件动作顺序事件信息。

4）事故区域内安全自动装置动作信息。

5）开关变位动作顺序事件。

6）对开关、保护、安自动作行为的分析过程，确定事件是否满足动作规则要求，动作行为是否正确。

7）筛出可疑的不满足动作逻辑要求的动作元件动作信息。

8）事故后到报告生成前发生的电流、电压越限告警信息（含全网设备）。

9）在保护装置动作报告可及时获得的前提下，从保护装置动作报告中抽取简单故障信息。

（2）故障信息的智能组群。故障信息的智能组群系统通过快速故障诊断的分析，对一次事故中采集到的多个变电站的多个一次、二次电力设备的所有相关数据进行智能分类，最终将该次事故的所有故障信息数据整理成故障信息包，包括保护告警信息、开关动作事件、保护装置故障简报、录波数据等，方便进行事故数据的综合展示，也为后续进一步事故分析处理提供方便。

（3）故障点详细分析。对快速诊断结果中的疑似故障设备进行自动的基于故障录波波形的分析，对于确定的设备故障，应分析出故障位置、故障类型、故障相别、保护安装处测量阻抗、故障电流（含相电流、零序电流、负序电流、方向）、故障电压等信息。

对于区外故障引起的开关越级动作的事件，也应进行相关基于故障录波波形的分析，应排除其误动可能性。并给出波形信息分析结果，如相电流、负序电流、零序电流、零序电压、方向等。

（4）保护动作正确性和完整性分析。实现双重化配置情况下的两套保护动作行为的互校功能，在行为不一致的情况下区分正确动作和不正确动作的装置。实现保护动作完整性的判断，对可疑的动作元件和可疑的遗漏元件进行提示。

电网故障分析建立在完整的电网一、二次模型上，通过电网拓扑找出故障相关设备，然后根据故障前的电气特征量对二次设备的动作行为进行分析，给出动作评价。

（5）故障原因分析。引起电网故障的可能原因多种多样，传统的原因定位方式是电网故障发生后，电网运行人员进行现场巡视，确定电网故障原因，工作效率偏低。故障录波器较完整地记录了电网故障过程中的电气特征量，通过对历史记录的多次电网故障进行数据挖掘，可以发现故障原因和电气特征量之间的内在逻辑关系，自动判断出故障原因，从而发现故障规律，指导电网运行人员有重点地进行设备运维。

### 3.4.1 动作行为分析

#### 3.4.1.1 一、二次设备关联

在进行输电网一、二次设备动作性能分析时，除了需要获得输电网的一次拓扑结构外，还需要获得保护控制系统配合关系及其和一次设备的关联关系。为此，还需要建立一个二次设备信息表。二次设备信息表记录的二次设备包括各种类型的保护和重合闸设备，设有的字段有索引号、设备名称、设备类型、保护设备名称、配合开关名称、整定值和延时时间。以图 3－22 为例，按照我国对 110kV 输电网配备保护的一般原则，以纵联保护作为各线路主保护，三段式距离保护作为后备保护。如线路 L1 受电侧装设纵联保护 CB2ZL 和三段式距离保护 CB2R1、CB2R2 和 CB2R3。纵联保护 CB2ZL 保护线路全长，延时时间为 0s；CB2R1 为距离一段保护，保护范围设为线路全长 85%，延时时间为 0s；CB2R2 为距离二段保护，保护范围为本线路全长并延伸到下一条线下路 50%处，延时时间为 0.5s；CB2R3 为距离三段保护，保护范围延伸至下一条线路末端，延时时间为 1s。基于以上原则，建立二次设备信息表，如图 3－22[1]所示，二次设备信息表如表 3－37 所示。

[1] 图 3－22、表 3－37 采用现场设备实际代号，故此处断路器文与符号仍采用 CB。

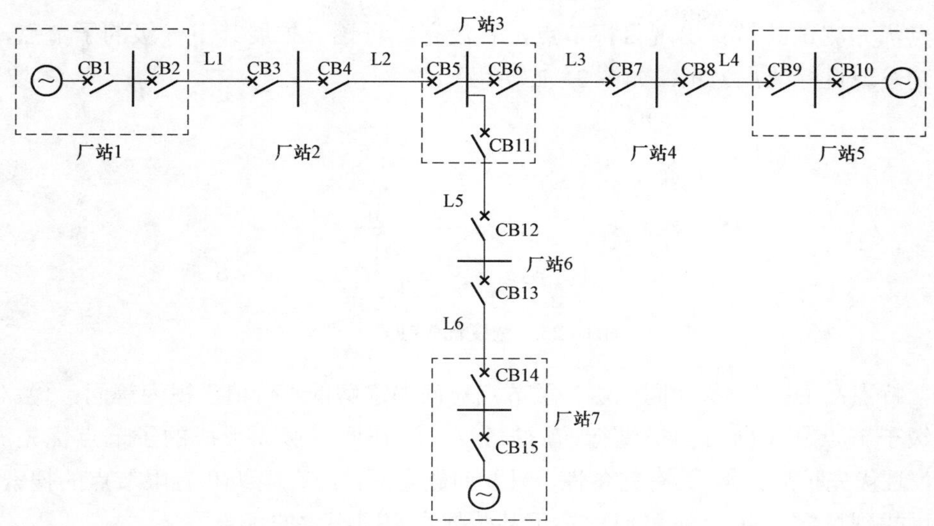


图3－22 三端系统示意图

表3－37 二次设备信息表

| 索引号 | 设备名称 | 设备类型 | 保护设备名称 | 配合开关名称 | 整定值 | 延时时间（s） |
|---|---|---|---|---|---|---|
| 1 | CB2ZL | 纵联保护 | L1 | CB2 | 100 | 0 |
| 2 | CB2R1 | 距离一段保护 | L1 | CB2 | 85 | 0 |
| 3 | CB2R2 | 距离二段保护 | L1 | CB2 | 150 | 0.5 |
| 4 | CB2R3 | 距离三段保护 | L1 | CB2 | 200 | 1 |
| 5 | CB3ZL | 纵联保护 | L1 | CB3 | 100 | 0 |
| 6 | CB3R1 | 距离一段保护 | L1 | CB3 | 85 | 0 |
| 7 | CB3R2 | 距离二段保护 | L1 | CB3 | 150 | 0.5 |
| 8 | CB4ZL | 纵联保护 | L2 | CB4 | 100 | 0 |
| 9 | CB4R1 | 距离一段保护 | L2 | CB4 | 85 | 0 |
| 10 | CB4R2 | 距离二段保护 | L2 | CB4 | 150 | 0.5 |
| 11 | CB4R3 | 距离三段保护 | L2 | CB4 | 200 | 1 |
| 12 | CB5ZL | 纵联保护 | L2 | CB5 | 100 | 0 |

#### 3.4.1.2 基于有向图的搜索方法

（1）宽（或广）度优先搜索法。所谓宽度优先搜索法，就是从初始节点开始，由生成节点规则扩展形成下一级的各子节点。其搜索原则是：先形成的子节点优先测试其是否出现目标节点，若没有，再逐一扩展其下一级的子节点，直到发现目标节点为止，如图 3－23 所示。

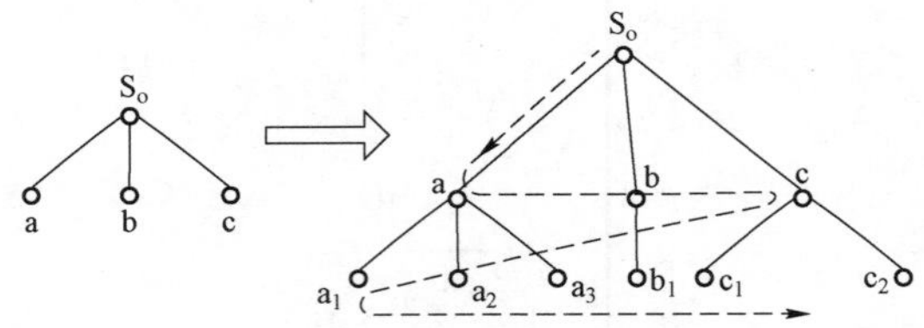


图 3－23　宽度优先搜索原理

特点：① 同一级（同一层）子节点对问题求解的“价值”视为等同；② 对同级子节点从左向右扫描进行遍历搜索；③ 在同一级先形成的子节点优先测试，且优先扩展；④ 具有完备性，只要问题有解，经有限级和有限节点的搜索，就可找到目标节点；⑤ 耗时，适于某些搜索空间不大的场合。

（2）深度优先搜索法。所谓深度优先搜索法，就是从初始节点开始，由生成节点规则扩展形成下一级的子节点。其搜索原则是最晚生成的节点优先测试并扩展形成再下一级的各子节点，直到发现目标节点为止，如图 3－24 所示。

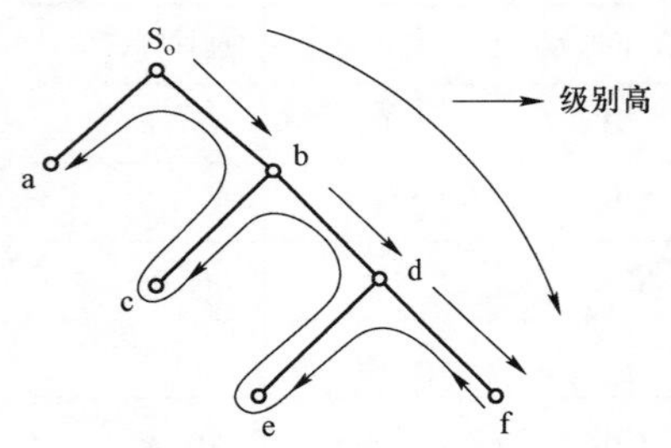


图 3－24　深度优先搜索原理

特点：① 在同一级子节点中，后生成的子节点优先级别高；② 搜索是按后生成节点的分枝搜索的；③ 不具完备性，若目标节点不在优先深入的分支中，且该分支是无穷分支，则会误入死搜索，出现“死解”现象，属于非算法的搜索过程。

（3）启发式搜索，利用启发式信息来引导搜索路径的方法。特点：① 效率高，有选择地朝目标节点搜索，可以加速推理进程；② 保证解的质量，搜索是按目标解的特征启发进行的，首先找到的解应是满足目标的最优解；③ 适于解决任何复杂问题，避免知识选择上的组合爆炸现象。

基本搜索技术策略（表现的三个方面）：① 节点选择，即在对同一层扩展子节点的选择上，是根据启发式信息进行的；② 操作选择，即控制下一层子节点的产生；③ 剪枝技术，即在搜索过程中把某些节点剪去。

#### 3.4.1.3　动作评价分析原理

图 3－25 为给出的输电网一、二次设备动作性能分析的逻辑示意图，从逻辑图中可以看出该诊断规则可以对整个网络的所有保护及断路器动作性能进行评

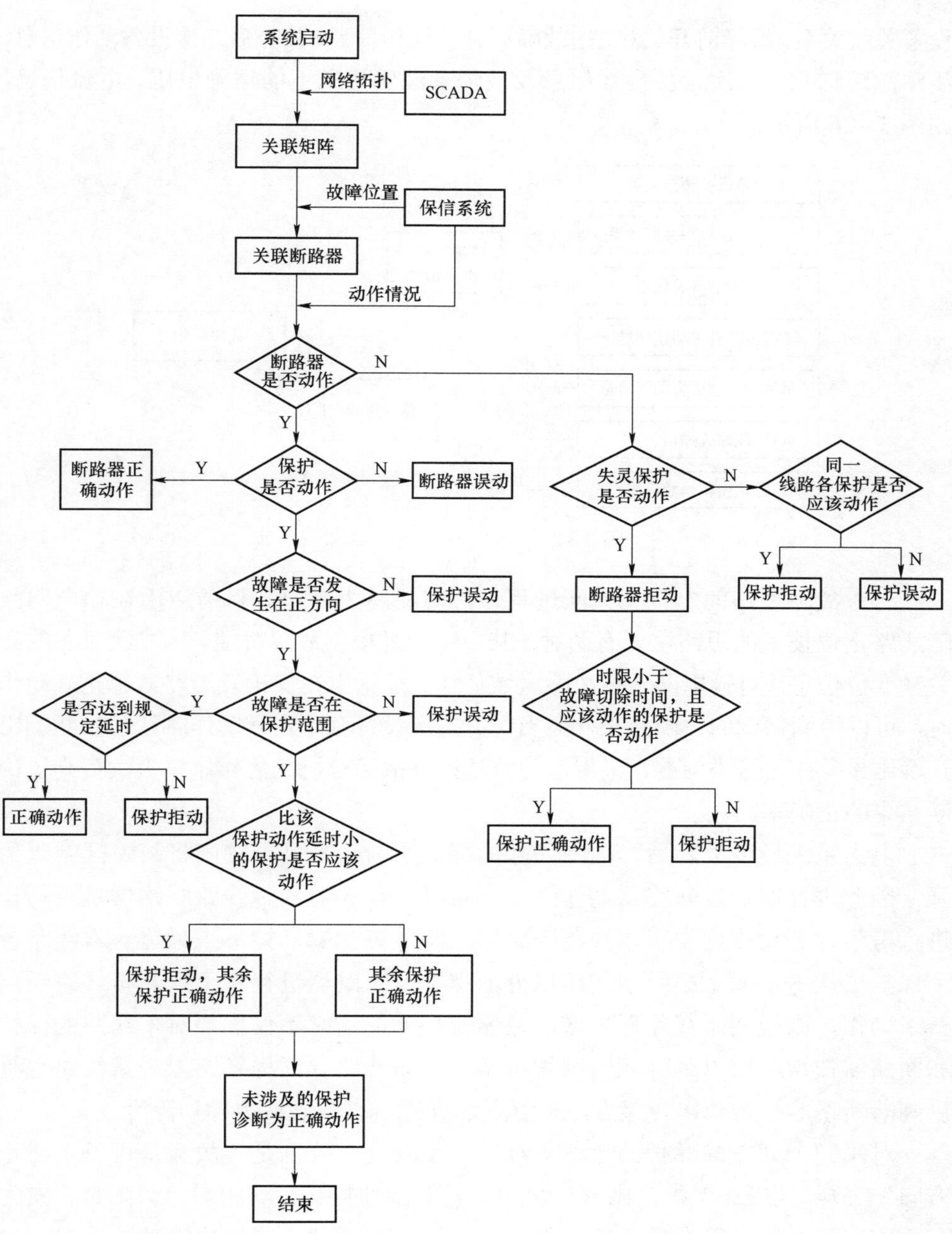


图 3－25　动作评价逻辑知识树

价，判断动作正确与否，实现对整个输电网络的保护及断路器的动作性能诊断。

（1）输入信息。诊断过程中需要的输入信息有一次设备拓扑关系，一、二次设备关联关系，故障前开关状态，故障后开关动作信息，故障后二次设备动作信息，线路故障信息，二次设备参数信息及故障录波器记录下的精确电压、电流信息，如图 3－26 所示。

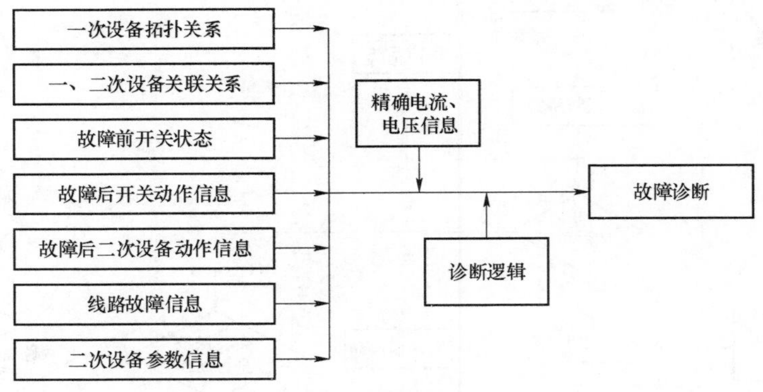


图 3－26　诊断方法输入信息

（2）故障线路的定位。诊断过程以故障线路为入口。目前应用在输电网故障线路定位技术的思路主要有两种。其中一种是根据故障时的一、二次设备的开关量变位信息，对输电网进行故障区域估计。理论上在保护及断路器都正确动作时，可以得到精确的诊断结果，但当一、二次设备有不正常动作时往往诊断不出正确结果。针对这类问题，采用遗传算法提高故障信息的容错率，大大提高了诊断结果的正确率。

电力系统发生故障后，故障切除的标志是断路器是否跳闸将故障区域隔离开。因此进行保护及断路器动作性能分析时，首先对故障线路断路器是否动作进行考察，若动作则说明本线路断路器已将故障切除，接下来只需对本线路各个保护依次考察而不必对本线路以外的保护及断路器进行考察；若本线路断路器未动作，则说明本线路保护或断路器有拒动，这时不仅需要对本线路的保护和断路器依次考察以外，还得继续考察上一条线路。同样考察上一条线路也是以判断断路器是否动作为起点，重复上述过程，直到确认故障切除为止。

对每一个动作的保护的考察需经过三重判别，分别是“故障是否发生在正方向”“故障是否在保护范围内”“是否达到延时时限”，其中对“故障是否发生在正方向”判断可以有效判断出保护是否因方向元件失灵造成误动的情况；对“故障是否发生在保护范围内”的判别以高精度的故障录波数据分析出的故障类型、故障位置以及故障时刻的基波电流电压值为依据，可以有效判断出保护是否因其自身算法精度不够造成误动；对“是否达到延时时限”的判断可以有效判别出保护是否因延时元件失灵而误动的情况。

在对图 3－25 所示的输电网一、二次设备动作性能分析知识树的求解过程中采用了启发式搜索方法中的剪枝技术，在求解过程中剪去对分析结果不影响的支路，提高了搜索效率和求解质量。

在对线路进行搜索的过程中采用深度优先搜索的方法，从故障线路开始搜索，如果正在搜索的线路断路器没有动作，则继续搜索深度的节点，直到该条路径上某一支路断路器动作将故障切除，然后再回到上一节点对其他支路进行搜索。

在对输电网络配备保护时，原则上应满足每一条线路发生故障时主保护都能正确作用于跳闸以断开故障。近后备及远后备保护一般是在主保护因失灵而拒动时或因其时间延时元件失灵而误动。也就是说当某一线路发生故障时主保护动作的概率最大，近后备动作概率其次，离故障点越远的保护动作概率越小。实际故障时很少有越一级线路以上的保护将故障切除的。也就是说故障发生时离故障点深度大于 2 的节点上的保护很少有动作的，当得知线路故障被切除后，就没有必要再对更深的线路及对应保护进行考察。因此，当本线路断路器未动作进而需对上一级线路考察时，使用深度优先搜索来遍历输电网的搜索深度小于 2 就可以终止，有效避免了由于深度优先搜索的不具完备性而出现“死解”现象。

#### 3.4.1.4　动作评价系统构建

利用安装于高压变电站的故障录波器所采集的线路故障时的实时信息（电压、电流实时采样值及保护、断路器等设备的变位信息），对输电线路发生的故障进行综合分析，给出有关故障的各方面的诊断结果。系统包括如下功能：

（1）COMTRADE（IEEE Standard Common Format for Transient Data Exchange for Power Systems）标准数据的读入及转换；

（2）变电站、线路及保护信息管理；

（3）波形分析（包括故障原始波形及经滤波后的基波波形）；

（4）相量图分析（包括故障前和故障后）

（5）故障类型识别；

（6）故障测距；

（7）生成故障分析报告；

（8）保护动作分析。

图 3－27 为所构造的电力网故障诊断及保护控制系统动作性能分析系统的整体结构。变电站、线路及保护信息管理模块是用于储存需要分析电网拓扑结

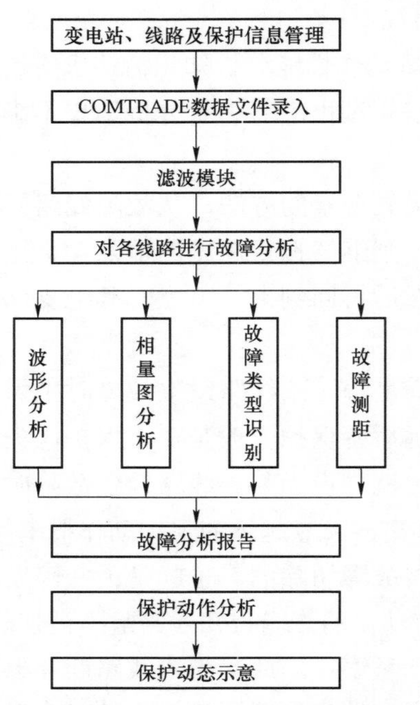


图 3－27　继电保护动作评价系统整体结构图

构及系统进行接下来分析的必要线路及保护参数；系统输入数据采用国际上通用的暂态数据交换通用格式 comtrade 格式；滤波模块通过对输入数据的处理得到线路的电流电压信号的基波及各次谐波分量为后续分析做好铺垫；得到滤波后的数据后就可以对各个线路进行全面的故障分析，包括波形分析、相量图分析、故障类型识别及故障测距，并给出各线路故障诊断报告；得到整个电网每条线路的故障信息后就可以综合各线路的故障信息、电网拓扑结构、故障时刻电流电压、断路器及保护的变位信息等对各个保护动作情况进行分析给出保护动作正确与否；得到保护诊断结果后还可以进一步查看一下保护测量阻抗及电流轨迹的动态曲线。

### 3.4.2　电网故障原因智能诊断

电网中存在大量的录波装置，实时记录电网中发生的事件，这些设备产生的报警记录、录波文件，蕴含着丰富的信息，如能加以充分利用，必能提升运行人员对电网行为的理解能力。但是，目前大多数录波文件的应用场景都是为了事后分析故障原因，分析手段一般也是以手动分析为主，缺乏在线、大规模、自动化分析的手段。故障录波器启动录波的条件往往是单一指标的超限，而且为了能够在分析事故原因时提供充分证据，越限门槛值一般都设定得比较低。这样形成的结果是，很多录波对应的时刻，系统并没有发生明显异常，而个别故障时刻的重要录波，也只在事后分析时才发挥作用。长年积累下来大量的录波文件，除了用于历史备案且占据大量的硬盘空间，却没有形成能帮助运行人员理解电网状态的知识，以便能及时识别故障原因及采取相应的措施进行应对，甚至进行预测以便制定必要的预防措施。

针对电网中多个变电站、电厂长期存储的录波数据，需要利用机器学习方法，通过大数据分析，对其中的信息进行抽样与挖掘，形成故障原因与录波特征的关联模式，以达到利用录波数据对电网故障原因进行实时诊断的目的。支持向量机就是一种常见的机器学习模型。

#### 3.4.2.1 支持向量机简介

支持向量机（Support Vector Machine，SVM）是 Corinna Cortes 和 Vapnik 等于 1995 年首先提出的，它在解决小样本、非线性及高维模式识别中表现出许多特有的优势，并能够推广应用到函数拟合等其他机器学习问题中。

在机器学习中，支持向量机（SVM）是与学习算法相关的监督学习模型，可以分析数据，识别模式，用于分类和回归分析。对给定的一组训练样本，通过 SVM 训练算法建立模型，使其成为非概率二元线性分类，从而将数据空间划分成不同的区域。新的数据产生后，通过模型将其映射到相应的区域中，从而实现类别的判断。

（1）支持向量机模型的建立。支持向量机理论就是通过选定核函数，将输入向量映射到一个高维特征空间，选择决策函数，然后在这个新空间中构造最优分类面得到分类结果。分类过程如图 3－28 所示。

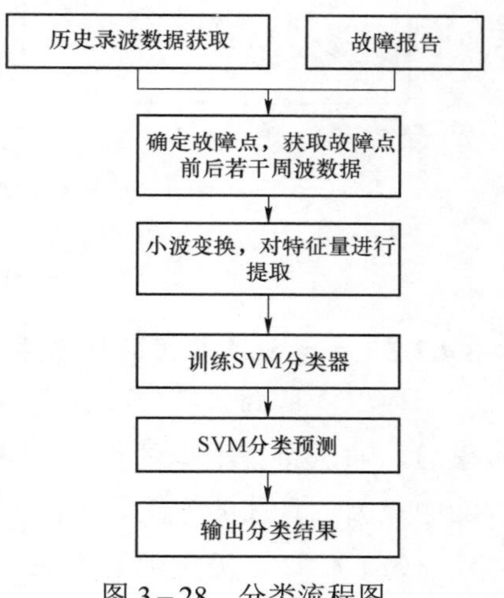


图 3－28 分类流程图

（2）基于支持向量机的故障诊断。基于支持向量机的故障诊断方法将诊断问题看成样本分类的问题，即根据历史数据训练出分类器，将数据空间划分成不同的区域，每个区域对应一种运行状态。然后将测试数据投影至数据空间，通过定位其所在区域，推测出测试数据对应的运行状态。以三分类故障诊断为例，其诊断原理如图 3－29 所示。

在图 3－29（a）中，针对目标系统，该方法首先采集各种运行状况下的数据，构建出训练样本集；然后，对训练样本集进行数据预处理，包括去量纲化、特征选择等，并采用 SVM 对处理过的数据进行学习，生成多个二分类器，见图 3－29（b）；由于故障诊断，尤其是故障隔离，通常需要面对多分类问题，所以，还需采用特定的多分类扩展策略，将多个二分类器组合成一个多分类器，使得 SVM 能够区分多个故障区域，见图 3－29（c）；最后，当故障区域被有效划分时，只需对测试样本进行投影，确定该样本所属区域，即可实现故障隔离。

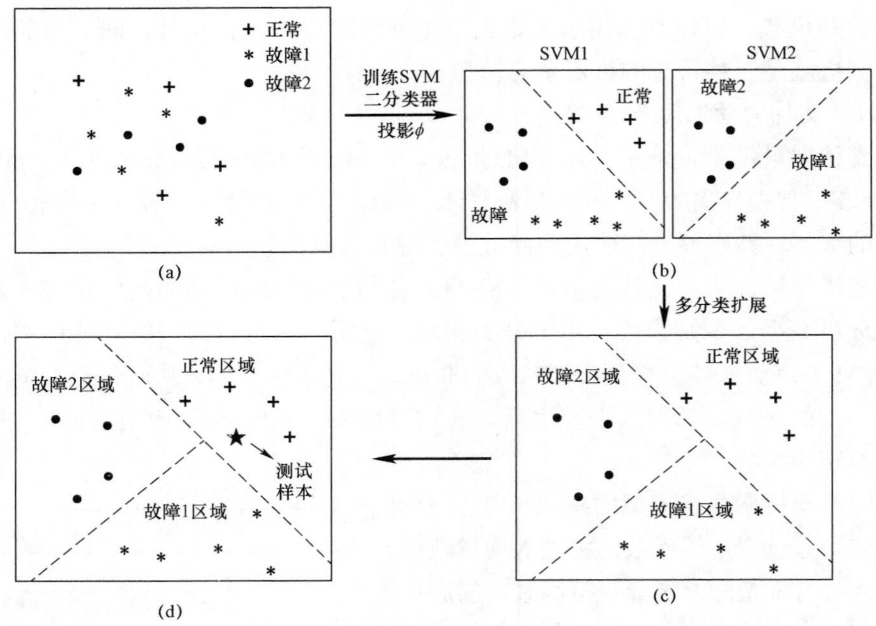


图 3-29　三分类情况下基于 SVM 的故障诊断原理

（a）给定历史数据；（b）构建多个二分类 SVM；

（c）SVM 对故障区域的划分；（d）测试样本故障区域定位

### 3.4.2.2　基于录波数据的故障原因诊断

依据支持向量机算法，可以对电网运行以来积累的大量录波数据进行机器学习，通过特征数据的积累，从而在电网故障时，基于录波数据分析出电网故障的原因。具体的方法如下：

（1）构造录波电流暂态突变量序列，并监测出异常变化相位。电流突变量矩阵构造。选择表征该厂站的三相电流，并通过计算得到该录波对应的三相暂态突向量

$$V(\Delta S_{Ia},\Delta S_{Ib},\Delta S_{Ic}) \tag{3-31}$$

其中

$$\Delta S_{In}=S(T_f+f_d\times k)\ k\in\left[-\frac{f_s}{f_d},\ m*\frac{f_s}{f_d}\right] \tag{3-32}$$

式中，$S$ 表示原始电流信号；$T_f$ 代表录波中的故障发生时刻；$f_d$、$f_s$ 分别为信号频率和数据采样频率；$m$ 定义了在故障发生时间之后所观察的周波个数。最终得到暂态突变量矩阵 $\Delta C$

$$\Delta C=\begin{bmatrix}\Delta S_{I\text{a}}(1)\\ \Delta S_{I\text{b}}(1)\\ \Delta S_{I\text{c}}(1)\\ \cdots\\ \Delta S_{I\text{c}}(N)\end{bmatrix} \tag{3-33}$$

（2）统计值计算。从暂态突变量矩阵 $\Delta C$ 中随机抽取 $H$ 个样本，其中 $N/2 \leqslant H \leqslant 3N/4$，计算其样本均值 $T_1$ 和协方差矩阵 $S_1$。

（3）距离计算：根据样本均值 $T_1$ 和协方差矩阵 $S_1$，获取所有 $N$ 个样本的马氏距离 $d_j$：

$$d_j=\sqrt{(\Delta \mathrm{C}_j-T_1)S_1^{-1}(\Delta \mathrm{C}_j-T_1)^{\mathrm{T}}} \quad (j=1,2,\cdots,N) \tag{3-34}$$

（4）迭代优化：从暂态突变量矩阵中选择对应马氏距离最小的 $H$ 个样本，计算其样本均值 $T_2$ 和协方差矩阵 $S_2$，当满足 det（$S_2$）= det（$S_1$）或 det（$S_2$）= 0 时，将 $T_1$ 和 $S_1$ 分别作为暂态突变量矩阵总体分布期望 $T$ 和方差 $S$ 的可靠估计。否则，基于 $T_2$ 和 $S_2$ 重新计算所有样本的马氏距离 $d_j$，并选择对应马氏距离最小的 $H$ 个样本，计算其样本均值 $T_3$ 和协方差矩阵 $S_3$，直至 $\det(S_n+1)=\det(S_n)$或 $\det(Sn+1)=0$ 时停止迭代，并将 $T_n$ 和 $S_n$ 分别作为暂态突变量矩阵总体分布期望 $T$ 和方差 $S$ 的可靠估计进行存储。

基于上述步骤中存储的期望 $T$ 和方差 $S$ 的可靠估计量，样本马氏距离服从自由度为 $K$ 的卡方分布，当满足 $d > \chi^2_{\alpha=0.05}(K)$ 时视为异常样本，$\alpha$ 为显著性水平。根据检测出来的异常暂态突向量样本，将对应的原始录波样本异常相位进行分类标注，分为单相、双相和三相异常，并标注对应的异常相别。

根据所检测异常相位的分类，利用小波变换提取特征，构造聚类输入样本集。

取属于同一异常相位的录波数据的三相电压、电流数据，按异常相位优先的顺序取出故障点前后 $n$ 个周波的数据作为输入信号。

对输入信号小波分解，构造特征值矩阵。在进行特征矩阵构造时，选取了每层小波分解系数的能量均值、能量方差和能量熵 3 个特征指标，具体计算方式如下子步骤：

（1）能量熵。对于第 $j$ 尺度 $k$ 时刻的信号能量可以表示为 $E_{jk}=D_j^2(k)$，则该层信号总能量为 $E_j=\sum_k E_{jk}$，定义该层小波能量熵为

$$WEE_j=-\sum_k \frac{E_{jk}}{E_j}\log\left(\frac{E_{jk}}{E_j}\right) \tag{3-35}$$

该指标反映了信号在频率空间上的能量分布信息。

（2）能量均值和能量方差。该层信号的能量均值和能量方差分别为

$$EXP_j = \frac{E_j}{length(j)} \tag{3-36}$$

$$VAR_j = \frac{\sum_k (E_{jk} - EXP_j)^2}{length(j) - 1} \tag{3-37}$$

式中，*length*（*j*）表示的是第 *j* 层小波系数的个数。对于重构型小波系数，每一层上的小波系数个数相等，对于抽取型小波系数，每一层上的小波系数个数不等，其随着小波层频率范围的减小而减小。

（3）按异常相位优先的顺序，取出故障点前后 *n* 个周波的该相的电流电压数据作为聚类分析的输入样本集 *C*

$$C = \begin{bmatrix} wd(1, Ia, 1, wee) & \dots & \dots \\ \dots & \dots & \dots \\ \dots & \dots & wd(N, phase, wavelevel, wavevalue) \end{bmatrix} \tag{3-38}$$

其中 *wd* 为保存小波变换因子的 4 维矩阵，*N* 为录波记录数，*phase* 为某相电压电流，按照异常相位的顺序，*wavelevel* 为小波分解的层从 1 到设定的最大层，*wavevalue* 为上一步骤中的小波分解系数能量熵、能量均值和能量方差。

对上面步骤产生的样本数据集进行半监督的聚类分析，建立故障原因与特征变量对应的关联模型，算法的流程如图 3－30 所示。

1）随机选择 *R* 中 *k* 个样本 $c_1, c_2, \cdots, c_k$ 作为簇的中心。

2）依据下列关系将每个样本 $c_l$ 分到中心为 $c_i$ 的簇 $C_i$ 中。

$$d(c_l, c_i) = \min_j d(c_l, c_j) \tag{3-39}$$

把簇 $C_i$ 中的样本按上式分到相应的簇中，若有任何一个 $C_i$ 满足

$$N_i < N_{threshold} \tag{3-40}$$

则舍去 $C_i$，并令 $k=k-1$。

式中，$N_i$ 为簇 $C_i$ 的样本数；$N_{threshold}$ 为一个类中最小样本数阈值。

3）按照下式更新以下参数：

簇中心

$$c_{im} = \frac{\sum_{c_{li} \in clusteri} c_{li}}{N_i}, i = 1, 2, \cdots, k \tag{3-41}$$

簇 $C_i$ 中的各个样本离开其中心 $c_i$ 的距离

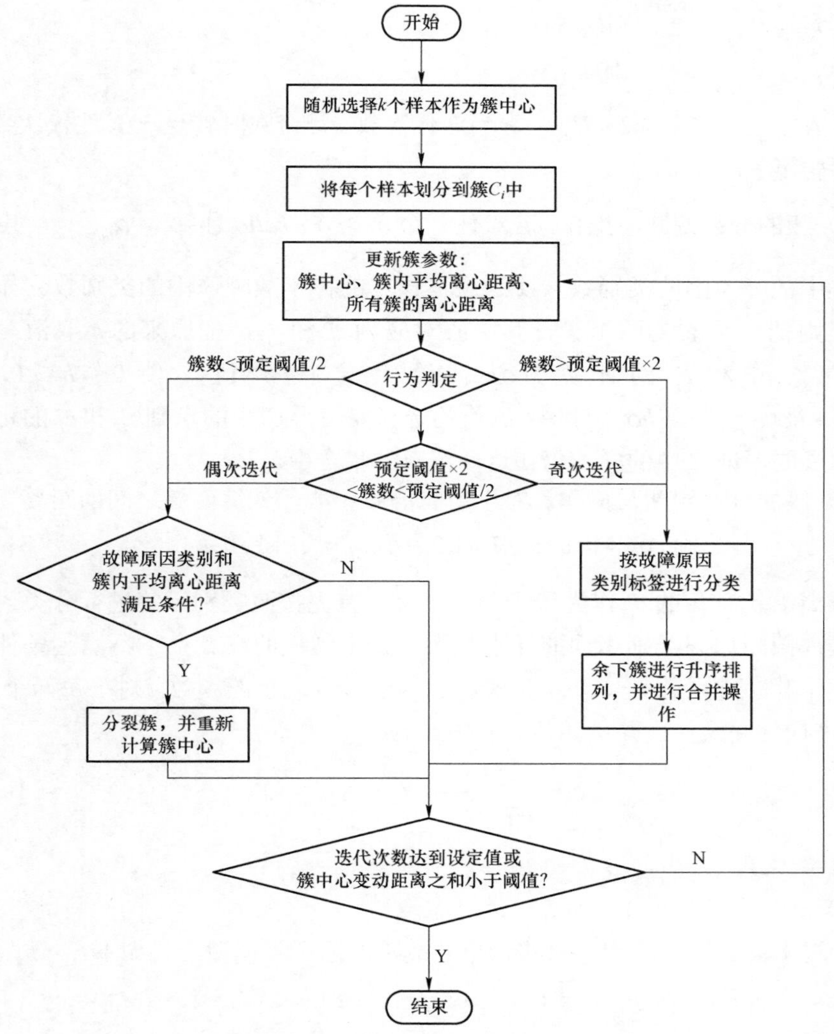


图3－30　半监督聚类分析算法流程

$$\bar{\delta}_i = \frac{1}{N_i}\sum_{c_l \in C_i} d(c_l, c_i), i = 1, 2, \cdots, k \tag{3-42}$$

所有样本离开其相应簇中心的平均距离

$$\bar{\delta} = \frac{1}{N}\sum_{i=1}^{k} N_i \bar{\delta}_i \tag{3-43}$$

4）判断停止、分裂或合并。

若迭代次数 $I = I_{\max}$ 或者 $\sum \Delta c_{im} < d_{threshold}$，则算法结束；

若 $k \leqslant N_{expect}/2$，则转 5)；

若 $k \geqslant N_{expect} \times 2$，则转 6)；

若 $N_{expect}/2 < k < 2 \times N_{expect}$，当迭代次数 $I$ 是奇数时转至 5)，迭代次数 I 是偶数时转至 6)。

5）簇的分裂判断与操作。若对任一个 $\bar{\delta}_i > \bar{\delta} \times ratio$ 且 $\dfrac{\alpha_i}{\alpha} > \alpha_{threshold}$，其中 $\alpha_i$ 为该簇中故障原因的类别数，$\alpha$ 为整体样本的样本故障原因的类别数。如满足条件，则把 $C_i$ 分裂为两个簇，其中心对应为 $c_i^+$ 和 $c_i^-$，把原来的 $c_i$ 取消，且令 $k=k+1$。$c_i^+$ 和 $c_i^-$ 的计算方法：给定一个 $h$ 值，使 $0<h\leqslant 1$；令 $c_i^+ = c_i + h\sigma_i, c_i^- = c_i - h\sigma_i$，其中 $h$ 值的选择要使得 $C_i$ 中的点到 $c_i^+$ 和 $c_i^-$ 的距离不同，但又要保证 $C_i$ 中的样本仍在这两个新的集合中。

6）簇的合并判断与操作。对于所有的簇中心，计算两簇之间的距离

$$\delta_{ij} = d(c_i, c_j), i = 1, 2, \cdots, k, j = i, i+1, \cdots, k \tag{3-44}$$

将小于 $\delta_{threshold}$ 的 $\delta_{ij}$ 作为待合并的集合。首先按照类别标签进行分类，合并两个簇内故障原因类别相同的样本数大于设定阈值的簇。余下不满足条件的簇按大小作升序排列，$\delta_1 < \delta_2 < \cdots < \delta_L$，其中 $L$ 为剩余的簇数。对于每两个簇 $C_{i_l}$ 和 $C_{j_l}$ 进行合并操作，并重新计算簇中心为

$$c_l = \frac{1}{N_{i_l} + N_{j_l}} (N_{i_l} c_{i_l} + N_{j_l} c_{j_l}) \tag{3-45}$$

将整体簇数减少，$k=k-1$。

7）迭代计数器加 1，即 $I=I+1$，转 2)。

经过上面的三个流程，算法输出的故障原因聚类模型形式如下

$$FaultJudgeSet = \{ < C_i, conf_j > | i \in 1, \cdots, K, j \in 1, \cdots, M \} \tag{3-46}$$

$C_i$ 为簇 $i$ 的中心向量，$conf_j$ 为属于簇 $i$ 类别为 $j$ 故障原因的置信度，$K$ 为簇数，$M$ 为簇中故障原因的类别数。

基于历史录波数据的故障原因诊断，克服了传统基于模型方法的建模复杂、先验参数确定的困难。该方法利用大量历史录波数据及相关的故障事后诊断数据，通过异常序列监测、特征向量提取、半监督的聚类分析三个流程挖掘特征向量与故障原因之间隐含的关联关系。该方法形成的故障原因关联模型便于辅助电力专业人员快速判定故障异常相位及故障原因，以便及时采取对应的反事故保护措施，具有重要的实用价值。

## 参考文献


[1] 张明虎，李四勤，王娟. 电力系统二次设备的状态检修[J]. 宁夏电力，2010（4）：26－29.

[2] 赵纪元，刘刚，杨东，等. 基于在线计算及模糊理论的继电保护风险预警系统方案[J]. 中国电机工程学会 2016 年年会论文集.

[3] 万尧峰，丁一岷，邹剑锋，等. 基于智能诊断分析的二次设备主动检修策略研究［J]. 华东电力，2014，42（10）：2115－2118.

[4] 叶远波，孙月琴，黄太贵，等. 继电保护相关二次回路的在线状态检测技术［J]. 2014，38（23）：108－112.

[5] 李博通，李永丽，姚创，等. 继电保护系统隐性故障研究综述［J]. 电力系统及其自动化学报，2014，26（7）：34－38.

[6] 潘乐真，鲁国起，张焰，等. 基于风险综合评判的设备状态检修决策优化［J]. 电力系统自动化，2010，34（11）：28－32.

[7] 高翔，张沛超. 数字化变电站的主要特征和关键技术［J]. 电网技术，2006，30（23）：67－70.

[8] 王德文，肖磊，肖凯. 智能变电站海量在线监测数据处理方法［J]. 电力自动化设备，2013，33（8）. 142－146.

[9] 韩平，赵勇. 继电保护状态检修的实用化尝试[J]. 电力系统保护与控制，2010，38（19）：92－95.

[10] 付强. 智能变电站网络与二次设备状态评估研究［D]. 北京：华北电力大学，2013.

[11] 华君，徐晓峰，许东，等. 基于模糊评价法的智能变电站二次系统状态评估［J]. 沈阳工程学院学报，2014，10（2）：143－147.

[12] 周小艺，唐磊，田方媛，等. 电力系统检修计划优化问题研究［J]. 华北电力大学学报，2014，41（6）：67－74.

[13] 姚建刚，肖辉耀，章建，等. 电力设备运行安全状态评估系统的方案设计［J]. 电力系统及其自动化学报，2009，21（1）：52－57.

[14] 潘华君，徐晓峰，许东，等. 基于模糊评价法的智能变电站二次系统状态评估［J]. 沈阳工程学院学报，2014，10（2）：143－147.

[15] 陈志光. 基于历史录波数据的电网故障判断方法和系统［D]. 中国：CN201510137618，2015－06－10.

# 第4章

# 二次设备智能运维检修辅助决策技术

为了保证电力系统故障情况下，继电保护装置能正确动作，对运行中的继电保护装置及其二次回路应定期进行校验和检查。常规变电站经过了数十年的发展和积累，已经形成了一整套成熟的安全运维测试技术和方法，包括定期检验、缺陷处理等。

定期检验主要针对变电站继电保护系统和自动化系统实施，分为全部检验、部分检验两种，二次设备的定期检验应尽可能配合在一次设备停电检修期间进行。根据 GB/T 50976—2014《继电保护及二次回路安装及验收规范》，结合现场装置及回路实际情况制定作业表单，制定检测项目及要求，明确作业表单，及记录试验结果报表。根据检验周期表，在二次设备的使用寿命期间，会根据规程进行全部检验和多次的部分检验，以确定装置的元件是否良好，回路、定值及特性等是否正确。

GB/T 50976—2014 要求：对于新安装的继电保护装置，若其二次回路为同期建设或同期改造，则在装置投运后一年内必须进行第一次全部检验。装置第一次全部检验后，若发现装置运行状况较差或已暴露出了需予以监督的缺陷，其部分检验周期可考虑适当缩短，并有目的、有重点地选择检验项目。若仅更换装置而保留二次回路的技术改造工程，如原屏内装置整体更换，保护装置单通道改双通道或通道载波改光纤等，投产前应进行一次全部检验，此后可按正常检验周期安排检验，可不进行投运后第一年的全部检验。对于 110kV 电压等级的继电保护装置微机装置设备，运行维护单位可考虑取消部分检验，6 年一次全部检验。

在一般情况下，定期检验周期计划的制定应符合考虑所辖设备的电压等级及工况，按检验规范要求的周期、项目进行。微机型装置宜每 2～4 年进行一次部分检验，继电保护系统的第一次部检是投入后第 3 年进行的，全部检验是投入后第 6 年进行，此后每 3 年交替进行部分检验和全部检验。在装置第二次全部检验后，若发现装置有运行情况较差或已暴露出需予以监督的缺陷，可考虑适当缩短部分检验周期，并有目的、有重点地选择检验项目。

变电站继电保护系统和自动化系统的各项定期检验项目均严格按照检验规范设定的检查步骤进行，只要检验结果符合检查标准，即可初步认为该项目所检验的设备或回路功能正常；若检验结果不符合标准，则可以发现设备或二次回路存在的缺陷。在定检时，通常需要将一次设备停电，对二次设备的外观、通信、遥测、遥信、遥控、逻辑等项目进行抽检，在定检时通常要解开被测设备与周边设备之间的连线，使用测试仪器按照检测大纲对被测设备逐项检验。高压线路两侧需要同时进行试验。复用通道的线路纵联保护还需要与通信设备的检修予以配合。

现有的以定期计划检修为主、事后维修为辅的设备检修体制虽然可有效保障重大设备的正常运行，但是由于其检修项目和检修间隔时间的设定脱离设备的实际运行状况，使其不可避免地会产生“维修不足”或“维修过剩”的现象，最终造成设备有效利用时间及人力、物力、财力的损失和浪费，严重情况下甚至会引发电网故障。

基于上述传统维修体制存在的明显缺陷，如何采用合理的维修策略和运用高科技手段对设备实行更先进、更科学的管理和维修体制，以保证设备安全运行，提高设备运行的可靠性成为电力设备检修技术的发展关键。检修辅助决策技术主要包括两部分：① 利用故障智能诊断技术，并结合传统检修方式中的检修周期设置，对二次设备进行按运行状况的检修决策提示；② 检修工作中安全措施的智能制定及执行监视。如图 4－1 所示。

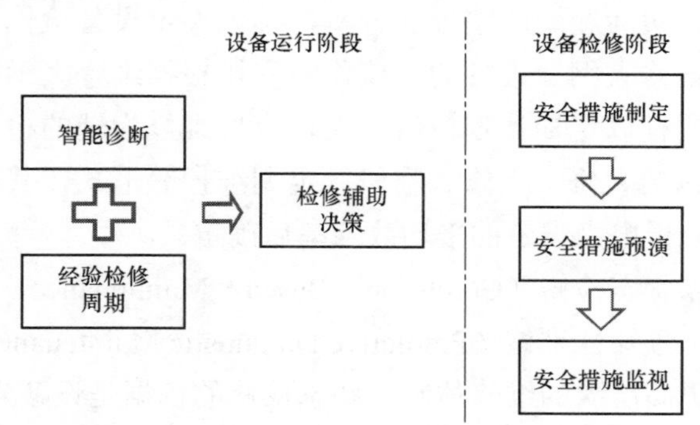


图 4－1　二次设备检修决策技术组成

在二次设备的运行阶段，以二次设备运行中产生的各种数据为基础，对设备工况进行智能诊断，如发现设备故障或者异常，则进行检修提示；如运行期间未发现异常，且运行过程中已经通过电网故障时继电保护正确动作验证了装置功能正常，其经验检修的周期可以相应的延长。对于长期无跳闸出口的继电保护设备，基于运行信息无法对其跳闸回路进行检验。针对此问题，结合跳闸回路的检验周期设定，给出检验周期内需进行跳闸回路检验设备的清单，为检修人员制定检修计划提供数据支撑。上述技术综合起来即形成了辅助检修决策技术。

在设备检修的阶段，针对检修安全措施措执行中的问题，通过在自动化系统中建立电网拓扑逻辑以及安全措施规则库，在设备检修前自动生成所需的安全措施票，并在系统中进行仿真预演，校核安全措施票的执行步骤是否有误，最后在安全措施实际执行时，利用自动化系统，进行安全措施过程的监护。

## 4.1 检修辅助决策

设备检修体制是随着生产力的发展、科学技术的进步而不断演变的。从第一次产业革命至今，设备的检修体制大致经过了三个阶段的发展：

第一阶段：以事后维修（Break Maintenance，BM）为代表。事后维修又被称为故障维修（Corrective Maintenance），是指当设备发生故障后进行的非计划性维修。在电力设备检修体制中，事后维修多用于配电网中对电网稳定运行影响极小或是有冗余配置的非重点配电设备。

第二阶段：以计划检修（Schedule Maintenance，SM）为代表，计划检修又被称为定期检修（Time Based Maintenance）。该种检修方式以时间为依据，通过专家讨论和运行实际经验的整理和分析，预先设定设备检修工作的内容和周期，形成统一的维修大纲，设备的检修作业安排根据维修大纲具体执行。我国的电力设备长期实行以定期计划检修为主，事后维修为辅的检修体制。电力设备计划检修一般包括大修、小修、临修、定期维护等形式，其检修周期是通过经验性的收集和分析电力设备的平均故障率后确定。

第三阶段：以状态检修（Condition Based Maintenance，CBM）为代表。状态检修又被称为预知性维修（Predictive Diagnostic Maintenance），是从预防性维修发展而来的更高层次的维修体制。状态检修的依据是设备当前的运行状态，状态检修通过对设备运行监测信息的分析和诊断，评判出设备当前运行状态下是否存在故障风险，并根据评判结果有目的地开展预防性检修安排。该种检修方式不但可以实现因地制宜的检修作业，而且可以预先安排检修时机，降低检修作业对电网稳定运行的影响，是电力设备检修技术的主要发展趋势。但目前此方式主要以系统发电侧作为研究目标，输变电侧和配电侧研究相对较少。

二次设备要真正完全实现状态检修，必须从当前“计划检修”条件下的管理模式逐步向“状态检修”管理模式过渡。状态检修处理和清除缺陷的根据是：看缺陷是否影响设备的安全运行，也就是说设备是否可以带缺陷运行，其维护消缺所采取的措施应根据缺陷影响设备安全运行的程度、可持续运行的时间、经济效益等因素，权衡后确定。因此区别缺陷的性质尤为重要，消缺也因此具有了可选择性。可见，“状态检修”与“计划检修”相比，更能体现“应修必修，修必修好”的指导思想。状态检修的关键是较多地掌握设备状态，并对其发展趋势做出预计。

检修范围包括全部校验、部分校验。检修策略包括立即检修或更换、限期检修或更换、缩短周期、正常周期、延长周期。检修计划可根据二次设备检修周期、计划的时间跨度、设备既往检修时间、设备状态评分、设备维修试验策略以及是否考虑状态维修等，由系统自动生成。生成的计划可由继电保护专业负责人进行编辑，以适应实际需要。

（1）立即检修或更换是指设备状态极其危急，随时有发生事故的风险，表现为状态评分很低，在此情况下需要在以小时为单位的时间内完成检修。

（2）限期检修或更换是指设备状态比较危急，若继续长时间运行可能有发生事故的风险，表现为状态评分较低，在此情况下需要在以天为单位的时间内完成检修。

（3）缩短周期是指设备状态稍差，按正常周期试验可能存在风险，表现为状态评分偏低，在考虑变电站电压等级的前提下缩短检修周期，此时如果相应要求是 30，意为将规定的检修周期缩短 30%。

（4）正常周期是指设备状态正常，完全可以按二次设备运行规定的周期进行校验。

（5）延长周期是指设备状态良好，可以适当延长试验周期，可按规定周期延期进行检修，延期的时间考虑各电压等级变电站运行可靠性的实际要求。

继电保护状态检修可以分为离线状态检修和在线状态检修。前者在传统的定期巡检基础上，增加了一些人工采集状态量信息的工作，并且建设了状态检修信息系统，根据人工采集的状态量可提供有限的设备状态辅助评价和设备检修辅助决策功能；后者则依赖硬件的状态量测量和状态自检能力，结合状态检修信息系统，提供相对完善的设备状态量采集、状态评价和辅助决策功能。其中，在线状态检修能够为电网的安全稳定运行提供更大的价值，是未来的主流技术方向。开展继电保护在线状态检修涉及状态评价和决策算法设计和继电保护在线状态检修辅助决策系统设计和开发等主要工作。决策是状态检修的重要组成部分，是维修工作过程的最后阶段。其最终目标是使维修活动仅仅在必要的时刻才实施，既保证设备安全、可靠地运行，避免或减少故障发生次数，降低故障损失，又保证物尽其用，充分利用设备零部件的有效寿命，显著减少企业的运营成本。

要确保状态检修的开展，首先应分析设备故障的原因和规律，在此基础上形成有效的、系统的检修策略制定原则和方法，才能达到降低停电试验和维护的盲目性、减少生产成本、增加竞争力并获得更大效益的目的，实现及时发现运行中电气设备的绝缘缺陷，及时检修、处理，提高电力系统的供电可靠性的目标；其次为实现以上目标，状态检修辅助决策不可缺少，检修辅助决策应包含继电保护设备检修周期、设备既往检修时间、设备状态评分、设备维修试验策略以及是否考虑状态维修等。通过设备台账、试验、运行、检修管理和知识库及智能管理系统的建立，结合状态检修策略，通过对这些数据的分析诊断，依据状态评价得出的结论，确定检修决策，从而实现电力设备状态检修，形成以设备为核心、各检修阶段前后衔接、全寿命管理闭环贯通的工作体系，实现设备管理与各阶段生产管理工作互动，建立全方位的信息支撑系统及数据保障。

### 4.1.1 设备故障基本规律

一般情况下，由于安装质量方面的问题、设备本身存在的薄弱环节、设计和工艺等方面的缺陷等，二次设备的故障或缺陷在开始投运的一段时间内暴露的问题比较多，随着消缺后运行时间的增长而近于平缓，运行一定时间后，随着设备陈旧老化，暴露的缺陷开始增加，呈现出一条趋近于浴盆曲线的图形，如图 4-2 所示，该曲线由三段组成：① 早期故障区$\Delta t_1$，它表明新设备或大修后设备投入运行后故障概率较高，主要是设计不良，安装有缺欠，调试操作不当等原因引起的故障较多；② 偶发故障区$\Delta t_2$，它表明设备启动后，经过一段时间磨合处于稳定状态，这段时间故障概率恒定不变（随机故障），其间发生故障的原因均是由于错误操作或者一些外界偶发原因造成的；③ 最后一段是损耗故障区$\Delta t_3$，它表明设备经过长时间运行，由于材料磨损或腐蚀使材料疲劳损坏，因此故障概率明显增加。经常性的定期检修使常规的设备运行浴盆曲线规律发生了变化，每检修一次，出现一次新的磨合期，使检修后的故障率增高，如图 4-3 所示。

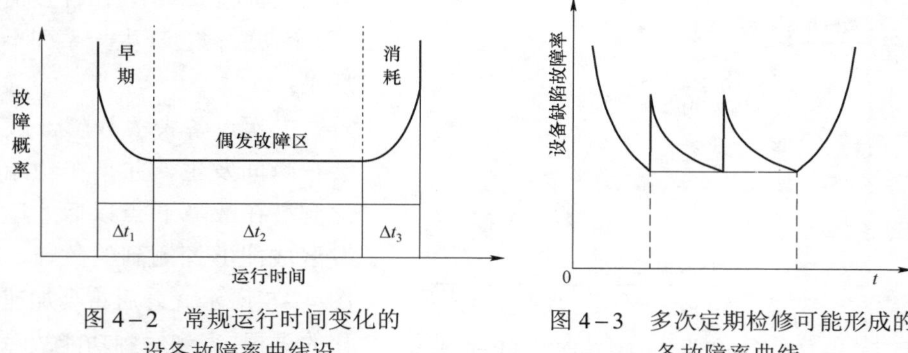


图 4－2　常规运行时间变化的设备故障率曲线设

图 4－3　多次定期检修可能形成的备故障率曲线

根据浴盆曲线，传统的观点认为故障具有固定间隔，在损耗故障区之前进行大修，就可以防止故障发生，计划维修周期就是根据这个道理确定的，即维修周期等于$\Delta t_1+\Delta t_2$。如果故障的故障率模式都是浴盆曲线，计划维修是比较合理的，然而随着科学技术的发展，电力设备日趋复杂化、自动化，使得故障率模式发生了很大变化，一般故障率有 6 种模式，如图 4－4 所示。

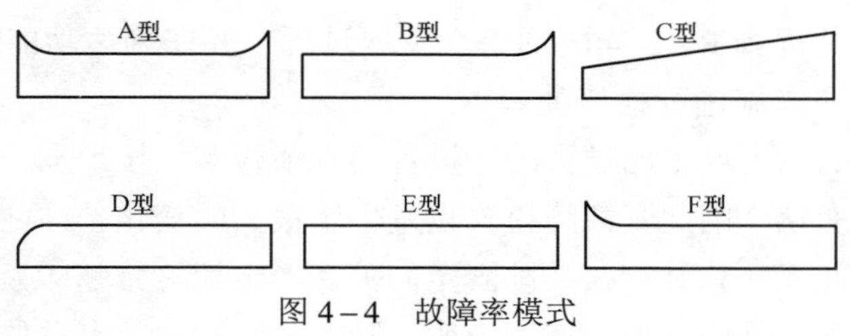


图 4－4　故障率模式

图 4－4 中 A、B、C 这三种故障率模式，均属与设备运行时间相关的故障模型，故障发生的概率随时间增加而增加。理论上认为可以确定某一点，以便采取必要措施，预防故障的发生，对于这种情况，处理起来相对容易一些。具有 D、E、F 型模式的故障，其重要特征是运行后故障的出现与运行时间无关，此类故障很难确定故障的发生时间。一般电力设备多属于复杂设备，故障是由多种故障模式引起的，其故障率服从德雷尼克定律：可修复的复杂设备，不管其故障件寿命分布类型（如指数分布、正态分布等）如何，故障件修复或更新之后，复杂设备的故障率随着时间增大而趋于常数。即复杂设备具有 B、D、E、F 型故障率模式。

根据以上分析，可见过去根据浴盆曲线所制定的维修周期只适用于极少数设备，如果一个复杂的设备，不存在一种占主导地位的、支配性的故障模式，

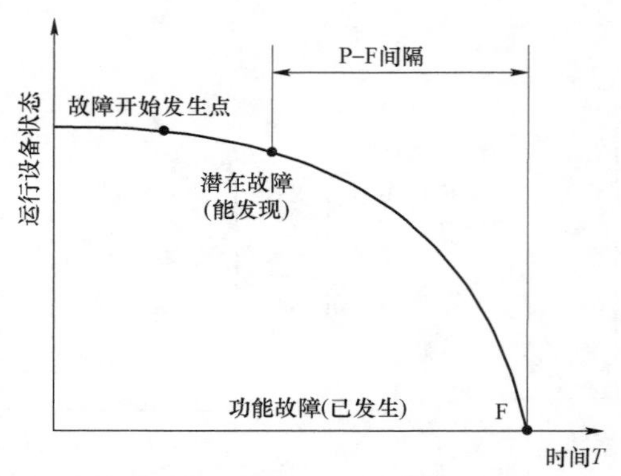


图 4–5　电力设备功能退化的规律曲线（P–F 曲线）

那么定期计划维修工作不可能降低设备的故障率。在许多情况下，定期大修会产生一系列不良后果。

二次设备大多故障一般不会在瞬间发生，并且在功能退化到潜在故障 P 点以后才逐步发展成能够探测到的故障，如图 4–5 所示。之后将会加速退化的进程，直到达到功能故障的 F 点而发生事故。这种从潜在故障发展到功能故障之间的时间间隔，被称为 P–F 间隔。

如果想在功能故障前检测到故障，必须在 P–F 之间的时间间隔内完成。由于各种设备、各种故障形式、各种故障特点对应于 P–F 间隔的时间是不定值，可能是几个小时，也可能是几个月或几年不等，因此定期检修一般情况下不可能都满足 P–F 间隔的时间要求，从而导致设备功能故障的发生。而有效的实时因素就可能捕捉到 P–F 间隔的整个发展过程，并在到达功能故障 F 点之前的合理时机采取措施进行检修处理。

现代先进的电力设备比过去的老设备要复杂得多，技术上、结构上、工艺上都有了质的变化，因此其故障模式也发生了很大的变化。往往认为设备的可靠性与运行时间之间总是存在某种固定的关系，定期检修越频繁设备发生故障或缺陷越少的观点是错误的。实践证明，除非与运行时间有关的故障模式占主导地位以外，大多情况下定期检修只能增加发生故障或缺陷的概率，降低运行设备的可靠性。

通过上述对设备故障规律的分析，检修辅助决策应建立在对设备信息获取、分析、管理的智能综合诊断基础上。反映设备的状态信息应来自于：实时因素获取信息、各项试验获取信息（含现行预防性试验）、设备家族缺陷事故记录信息、不良运行工况记录信息。对上述各项信息进行量化处理，并依其对设备状态的准确反映度赋予合理的权重，才能获取较准确的决策辅助。

### 4.1.2　基于二次设备状态评价的检修辅助决策

传统的继电保护检修方式，依据 DL/T 955—2006《继电保护及电网安全自动装置检验规程》的要求，对继电保护、安全自动装置及二次回路接线进行定期检验。以确保装置元件完好、功能正常，确保回路接线及定值正确。若保护装置在两次校验之间出现故障，只有等保护装置功能失效或等下一次校验才能发现。如果这期间电力系统发生故障，保护将不能正确动作。继电保护装置异常是电力系统非常严重的问题。因此，继电保护设备亟须基于数据驱动的状态监测，进而构建、实行新的检修模式。检修辅助决策是一种通过计算机智能判断，按需进行检修的方法。

检修辅助决策首先需获取反映被监测设备状态的信息，并提取和选择能够揭示其真实状态的特征量；然后利用特征量对被监测设备当前的状态进行识别，判断设备是否出现异常，一旦识别出被监测设备处于异常的缺陷状态，须对缺陷状态进行诊断，对缺陷的劣化程度和劣化趋势进行预知，评价其残余寿命；最后基于诊断和预知的结果进行检修决策。因此检修辅助决策工作过程可以划分为三个阶段：

（1）数据搜集阶段。搜集与被监测设备有关的数据。状态检修所需要的数据类型主要有：① 直到当前时刻的状态监测历史数据；② 历史事件数据，即与被监测设备密切相关的重要事件，包括设备的安装日期、所经历的不良工况、家族缺陷以及所采取的一些维护保养活动记录；③ 维修费用相关数据，如故障检修费用，包括故障损失费用、故障检修材料和人工费用等，预防检修/更新费用，包括预防检修的停运损失费用、预防检修材料和人工费用等相关数据；④ 其他相关数据，如企业的生产计划、备品备件数量、检修力量等相关信息等。

（2）状态评价阶段。在对所搜集的数据进行分析和处理的基础上，判断设备是处于正常运行状态还是缺陷运行状态，并对缺陷状态进行诊断和预知。该阶段包括特征信号的提取与选择、状态识别、缺陷诊断和缺陷预知若干个工作环节。

（3）维修决策阶段。基于状态评价结果，根据一定的优化准则，如费用、停电时间、可用度等，确定最佳的维修行为，制定最佳的维修方案。包括检修策略和检修内容两部分。

整体的检修辅助决策制定流程如图4－6所示。

在状态维修工作过程中，上述三个阶段是紧密联系的，数据采集阶段是进行状态维修的前提和基础，状态评价阶段是实现状态维修的关键，而指导维修决策则是应用状态维修方式的最终目的。数据收集和状态评价技术已经在智能诊断章节中进行了详细介绍，本章重点介绍检修决策阶段。

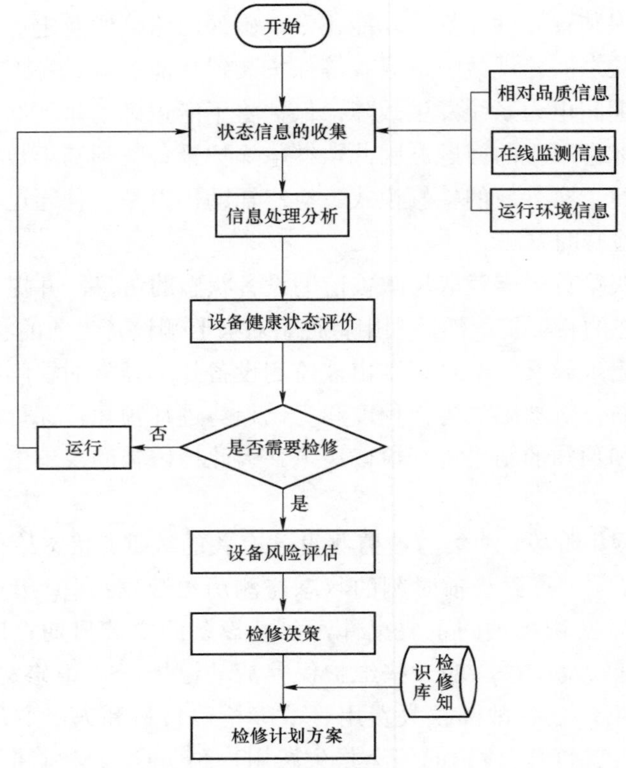


图 4-6 设备检修辅助决策流程图

#### 4.1.2.1 检修策略

检修策略是以设备状态评价结果为基础，参考状态评价结果，在充分考虑电网结构的情况下，对设备检修的必要性和紧迫性进行排序，确定检修方式、内容，并制定具体的检修方案。

（1）设备管控级别分析。

对各电力公司的设备差异化分级方法进行总结，提出了如下差异化分级方法，根据二次设备健康状态评价结果和重要度分类原则，进行管控级别分类。

1）设备健康状态分类。根据第 3 章提出的二次设备健康状态评价模型，对该设备进行健康状态进行评分（满分 100 分），得出健康状态级别，具体分级如表 4-1 所示。

表 4-1 健康状态分级表

| 健康状态 | 正常 | 注意 | 异常 | 严重 |
|---|---|---|---|---|
| 状态得分 | 90～100 | 80～90 | 70～80 | 0～70 |

2）设备重要程度划分如下：

a. 特别重要设备：① 设备故障存在引发较大及以上电力安全事故可能的；② 设备价值达到 1000 万元及以上的；③ 设备故障将直接引发特级重要用户供电中断的。

b. 重要设备：① 设备故障存在引发一般电力安全事故可能的；② 设备价值在 800 万元及以上、1000 万元以下的；③ 设备故障将直接引发一级重要用户供电中断的。

c. 次重要设备：① 设备故障存在引发 1～3 级电力安全事件可能的；② 设备价值在 500 万元及以上、800 万元以下的；③ 设备故障将直接引发二级重要用户供电中断的。

d. 一般设备：① 设备故障一般不会造成电力安全事件；② 设备价值在 500 万元及以下；③ 设备故障只造成一般用户供电中断的。

根据设备重要程度和设备状态评价结果，综合考虑，将设备分成Ⅰ、Ⅱ、Ⅲ、Ⅳ四个管控级别，具体分类如图 4－7 所示。

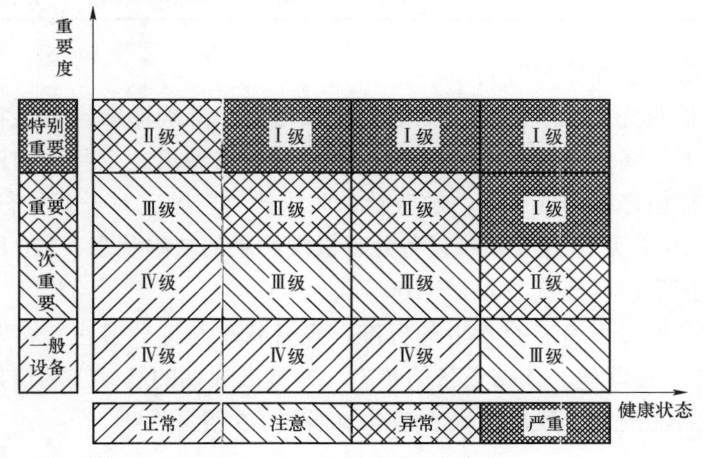


图 4－7　管控级别分类图

根据不同的管控级设定不同管控责任人，而且对应的管控内容也有所调整。运行过程中管控等级是动态调整的：① 动态调整管控级别，当新建工程投入运行、二次设备更新改造等原因造成二次设备管控级别需要长时间调整时，重新评价相关设备重要度，履行调级程序，调整管控级别，并按照调级后的管控要求开展设备运行维护工作，即“长期变化，调级调措施；”② 动态调整管控措施，当发布自然灾害、地震预警时，或调度部门有重要保供电任务时，设备健康状况劣化时，评价相关设备重要度和健康度，动态调整管控措施，并按照调整后的管控措施开展设备运行维护工作。即“短期变化，调措施不调级”。具体管控级别、管控责任人和管控内容如表 4-2 所示。

**表 4-2　　管控级别分类表**

| 管控级别 | 管控责任人 | 管控内容 |
|---|---|---|
| Ⅰ级 | 省级电力公司 | 供电单位负责制定设备管控措施执行计划并实施，按月报送工作计划及完成情况，对措施执行进行闭环管理；电力研究院应参与Ⅰ级管控设备的专业巡维和停电维护，对措施执行全过程提供技术指导，按月评价措施执行效果，并报省电网公司运维检修部 |
| Ⅱ级 | 省级电力公司 | 供电单位负责制定设备管控措施执行计划并实施，按月报送工作计划及完成情况，对措施执行进行闭环管理；电力研究院对措施执行全过程提供技术指导，按月评价措施执行效果，并报省电网公司运维检修部 |
| Ⅲ级 | 局级电力公司 | 供电单位负责明确设备清册、提出维护措施、制定维护计划、开展设备维护工作，定期评价措施执行效果，强化措施执行的闭环管理；电力研究院对执行情况进行抽查与评价，并向省电网公司运维检修部汇报 |
| Ⅳ级 | 局级电力公司 | 供电单位负责明确设备清册、提出维护措施、制定维护计划、开展设备维护工作、定期评价措施执行效果，强化措施执行的闭环管理；电力研究院对执行情况进行抽查与评价，并向省电网公司运维检修部汇报 |

（2）状态评价和检修时间。

状态分析首先根据实时因素信息告警或越限，准确诊断设备究竟存在何种缺陷，然后对设备进行健康状态评价，对设备状态做出一个整体的评价，根据评价结果进行检修时间的判断，解决什么时候修的问题。对设备状态进行评分，分值从 0 到 100，这里 0 分表示设备处于极端严重的缺陷状态；100 则表示所有状态信息均正常；其他状态为 0～100 分。

为了使各类设备有一个相近的标准，设备状态与评分应进行必要的规范，比如表 4-3 的推荐值。依据设备的状态，在基准周期的基础上酌情延长或缩短周期，调整后的周期一般不应大于基准周期的 1.5 倍。

**表 4-3　　设备状态与检修建议表**

| 评分 | 0～40 | 41～70 | 70～80 | 80～90 | 90～100 |
|---|---|---|---|---|---|
| 状态 | 严重 | 严重 | 异常 | 注意 | 正常 |
| 检修建议 | 立即安排检修 | 尽快检修 | 计划优先 | 计划/延期 | 延期 |

1）立即安排检修。二次设备健康状态处于严重恶化状态，设备主要功能完全丧失，设备无法工作，需要在 24h 内对二次设备进行检修。

2）尽快检修。二次设备健康状态处于严重恶化状态，设备主要功能丧失，设备无法顺利完成工作，需要在 24～72h 内对二次设备进行检修。

3）计划优先。二次设备健康状态处于异常状态，设备主要功能部分缺失，设备存在发生较大故障的风险，按计划进行检修或稍提前计划检修。

4）延期检修。设备健康状态良好，设备主要功能完好，能够较好地完成主要工作，不存在大的风险，可以对检修计划进行调整，推迟检修计划。

检修计划依据二次设备检修策略制定。主要分为两个部分：① 覆盖整个二次设备寿命周期内的长期检修、维护计划，用于指导设备全寿命周期内的检修、维护工作；② 与设备运行维护单位资金计划相对应的年度检修计划和多年滚动计划、规划，用于指导年度检修工作的开展，以及未来一定时期内检修工作安排和资金需求。

#### 4.1.2.2　检修内容

在检修辅助决策中需针对较明确的故障点设置相应的检修内容，即对设备需要修什么，怎么修进行提示。二次设备常见的故障类型包括变压器故障、电容器故障、开关故障、TV 故障、TA 故障、保护装置故障、辅助电源故障。对每种故障类型都有相应的处理方法。在此基础上根据设备运维单位的维护经验建立检修措施知识库，针对不同检修级别和设备状态信息，查找得到不同的检修内容，并给出相应的检修步骤。状态检修内容与决策依据对照表如表 4－4 所示。

表 4－4　　状态检修内容与决策依据对照表

| 编号 | 信息名称 | 是否强制（M/O/C） | 影响程度 | 故障原因 | 检修建议 | 检修步骤 |
|---|---|---|---|---|---|---|
| 1 | 设备参数错 | M | 严重 | 设备参数未固化或者保护 CPU 插件问题 | 重新固化设备参数，若无效，更换保护 CPU 插件 | |
| 2 | ROM 和校验错 | O | 严重 | 保护 CPU 插件问题 | 检查保护 CPU 插件或者更换保护 CPU 插件 | |
| 3 | 定值错 | M | 严重 | 定值未固化或者保护 CPU 插件问题 | 重新固化定值，若无效，更换保护 CPU 插件 | |
| 4 | 定值区指针错 | O | 严重 | 定值区未切换或者保护 CPU 插件问题 | 切换定值区，若无效，更换保护 CPU 插件 | |
| 5 | SRAM 自检异常 | O | 异常 | 保护 CPU 插件问题 | 更换保护 CPU 插件 | |
| 6 | FLASH 自检异常 | O | 异常 | 保护 CPU 插件问题 | 更换保护 CPU 插件 | |
| 7 | 软压板错 | M | 严重 | 软压板未投退或者保护 CPU 插件问题 | 进行一次软压板投退，若无效，更换保护 CPU 插件 | |
| 8 | 开出异常 | O | 严重 | 开出插件问题 | 检查是否有其他装置告警导致闭锁 24V＋失电，若无效，更换相应开出插件 | |

检修知识处理库建立后，检修辅助决策系统就可以对状态评价结果的原始信息进行综合分类处理，对二次设备的运行状态进行在线实时分析和推理，定位发生故障或出现危险情况的具体设备和故障原因，并给出故障处理指导建议，指导运行及检修人员及时地分析和处理事故。其流程如图 4-8 所示。

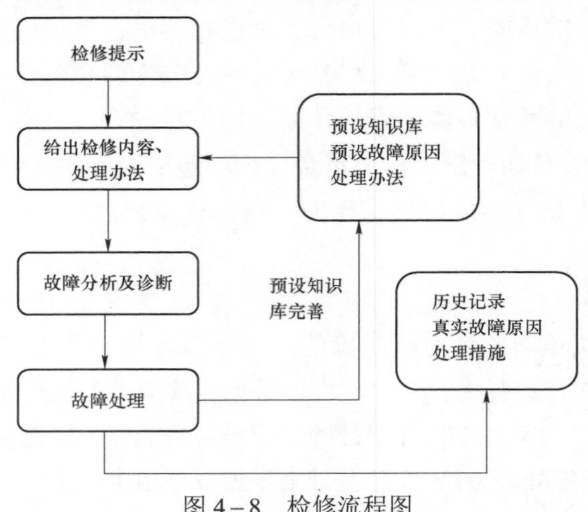


图 4-8　检修流程图

## 4.2　检修智能安全措施

常规变电站开出回路的安全措施一直遵守“明显电气断点”的基本理念，即认为安全措施执行时必须将串入跳合闸、遥控、启失灵等开出回路的硬压板退出或者将相关电缆端子解开。但在智能变电站中，由于二次系统用光缆替代电缆连接，一方面增加了合并单元、智能终端及大量交换机，二次回路构成复杂度增加；另一方面，传统的点对点的二次回路连接变成了以一根光纤为载体的数字信号，且以功能软压板代替了硬压板，对二次设备检修人员来讲，二次回路（虚端子、虚回路）是否断开不再直观可见，变成了“黑匣子”。因此与常规变电站相比，智能变电站在安全措施技术方面存在很大的差异，具体表现为：

（1）装置间的光纤。从物理上将保护与保护间或保护与智能终端之间的光纤隔断是最直接的隔离手段。

（2）保护装置本体上的 GOOSE 软压板。智能保护装置（包括保测一体装置）均设置有 GOOSE 软压板，在退出相应压板后，GOOSE 报文中数据集相应数据位始终为 0，但保护装置仍按照 GOOSE 要求的时间间隔发送数据，不会导致接收方判断 GOOSE 断链。

（3）智能终端的出口硬压板。智能终端的出口压板是设置串在智能终端与一次设备的控制回路中，作为一个明显断点隔离。

（4）检修压板。智能化保护装置及智能终端均设置了一块“保护检修状态”硬压板，该压板属于采用开入方式的功能投退压板，当保护装置与智能终端之间检修压板状态不一致时，不处理该 GOOSE 报文。

（5）接收侧保护接收软压板，包括 GOOSE 接收软压板和 SV 接收软压板。该压板用于控制 IED 设备接收 GOOSE 和 SV 报文中相关信号的有效性。当接收软压板为 0 时，保护装置将不再处理报文的内容。

除技术发展带来的安全措施内容变化外，对安全措施工作的管理也存在着智能化要求，长期以来，变电站沿袭手写安全措施票的习惯，由于编写安全措施票人员的经验、知识水平和习惯不同，不但存在较大的错误开票可能，也使得安全措施票的规范不能统一化。变电站安全措施票的内容可以看成是在规则约束下的一个优化的操作序列。典型安全措施票是变电站内的基础技术资料，是变电站设备投运的必备资料。编写典型安全措施票本身是一种相当繁琐而经验性很强的工作，一般要求具备丰富经验的变电站技术工程师负责编写、单位专业工程师负责审核，同时要求编审人员始终保持高度集中的注意力。随着计算机技术在电力系统广泛应用，利用计算机自动生成代替手工编写，对减轻工作量、减少出错的概率具有非常重要的意义。

针对智能变电站存在的问题，近几年科技人员对二次回路可视化监视、二次设备在线监视、二次设备运维，以及二次检修安全措施等方面开展了大量的研究工作，针对现阶段智能变电站二次系统的特征及安全措施步骤与常规变电站的不同，利用计算机技术和可视化技术，制定智能变电站二次系统操作安全措施可视化技术方案，可有效指导运维人员进行继电保护检修作业，控制电网运行风险，明显提高智能变电站检修人员的日常工作的效率和可靠性。但目前二次检修安全措施工作仍缺乏许多技术和系统支撑，尤其二次检修安全措施票开票工作还停留在依靠经验和查找相关设计资料的前提下进行人工模板开票，不仅工作效率低，而且容易错误导致误操作，造成安全隐患和事故。

因此，智能变电站二次检修安全措施可视化及一键式操作系统主要解决二次检修安全措施票智能拟票问题，摆脱传统人工模板开票模式，快速拟定出正确和有效的安全措施票。同时，提出了二次设备遥控操作票概念，将二次遥控操作从一次操作票中独立出来，其操作项目是对保护软压板进行投退操作，与安全措施票关于软压板的安全措施内容保持一致。系统智能拟定二次设备遥控操作票，并针对操作票进行遥控，能显著提高二次检修安全措施工作的效率，避免误操作。

根据相关标准对安全措施票安全措施内容及其格式要求，安全措施内容描述尽可能详细且反映现场实际情况，描述包含信息涉及屏柜信息，屏柜内的装置信息、硬压板信息、光纤信息、回路端子信息、以及空开信息等。但这些信息在现有的 SCD 模型中并不存在，需要对模型进行私有扩展，对屏柜信息进行建模，以满足安全措施内容描述的需要。

智能变电站中通过 SCD 文件描述了站内各二次设备的集成关系，且二次设备具备了较强的自描述能力和通信能力。因此智能变电站的二次检修安全措施工作具备自动化实现的基础。通过导入智能变电站的全模型 SCD，以及归纳总结典型安全措施票规则，形成安全措施规则库，从而实现二次工作安全措施票的智能拟票、防误校验、模拟预演、安全措施票管理等功能。

运维检修人员检修前进行相关的准备工作时，利用智能安全措施功能制定二次工作安全措施票和二次设备遥控操作票及其 WORD 版和电子票，入站时带着打印的二次工作安全措施票和二次设备遥控操作票，以及将电子票下载导入到变电站的在线系统执行，提高检修工作的效率。

安全措施过程智能化功能分为可视化展示和防误校核两大部分。可视化展示主要包括二次设备可视化、网络拓扑可视化、二次回路可视化、域可视化、在线监视及智能告警可视化等。防误校核主要包括建立二次检修安全措施防误规则库、二次检修安全措施模拟预演及防误校核、二次检修遥控操作及防误闭锁、二次检修安全措施在线监视及智能诊断、二次设备在线校核及智能诊断、防误管理等。

上述功能可以指导运维检修人员进行安全隔离，为智能变电站运行运维、检修、改（扩）建工作提供安全可靠的二次检修安全措施实施技术保障和应用系统支撑体系。

智能安全措施一般包含一系列的环节：安全措施票自动拟票、安全措施票自动校核、安全措施票模拟预演、安全措施票自动执行、执行过程在线可视化展示及校核等。这些环节，可以分成两大类。其中安全措施票自动拟票、安全措施票自动校核、安全措施票模拟预演、安全措施票自动执行都属于安全措施票方面的功能，可称为安全措施票智能化功能；而执行过程在线可视化展示及校核则属于辅助安全措施执行过程的功能，可称为安全措施过程智能化功能。同时还包括相关的管理功能，如日志管理、报告管理、安全措施票管理、运行状态单管理等。

### 4.2.1 安全措施票自动拟票

二次工作安全措施票功能是通过安全措施票规则库，进行相应的智能推理实现智能拟票，可自动生成所需的安全措施票，也可手动操作及录入生成安全措施票；可对安全措施票执行安全防误校验，自动验证制定安全隔离措施的有效性和正确性；可对安全措施票执行模拟预演，熟悉安全措施票的操作流程；同时可对安全措施票进行一系列的管理，可导出 WORD 安全措施票和电子安全措施票，也可导入电子安全措施票等。

智能拟票是根据检修任务，智能拟定检修对象的二次检修安全措施票和二次设备遥控操作票。智能拟定安全措施票包括一键式自动拟定安全措施票、半自动拟定安全措施票、人工拟定安全措施票、模板拟定安全措施票等方式。一键式自动拟定安全措施票是一键式操作检修对象，根据其对应类型的安全措施票规则策略库，逐项验证策略有效性，按设定的格式自动拟定安全措施票。半自动拟定安全措施票是为了提高人工拟定安全措施票的效率，拟定安全措施票时通过手动关联选择具体的安全措施对象，按设定的格式拟定安全措施票。人工拟定安全措施票是完全通过人工编辑安全措施内容拟定安全措施票。模板拟定安全措施票是手动修改典型安全措施票范本模板或已执行过的安全措施票，拟定新的安全措施票。

安全措施票的安全措施项目除了安全措施内容外，还包含执行和恢复的记录。操作票关于执行过程和恢复过程是分开的两张票，恢复票的操作项目与执行票的操作项目顺序完全相反。系统自动拟定操作票时会生成两张票，也可根据一张票转换成另一张票。

#### 4.2.1.1 安全措施票分析

安全措施票规则库是二次工作安全措施票的基础，提供安全措施票生成策略，能完全适应电网继电保护系统定期检修、消缺和改扩建等现场二次专业工作隔离的要求。为了覆盖智能站通用的和特有的二次检修安全措施要求，需先梳理总结相关的规则建立规则库，系统使用时可根据实际情况选择设置当前规则。

安全措施票分为间隔安全措施票和单装置安全措施票两种类型安全措施票，对安全措施票包括的内容进行详细分析：

（1）间隔详细分类。包括线路间隔、主变压器间隔、母线间隔、母联（分段）间隔、所用变间隔、电抗器间隔、电容器间隔。

（2）装置详细分类。包括线路保护、断路器保护、短引线保护、变压器保护、母线保护、母联（分段）保护、所用变保护、高抗保护、电容器保护、备自投、智能终端、合并单元。

（3）软压板详细分类。根据国家电网公司《线路保护及辅助装置标准化设计规范》、《变压器、高压并联电抗器和母线保护及辅助装置标准化设计规范》、

《10kV～110kV 线路保护及辅助装置标准化设计规范》、《10kV～110（66）kV 元件保护及辅助装置标准化设计规范》整理各类型保护虚端子关联的软压板示例如表 4－5 所示。

表 4－5　各类型保护虚端子关联的软压板

| | 220KV 变压器保护 | 330KV 变压器保护 |
|---|---|---|
| SV 输入软压板 | 高压侧电压 SV 接收软压板<br>高压 1 侧电流 SV 接收软压板<br>高压 2 侧电流 SV 接收软压板<br>中压侧 SV 接收软压板<br>低压 1 分支 SV 接收软压板<br>低压 2 分支 SV 接收软压板<br>公共绕组 SV 接收软压板<br>接地变 SV 接收软压板 | 高压侧电压 SV 接收软压板<br>高压 1 侧电流 SV 接收软压板<br>高压 2 侧电流 SV 接收软压板<br>中压侧 SV 接收软压板<br>低压侧外附 SV 接收软压板<br>公共绕组 SV 接收软压板 |
| GOOSE 输入软压板 | 高压 1 侧失灵联跳开入软压板<br>高压 2 侧失灵联跳开入软压板<br>中压侧失灵联跳开入软压板 | 高压 1 侧失灵联跳开入软压板<br>高压 2 侧失灵联跳开入软压板<br>中压侧失灵联跳开入软压板 |
| GOOSE 输出软压板 | 跳高压 1 侧断路器软压板<br>启动高压 1 侧失灵软压板<br>跳高压 2 侧断路器软压板<br>启动高压 2 侧失灵软压板<br>跳高压侧母联 1 软压板<br>跳高压侧母联 2 软压板<br>跳高压侧分段 1 软压板<br>跳高压侧分段 2 软压板<br>跳中压侧断路器软压板<br>启动中压侧失灵软压板<br>跳中压侧母联 1 软压板<br>跳中压侧母联 2 软压板<br>跳中压侧分段 1 软压板<br>跳中压侧分段 2 软压板<br>闭锁中压侧备自投软压板<br>跳低压 1 分支断路器软压板<br>跳低压 1 分支分段软压板<br>闭锁低压 1 分支备自投软压板<br>跳低压 2 分支断路器软压板<br>跳低压 2 分支分段软压板<br>闭锁低压 2 分支备自投软压板<br>跳闸备用 1～4 软压板 | 跳高压 1 侧断路器软压板<br>启动高压 1 侧失灵软压板<br>跳高压 2 侧断路器软压板<br>启动高压 2 侧失灵软压板<br>跳高压侧母联 1 软压板<br>跳高压侧母联 2 软压板<br>跳高压侧分段 1 软压板<br>跳高压侧分段 2 软压板<br>跳中压侧断路器软压板<br>启动中压侧失灵软压板<br>跳中压侧母联 1 软压板<br>跳中压侧母联 2 软压板<br>跳中压侧分段 1 软压板<br>跳中压侧分段 2 软压板<br>跳低压侧断路器软压板<br>跳闸备用 1～4 软压板 |
| 注 | 启动高压 1 侧失灵≥母线保护（支路启动失灵开入）<br>启动高压 2 侧失灵≥母线保护（支路启动失灵开入）<br>启动中压侧失灵≥母线保护（支路启动失灵开入）<br>高压 1 侧失灵联跳开入≤母线保护（支路失灵联跳变压器）<br>高压 2 侧失灵联跳开入≤母线保护（支路失灵联跳变压器）<br>中压侧失灵联跳开入≤母线保护（支路失灵联跳变压器） | 启动高压 1 侧失灵≥边断路器保护或母线保护（支路启动失灵开入）<br>启动高压 2 侧失灵≥中断路器保护或母线保护（支路启动失灵开入）<br>启动中压侧失灵≥母线保护（支路启动失灵开入）<br>高压 1 侧失灵联跳开入≤边断路器保护失灵跳闸或母线保护（支路失灵联跳变压器）<br>高压 2 侧失灵联跳开入≤中断路器保护失灵跳闸或母线保护（支路失灵联跳变压器）<br>中压侧失灵联跳开入≤母线保护（支路失灵联跳变压器） |

（4）硬压板详细分类。包括检修硬压板、出口硬压板、远方操作硬压板。

（5）安全措施典型顺序如下：

1）与检修设备相关的 GOOSE 软压板及出口硬压板已退出。

2）与检修设备相关的“采样值投入”软压板（SV 接收软压板）已退出。

3）与检修设备相关的“间隔隔离开关强制 x 母”软压板（隔离开关强制软压板）已投入。

4）与检修设备相关的“断路器检修”软压板（断路器强制分位软压板）已投入。

5）无法通过投退软压板隔离的 SV、GOOSE 的光纤回路已拔出。

6）检修范围内的所有 IED 装置（包括保护设备、智能终端、合并单元等）检修硬压板已投入。

7）合并单元模拟量输入侧的 TA、TV 二次回路连接片已断开。

根据上述的详细分析，通过配置分别制定间隔策略表和装置策略表。策略表配置的策略顺序即为安全措施票内容顺序，设备不满足策略条件则跳过该条策略。在策略设计时需要区分接线方式，有些固定是 3/2 接线方式策略，判断设备是否满足策略条件时需要先判断其接线方式。3/2 接线方式间隔检修需要带相应的断路器保护。根据制定的安全措施票策略规则，选取要检修设备，进行智能推理可自动生成安全措施票。

安全措施执行时，结合上文中的二次回路可视化功能，可实现安全措施执行过程的可视化。

#### 4.2.1.2　SCD 模型扩展

安全措施票和操作票中均描述了执行时要操作的实际设备、压板、空气断路器等，因此，要实现安全措施票和操作票的自动生成，需在数据模型上对这些操作对象进行建模。智能变电站 SCD 文件中包含了一二次设备关系、二次设备模型和虚端子的连接关系，但不涉及屏柜信息，因此需适当扩展 SCD 模型文件，将屏柜信息（屏柜中包含的装置、压板、空气断路器、回路端子）、光纤网络端口物理连接等安全措施涉及的信息纳入 SCD 文件中，并根据电网公司相关规范建立安全措施票规则库、操作票规则库，在此基础上实现安全措施二次工作安全措施票、二次设备遥控操作票的自动生成和校验。

为便于安全措施票自动生成，在 SCD 文件中实现屏柜信息的模型扩展，实现了安全措施模型的统一。屏柜信息模型结构如图 4－9 所示。

#### 4.2.1.3　实现方式

二次设备遥控操作票功能是通过操作票规则库，进行相应的智能推理实现

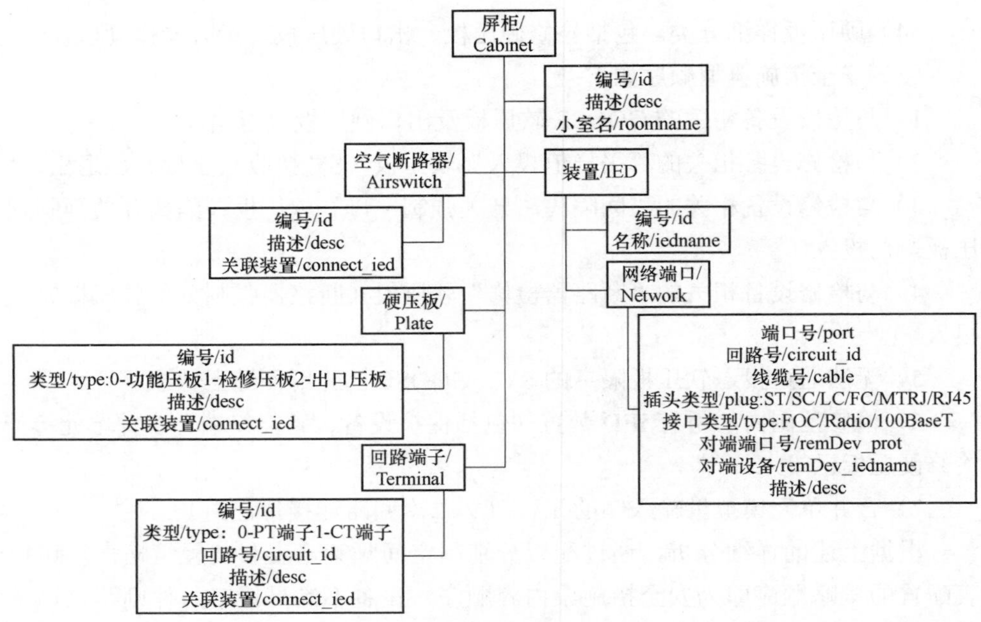


图 4-9　屏柜信息模型结构

智能拟票，可自动生成所需的操作票，也可手动操作及录入生成操作票；可对操作票执行安全防误校验，验证操作票的正确性；可对操作票执行模拟预演，熟悉操作票的操作流程；在线系统可根据操作票进行遥控操作，可一键式顺控操作，也可手动单步遥控操作；同时可对操作票进行一系列的管理，可导出 WORD 操作票和电子操作票，也可导入电子操作票等。整体实现的功能如图 4-10 所示。

安全措施票规则库制定了自动拟票所需的规则策略。策略按策略类型可编程设计，赋予唯一策略值代表对应策略。按检修间隔类型和检修装置类型，分别设计间隔策略库和装置策略库，策略库默认配置一套策略，可根据实际需要扩展和配置。

策略类型定义：0-无；1-功能软压板；2-边断路器强制分位软压板；3-中断路器强制分位软压板；4-隔离开关强制合软压板；5-隔离开关强制分软压板；6-SV 接收软压板；7-GOOSE 开入软压板；8-启动失灵软压板；9-失灵跳闸软压板；10-失灵联跳变压器软压板；11-跳本侧断路器软压板；12-跳他侧断路器软压板；13-闭锁保护软压板；14-其他 GOOSE 开出软压板；50-检修硬压板；51-功能硬压板；52-出口硬压板；53-网络线；54-TA 连接片；55-TV 连接片。

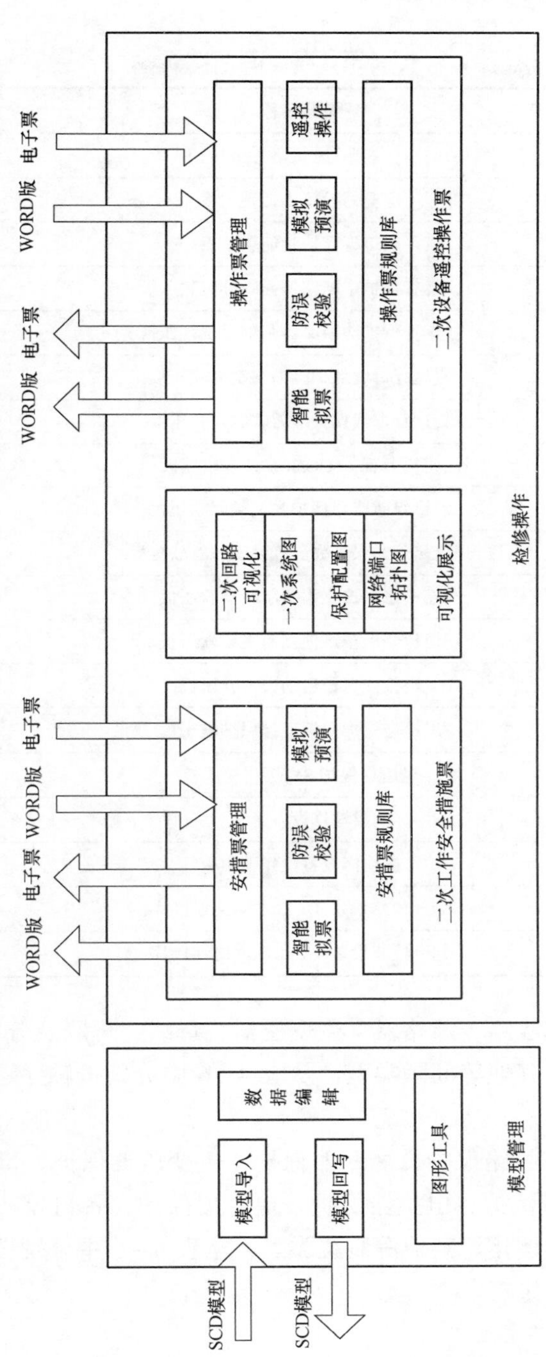

图 4-10　智能安全措施功能示意图

策略定义如表 4-6 所示。

表 4-6　策　略　定　义

| 策略值 | 策略名称 | 策略类型 |
| --- | --- | --- |
| 0 | 无策略 | 0 |
| 1 | 退检修设备出口硬压板 | 52 |
| 2 | 退运行保护功能软压板 | 1 |
| 100 | 投运行保护中断路器强制分位软压板 | 3 |
| 101 | 投运行保护边断路器强制分位软压板 | 2 |
| 102 | 投运行母线保护隔刀强制分软压板 | 5 |
| 103 | 投运行母线保护隔刀强制合软压板 | 4 |
| 200 | 退运行保护 GOOSE 开入软压板 | 7 |
| 300 | 退检修断路器保护失灵跳闸软压板 | 9 |
| 301 | 退检修母线保护失灵联跳变压器软压板 | 10 |
| 302 | 退检修保护跳本侧断路器软压板 | 11 |
| 303 | 退检修保护跳他侧断路器软压板 | 12 |
| 400 | 退检修保护启动失灵软压板 | 8 |
| 401 | 退检修保护闭锁运行保护软压板 | 13 |
| 500 | 退运行保护 SV 接收软压板 | 6 |
| 600 | 拔检修设备光纤 | 53 |
| 601 | 投检修设备检修硬压板 | 50 |
| 602 | 划开检修设备 TA 二次回路连接片 | 54 |
| 603 | 划开检修设备 TV 二次回路连接片 | 55 |

间隔策略库按线路、断路器、主变压器、母线、母联及分段、站用变压器、电抗器、电容器、其他等间隔类型，从表 4-6 中分别按顺序逐一选择间隔检修所需的所有策略。

装置策略库按线路保护、断路器保护、主变压器保护、母线保护、母联及分段保护、所用变保护、电抗器保护、电容器保护、备自投、智能终端、合并单元、智能合并一体化、其他等装置类型，从表 4-6 中分别按顺序逐一选择装置检修所需的所有策略。

#### 4.2.1.4　安全措施票管理

以变电站为对象进行安全措施票管理，实现对安全措施票和操作票的保存、备份、查询、修改、删除、预览及打印、导入、导出等管理。

安全措施票和操作票分别采用自定义的 XML 格式保存其内容的票文件，分安全措施票和操作票保存在变电站目录下，便于分变电站管理。备份票副本提高存储管理的安全性。设置条件查询符合要求的票，查询条件是时间范围和变电站等。刚智能拟定还未保存的票和已保存但未执行的票可以修改，已执行的票禁止原票修改，但可作为范本模板修改为新票。只能删除未执行的票，禁止删除已执行的票。预览及打印要求按安全措施票和操作票设计格式执行。

导入是将安全措施电子票导入为系统安全措施票，将操作电子票导入为系统操作票。导出是从系统中将安全措施票导出为安全措施电子票和设计格式的安全措施 WORD 票，将操作票导出为操作电子票和设计格式的操作 WORD 票。安全措施电子票和操作电子票分别采用自定义的 XML 格式保存其内容的票文件。电子票用于跨系统使用，其内容仅包含系统票中的公共数据，系统票还包含当前系统的一些私有信息。

### 4.2.2　安全措施回路可视化

安全措施回路可视化是在保护正常运行情况下，将保护装置的检修压板状态、GOOSE 发送压板状态进行图形化展示，通过压板状态变位情况展示检修人员在安全措施执行过程进行的每一步操作步骤。

检修操作模块各个功能的可视化展示以良好的用户体验为目标，可视化地显示一次系统主接线图、间隔分图、保护配置图、网络端口连接拓扑图、以及二次回路（虚端子）可视化展示等。当系统离线运行时能展示二次回路的各种连接关系，在线运行时还应能详细地反映二次回路中各个虚端子及压板的实际状态。

系统通过可视化展示图形编辑器绘制的一次主接线图、二次设备状态图、网络端口连接拓扑图、以及间隔和装置二次回路图等，形象直观地展现变电站数据，有助于二次运维检修人员快速了解掌握变电站情况。

间隔或装置二次回路图以虚端子和虚回路为主题，还展现 GOOSE 软压板、SV 接收软压板、检修压板、出口压板、TV\TA 端子连片、光纤等涉及二次检修安全措施的所有元素。系统在线运行时，二次回路图中的软压板及检修压板等能实时采集的状态量反映当前实时状态，无法通信采集的出口压板等其他信息，可通过人工置数系统为其分配的虚遥信反映其当前状态。

列举 220kV 线路第一套二次回路示意图如图 4－11 所示。

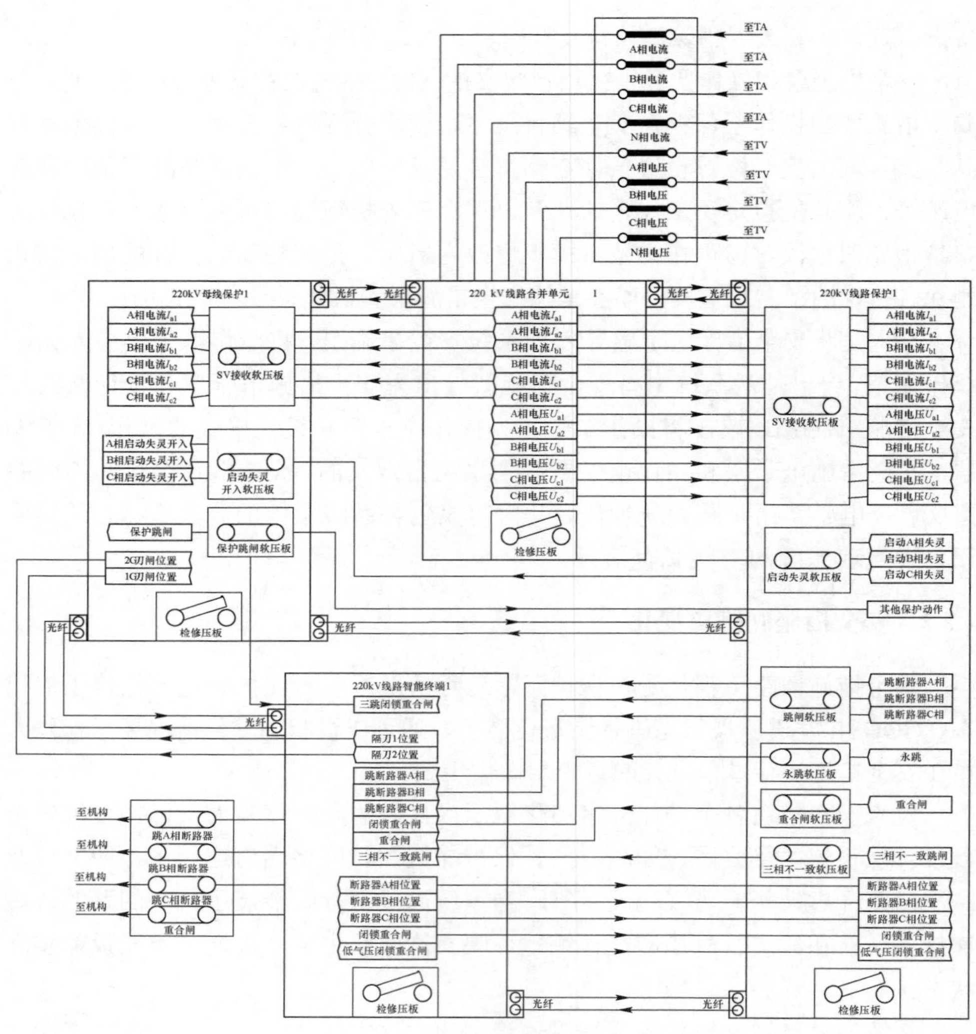


图 4－11 220kV 线路二次回路示意图

## 4.2.3 安全措施执行

### 4.2.3.1 防误校验

为了实现独立的防误校验机制，有必要制定一套合理的、有别于安全措施票规则库的安全措施防误规则库。安全措施防误规则库作为第三方，确保防误校验的客观正确性。安全措施防误规则库可制定多种方案的典型安全措施顺序库，参与安全措施防误判据；制定 GOOSE 软压板判据库，参与 GOOSE 软压板安全措施防误校验。规则库满足安全措施防误灵活性和个性化要求。

典型安全措施顺序库所需防误校验策略定义：退检修设备出口硬压板；退运行保护功能软压板；投运行保护断路器强制分位软压板；退检修及相关运行保护 GOOSE 软压板；退运行保护 SV 接收软压板；拔检修设备光纤；投检修设备检修硬压板；划开检修设备二次回路连接片。

GOOSE 软压板判据库定义：GOOSE 软压板判据总使能；退运行保护 GOOSE 开入软压板；退检修保护失灵跳闸软压板；退检修保护失灵联跳变压器软压板；退检修保护跳本侧断路器软压板；退检修保护跳他侧断路器软压板；退检修保护闭锁运行保护软压板；退检修保护启动失灵软压板等。

依据安全措施防误规则库，防误校验可对安全措施票的安全措施内容和操作票的操作项目，逐项进行防误验证，验证安全隔离措施的有效性和正确性。防误校验采用未知模式进行智能验证，即事先不知安全措施内容或操作项目，从第一项安全措施内容或操作项目开始逐一验证，验证过的正确安全措施内容或操作项目作为已知条件参与下一项验证。

防误校验具体安全措施或操作项时，先检索变电站数据验证其有效性，再根据所选防误方案预置的典型安全措施顺序，智能识别该项目是否符合当前典型安全措施顺序。防误校验完安全措施票所有安全措施内容或操作票所有操作项目，还需根据典型安全措施顺序库的防误校验策略和 GOOSE 软压板判据，检索检修对象的二次回路等数据进行智能查漏，查找是否存在遗漏的必须项。防误校验结束报告防误验证结果，报告结果为正确票或问题票。报告问题票时，列出防误校验现有项的问题项和智能查漏的遗漏项。

防误校验机制不同于智能拟票机制，通过验证系统自动拟定的票不仅验证了安全措施的正确性，还进一步检测了安全措施票策略库制定的合理性；更能避免系统人工拟定错误的安全措施票或操作票。

#### 4.2.3.2　模拟预演

模拟预演是自动预演展示安全措施票的安全措施过程或操作票的操作过程，利于二次运维检修人员通过形象动态的过程展示，熟悉其工作内容。在安全措施或操作项目列表显示上，通过颜色同步展示预演过程；在检修对象二次回路图上，通过自动置数动态地展示过程和结果，比如预演的软压板由投入变成退出、状态量变位闪烁、鼠标自动过程跟踪等。由于安全措施票遵循先执行后恢复原则，即恢复过程是执行过程完全相反过程，安全措施票模拟预演分为模拟预演执行过程和模拟预演恢复过程。

模拟预演过程中，为了适应人眼的视觉感官，预演项目之间预设一定的时间间隔，且该参数可实时配置，实现良好的预演效果。

#### 4.2.3.3 遥控操作

针对操作票的遥控操作包括一键式顺序控制操作、单步控制操作、混合控制操作等方式：① 一键式顺序控制操作是自动按操作票的操作项目顺序，逐项执行对二次设备的遥控。② 单步控制操作是按操作票的操作项目顺序，人工执行对二次设备的遥控。③ 混合控制操作是一键式顺序控制操作和单步控制操作无缝切换的模式，顺序控制操作过程中可暂停顺控过程，通过人工单步控制操作后续操作项目，单步控制操作过程中可顺序控制后续操作项目。

遥控操作时，根据配置决定是否需要操作人身份验证和监护人身份验证及确认。需要身份验证时，一键式顺序控制操作只需开始时进行一次验证，单步控制操作则每个操作项的人工遥控都需进行身份验证。当前操作项目遥控成功，才能继续执行，且顺控操作之间预设可实时配置的时间间隔。

## 参考文献


[1] 郑涛，王方，金乃正. 双重化继电保护系统确定最佳检修周期新方法 [J]. 电力系统自动化，2010，34（10）：67－70.

[2] 宋会平，杨东熏，王友怀，等. 智能变电站二次设备检修及故障隔离措施研究 [J]. 湖北电力，2016，40（2）：48－52.

[3] 孙志鹏. 智能变电站安全措施及其可视化技术研究 [D]. 保定：华北电力大学，2014.

[4] 周小艺，唐磊，田方媛，等. 电力系统检修计划优化问题研究 [J]. 华北电力大学学报，2014，41（6）：67－74.

[5] 彭少博，郑永康，周波，等. 220kV 智能变电站检修二次安全措施优化研究 [J]. 电力系统保护与控制，2012，42（23）：143－148.

# 第 5 章

# 二次设备智能运维可视化技术

随着技术的进步和发展，近年来二次设备运维工作出现了一些新的问题。例如：变电站无人值守的工作模式造成传统的变电站巡视工作无法进行，运行人员无法直观地监视二次设备的运行，不能有效地了解变电站内设备运行状况，存在电网安全运行风险。又如：智能变电站的设计方式使传统的二次设备端子及端子排消失、保护二次回路不存在，取而代之的是基于网络及光纤传输的数字信号间信息的交互。这种差异性的存在，使得二次设备运维人员在调试智能变电站时无法按照经验顺利开展工作。再如：二次设备相关的自动化系统因接入了大量的二次设备，存在从全网的角度面对多个变电站的二次设备、海量的数据及监测、分析计算结果不易表达的问题。如何让信息系统运行数据更加直观、清晰地展示，以便为运维人员提供分析决策，简化运维工作提高运维效率，值得探讨。

可视化技术可有效解决上述问题。无人值守带来的无法直观监视二次设备运行的问题可通过将变电站内二次设备的运行数据发送给运维中心，利用可视化技术将二次设备的运行数据在运维中心还原为变电站内二次设备实际运行状况的方法解决；智能变电站数字化二次系统的调试与维护对运维人员的知识水平要求过高，降低二次设备运维人员工作技术要求的可行性方法之一是将数字化的二次回路通过可视化方法还原成二次回路连接图，这样二次设备运维人员的工作经验仍能应用到运维工作中。海量的二次设备数据导致的监测、分析计算结果表达不易问题可通过站在全局角度，以全景模型为基础从自动化系统中提取、分析挖掘各类反应二次设备运行状态的关键技术指标，充分感知二次设备的运行态势，以层次化的方法组织数据展示的方法解决。

二次设备智能运维的基础是二次设备的数据，从一定意义上说，数据是否具备展示性，对二次设备运维成功与否起着决定性作用。概括地说，数据可视化和二次设备运维之间的关系如下：① 二次设备运维所得到的数据所具有的特性以及相互之间的关系是借助数据可视化来显示的，在知识发现中数据可视化起到一定的积极作用；② 数据可视化可以对隐藏信息进行反馈，为数据挖掘提供支撑，从更深的层次将监测内容准确地表示出来，保证决策的准确度。如果没有可视化，数据的理解将非常困难。可视化是从数据到可视化形式再到人感知系统的一种可以调节的映射。它利用计算机图形学和图像处理技术，将原始数据映射成具备数据相关性描述的数据表，进一步把数据表转换成可视化结构的过程，通过将二进制数据转换成图形或图像，利用折线图、柱状图、K 线图、饼图、雷达图、地图、仪表盘等图形展示元素和任意维度的堆积和多图表混合展现形式在屏幕上显示出来，并进行交互处理的理论、方法和技术。可视化技术作为解释大量数据最有效的手段可给予人们深刻与意想不到的洞察力。在信息时代，可视化与网络技术结合使远程可视化服务成为现实。

对二次设备的可视化展示包括对动态数据的可视化（设备的在线监视）和对静态数据的可视化（设备的管理）两部分，动态数据可视化包括系统中二次设备整体的 KPI 监视、变电站级的设备运行监视、二次设备的运行状态监视、虚端子的运行情况监视以及动作逻辑的展示等；静态数据可视化包括设备配置情况的可视化展示、SCD 的可视化展示等。如图 5－1 所示。

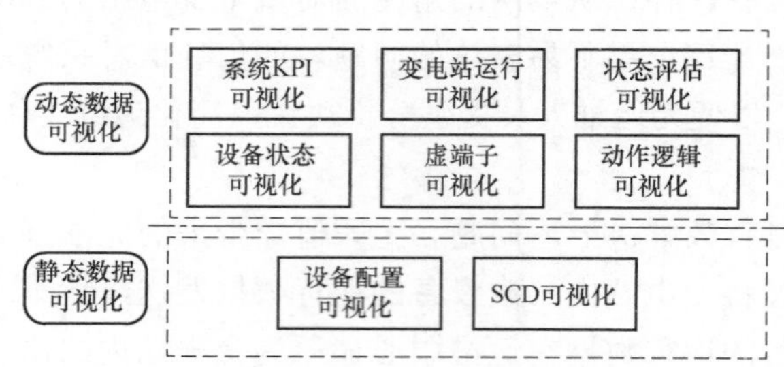


图 5－1　二次设备的可视化展示内容

## 5.1　二次设备可视化

智能变电站采用智能一次设备和光缆通信代替传统变电站的二次回路电缆，避免了因使用电缆导致电磁兼容、传输过电压、交直流误碰等造成继电保护的误动和拒动。通过光纤传输，简化了二次回路，实现了监控联/闭锁、保护采样、跳/合闸、启动、闭锁等变电站二次系统的分布式功能，使用通信校验与自检技术，提高了二次信号的可靠性。智能变电站运行过程中的信号以数字信息的形式基于网络系统来实现信息的传递。所有智能电子设备（IED）均采用对等的方式相连，在站控层网络上实现共享，过程层利用 GOOSE 代替了传统变电站的“开入信号”，不仅满足了智能变电站自动化系统快速报文的需求，也提高了测控装置间的数据传送效率。

智能变电站采用的三层两网架构设计，打破了原有的继电保护采样、计算与出口的一体化形式，数据信息、保护对象及装置不再进行绑定，从物理设备上增加了合并单元、智能终端及大量交换机，二次系统构成更加复杂。同时因各种采集信息以网络通信方式传输给需要的装置，二次系统对于网络设备的依赖性也同步增加，特别是对于一些网采网跳的装置，一旦交换机发生异常或故障，将直接导致装置失去作用。二次系统的可靠性建立在网络链路的可靠性基础上。

在传统变电站中，各种保护装置功能的实现都是通过“点对点”的方式，保护装置与一次设备之间、各保护装置之间、保护装置与操作箱之间都是通过二次电缆连接，是一一对应的。对运维人员来说，变电站内巡视和检查对象由“看得见、摸得着”的电缆连接，变成了“看不见、摸不着”的虚连接，二次回路（虚端子、虚回路）变成了“黑匣子”，无法直观地知道现有运行设备二次回路的状态，因此也无法判断继电保护设备是否存在隐患。

特别是在变电站无人值守运行模式推广后，站内不配置运行人员导致传统的二次设备运行状态巡视失去了实现基础，变电站内的二次设备是否处于正常状态无法得知，电网安全运行失去了保障。针对上述问题，急需通过自动化的方法为电网运行人员提供二次设备的运行状况，使电网运行人员在运维中心就能对二次设备“看得见、摸得着”，及时发现二次设备异常并进行缺陷处理。因此，为提升二次设备运维管理水平，将二次设备纳入到电网设备运行监控环节中，对提高电网安全运行的水平有着极其重要的意义。

为实现对电网二次设备的“运维智能化、检修定制化、管理可视化”目标，应积极主动发现问题、准确定位二次设备中存在的故障、隐患、风险，最大限度保障二次设备运行安全，为二次设备运行提供良好的分析条件与坚实的技术保障。二次设备在线监视功能需建立在对二次设备运行情况的采集、处理、整合、应用、发布等功能的基础上，集中、准确、实时在线反映二次设备的各方面的信息，并具备分层采集、集中展现、统一管理、分析预警、优化控制等功能。同时，在此基础上，对二次设备的相关信息进行统计分析与挖掘，预测关键信息的变化趋势，并进行相应的预警识别，提取出二次设备有重大影响的状态告警、阈值告警、分析告警等，为运维管理和决策分析提供有效、准确的分析依据。并利用先进的计算机数据、图形处理技术及通信技术，实现对数据的监视、应用与发布，通过提取关键信息与可视化展示，并结合通用的、可扩展的 Web 技术，包括 JavaScript、XML（可扩展标记语言）、SVG（可缩放矢量图形）、微软 VML（矢量可标记语言）等语言进行系统开发，大大提高在线监视的直观性，实现“实时监控、精益管理、闭环控制、分析规划”的设备监视管理目标，重点侧重于及时发现各类预警、性能异常、系统日志、硬件故障等，提高管理人员、调度人员、运维人员对各类事件的响应速度与处理方法。

变电站中二次设备数量众多，其输出的信息格式复杂多样，信息量巨大，特别是智能变电站中的二次设备信息，过于庞大的信息传送到运维主站系统后，如不进行分析和归纳显示，将会造成运维人员被“淹没”在海量数据中。对其信息的全面可视化展示需考虑分层级进行，如可分为电网级、变电站级、设备级等多个层次，使用者可通过设备所属关系逐层进入，查看自己所关心的内容。在每一层级上展示本层级用户最关注的信息，例如，从网调层级人机，可以关注到全景信息，多为 KPI 类信息。同时，也可以进入到下一层级了解更详细的设备状态，如保护装置的告警状态，压板状态等运行情况。

二次设备运维中的可视化实现主要分为以下两个过程：

（1）数据采集及挖掘。收集二次设备的运行状况数据，并结合设备的维修情况和历史记录，包括维修日期、维修人员、故障原因、解决方案等。通过上述数据可全面掌握所有二次设备的故障状态，合理配备相应资源跟进维护。在此基础上利用技术组自动识别、自然语言处理及技术创新指标等数据挖掘算法，从数据库中提取出便于理解的数据模式，并表现出来。

（2）数据展示。数据展示的方式主要有两种：统计表和可视化图像。其中，通过可视化图像，可以更加直观地发现监测对象中存在的问题。不但可以为决策起到辅助性作用，还可以对二次设备数据的采集提供校验，确保获取更加准确、有价值的数据。

二次设备可视化设计上需在全局角度，以全景模型为基础从自动化系统中提取、分析挖掘各类反映电网二次设备运行状态的关键技术指标，充分感知二次设备的运行态势，洞悉潜在风险及其异变情况并利用可视化技术针对二次设备运行健康状态给予有效、全面直观主动的监控。二次设备在线监视功能的设计基础是对二次设备状态描述数据的实时采集与分析、和可视化展示。二次设备的数据可分成两类：① 设备主动上送的原始信息，包括事件信息、性能数据、日志数据；② 判断分析所得的信息和结论，包括分析结果、计算指标等。二次设备可视化主要包括系统 KPI 监视、变电站运行情况监视和设备状态监视等。

下面将按照上述的两个过程来介绍二次设备可视化技术的实现和应用。

## 5.1.1 运维数据采集

### 5.1.1.1 站控层数据采集

智能变电站采用过程层和站控层两个数据网络传送数据信息，对二次设备的信息采集采用智能变电站通信标准通过网络通信方式进行。二次设备通过站控层实时上送的状态监测信息包括有如下信息：

（1）保护装置的完整硬件自检信息，如 FLASH 自检、RAM 自检、开入开出回路等；

（2）软件版本 CRC 等的正确性检查结果信息；

（3）定值的完整性与正确性自检结果信息；

（4）保护装置采集的交流电流、电压及需监测的保护功能计算出的模拟量的数据；

（5）保护装置的 GOOSE 开入开出量数据，压板状态；

（6）外部运行告警信息，如模拟量采集、GOOSE 通信接口异常，对时接口异常；

（7）保护装置的电源电压状态；

（8）智能终端的硬件、软件的运行自检结果状态；

（9）智能终端的 GOOSE 开入开出数据，告警信息。

通过对这些信息的收集、存储、分类等，综合保护设备的运行信息、自检告警信息、保护操作和动作行为记录，建立保护设备的健康档案数据库，实现定期自动统计全站保护的告警状况，包括指定时间段内特定二次设备的告警次数、告警类型等，对二次设备的健康状态进行初步评价，给出设备健康状况提示。

二次设备本身是一个比较复杂的智能软硬件系统，不同厂家、不同型号、不同批次的产品差别可能较大，很难提取表征健康状态的物理特性。因此，对保护设备健康状态的评价宜以长期统计信息为基础，对保护设备自检异常、保护行为异常（如通信异常次数）等按照生产厂家、型号、批次等分类统计，当异常次数较多时提醒运行维护人员特别注意。至于判断的依据，则需根据长期运行经验给出。

### 5.1.1.2 过程层数据采集

智能变电站通过光纤的数字传输方式替代了传统变电站的电缆模拟量传输方式，二次设备智能运维系统可以通过正常运行情况下的通信数据交互来检验通信链路的物理通断和逻辑正确性，并以直观的图形形式实现二次设备回路的在线监测。智能变电站的二次回路在线监测包括物理链路通信状态监测和逻辑链路通信状态监测。

为了实现物理链路通信在线监测，需要明确智能变电站过程层二次设备的物理链路拓扑信息。保护装置、合并单元、智能终端和交换机之间的链路包括发送方光纤接口、点对点光纤、接收方光纤接口环节。以下三种情况均会导致通信异常：

（1）装置异常。当装置电源出现异常时，将导致装置所有的光纤网络口通信出现异常。

（2）接口插件异常。当装置光纤接口插件出现异常时，将导致插件所有的光纤网络口通信出现异常。

（3）光纤接口异常。当装置单个光纤接口出现异常时，将导致该光纤接口通信出现异常。

在光纤链路异常时，接收方将无法正常的接收数据，从而可判断出光纤链路发生了异常，但是接收方实际上无法直接判断是链路的那个参与环节出现了问题，即无法定位到是发送方光纤接口、通信链路或者是接收方光纤接口发送了异常。

为了方便地实现光纤链路状态监视，接收设备发出的链路异常报警需要有明确的物理概念，一般采用针对发送设备的原则来定义。实际应用过程中，过程层设备的光纤通信异常可能是插件异常或者是装置异常造成的，从而在设备异常过程中，整个变电站将有很多设备产生对应的链路异常信号，二次回路在线监测的一个主要功能就是综合全站的链路异常的告警信息以及过程层通信拓扑结构，统计故障发生概率，来定位哪个环节出现了故障。二次设备智能运维系统按照如下规则进行过程层链路异常定位。

（1）当所有的光纤链路异常对应的发送端口（包括前向追溯的交换机交换端口）相同，则表明该数据发送端口、其对应的点对点光纤或接收端口出现了异常。

（2）当所有的光纤链路异常对应的发送插件（包括前向追溯的交换机模块）相同，则表明该数据发送插件出现了异常。

（3）当所有的光纤链路异常对应的发送装置（包括前向追溯的交换机）相同，则表明该数据发送设备出现了异常。

（4）如果是部分链路、端口发出异常信息。则采取如下步骤进行排查定位：分析 GOOSE 断链、SV 断链的告警事件。解析告警事件，找到事件所属的信息组播地址、应用标识、源端口、目标端口，得到异常的路径集合和端口集合，统计集合中路径、端口出现的次数，计算某个端口、路径出现故障的概率，将故障概率最高的端口归到集合。通过简单网络管理协议（SNMP）定位是交换机的哪个光纤网口故障或是交换机故障。运行人员根据分析出的故障发生概率的大小依次对相应的设备进行排查。

除了物理链路通信在线监测外，智能变电站过程层通信网络还需要进行网络通信内容有效性的在线监测.用来确保实际工程装置生效的过程层通信配置和 SCD 的集成配置完全一致，保证二次回路连接的正确。按照 IEC 61850 标准要求，过程层 GOOSE 和 SV 在数据交换过程中，不仅交换通信数据，还交换配置数据，这为逻辑链路通信的在线监测创造了条件。过程层装置间通过 GOOSE、SV 报文交互的应用信息可以用来唯一标识，交互关系在 SCD 文件中进行详细描述，SCD 文件中定义了如下信息：

（1）发送端 GOOSE、SV 报告控制块，以及报告控制块对应的数据集。

（2）接收端 Inputs 关联了发送端数据详细信息。

（3）GOOSE、SV 发送时对应的 MAC、APPD 等信息。

通过上述信息，在线监测系统在导入 SCD 文件后，读取 GOOSE 网络配置、SMV、DataSet 以及功能约束数据属性内容，构建 FCDA 与 GSE、SMV 的关联关系，并检索通信节点，构建 GSE、SMV 对应的网络配置信息，检索 GOOSE 输入、SV 输入为前缀的 LN 中的 Inputs 信息，得到发送者的 FCDA 以及接收者的插件、端口信息，可以构建过程层收发装置拓扑结构以及信息虚回路表。

目前主要厂家装置对 GOOSE 和 SV 配置均可进行在线校对，当发现发送配置和接收配置不匹配时能发出告警信号，在此基础上再验证发送的配置和 SCD 集成配置是否一致。就可以在逻辑上验证智能站相关装置的发送配置、接收配置与 SCD 集成配置的一致性。

### 5.1.2　运维数据类型

二次设备运行监视所需要信息一般包括设备的本体数据和实时采集数据。其中，继电保护作为专业性非常强的二次设备，与其他二次设备信息相比，其信息在内容的广度和深度上都非常有代表意义，可以涵盖其他二次设备的信息，因此本节中还选取继电保护信息进行介绍。

（1）二次设备本体信息。为满足二次设备运维和在线检测的功能要求，将二次设备应提供的在线监测信息分成六大类，包括设备台账信息、通信状态信息、自检告警信息、设备资源信息、内部环境信息、对时状态信息。

对开关量类型监测信息影响程度的分级定义如表 5－1 所示。

表 5-1　　影响程度分级定义

| 级别 | 影响程度 | 含　义 |
| --- | --- | --- |
| ① | 失效 | 表示设备无法工作，需立即处理或更换 |
| ② | 故障 | 表示设备主要功能异常，可根据功能异常情况处理 |
| ③ | 告警 | 表示设备异常，但不影响主要功能，可适时安排消缺 |
| ④ | 提醒 | 表示设备正常，运行参数或状态发生变化 |

1）设备台账信息。二次设备应提供台账信息，主要包括：装置型号、装置描述、生产厂商、软件版本、软件版本校验码、厂站名称、出厂时间、投运时间、设备识别代码等。

2）通信状态信息。过程层设备的通信状态信息应包括 GOOSE 通信状态和 SV 通信状态；间隔层设备的通信状态信息应包括 GOOSE 通信状态和 SV 通信状态；站控层设备的通信状态信息应包括与各接入装置的通信状态，数据通信网关机还应提供与主站的通信状态，交换机应提供各端口通信状态信息。

3）自检告警信息。二次设备应提供自检告警信息，包括硬件自检、软件自检、配置自检等。

4）设备资源信息。计算机类型自动化设备应提供硬件资源信息，主要包括 CPU 负载、内存使用率、磁盘存储空间等。

5）内部环境信息。自动化设备应提供内部环境信息，主要包括内部温度、CPU 工作电压、光口功率等。

6）对时状态信息。自动化设备应提供对时状态信息，主要包括对时信号状态、对时服务状态、时间跳变等。

7）远方控制信息。测控装置和 I 区数据通信网关机宜支持通过通信方式实现远方复位功能。

（2）实时状态信息。电力系统二次设备主要包括继电保护、智能一次设备（过程层装置）、自动装置、故障录波、就地监控及远动等。二次系统实时状态信息包括：二次设备的自诊断信息、实时测量信息、二次设备动作报告信息、网络监视信息、二次接线状态等。在采用 IEC 61850 建立自描述的数据模型后将二次设备的实时信息进行整理合并，实现信息的简捷有效。

1）二次设备的监测信息。智能二次设备内各模块具有自诊断功能，对二次设备的电源模块、AD 转换模块、IO 模块、存储器、时钟、通信接口等模块进行巡查诊断，可提供丰富的自诊断信息，在二次设备自诊断功能规范统一的情况下采用 IEC 61850 建立自描述的数据模型，在变电站在线监测子站可将所有二次设备的自诊断信息按照二次设备类型进行归类整理，有效监视二次设备健康状态。

2）二次设备的实时测量信息。智能二次设备将本设备采集到的交流信息、IO 信息等实时测量主动上送，并提供 IEC 61850 协议要求的自描述数据模型，在变电站在线监测子站可将所有二次设备上送的实时测量进行归类整理，便于监测相同输入源各二次设备上送的实时测量信息是否一致。

3）二次设备的动作报告信息。智能二次设备在一次设备故障后将上送完整的动作报告信息，包括二次设备动作信息、录波信息、IO 变位信息等，二次设备提供 IEC 61850 协议要求的自描述数据模型，并按照 IEC 61850 标准要求上送动作报告信息，在变电站在线监测子站可将所有二次设备上送的动作报告信息进行归类整理，动作报告信息丰富完整，可利用动作报告的信息全面监测二次设备各环节的健康状态。

4）网络监视信息。网络监视信息包括网络物理连接状态监测、交换机端口状态监测、GOOSE 报文（包括报文的内容、报文连续性、报文的离散性）、SV 报文（包括报文的内容、报文连续性、报文的离散性）等信息，网络信息流量大，需要提供完善可靠的分析和告警功能，有效监测过程层网络的异常情况。

5）二次接线监视信息。二次设备从结构可分为二次回路和保护及安全自动装置。目前二次回路主要为连接设备的二次电缆组成，只有二次回路连接可靠正确的前提下二次设备才能正确工作，对于采用二次设备提供的信息不能覆盖的二次接线部分可采用专用的二次回路监测设备实现二次回路的监测，可在线测量二次回路的工作状态，保证二次回路的可靠连接。

继电保护信息分为动作、告警、状态变位、在线监测、中间节点信息和保护装置记录文件。Q/GDW 11021—2013《变电站调控数据交换规范》将调控实时数据分为电网运行数据、电网故障信号、设备监控数据三大类；将全站告警信息分为五个级别：1－事故、2－异常、3－越限、4－变位、5－告知。

继电保护动作、告警、状态变位信息属于调控实时数据，与调控实时数据分类对应关系如表 5－2 所示。

**表 5－2　　继电保护信息分类**

| 专业分类 | 继电保护信息分类 | 调控实时数据分类 | 告警等级 |
|---|---|---|---|
| 保护实时信息 | 动作 | 电网故障信号 | 1－事故 |
| | 告警 | 设备监控数据 | 2－异常 |
| | 状态变位 | 设备监控数据 | 4－变位<br>5－告知 |

继电保护设备的运行数据，主要包括继电保护设备的模拟量、开入量、开出量、运行定值等，在保护异常时，还会给出自检告警信号，当电网发生扰动或故障时，继电保护设备会根据故障是否区内故障，进行出口逻辑的判断，从而产生启动或动作信号，并记录启动录波和故障录波。

（1）告警信息。继电保护设备自诊断功能可对继电保护设备的电源模块、AD 转换模块、IO 模块、存储器、时钟、通信接口等模块进行巡查诊断，采用自诊断技术可实现继电保护设备本身元器件的自诊断，提供可靠的模块健康状态，统一规范继电保护设备的自诊断信息的上送要求和数据模型，可充分利用继电保护设备的自诊断技术。包括：

1）AD 模块：监视 AD 模块的参考电压输入和自检电压，比较双 AD 采样通道的一致性，实现 AD 模块的自诊断，同时还可充分利用二次设备中输入交流量的冗余信息进行比较核对，判别 AD 转换模块的工作状态。

2）开入模块：开入可采用多路冗余的方式实现开入状态的核对，对于关键的开入信息可采用常开和常闭同时采集校核的方式实现自诊断。

3）开出模块：开出回路可采用定期开出回读的方式实现自诊断，或者采用独立的二次设备采集继电保护设备的开出状态实现自诊断。

4）存储器：继电保护设备的内部存取器可采用定期写入反读实现存取器健康状态的自诊断；对存储的应用程序做 CRC 校验。

5）通信：继电保护设备的通信包括设备内部的通信和外部接入的通信，各种类型的通信都需要设计心跳报文，可利用心跳报文实现各种通信状态的自诊断。

继电保护告警信息可分为两类，包括自检信息和运行异常信息。继电保护通过自诊断功能，实现对装置本身各保护元件的监视，发现异常时，实时给出自检告警信息，可以较为精确地反映保护自身元件的异常。因此保护的自检信息是保护设备在线检测的重要判据。同时继电保护对外部回路的运行异常，如 TA/TV 等也实时监测，发现异常给出运行异常告警，这部分信息也可用于对二次回路的监视。

（2）模拟量、开关量。继电保护设备通过采样回路及采样插件产生模拟量，因此模拟量是否正常直接反映了采样回路和交流插件是否正常。同理，判断开入回路和开入插件是否正常可以通过监视开入量的状态是否与实际位置一致得出，判断开出回路和开出插件是否正常可以通过监视开出量的状态是否与实际位置一致得出。

（3）动作信息。在继电保护动作时，保护装置动作信息完整地记录了保护装置内部各种元件的动作时序，是分析描述保护动作行为的主要依据。保护的动作事件是一系列相关的有先后的事件序列。

（4）定值信息。定值是继电保护动作行为的重要判断依据，如各种测量元件的门槛值、各种时间元件设定值、告警信息的门槛值等。这些信息确定了保护装置对于电网故障的响应，以及内部逻辑组合方式、软压板、保护功能的选用等。

（5）录波数据。继电保护在检测到电网扰动和故障时会产生启动事件信号，并触发记录录波数据，录波文件将对扰动过程中继电保护的模拟量、开关量变化情况进行记录。这些数据可用于对于继电保护二次回路的在线检测。对录波文件的相关通道信息进行分析，可实现对相关回路的检测。继电保护录波包括以下部分：故障简报、动作报告、启动时开入量状态、启动时压板状态、启动后开入量的变位时刻、相关保护控制字。模拟量是否正常代表着保护设备的模拟量相关回路是否正常，开关量是否正常代表着保护设备的开关量相关回路是否正常。零序电流通道的数值还可以与三相电流通道的数据互相校验，得出零序电流回路是否正常。

（6）历史数据。从历史数据的角度分析，电网系统中存在着大量同型号继电保护设备，这些同型号继电保护设备的故障记录可作为判断运行设备隐性故障的依据，其次，根据浴盆曲线原理，继电保护各元件及本体均存在功能失效期，因此继电保护设备历史运行年限也可作为设备检测的判据。历史启动和跳闸录波数据也可作为是否进行设备检测的依据，在运行检测周期内有正确跳闸的保护可不用再次进行本周期的检验，检测周期可根据运行检验设定。

综上所述，利用继电保护运行信息可对定检中的部分项目中实现在线的检测，检验项目与运行信息的对应关系如表5－3所示。

**表5－3　　　　定检项目和运行信息关系表**

| 序号 | 运行信息<br>检验项目 | 模拟量 | 开入量 | 开出量 | 自检告警 | 启动录波 | 故障录波 |
|---|---|---|---|---|---|---|---|
| 1 | 采样回路 | ★ | | | X | ★ | ★ |
| 2 | 开入量回路 | | ★ | | X | X | X |
| 3 | 开出量回路 | | | ★ | X | | X |
| 4 | 零序回路 | X | | | X | X | X |
| 5 | 保护装置 | | | | ★ | | |
| 6 | 通道 | | | | ★ | | |

注：“★”表示功能检验完全覆盖；“X”表示功能检验不完全覆盖。

### 5.1.3 系统 KPI 监视

对于全电网二次设备的整体运行状况，通过详尽的指标体系，实时反映全网二次设备的运行状态，将采集的数据形象化、直观化、具体化。运维人员通过监视表征二次设备运行状态的多维关键指标（KPI），才能更准确、立体、全面地描述运行信息以及趋势分析，便于运维人员全面感知二次设备的运行状态，快速预警和定位运行异常，从而提高全网、子区域、变电站和二次设备的运维效率，提升大区域故障预警能力，全面、综合提升二次设备运维的智能化水平。

从系统全景角度进行展示，包括系统全网主接线拓扑、全网变电站工况、KPI 指标、智能诊断告警、运行告警、检修工作设备列表等。例如以区域地理信息系统（GIS）信息为背景，以专题图层方式显示电网结构、厂站、线路状态以及各类监视指标的分布监视，并可根据智能诊断结果的展示需求，扩展新的专题图层。

KPI 指标包括全网的动作正确率、重合闸成功率、设备可用率、通信正常率、缺陷类型等，并应能按照投运年限、巡维等级、设备类型、制造厂商等维度展示二次设备的运行状况。采用折线图、柱状图、散点图、K 线图、饼图、雷达图、地图、和弦图、仪表盘等多种展示元素实现 KPI 的多维立体展示，同时支持任意维度的堆积和多图表混合展现。

全网级界面首页设计包括电网地理图可视化展示、动作异常情况实时监视、KPI 指标监视、告警情况统计、设备健康状态实时监视、检修设备的监视及动作设备实时监视。电网地理图每个地区将按照健康评价的结果进行状态监视，点击具体的地区将进入该地区的展示界面；动作异常情况实时监视包括全网的动作、异常告警、预警等的监视，点击发生的动作、异常提示进入各自详情页；KPI 指标包括全网的设备可用率及通信正常率；告警情况统计包括全网的动作分类统计及次数的统计，点击可进入统计详情界面；设备健康状态实时监视显示全网的状态评价得分最低的前 $n$ 个装置，点击可显示状态评价详情界面；检修设备的监视实时显示近期检修的全网的前 $n$ 个装置，点击可进入检修详情页；动作设备实时监视显示全网新动作的前 $n$ 个装置，点击可进入动作详情页。

### 5.1.4 变电站运行情况监视

变电站级监视以变电站为单位，体现站内一次设备结构和二次保护的配置情况，以及一二次设备的运行状态指示。本级展示以变电站一次接线图为背景，在一次接线图上增加保护装置监视前景图元，显示保护装置的在线监测信息。展示数据包括一次接线图、保护配置、站级 KPI 指标、智能诊断告警等。

如图 5－2 所示的厂站级人机界面中，包括厂站一二次接线图展示、动作异常情况实时监视、KPI 指标监视、告警情况统计、动作情况统计、检修设备的监视及台账信息实时监视。厂站接线图显示厂站的一次二次设备的接线图，点击具体的二次设备将进入该二次设备的展示界面；动作异常情况实时监视包括该厂站的动作、异常告警、预警等的监视，点击发生的动作、异常提示进入各自详情页；KPI 指标包括厂站的动作正确率、重合闸成功率、设备可用率及通信正常率；告警情况统计包括全站的告警分类统计及次数的统计，点击可进入统计详情界面；动作情况统计包括全站的动作性质及类别统计，点击可进入统计详情界面；检修设备的监视将实时显示近期全站检修的前 $n$ 个装置，点击可进入检修详情页；台账信息显示该厂站的详细的基本信息。

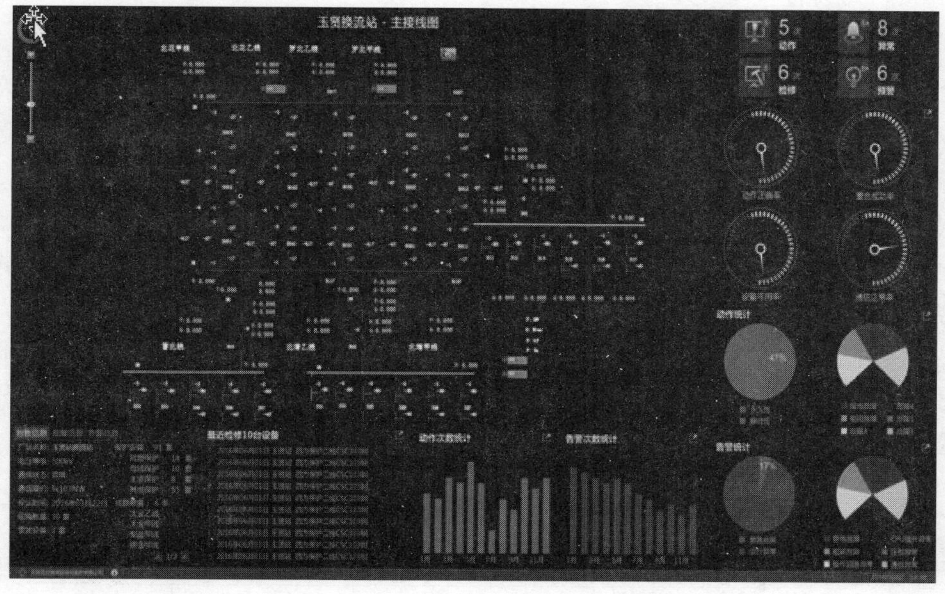

图 5－2　厂站级人机界面示意图

### 5.1.5　设备状态监视

设备级监视以装置为单位，展示数据包括设备台账、检修记录、运行面板灯、软/硬压板、在线监测信息、重要动作告警、定值、模拟量等，实现对继电保护设备的运行状况全景监视，如图 5－3 所示。

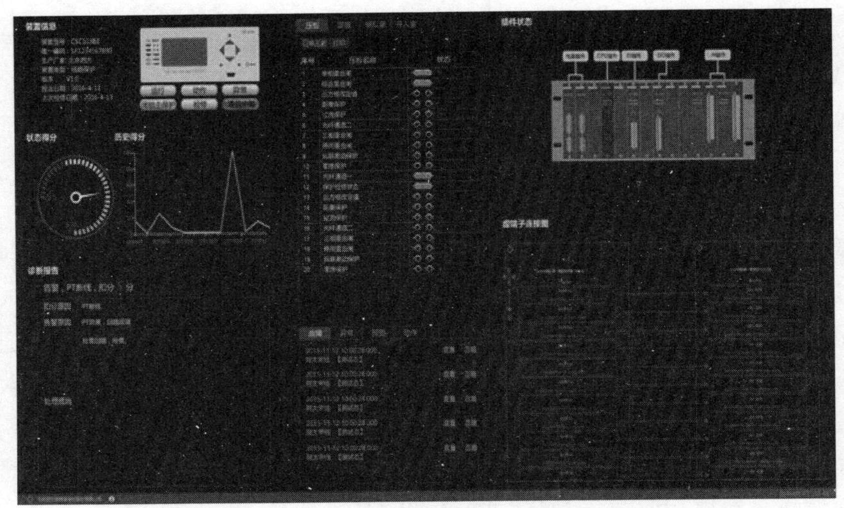

图 5－3　设备的运行状况全景监视

二次设备的面板上集中展示了二次设备的运行信息，包括装置的运行状态（运行、热备、检修、停运等）及压板、重要的监测信号与量测信号，定值以及反映二次设备的指示灯状态（运行、故障、告警）等。传统二次设备运维人员运行巡视工作是以巡视二次设备的面板信息为主，因此在主站利用可视化技术对二次设备的面板进行仿真，将二次设备的运行信息汇总展示，便于运维人员直观、生动、逼真、贴近地对二次设备对象进行远程巡视。将保护设备的液晶面板、告警灯信息和软压板状态在远方进行全景化展示，如同在保护设备面板上操作一样，显示实时采样值、运行定值、装置自描述、压板状态、告警记录等信息在。同时对可控的对象，如保护压板、定值区等提供简洁方便的操作界面，操作菜单、流程提示、操作步骤显示简洁美观，便于运维人员快速、准确地完成操作和结果判断。

### 5.1.6　状态评价监视

变电站继电保护设备的状态信息收集是进行设备状态评价、风险评价、检修策略制定及检修维护等的基础，设备状态信息包括在线信息和离线信息两大类，前者主要是前文中描述的运行设备的在线状态信息，后者包括设备档案、安装调试记录等投运前信息、设备缺陷及检修记录以及同类设备的参考信息等。通过在线分析装置自诊断等相关状态信息以及对继电保护设备隐藏故障的主动检测，进行智能化的继电保护设备故障辨识，可快速地诊断出继电保护设备的隐藏故障和潜在风险，实现精确到插件的继电保护缺陷定位。

厂站内或调度端系统可按策略定期或者自动生成设备故障诊断智能报告。

对于依据运行突发信息辨识出的设备故障，自动生成故障诊断报告告警提示，报告内容包括：故障诊断结果、诊断判据、建议处理方式等。对于经验检修周期内没有异常信息提示的设备，根据该设备相关基础资料、设备实时、历史数据等反映设备健康状态的特征参数，评价设备当前健康状况，根据同类设备的缺陷统计分析，定期给出运行风险告警提示。

## 5.2 虚端子可视化

### 5.2.1 虚端子连接配置

装置内部 GOOSE 虚端子配置位于 SCD 文件中 IED 部分，首先找到 GOOSE 访问点 AccessPoint 如<AccessPoint name=“G1”>，逻辑装置（LD）下特殊逻辑节点 LLN0 中定义了 GOOSE 发布数据集 DataSet、GOOSE 控制块 GSEControl、GOOSE 订阅数据集 Inputs，通过 SCD 中每个 IED 下这三项标签，即可找到全站设备 GOOSE 虚端子连接配置表，通过该虚端子连接配置表，动态生成通过 SVG 二维图形线路展示的 IED 间 GOOSE、SV 虚端子订阅，GOOSE、SV 虚端子发布可视化图形。二次回路状态图生成流程如图 5–4 所示。

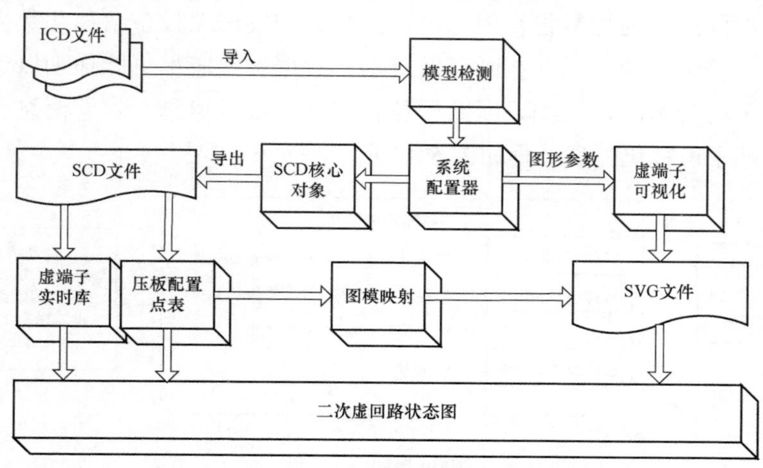


图 5–4　二次回路状态图生成流程

发布数据集由多个带功能约束的数据属性 FCDA 标签组成，FCDA 行通过前 6 个参数可以组成一个装置内部的数据属性引用名，通过内部引用名，在 SCD 文件中找到对应的数据实例，根据 IEC 61850–8.1 的规定，内部引用地址转换为带功能约束的通信映射格式，即虚端子号为 LDInst/prefix+lnClass+lnInst$fc$doName$daName。

订阅数据集由 Input 标签下＜ExtRef＞组成，包括来自本 IED 订阅的多个其他 IED 的外部引用，外部引用地址为前 7 个属性组成 iedName＋LDInst/prefix＋lnClass＋lnInst＋doName＋daName，而 intAddr 对应本 IED 内部接收订阅的数据引用，填写与之相对应的以“GOIN”为前缀的 GGIO 中 DO 信号的引用名，由此可得知发布订阅两侧虚端子名，从而建立虚端子连线配置关系，作为虚端子可视化 SVG 图形动态生成的数据基础。

虚端子可视化展示采用以某台装置为核心，在一张图形中，本装置在图形中居中，其他装置分布其两侧（左侧一列，右侧一列，并对齐）等分的概念，每个订阅、发布虚端子上需标示虚端子的 reference、虚端子的描述，IED 装置上标示 SCD 中对应的 IED 的 iedName、type、desc，鼠标滑过某一个 IED，将该 IED 订阅的所有发布 IED、所有与发布 IED 之间的连接线高亮显示，滑过 IED 后，恢复初始显示。

### 5.2.2 虚端子图形化

数据采集单元接入过程层 GOOSE 网络，读取全站虚端子配置表，为达到在线实时监视全站设备 GOOSE 连接健康状况的目的，数据采集单元配置订阅所有被监视智能终端、保护装置、测控装置所订阅的虚端子信息总和。系统需导入过程层 SCD 虚端子配置，建立全站设备之间的数据连接关系；异常发生时，应根据装置不同通道的异常告警信息定位到数据的发送端设备名称和数据类型；最后实现告警结果的显示并在画面做展示。数据类型应尽可能详细以达到能指导运维人员处理故障，例如，断路器位置信息、跳闸信息、告警信息、保护电流等。虚端子可视化处理过程如图 5－5 所示。

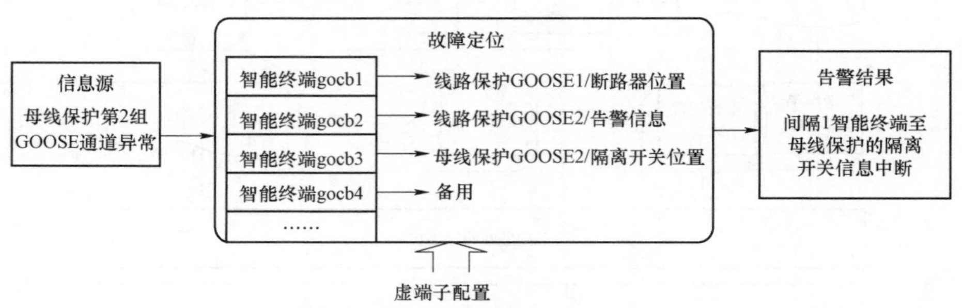


图 5－5 虚端子可视化处理过程

首先，数据采集单元当判断监测 IED 的 GSE 控制块 GOOSE 通信中断或配置版本不一致时，在虚端子图相对应的 GOOSE 虚端子连线位置通过闪烁或颜色改变告警提示，并在告警窗显示 GOOSE 虚端子断链告警信息，通过这种方法，可以第一时间获知 GOOSE 通信发生异常，并可通过 GOOSE 虚端子状态图直观定位故障位置，极大地方便了日常运行、调试、检修操作。GOOSE 通信异常监测分析、GOOSE 语法异常监测分析分别见表 5－4、表 5－5。

**表 5－4　　GOOSE 通信异常监测分析**

| 序号 | 异常表现 | 异常分析 |
|---|---|---|
| 1 | StNum 不变，SqNum 跳变 | 报文丢失 |
| 2 | StNum 跳变 | 报文丢失 |
| 3 | SqNum 以及报文内容不变 | 报文重复 |
| 4 | StNum 小于上一帧值且不等于 1 | 报文逆转 |
| 5 | SqNum 小于上一帧值且不等于 1 | 报文逆转 |
| 6 | StNum 大于上一帧值加 1 且不等于 1 | 报文状态跳跃或有丢失 |
| 7 | StNum 发生变化但内容却不变，反之亦然 | 虚假状态变位或错误报文或报文有丢失 |
| 8 | 2 倍 timeAllowedtoLive 内无新的 GOOSE 报文 | GOOSE 链路断开 |

**表 5－5　　GOOSE 语法异常监测分析**

| 序号 | 异常表现 | 异常分析 |
|---|---|---|
| 1 | GOOSERef，DataSet，GOOSEID 与 SCL 文件中内容不匹配 | GOOSE 配置错误 |
| 2 | GOOSE 报文中数据集的格式、数量和 SCL 文件中定义的不一致 | GOOSE 配置错误 |
| 3 | 配置版本（confRev）等于 0 | GOOSE 配置错误 |

数据采集单元接收到 GOOSE 报文，需要严格检测 AppID、GOID、GOCBRef、DataSet、ConfRev 等参数是否匹配，配置版本不一致判断条件为配置版本号及 DA 类型不匹配，当判断配置版本不一致时立即给出告警信号。

GOOSE 通信中断判断以 GSE 控制块为单位，在可视化 SVG 虚端子连线关联 GOOSE 控制块相关配置，其中 Control＝"IL2202B－RPIT－GoCB_In" 为 GOOSE 控制块引用地址，APPID＝"43B"、MAC＝"01－0C－CD－01－00－26" 和 SCD 模型 MAC－Address、APPID 保持一致，当数据采集单元判断链路中断，映射图形相应虚端子连线位置直观形态改变，给出告警。断链判断依据为在接收报文的允许生存时间（Time Allow to live）的 2 倍时间内没有收到下一帧 GOOSE 报文时判断为中断，双网通信时分别设置双网的网络断链告警，采用双重化 GOOSE 通信方式的两个 GOOSE 网口报文应同时发送，除源 MAC 地址外，报文内容应完全一致，系统配置时不必体现物理网口差异。虚端子连接关系配置示例如下：

```
<g id = "110">
<path  class = "go"  d = "M290,219.5  L371.5,188.5  L453,188.5" stroke  width = "1" />
<path  class = "go_arrow"  d = "M371.5,188.5  L380.142,193.532 L376.5,188.52 L380.181,183.537 L371.5,188.5" />
<metadata>
<cge:psr_link LinkObjId = "IL2202B  GO  RPIT  GoCB_In  CL2202A  C(IL2202B)" MaxPinNum = "2" />
<cge:psr_link  APPID = "43B"  Control = "IL2202B  RPIT  GoCB_In" GO_SV = "GO" MAC = "01  0C  CD  01  00  26" />
</metadata>
</g>
```

### 5.2.3 虚端子监视

智能变电站二次设备采用基于 IEC 61850 的通信规约实现设备的建模，通过 GOOSE、SV 网络信息流实现装置之间的信息交互，通过网络方式实现信息共享，为智能变电站二次回路的在线监视和智能诊断提供了良好的技术条件。智能变电站中，线路合并单元将采集到的电流、电压信息通过光缆通信方式传递到线路及母线保护装置。线路测控、故障录波所需 SV 由过程层网络交换机提供。SV 信息流反映了设备间电压、电流数据流的网络传输路径，GOOSE 信息流反映了保护装置跳合闸、测控装置开入开出、断路器和隔离开关位置及保护装置间闭锁等信息流的连接关系，GOOSE 信息流图展现了各智能设备间物理连接及信息交互内容，但不能反映信息具体逻辑连接。

智能变电站二次图纸设计中未涉及虚端子 IED 输入输出流向，作业人员在站内检修及维护过程中，无法在庞大的虚端子表中查询二次回路来龙去脉，基于 IEC 61850 数据模型的虚拟二次回路图将装置 SCD 文件连接关系以图形化方式展现出来，解决了智能设备信息无接点、无端子和无接线带来的二次回路配置难以体现的问题，使检修及运维人员能够直观阅读智能装置的开入、开出及逻辑出口等。

虚拟二次回路图根据变电站主接线及各装置定义的虚端子确定虚端子起点、终点及逻辑路径。虚端子连接包括虚端子编号、信息名称、信息路径三部分内容，虚端子标号类似于传统变电站设计中的二次电缆及电缆线芯编号，信息名称类似于传统变电站设计中的回路说明。信息模型中的逻辑回路、信息传递走向一目了然，解决了智能设备信息无接点、无端子和无接线带来的二次回路配置难以体现的问题。通过采用 SCD 虚拟二次回路可视化技术，将智能变电站的“看不见、摸不着”的虚端子、二次回路，以传统电缆二次回路“看得见、摸得着”的连接方式展示给运行维护人员，改变智能变电站二次系统“黑匣子”的状态，提高二次系统的可维护性。虚拟二次回路的可视化分成静态和动态两个方面。

静态是指在变电站调试和改扩建过程中，需要对模型中虚回路连接进行查看、编辑时，以可视化方式展示 SCD 文件中虚端子连接情况，使得因网络化造成的虚端子“看不见、摸不着”的问题得到解决。图 5-6 是智能变电站虚端子连接可视化效果图。

动态是指在虚端子连接图的基础上，按照实时采集的虚端子连接情况刷新图上虚端子连接线，以不同颜色表示出连接出现异常的虚回路。同时，在保护装置支持上送跳闸返校信息的情况下，可以对跳闸回路的工作情况进行实时监视，在跳闸操作失败需要分析原因时，可以根据各级返校信息迅速定位到异常的点。

在继电保护动作时，通过虚端子连接图可以对整个保护动作的过程中所有保护变位信息进行智能分析，并依照变位信息的发生先后顺序对保护整个动作过程进行可视化重现，对动作变位信息和 GOOSE 信息流按照时间先后顺序动态显示，并分层次标示 GOOSE 链路的变位信息。

对于虚端子可视化系统而言，其布局设计应符合设计和运维调试人员的习惯，能够很方便地展示信息流的类型、流向等。良好的空间布局会使 IED 连接关系更加清楚、简单明了。目前典型布局方式为以间隔为单位布局。该方式以间隔中 IED 为主要展示对象内部显示发送块和接收块，并标出控制和接收块，用带箭头的有向线表示信息流向，并用数字表明虚端子连接数目。

虚端子连接可视化方法，其总体流程包括以下步骤。

（1）虚端子信息导入和解析。从 SCD 文件导入有关的 IED 虚端子信息并对输入和输出及关联设备进行解析。

（2）关联 IED 设备层次化处理。对 IED 设备相关联的 IED 分类，按照过程层、间隔层，模拟信息和开入信息进行层次化处理。根据解析出的 IED 设备关联的 IED 所属类型分别布置在过程层、间隔层。具体来讲，合并单元和智能终端布置在过程层，其他设备布置在间隔层。这样可以更清楚看出各 IED 设备信息在各层间的信息交互情况。为便于查看，对于不同层的 IED 采用竖排列，对于同层的则按照横排列，实现很好的可扩展性。为更好地体现各 IED 层次关系，对 IED 进行分类布局，并用不同颜色标注使得不同类型间 IED 信息流更加直观。

（3）虚端子连接处理。对于主 IED 和关联 IED 虚端子的连接进行可视化处理。将各关联 IED 输入输出和各控制块进行连接。对于过程层和间隔层间矩阵连接采用纵向直接连接，如一个控制块连接多个 IED，则进行分流处理。对于同在过程层或者同在间隔层的，则信息流先进行横向扩展后再进行连接。为更好地可视化展示，GOOSE、SV 信息流采用不同颜色表示。输入输出采用箭头标明流向。虚端子连接的具体数量在连接线上标注。

图 5-6 显示一个 220kV 线路保护 IED 的连接关系，可以看出，虚端子连接可视化展示层次感强，且可扩展性强，信息流清晰。

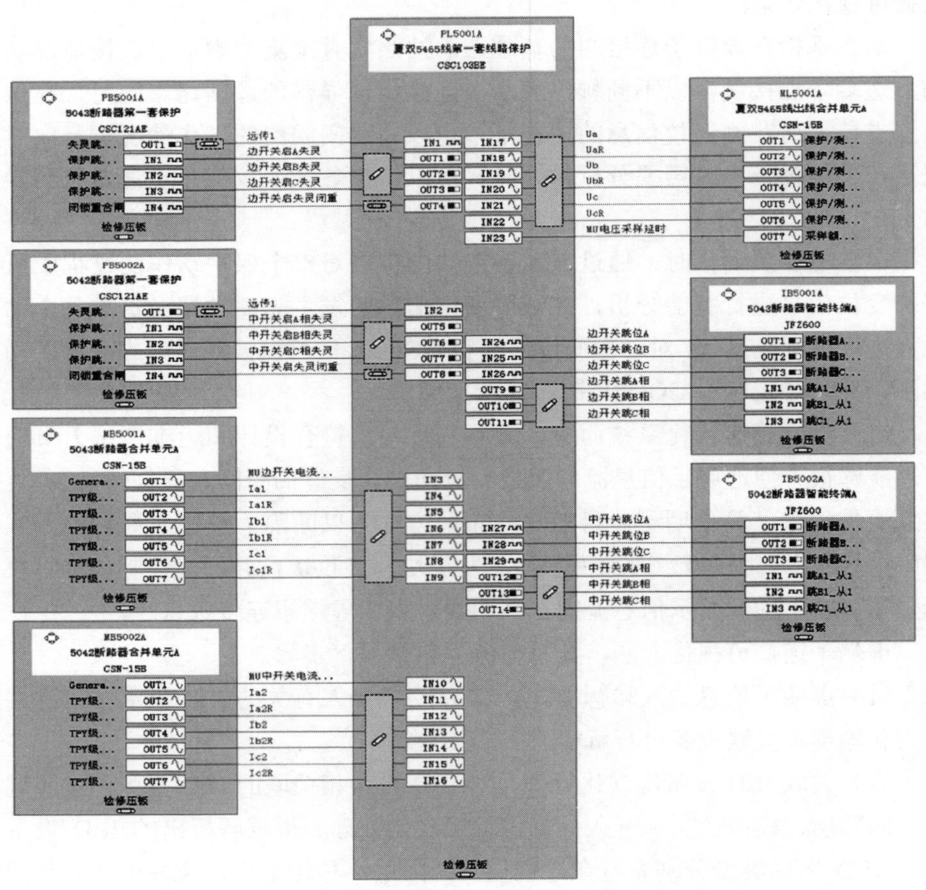


图 5-6　SCD 虚拟二次回路可视化图

虚回路连接信息可视化图可直观监视二次虚回路连接状态，GOOSE 虚端子通断情况以不同颜色连接线表示，具备二次回路故障快速智能诊断定位功能，同时将过程层虚回路通过配置连接关系融入 GOOSE 出口软压板、GOOSE 接收软压板状态。

图 5－6 所示虚端子可视化在线监测图中，装置 IED 的检修压板状态通过检修压板图元可直观显示，当装置检修压板投入时，通过数据采集单元接收装置的 GOOSE 报文中 test 置位，将接收的 GOOSE 报文中的 test 位与装置自身的检修压板状态进行比较，只有两者一致时将信号作为有效进行处理或动作，检修压板图元形态或颜色立即发生改变。

（1）图中以一台保护设备为核心展示，显示该台设备与其他设备的开关位置信号和软压板等虚端子连接情况。

（2）软压板图形体现在了对应的虚端子连接线上，并以不同图元直观表示软压板的投退状态。

（3）图中 Output 代表虚端子发送方，Input 代表虚端子接收方，从而明确了虚端子连接方向。

（4）图中所有设备的检修压板图形标注在设备框内，以不同图元直观表示检修压板的投退状态。

## 5.3　动作逻辑可视化

作为电网第一道防线，电网故障发生时，继电保护动作切除电网故障。整个切除电网故障的过程通过 COMTRADE 录波文件进行记录，但目前传统的故障录波文件 COMTRADE 仅能表示继电保护设备对事故的判断结果或逻辑执行结果，而对于继电保护设备如何做出最后的判断结果并无相应的信息表示，这对于电网复杂故障的分析和保证继电保护设备本身的动作可靠性都是无法满足的。如果能够将继电保护设备在跳闸前的内部逻辑的中间状态，包括：继电保护设备在跳闸前的内部逻辑的中间状态、中间计算过程、事故判断结果或者逻辑执行结果一级模拟量的中间计算过程以及对数字量的中间判断过程通过可视化的方式展现出来，并结合 COMTRADE 文件进行分析，这将会使保护动作过程更加完整和透明，有助于对故障的定位和分析。

对于保护动作时间较长、保护分散录波一般无法记录整个故障过程的电流、电压量，且保护含有电流元件、复压元件、方向元件等多个动作元件，每个元件的动作特性都会影响到保护的最终动作行为。为了记录这些具体中间过程，在保护分散录波中增加中间节点，清楚地记录整个故障过程中保护各个保护元件的动作行为（在每个元件的动作状态发生变化时进行记录）。不同功能的继电保护设备、不同制造厂商生产的继电保护设备，对于中间节点信息种类肯定不尽相同。对此，可以采用面向保护原理的思想来规范中间节点种类信息。采用相同保护原理的继电保护设备，所形成的中间节点种类基本一致。比如，对于高压线路保护设备，中间节点信息一般是：启动元件，选相元件，各相纵联距离保护元件，纵联零序方向元件，负序方向元件，纵联突变量方向，各相纵联差动，零序差动元件，接地距离Ⅰ、Ⅱ、Ⅲ段，相间距离Ⅰ、Ⅱ、Ⅲ段，振荡闭锁，零序Ⅱ段、Ⅲ段，零序反时限，TV断线过流，重合闸，单相重合闸启动，三相重合闸启动，检无压，检同期条件，充电状态，TV断线，TA断线，非全相状态，后加速状态，分相动作情况等各关键逻辑结果。

对于不同厂家和型号的保护，提供统一的保护动作过程信息接口，进行统一风格的界面展示。支持结合保护的逻辑，按照故障发生的时间，显示不同时刻保护的模拟量、开关量、事件、定值、逻辑判断及输出。在不同区域显示逻辑图变化、故障录波的波形、事件、开关量信息等。所有区域数据以录波波形图上时间游标所对应时间为基准同步变化。

《继电保护信息规范》中保护装置动作时应将内部关键逻辑动作情况生成中间节点信息，并且要求中间节点信息满足逻辑图展示要求，以时间为线索，可清晰再现故障过程中各保护功能元件的动作逻辑及先后顺序，通过对保护装置内部保护逻辑的分析，可以防止潜在问题的存在。但是规范中所定义的中间节点文件仅包含节点动作状态，没有保护逻辑图以及保护逻辑图与中间节点数据的关联关系，保护逻辑图需各继电保护厂家提供，结合保护逻辑图并通过解析继电保护设备输出的录波文件及中间节点文件才可实现继电保护设备动作过程的可视化展示。

保护逻辑图可抽象为阈值比较、逻辑判别、动作计时三个部分。图中组成元素为：逻辑“与”、逻辑“或”、逻辑“非”、状态输入、状态输出和连线，对其抽象后可将图形文件分为数据输入、逻辑判别和连线三种类型。其中，数据输入取自中间节点文件，逻辑判别为内部判别功能，连线为各数据输入和逻辑判别之间的逻辑关系。

继电保护装置启动或动作时自动生成故障录波、中间节点以及故障简报文件，并生成扰动通知，故障录波器通过文件服务从保护调取故障信息文件，故障录波器再将故障信息文件上送。将故障录波信息和保护逻辑图信息进行综合分析，全景显示故障过程中保护元件的实时状态，在波形反演的同时，动态显示开关量信息、事件以及元件逻辑状态，并根据保护元件特点提供相应的动作轨迹，如图5－7所示。

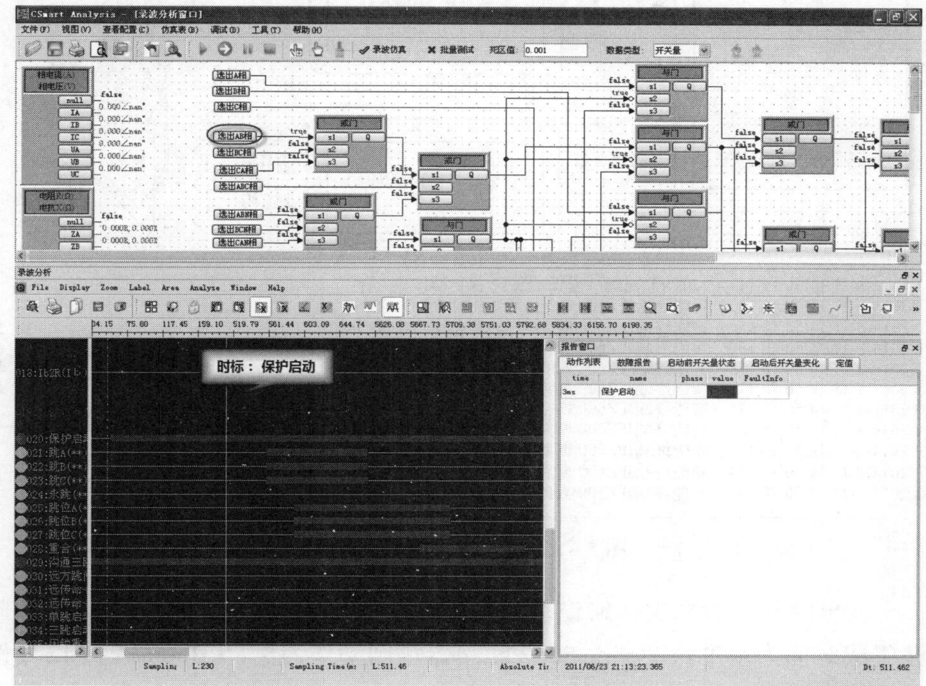

图5－7 故障录波分析

## 5.4 动作回路可视化

现有继电保护二次回路动作过程不可见，电网故障上送离散动作信号，信息繁杂往往导致难以迅速获取有效报告，动作回路不直观，不利于故障定位及分析诊断，因此如何实现继电保护二次回路动态生成故障态可视化动作回路，智能诊断生成电网故障报告，具有重要的意义。

当电网故障发生时，继电保护会产生大量的MMS动作报文及GOOSE信号报文，将收到的报文整理分类，并将此次跳闸回路、合闸回路、闭锁重合闸、失灵启动回路等相关联GOOSE动作信号智能分析过滤，在生成电网故障报告的同时，动态进行故障二次回路场景绘制，实现将无形的二次回路的数字化逻辑变成有形的面向对象的网络化的展示及组态，可以准确直观地反映故障动作行为步骤，为快速定位故障提供依据。动作回路如图5－8所示。

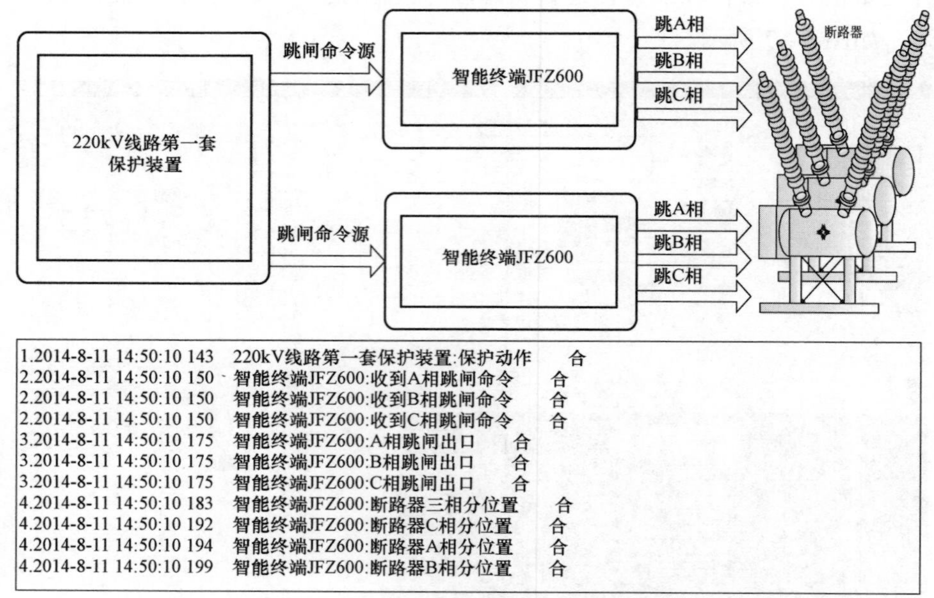


图 5－8 动作回路可视化展示

一次电网故障的二次回路记录捕获筛选，以 20ms 电网故障间隔以及故障录波生成时间为基准，以一次 5042 断路器跳闸动作为例，PB5002A 5042 断路器第一套保护动作，发布 PI/PTRC2.Tr.general 跳本开关 A 相、PI/PTRC3.Tr.general 跳本开关 B 相、PI/PTRC4.Tr.general 跳本开关 C 相三相跳闸 GOOSE 信号，对应数据集为＜FCDA ldInst = "PI" lnClass = "PTRC" lnInst = "2" doName = "Tr" daName = "general" fc = "ST"/＞、＜FCDA ldInst = "PI" lnClass = " PTRC" lnInst = "3" doName = "Tr" daName = "general" fc = "ST"/＞、＜FCDA ldInst = "PI" lnClass = "PTRC" lnInst = "4" doName = "Tr" daName = "general" fc = "ST"/＞；数据管理单元在配置阶段已导入全站 SCD，获取完整虚端子连线信息，生成虚端子配置表，导入系统实时库，通过读取该虚端子表，数据采集单元订阅全站所有有效虚端子发布 GOOSE 信号，包括 PB5002A 的 GOOSE 跳闸信息，并根据上述虚端子连接表，分析出 IB5002A 5042 断路器智能终端 A 接受订阅，三相跳闸虚端子连线分别对应为 RPIT2/GOINGGIO2.SPCS03.stVal 跳 A3_从 1、RPIT2/GOINGGIO3.SPCS03.stVal 跳 B3_从 1、RPIT2/GOINGGIO4.SPCS03.stVal 跳 C3_从 1；根据此虚端子连接关系，绘制场景及虚端子两端设备、5042 断路器保护至 5042 断路器智能终端方向的连线等图元，注明发布订阅端 reference、desc，智能终端 IB5002A 收到 GOOSE 跳闸信息后跳开 5042 断路器，

若跳开成功，5042 断路器智能终端获取断路器位置 RPIT2/XCBR3.Pos.stVal 断路器 A 相_从 1、RPIT2/XCBR5.Pos.stVal 断路器 B 相_从 1、RPIT2/XCBR7.Pos.stVal 断路器 C 相_从 1，由于数据采集单元和 5042 断路器第一套保护同时订阅了断路器位置信息，收到断路器位置报文，并根据虚端子表配置，找到 PB5002A 断路器保护虚端子对应端点信息 PI/GOINGGIO5.DPCS01.stVal 分相跳闸位置 TWJA、PI/GOINGGIO6.DPCS01.stVal 分相跳闸位置 TWJB、PI/GOINGGIO7.DPCS01.stVal 分相跳闸位置 TWJB，据此按照上述方法绘制 5042 断路器智能终端到 5042 断路器第一套保护之间的连线等信息，当断路器闭锁重合闸启动时，IB5002A 发送 MstAlm 闭锁本套保护重合闸 RPIT/MstGGIO1.Ind6.stVal，PB5002A 订阅闭锁重合闸 PI/GGINGGIO9.SPCS05.stVal，数据采集单元收到并发送给数据管理单元，绘制相应场景及连线；当断路器跳开失败时，PB5002A 5042 断路器位置获取不正确，5042 断路器第一套保护发布失灵跳相关 PI/RBRF8.Str.generalGOOSE 失灵启动信号，数据采集单元和 5465 线第一套线路保护同时订阅该 GOOSE 信息，数据采集单元接收并发送给数据管理单元，分析虚端子远端接收点为 PI/GOINGGIO11.SPCS02.stVal 远传 1，从而可以绘制 5042 断路器保护到 5465 线第一套线路保护间连线。同理，当 PL5001A 5465 线第一套线路保护中开关启动 A 相失灵时，发布点为 PI/RBRF12.Str.general，订阅点为系统数据采集单元以及 5042 断路器第一套保护 PI/GOINGGIO1.SPCS02stVal 保护跳闸输入 TA，注意绘制连线方向应为 5465 线第一套线路保护到 5042 断路器第一套保护，由此即可完成一次电网故障跳闸回路、重合闸回路、失灵启动远跳回路以及横向联闭锁等故障态二次回路动态绘制及展示过程。

## 5.5　运维 KPI 指标可视化

作为基于大数据智能运维关注的重要目标，KPI 指标是分层、面向主题的，可以面向多种不同的应用需求，满足不同部门的业务需求和不同的数据访问方式，实现数据一次导入，多次使用。基于多维 KPI 的一站式顶层应用模块设计如图 5－9 所示。

基于多维 KPI 的一站式顶层应用模块的设计从继电保护专业相关的各种数据源出发，在云平台的基础数据层进行全部数据的整合建模，形成保护运行大数据全景视图。在保护运行大数据全景视图之上，逐层建立电网级、厂站级、设备级 KPI 指标。

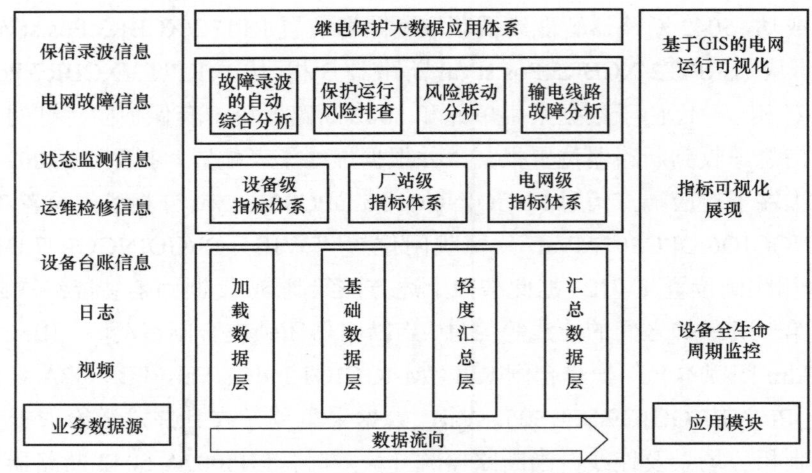


图 5-9　基于多维 KPI 的一站式顶层应用

（1）设备级 KPI 指标。表征一二次设备运行状态的 KPI 指标。

（2）厂站级 KPI 指标。基于设备级 KPI 指标，结合厂站级的特点，构建能够表征厂站内设备运行状态的 KPI 指标。

（3）电网级 KPI 指标。构建能够表征电网整体设备运行状态的 KPI 指标。在 KPI 指标之上，以海量明细数据为依托，可以进行丰富的面向保护运行的数据挖掘专题探索及研究。

（4）故障录波的自动综合分析。重点对故障波形进行特征挖掘，构建面向设备运行和故障分析的故障波形特征量集合。

（5）保护运行风险排查。基于多源信息，采用大数据分析技术的保护设备运行风险预警及排查。

（6）风险联动分析。结合保护拒动和误动的预防和评价，在系统层面上进行设备间功能关联、经济关联、随机关联的随机过程分析，推演以系统故障风险为指标的电网运行行为，给出不同程度预警及避免事故发生的预防措施建议。

（7）输电线路故障分析。综合气象、地形等外部数据，以二次设备故障信息和电网故障信息分析为主，研究线路故障原因，发现设备隐患，为改进设计、提高运维水平提供参考。

KPI 指标体系和专题研究将以应用模块的形式提供给各类业务人员，包括：基于 GIS 的电网运行可视化；KPI 指标体系可视化展现、设备全生命周期监控、其他扩展应用。

在 KPI 指标体系之上，以海量源数据为依托，进行丰富的面向保护运行的数据挖掘专题探索及研究。保护运行分析典型指标如图 5-10 所示。

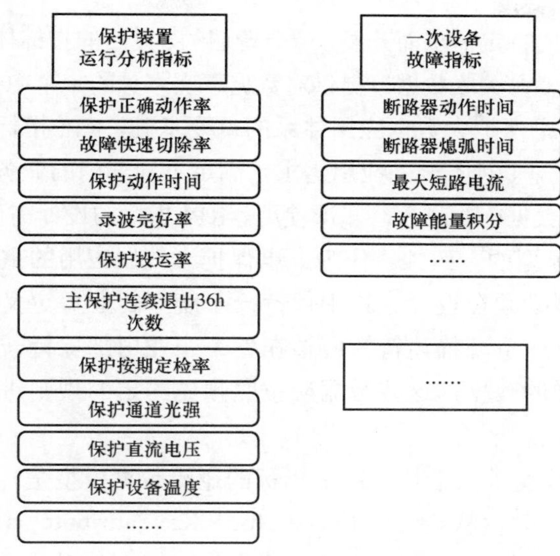


图 5－10　保护运行分析典型指标

图 5－11 为指标源数据与指标可视化示例，通过不同的颜色代表不同的成熟度，同时点击每个指标和源数据可以看到每个指标和源数据的具体属性和关联关系。

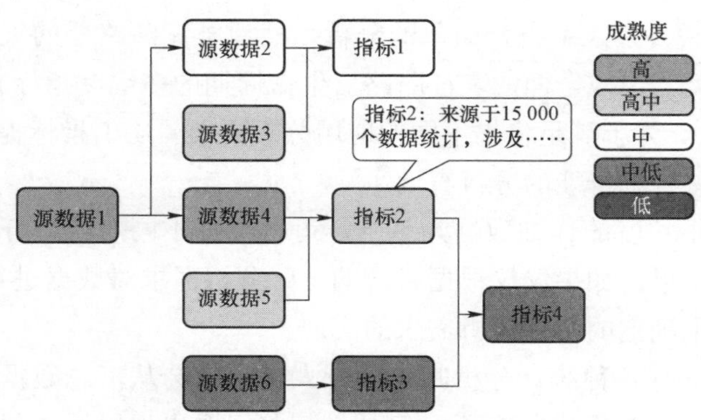


图 5－11　指标源数据与指标可视化

（1）KPI 指标设计原则。保护运行分析 KPI 指标设计需要遵循大数据模型建设标准，以保护运行分析的业务需求为导向，充分考虑源系统的各相关信息，对各类数据展开深入分析，对不同数据源的数据进行关联分析，制定、完善、优化 KPI 指标。KPI 指标的设计采用面向主题的设计方法，有效组织来源多样的业务数据，使用统一的逻辑语言描述继电保护相关的业务逻辑。继电保护大数据应用体系将同时面对多个部门的分析需求，因此相应的 KPI 指标不能只针对某一个特定部门或领域的特定需求而开发，一个普遍的、灵活的指标体系应该在一定的抽象水平上，结合多源关联数据，提供对数据事实本身的一个中性视图。

因此，作为继电保护大数据应用体系的重要基础，KPI 指标应该是分层、面向主题的，可以面向多种不同的应用需求，满足不同部门的业务需求和不同的数据访问方式，实现数据一次导入，多次使用。KPI 指标的设计需要满足以下原则：

1）KPI 指标模型的一致性。作为继电保护大数据应用的重要基础的 KPI 指标的逻辑数据模型必须在设计过程中保持一个统一的业务定义，如保护动作指标的定义、全局唯一资源描述符等应该在整个企业内部保持一致，将来各种分析应用都使用同样的数据，这些数据应按照预先约定的规则进行刷新，保证同步和一致。

2）KPI 指标模型的灵活性。KPI 指标的逻辑数据模型是一个满足第三范式要求的语义关系模型，从定义“Every Non－Key attribute is fully & directly functionally dependent on the candidate keys.”上看，这种设计方法与维度建模方法不同，能最大程度上减少冗余，并保证结构具有足够的灵活性和扩展性。

如果有新的需要，按照第三范式设计的 KPI 指标结构能够进行简单、自然的扩展，允许在设计过程“想大做小”，在有一个全局规划的同时，选定某些部分入手，然后再逐步进行完善。比如可以从一个批次的断路器动作时间和故障电流之间的关联关系入手进行简单的分析，然后补充断路器的灭弧参数、熄弧时间等其他数据，形成全面的表征断路器生命周期的多维度指标。

3）粒度性。为了满足将来不同的应用分析需要，KPI 指标提供最小粒度的详细数据以支持各种可能的分析查询。

以这些最小粒度的详细数据为基础，可以根据不同的统计分析口径汇总生成所需的各种结果。如果仅仅根据目前的一些分析需求对数据进行筛选和加工，很难保证将来不确定的统计分析需求的实现。

此外，在进行各种统计分析时，分析人员往往会从汇总数据入手，他们通常只会就一些汇总数据进行分析，但是当某些问题出现以后，他们会非常希望能够向下钻取找到根本原因。这种对详细数据的查询分析需求的实现依赖于逻辑数据模型中数据粒度的大小。

4）历史性。KPI 指标作为继电保护大数据应用的基础，为满足各种业务分析的需要，指标对应的逻辑数据模型中需要利用各种不同的时间戳保留大量的历史数据信息，如评价断路器的全生命周期状态，除了断路器现在的特征外，还需要分析断路器在过去一段时间内的各种行为。

（2）KPI 指标的实现：展示、预警与处置。通过可视化的方式展现各级 KPI

指标的历史状态、当前状态以及预期状态。通过 KPI 钻取功能，使得业务人员可以向下钻取 KPI 指标，获得该 KPI 指标的源指标以及源数据的情况，实现异常状态的溯源与跟踪。通过 GIS 全景及 KPI 监控面板，对 KPI 当前状态、KPI 阈值范围、KPI 预警情况实时查看。设置告警灯，当指标告警时告警灯亮。在告警监控环节添加 KPI 阈值告警门类，可在告警面板中针对 KPI 阈值告警实现专项监控。阈值设置支持多种不同的方式：手工设置、根据全网正常状态下的大数据分析挖掘结果、自动设置参考值。KPI 可以对应到处理措施库，当某个 KPI 报警时，可以在系统中看到相应的应对措施，同时可以看到采取了该措施后的 KPI 预期变化情况。KPI 指标展示如图 5-12 所示。

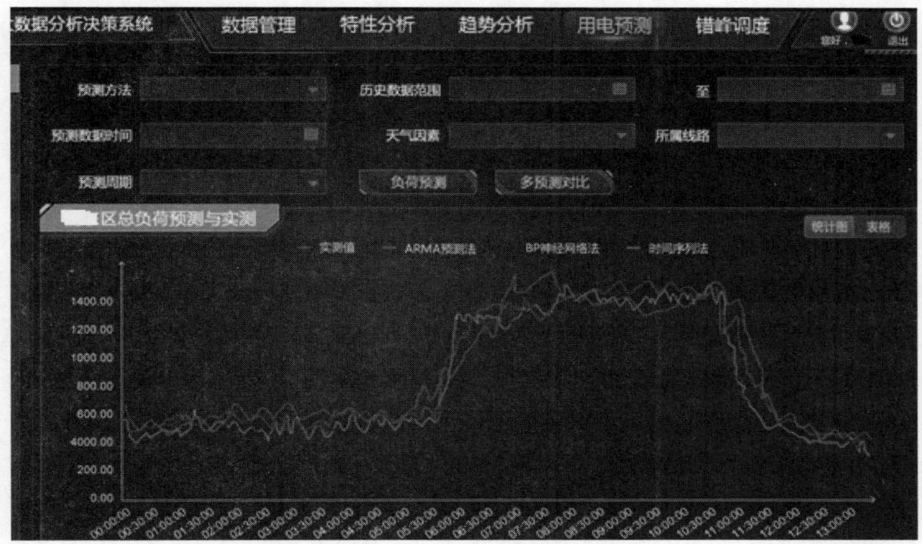


图 5-12　KPI 指标展示

## 参考文献

[1] 高兆丽，丁素英，彭克，等. 智能变电站二次回路监视方法的研究. 中国电业（技术版）[J]. 2014（11）：34-35.

[2] 胡道徐，沃建栋. 基于 IEC 61850 的智能变电站虚回路体系[J]. 电力系统自动化，2010，34（17）：78-81.

[3] 严浩军，姚勤丰，许欣. 智能变电站二次回路可视化研究与应用 [J]. 浙江电力，2015（9）6-33.

[4] 张巧霞，贾华伟，叶海明，等. 智能变电站虚拟二次回路监视方案设计及应用［J］. 电力系统保护与控制，2015，43（10）123－127.

[5] 李宝伟，倪传坤，李宝潭，等. 新一代智能变电站继电保护故障可视化分析方案［J］. 电力系统自动化，2014，38（5）73－76.

[6] 刘蔚，杜丽艳，杨庆伟，等. 智能变电站虚回路可视化方案研究与应用［J］. 电网与清洁能源，2014，30（10）32－37.

[7] 陈德辉，杨志宏，高翔，等. 基于IEC 61850的继电保护功能时序可视化研究与实现[J]. 电力系统保护与控制，2016，44（22）182－186.

# 第6章

# 二次设备建模技术

电网自动化水平的提升，为二次设备带来了通信效率的提升，同时也提高了数据的完整性。当前，二次设备基本都具备了高速的以太网传输接口，能够更加完整和实时地上送电网各种信息，满足了各类应用的数据要求；推动电网通信的另外一个原因是通信设备成本的不断下降，通信技术的发展使得海量的二次设备之间实现互联互通成为可能。现在的电网通信网络逐步向更加高速、更加开放、信息更加共享和智能化发展，通信及其建模技术已经成为发展智能运维的重要支撑技术。

智能变电站实现了全站信息数字化、信息共享标准化，其健全的数据模型标准和通信模型标准为全面对二次设备进行状态监测提供了数据基础，二次设备智能运维变电站子系统一般直接采用了变电站的通信模型，通信模型的建立和维护主要依靠一体化配置设计工具；电网调度中心以 EMS（Energy Management System，能量管理系统）系统为主，功能侧重于对断路器、隔离开关等一次设备运行状态的采集和分析，主站内的二次设备模型还需要和一次设备的信息模型相关联。本章围绕二次设备主要介绍与智能变电站相关的通信模型及配置设计一体化、主站内实现和一次设备信息模型相关联的技术。

## 6.1 二次设备模型现状

长期以来，二次设备运维的通信设备繁多，通信模型多种多样，即使采用同一种通信和建模规范，也存在不同地域或不同版本间的差别。通信和建模的多样化、不统一给二次设备运维的发展带来不小的麻烦和问题。设备与设备之间、设备与就地系统间以及系统与系统间的通信都需要较大的通信处理和模型转换成本。表6-1总结了主要的智能电网通信的标准，并列举其主要的应用范围。

表 6-1　　智能电网的主要通信标准

| 通信标准 | 描　述 | 应用领域 |
| --- | --- | --- |
| IEEE 1379 | IEEE 关于变电站中 IED 与 RTU 之间的数据通信推荐实施规程 | 变电站内通信 |
| IEEE 1547 | IEEE 关于分布式电源并网的标准，该标准规定了容量 10MVA 以下分布式电源并网的通用技术基本要求 | 分布式电源并网 |
| IEEE 1646 | IEEE 关于变电站通信传输时间性能要求 | 变电站通信 |
| IEC 60870-5-104 | IEC 关于远动设备及系统的传输规约 | 变电站间以及与控制中心间的通信 |
| IEC 61850 | IEC 关于变电站通信网络和系统的通信标准，是基于通用网络通信平台的变电站自动化系统的唯一国际标准 | 变电站通信 |
| IEC 61968 | 定义了配电领域的信息交换模型 | EMS |
| IEC 61970 | 定义了能量管理系统（EMS）的应用程序接口（API），目的在于便于集成来自不同厂家的 EMS 内部的各种应用，便于将 EMS 与调度中心内部其他系统互联，以及便于实现不同调度中心 EMS 之间的模型交换 | EMS 和故障信息系统等 |
| IEC 62351 | 用于处理 TC 57 系列协议的信息安全问题，包括：IEC 60870-5、IEC 60870-6、IEC 61850、IEC 61970 和 IEC 61968 | 信息安全 |
| ANSI C12.19 | 通用数据结构的测量模型、电表数据通信的工业标准 | 高级量测体系需求 |
| ANSI C12.18 | 智能电表与用户之间的双向通信 | 高级量测体系需求 |

传统变电站与智能变电站的通信模型有很大的差别，传统变电站内二次设备通信一般采用 IEC 60870-5-103(简称 103)，而变电站间的通信一般采用 IEC 60870-5-104（简称 104）。各地方由于应用需求不同，会根据需要对 103 进行扩展和定制，这样就产生了各种 103 版本。通信规约的版本不同造成了不同地域和不同设备系统之间通信成本较大。要实现更好的全局的模型一致性视角，就需要有一个统一的、并且满足扩展和定制可识别的规约。另一方面，103/104 规约作为通信建模规约，在描述二次设备信息方面采用“组号+条目号”的方式进行描述和标记信息，在信息表述层面只是完成了对信息的标记，并没有对信息如何反映二次设备模型以及模型的功能进行更多描述，也无法承载这些功能和结构的描述，如保护动作、动作告警灯。无论是从通信的需要，还是从大数据计算需求来看，103 规约在后续的智能化高级应用中无法胜任二次设备的建模工作，需要有一个能更科学描述设备的功能、结构和设备间关联关系的通信建模规约来完成。

目前智能变电站的智能在通信方面体现的着重点是站内通信，即设备与设备间、设备与就地监控系统之间的通信。这一部分的通信目前业内多采用 IEC 61850 进行。而站间以及站到控制中心的通信依然采用的是 104 等传统规约。这就需要对通信的规约和模型进行转化，无论是从 IEC 61850 转换成 104，或者从 104 转换成 IEC 61850，或者将二维的“点号+条目号”的模型转换成基于面向对象的 IEC 61850 模型，这都会减低通信的效率，增加通信的复杂程度。

在主站、调控中心，主要注重对一次设备模型的描述，因此这类系统的建模基本上是以 IEC 61970 为主进行设备描述的。从 IEC 61970 规范本身的定位来看，对于二次设备模型的描述方面相对薄弱，虽提供了类似保护包等机制，但还是因为过于简单而无法对二次设备的功能等进行全面的描述，因此在应用到二次设备相关的系统管理方面，还相对不成熟。目前系统内应用通常采用如下三种建模方式：

（1）模式 1：站内二次设备按照 IEC 60870－5－103 进行建模，站间通信则采用召唤一次设备模型，一次设备关联的二次设备相关的 103 信息，如：组号+条目号。该信息一般只展示一二次设备的安装位置，相关的二次设备的动作、告警、定值、录波文件等常用信息，对于二次设备，如保护装置的保护原理等信息无法做到进一步描述，显然无法满足进一步的电力高级应用的需求。

（2）模式 2：在主站/调控中心端采用人工手动建立一次模型、二次模型并体现相关的安装位、动作等信息。其主要建模方式是按照公共信息模型（CIM）通用的保护模型进行扩展，按照该方法介绍，可以将模型扩展为三部分：二次设备实例、二次设备模型以及通用二次设备模型组成。其中二次设备实例主要用于描述与一次设备相关联的实际现场二次设备信息，如实际投运名称、型号等；二次设备模型用于描述各二次设备的通用模型信息，如功能、相关定值信息等；通用二次设备模型则侧重于对相关功能的进一步描述，如对通用保护原理和功能的相关信息进行进一步描述，包括通用的定值和通用的动作信息，不具体针对相关的二次设备，更多针对的是保护功能的描述，如图 6－1 所示。

该模式将二次设备保护按照实际工程相关、二次设备模型和功能模型这三个维度结合手动建立一次设备模型，来实现主站/调控中心的二次设备通信建模。此类模式解决了主站侧/调控中心侧的建模问题，但从系统角度来看，其并没有考虑站内的模型与站外模型的一致性问题，同时包括站间通信的一致性问题，在实际工程的应用中仍需要相应的配置和转换手段来达到通信和建模的统一性和互操作性。此外，该模式需要根据实际工程情况维护庞大的保护装置模型，保持实际工程保护装置模型的同步性等问题。

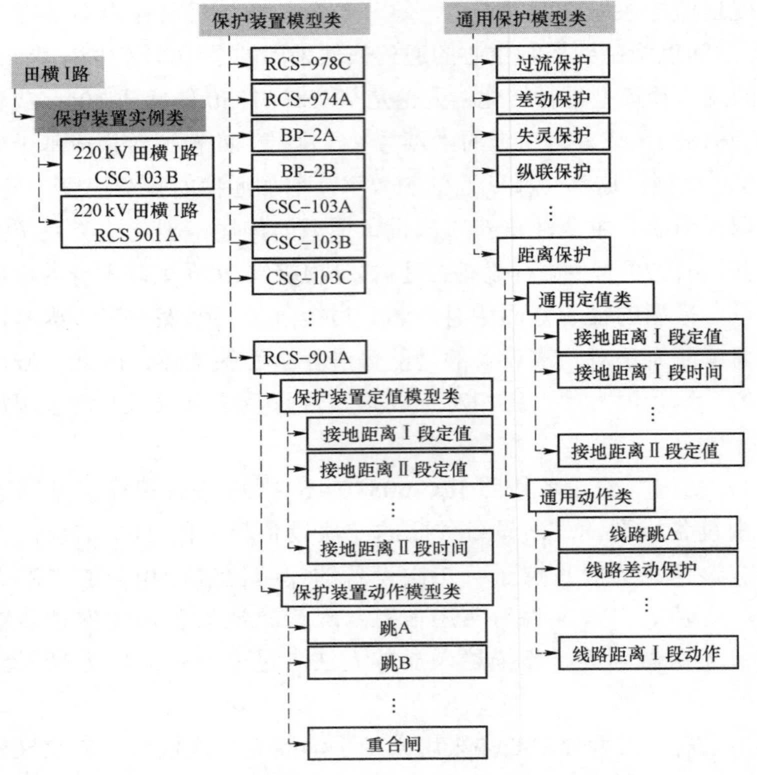


图 6–1　按装置型号定义保护模型

（3）模式 3：采用 IEC 61850 结合 IEC 61970 的建模方式对主站侧/调控中心侧的二次设备模型进行描述。该模式主站侧/调控中心侧直接采用 SCD 文件对二次设备进行通信建模，满足了站内、站外模型的一致性和统一性，同时采用 IEC 61970 的方式即 CIM 对一次设备相关信息进行描述，CIM 模型可以直接来源于其他相关系统，保证了与其他系统 CIM 的一致性，便于系统信息共享。但该模式的难点在于如何将 IEC 61850 的 SCD 模型与 CIM 模型结合，合适的模型融合点是该模式的关键之处，同时，考虑到目前 IEC 61850 ED.1 版本并没有规范相应的站间通信建模，因此虽然站内、站外采用相同的 SCD 模型，但两者的通信方面仍在探讨中。IEC TC 57 技术委员会目前已在 IEC 61850 ED.2 版本中添加相关的站间通信建模和映射内容，但目前尚未正式发布。后续章节将在此基础上详细介绍该模式的现场工程实现和实际应用，以供读者借鉴参考。

近年来，随着二次设备管理业务的发展和智能变电站技术的发展，二次设备专业人员越来越意识到二次设备模型的重要性，开始着手讨论制定了一系列的相关规范和标准。特别是国家电网公司相关企业标准发布之后，为二次设备在线运维提供了统一的数据标准，为二次设备智能状态评价奠定了基础。

表 6－1 所列标准中，IEC 61850、IEC 61970 以及 IEC 62351 等标准已经成为智能电网建设的核心标准，其中 IEC 61850 已经逐步成为电网领域通信的主要使用标准，IEC 61850 Ed.1 版本中的建模、通信映射等方式已经在电网领域得到验证。

智能电网通信面临的主要挑战之一是通信模型和通信规范的统一和应用的广泛性问题。该问题影响了智能电力设备、智能电表和可再生能源的融合以及它们间的相互操作。智能二次设备运维不仅需要与变电站自动化系统、控制中心等智能电网其他组成部分相互协作，互相配合，而且需要与智能配电网、智能微网等其他系统和设备集成，组成坚强智能电网的一部分。因此，在数据模型的统一描述、信息交换、通信技术等支持方面需要有统一标准的规范，解决各个异构设备、系统和网络等之间的通信问题。以上这些需求和特征都需要有标准的开放式通信体系来满足和支撑。建立符合智能电网通信需求的统一的开放式的通信体系是当务之急。

## 6.2　二次设备建模技术的发展

智能运维需要对所涉及的二次设备的模型有一个统一和科学的认知。由于 IEC 61970 的 CIM 对二次设备的描述相对简单，不足以满足智能电网发展的需求，所以现行与二次设备运维相关的应用都仅仅停留在保护信息的收集和管理层面，无法进一步做深入的分析，并做出较为有意义的指导和建议。

IEC 61850 作为目前二次设备通信和建模最常用的通信标准，存在多方面的优势，在标准中不仅针对二次设备进行详细规范，而且针对不同应用的考虑还规范了科学灵活的建模扩展原则。此外，业内针对相关的工程实施也配套了相应的工具和工程规范。IEC 61850 在站内二次设备建模和通信方面的应用是较为成熟和合理的，满足当前智能电网的建设需求。但随着通信等技术的发展和智能电网的进一步建设需要，IEC 61850 作为变电站内二次设备通信和建模的标准已经无法满足要求。一方面，IEC 61850 建模过程中，在描述与二次设备相关的一次设备的模型方面存在不足之处，IEC 61850 仅仅只是在 LNode 层次简单描述了一二次设备之间的关系，而不能进一步深入全面地描述一二次设备在功能、结构等方面的相关信息；另一方面，特别是在二次设备的智能运维方面不仅要求站内的设备与设备间的通信，还包括了设备与运维站、设备与运维中心，以及运维站与运维中心之间的通信和建模。如何在这庞杂的二次设备运维系统中建立一个统一、科学的二次信息模型，建立一套通用的通信结构是整个智能运维通信的关键。

基于以上，目前行业内常用的通信和建模方式是采用 IEC 61970 和 IEC 61850 结合来对整个二次设备及其相应的通信和功能进行建模和通信。但受限于第一版的 IEC 61850 标准是针对站内通信进行规范，业内还未将 IEC 61970 配合 IEC 61850 的建模通信方式推广至更广的业务领域。下面将分别介绍 IEC 61850 和 IEC 61970 标准在二次运维中应用和发展。

### 6.2.1 IEC 61850 的应用和发展

**1.** IEC 61850 标准简介

IEC 61850 系列标准是 IEC TC57 发布的变电站通信网络和系统的重要标准。该标准定义了变电站中的智能电子装置（IED）之间的通信以及有关系统需求，主要目的是实现变电站自动化系统（SAS）中来自不同厂家的 IED 之间的互操作。IEC 61850 标准是基于通用网络通信平台的变电站自动化系统唯一国际标准，它是由国际电工委员会第 57 技术委员会（IEC TC57）的 3 个工作组 10、11、12（WG10/11/12）负责制定的。此标准参考和吸收了已有的许多相关标准，其中主要有：IEC 870－5－101 远动通信协议标准、IE C870－5－103 继电保护信息接口标准、UCA2.0（Utility Communication Architecture2.0）（由美国电科院制定的变电站和馈线设备通信协议体系）、ISO/IEC 9506 制造报文规范 MMS（Manufacturing Message Specification）。

变电站通信体系 IEC 61850 将变电站通信体系分为 3 层：变电站层、间隔层、过程层。在变电站层和间隔层之间的网络采用抽象通信服务接口映射到制造报文规范（MMS）、传输控制协议/网际协议（TCP/IP）以太网或光纤网。在间隔层和过程层之间的网络采用单点向多点的单向传输以太网。变电站内的智能电子设备（测控单元和继电保护）均采用统一的协议，通过网络进行信息交换。IEC 61850 建模了大多数公共实际设备和设备组件。这些模型定义了公共数据格式、标识符、行为和控制，例如变电站和馈线设备（诸如断路器、电压调节器和继电保护等）。自我描述能显著降低数据管理费用，简化数据维护，减少由于配置错误而引起的系统停机时间。IEC 61850 作为制定电力系统远动无缝通信系统基础，能大幅度改善信息技术和自动化技术的设备数据集成，减少工程量、现场验收、运行、监视、诊断和维护等费用，节约大量时间，增加了自动化系统使用期间的灵活性。它解决了变电站自动化系统产品的互操作性和协议转换问题。采用该标准还可使变电站自动化设备具有自描述、自诊断和即插即用（Plug and Play）的特性，极大地方便了系统的集成，降低了变电站自动化系统的工程费用。在我国采用该标准系列将大大提高变电站自动化系统的技术水平，提高变电站自动化系统安全稳定运行水平，节约开发验收维护的人力物力，实现完全的互操作性。

**2.** IEC 61850 标准特点

IEC 61850 标准是由国际电工委员会第 57 技术委员会于 2004 年颁布的、应用于变电站通信网络和系统的国际标准。作为基于网络通信平台的变电站唯一的国际标准，IEC 61850 标准吸收了 IEC 60870 系列标准和 UCA 的经验，同时吸收了很多先进的技术，对保护和控制等自动化产品和变电站自动化系统（SAS）的设计产生深刻的影响。它将不仅应用在变电站内，而且将运用于变电站与调度中心之间以及各级调度中心之间。国内外各大电力公司、研究机构都在积极调整产品研发方向，力图和新的国际标准接轨，以适应未来的发展方向。IEC 61850 系列标准共 10 大类、14 个标准，具体名称不在这里赘述，读者可以很容易在网络上查找到，以下主要介绍一下 IEC 61850 的特点。

（1）定义了变电站的信息分层结构。变电站通信网络和系统协议 IEC 61850 标准草案提出了变电站内信息分层的概念，将变电站的通信体系分为 3 个层次，即变电站层、间隔层和过程层，并且定义了层和层之间的通信接口。在变电站层和间隔层之间的网络采用抽象通信服务接口映射到制造报文规范（MMS）、传输控制协议/网际协议（TCP/IP）以太网或光纤网。在间隔层和过程层之间的网络采用单点向多点的单向传输以太网。IEC 61850 标准中没有继电保护管理机，变电站内的智能电子设备（测控单元和继电保护）均采用统一的协议，通过网络进行信息交换。除此之外，每个物理装置又由服务器和应用组成。由 IEC 61850 来看，服务器包含逻辑装置，逻辑装置包含逻辑节点，逻辑节点包含数据对象、数据属性。

（2）IEC 61850 采用与网络独立的抽象通信服务接口（ACSI）。由于电力系统生产的复杂性，信息传输的响应时间的要求不同，在变电站自动化系统实现的过程中可能采用不同类型的网络。IEC 61850 总结了电力生产过程特点和要求，归纳出电力系统所必需的信息传输的网络服务，设计出抽象通信服务接口，它独立于具体的网络应用层协议（例如目前采用的 MMS），和采用的网络（例如现在采用的 IP）无关。如果采用的网络类型有变化，这时只要改变相应的特定通信服务映射（SCSM）就可以了，而无须改变上层的任何内容，IEC 61850 采用抽象通信服务接口很容易适应这种变化，大大提高了网络适应能力。

（3）采用了面向对象的数据建模技术，面向对象、面向应用开放的自我描述。该标准定义了采用设备名、逻辑节点名、实例编号和数据类名建立对象名的命名规则；采用面向对象的方法，定义了对象之间的通信服务，比如，获取和设定对象值的通信服务，取得对象名列表的通信服务，获得数据对象值列表的服务等。面向对象的数据自描述在数据源就对数据本身进行自我描述，传输到接收方的数据都带有自我说明，不需要再对数据进行工程物理量对应、标度转换等工作。由于数据本身带有说明，所以传输时可以不受预先定义限制，简化了对数据的管理和维护工作。

（4）数据对象统一建模。IEC 61850 标准采用面向对象的建模技术，定义了基于客户机/服务器结构数据模型。每个 IED 包含一个或多个服务器，每个服务器本身又包含一个或多个逻辑设备。逻辑设备包含逻辑节点，逻辑节点包含数据对象。数据对象则是由数据属性构成的公用数据类的命名实例。从通信而言，IED 同时也扮演客户的角色。任何一个客户可通过抽象通信服务接口（ACSI）和服务器通信访问数据对象。

上述关于 IEC 61850 的相关介绍主要针对 IEC 61850 Ed.1 版本，按照当前智能电网发展的需要，IEC 61850 Ed.1 已经无法满足业务发展的需要。IEC TC57 工作组已经启动了 IEC 61850 的电网领域的扩展计划，并对 IEC 61850 Ed.1 中未涉及的应用领域进行扩展，如图 6－2 所示。

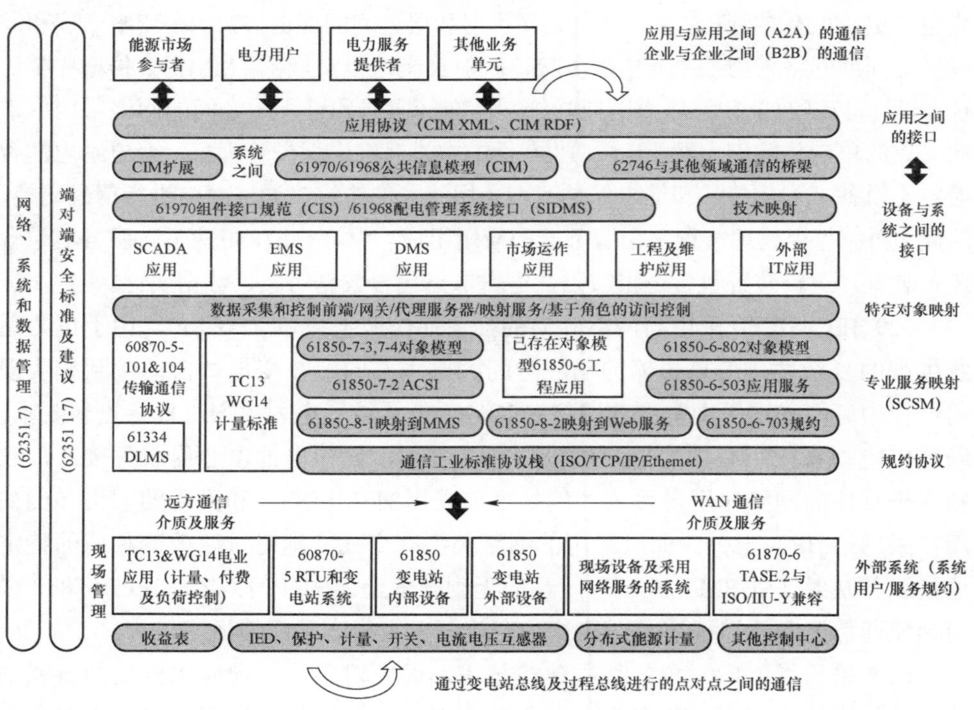


图 6－2　IEC/TC 57 标准参考结构图

按照智能电网的需求，TC 57 技术委员会在原有的 IEC 61850 Ed.1 的基础上新增了表 6-2 所列标准。

表 6-2　　IEC 61850 主要新增标准系列

| 编号 | 应用领域 |
| --- | --- |
| IEC 61850-7-410 | 水电站自动化系统监视和控制 |
| IEC 61850-7-420 | 分布式能源通信系统 |
| IEC 61850-90-1 | IEC 61850 用于变电站之间通信 |
| IEC 61850-90-2 | IEC 61850 用于变电站与控制中心之间通信 |
| IEC 61850-90-3 | IEC 61850 用于状态监测诊断与分析 |
| IEC 61850-90-5 | 使用 IEC 61850 按照 IEEE C37.118 传输同步相量信息 |
| IEC 61850-90-6 | IEC 61850 在配网自动化系统应用 |
| IEC 61850-90-7 | IEC 61850 在分布式电源的应用 |
| IEC 61850-90-8 | 电动汽车对象模型 |
| IEC 61850-90-9 | 电力储能对象模型 |

其中新增的 IEC 61850-90-6 专门用于对配电网领域的定义；新增的 IEC 61850-90-7 作为分布式能源的规范，IEC 61850-7-420/430 部分，用于需求侧管理、计量服务、家庭自动化以及分布式自动化等的信息模型定义。IEC 61850 通信协议将逐渐成为智能电网的主要通信标准，这在智能电网建设中具有深远的影响和意义。

**3.** 基于 IEC 61850 的信息交换模型

IEC 61850-7-2 部分定义了比较完备的抽象服务通信接口（ASCI），包括基本模型规范和信息交换服务模型。信息交换服务模型包括客户/服务器模型、通用变电站事件（GSE）模型、采样值传输模型。通过定义抽象通信服务接口的方法，IEC 61850 实现了抽象的通信服务与具体的通信规约分离，保证了 IEC 61850 能够采用先进的通信技术。

站内监控系统和终端之间的通信采用客户/服务器模型。数据发送采用 IEC 61850 的报告（Reporting）模型，这样既可以保证正常数据的传输，又可以将异常数据快速发布。

终端和终端层之间使用客户/服务器模型和通用 GSE 模型。GSE 包括面向通用对象的变电站事件（GOOSE）和通用变电站状态事件（GSSE）。GSE 采用广播方式，对传输的延时有严格的限制。考虑到过程层的 IED 数量，为了实现一些装置间的互操作，可以采用 GSE 模型。GSE 的使用应该限制在过程层网络内部，一方面是保证过程层通信的信息安全；另一方面避免不必要信息的扩散，影响主干网络的效率。

**4.** 基于 IEC 61850 的服务映射

IEC 61850 作为自动化通信的主要规范，不但定义了通信实体的信息模型、抽象服务通信接口（ASCI）并且对通信的映射也做出了相应的定义说明，如：对于故障处理预案的定义、下发和控制等相关通信通常会映射到 MMS、IEC 60870－5－101/104（简称 104 规约）和 Web Services 等通信协议上；而对于相应时效性有更高要求的设备间的互操作等相关通信映射到 GOOSE 上。

（1）MMS 映射。作为目前全行业范围内最通用的、应用最为广泛的 IEC 61850 通信映射协议，其通用性是其最显著的优点。这就意味着，如果采用 MMS 通信映射不仅能保证 IEC 61850 信息模型和服务的通信，而且还统一了设备间的通信标准，使不同厂商的设备能有效地进行互联互通互操作。为了保证设备间高效的互操作性以及通信的可靠性，MMS 采用 ASN.1 编码，虽然 ASN.1 编码能在较大程度上保证互操作的有效性以及传输的可靠性，但这种编码也增加了通信报文的复杂度，并牺牲了部分的可理解性。

（2）IEC 60870－5－101/104 映射（简称 104 映射）。104 规约是传统的远动设备和系统的通信规约，目前电网中大部分装置间通信以及装置到远端的信息控制中心的通信普遍依然采用 104 规约。因此，104 规约作为 IEC 61850 通信的映射规约有其天然的技术优势。但就该规约的使用情况来看，不同版本的 104 规约间的差异是造成其通信统一的最大障碍。同时 104 规约在映射面向对象的 IEC 61850 模型方面较 MMS 和 Web Services 有较大的劣势，不仅需要对通信报文进行对应的转化，而且其主要的难点和重点在于 CDC 基础模型方面的转换和扩展以及如何将 IEC 61850－7－2 所规定的服务映射到 104 对应的服务上。事实上，目前虽然部分 CDC 基础模型的转换和扩展可以通过 IEC 61850 模型扩展原则进行相应的定义，但对于语义上 104 规约不存在的信息模型无法找到相对应的模型，同时 IEC 61850－7－2 的服务映射到 104 服务方面尚存在部分 IEC 61850－7－2 服务无法得到映射的问题，如表 6－3 所示。

表 6-3 无法映射到 104 的 IEC 61850 服务

| 对象 | IEC 61850-7-2 服务 |
| --- | --- |
| Server | GetServerDirectory |
| Association | Abort |
| Logical Device | GetLogicalDeviceDirectory |
| Logical Node | GetLogicalNodeDirectory |
| Data | GetDataDirectory |
| | GetDataDefinition |
| Data Set | GetDataSetValues |
| | SetDataSetValues |
| | CreateDataSet |
| | DeleteDataSet |
| | GetDataSetDirectory |
| Setting Group Control Block | SelectEditSG |
| | SetSGValues |
| | ConfirmEditSGValues |
| | GetSGValues |
| | GetSGCBValues |
| Report Control Block | GetBRCBValues |
| | SetBRCBValues |
| | GetURCBValues |
| | SetURCBValues |
| LOG Control Block | GetLCBValues |
| | SetLCBValues |
| LOG | GetLogStatusValues |
| | QueryLogByTime |
| | QueryLogAfter |
| Control | Select |
| | TimeActivatedOperate |

这些服务对应的是 IEC 61850 特有的信息模型，在 IEC 60870-101/104 中并没有对应的信息模型，即 104 规约中并没有这些模型的概念。如果需要完全映射这些 IEC 61850 的服务，需要通过以下两种方式来解决：① 扩展 IEC 60870-101/104 规约，增加相对应的信息模型和服务；② 不对 IEC 61850 中这些信息模型和服务进行映射，通信双方对相关的信息传输进行约定。上述两种

方法，都需要通信各方就 104 通信的方式进行扩展和约定，这增加了通信过程的复杂度，更不利于通信规约的统一。因此在 104 的规约映射方面，仍存在一定的不足之处，在通信过程中保证装置的自描述和自发现方面也不如其他映射规约完善。所以要完全支持智能电网的开放式通信体系，从 IEC 61850 到 IEC 60870－101/104 映射还有一段路需要走。

（3）Web Services 映射。Web Services 提供了各孤立通信节点之间信息能够相互通信和共享的一种接口。Web Services 采用 Internet 上统一、开放的标准，如 HTTP、XML、简单对象访问协议（SOAP）、Web Services 描述语言（WSDL）等，可以在任何支持这些标准的操作系统环境（Windows，Linux，Unix）中使用。SOAP 是一个用于分散和分布式环境下基于 XML 的网络信息交换的通信协议。在此协议下，软件组件或应用程序能够通过标准的 HTTP 协议进行通信。WSDL 是一种基于 XML 的语言，用来描述和访问网页服务。

基于 Web Services 的技术特点是，IEC 61850 的服务可以很好地映射到对应的 Web Services 上。这种映射方式是目前看来服务最好的服务映射，因为按照 IEC 61850 所规定的服务描述可以完全实现，而不需要存在像 MMS 和 104 规约间的转换问题。此外，用于描述 IEC 61850 模型的语言是 SCL，也是一种 XML 格式的信息描述，在信息描述方式方面 Web Services 也优于 MMS 映射和 104 映射，不存在信息模型的转换问题，完整地呈现了 IEC 61850 面向对象的语义，并提供了开放式通信体系所需要的自描述和自发现能力。Web Services 技术的特点从机制上保证了通信上的即插即用的需求，进一步保证了通信实体间通信的开放性。IEC 61850 已启动了相应的计划，将 Web Services 映射作为 IEC 61850－8－2 进行发布。

由于 Web Services 起源于 Internet，占用 CPU、内存资源较多，因此更适合在 PC 和服务器上应用，在二次运维系统体系中，更适合于站间的应用。Web Services 采用基于文本的自我描述消息交换，其任何单一的数据交换，都伴随大量的文本描述，通过网络传输需要较大量的带宽。如果要达到电力系统对数据实时性的要求，Web Services 对网络资源的要求很高。在电力系统发生故障时，短时间将产生大量的突发信息，要将这些信息发送出去需要很长时间，无法满足电力系统对数据实时性的要求。因此，Web Services 一般不适用于对实时性有较高要求的数据传输的相关业务中，但在语义性和功能性方面的匹配度、可读性和易实现性方面，Web Services 较其他映射有较大的优势。随着通信硬件技术和计算语言性能的提升，相信在未来会有越来越多的业务应用采用 Web Services 映射。

（4）GOOSE 映射。IEC 61850 中采样值传输（SAV）和面向通用对象的变电站事件（GOOSE）对信息传递的时效性要求很高。上述描述的映射方式都是基于 TCP/IP 通信体系的协议栈的，在网络传输方面受到 TCP/IP 的 ISO 标准通信协议栈的限制，无法满足采样值和 GOOSE 信息的传递。

GOOSE 规约只使用 ISO 标准通信协议栈中的 4 层（不使用 TCP/IP 封装报文）进行报文封装，大大降低传输时延。在数据链路层，GOOSE 遵循 IEEE 802.1Q、IEEE 802.1P 协议，保证高优先级报文的优先送达，克服了以太网的冲突问题。GOOSE 采用的是 P2P 通信方式，消除了主/从方式和非网络化的串行连接方案存在的缺陷。此外，GOOSE 应用层协议中包含数据有效性检查和 GOOSE 消息的丢失、检查、重发机制，以保证接收端的智能装置（IED）能够收到消息并执行预期的操作。

GOOSE 映射主要用于实现在多二次设备之间的信息传递，包括传输跳合闸信号，具有高传输成功概率。GOOSE 可以代替传统电网中的硬接线实现开关位置、闭锁信号和跳闸命令等实时信息的可靠传输，其在过程层应用的可靠性、实时性、安全性完全满足智能电网中二次设备的要求。

综上，不同的应用要求决定了通信映射方式不同，同时不同的映射方式也决定了其在二次设备智能运维系统中开放式通信体系中的位置。因此，应按照不同的应用需求选择不同的通信映射方式。对于不同的映射方式，在 IEC 61850 Ed.2 中都将有明确的规范。

### 6.2.2　IEC 61970 的应用

**1.** IEC 61970 规范

IEC 61970 与 IEC 61850 都是由 IEC TC57 技术委员负责制定的电力行业的标准规范。但与 IEC 61850 不同，IEC 61970 侧重点在于定义能量管理系统（EMS）应用程序接口，因此也常称为：EMS – API 标准。IEC 61970 推出的初衷是促进各 EMS 厂商间的 EMS 应用的集成以及 EMS 与其他系统之间的集成，即即插即用和互联互通，这就决定了 IEC 61970 需要解决系统集成和信息共享方面的统一性和通用性问题。

IEC 61970 标准的意义在于为各系统间的通信协助提供了一个标准的模型和开放的框架。作为一系列的标准，作为模型框架的标准一般指的是 IEC 61970 – 301，定义了公共信息模型 CIM 的基本包集，提供了能量管理系统信息的物理方面的逻辑视图。CIM 是一个抽象模型，它表示了电力企业运行的各个方面所需要的典型对象，它描述了这些对象的公共类和属性以及它们之间的关系。

与 IEC 61850 类似，CIM 采用的建模方式来描述的对象是抽象的，因此，从本质上可以认为 CIM 可以应用于不同业务领域的建模。从目前的业务应用情况来看，CIM 已不仅仅应用于 EMS 业务的建模，开始在其他相关的领域得到应用，如：FIS（Fault Information System，故障信息系统）、WAMS（Wide Area Measurement System，广域测量系统）等。CIM 是一种能够在任何一个领域实行集成的工具，只要该领域需要一种公共电力系统模型来帮助在几种应用和系统之间实现互操作和插入兼容性，而与任何具体实现无关。

**2.** IEC 61970 建模

CIM 采用的建模描述语言与 IEC 61850 相同，都是面向对象的建模方式，因此都采用统一建模语言 UML 来进行建模。

如图 6－3 所示，CIM 模型是由更细一级划分的模型包组成，而这些模型包所描述的对象分别是：核心包（Core）、域包（Domain）、发电包（Generation）、发电动态包（GenerationDynamics）、负荷模型包（LoadModel）、量测包（Meas）、停运包（Outage）、生产包（Production）、保护包（Protection）、拓扑包（Topology）、电线包（Wires）。

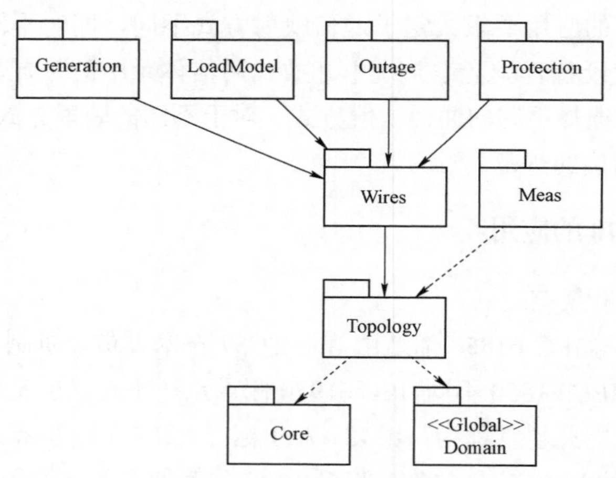


图 6－3 CIM 部分模型包

因此，CIM 模型更加偏向于对一次设备的模型进行描述，对二次设备的建模方面的规范相对较少。从核心包中的模型描述，所有的一次设备和二次设备都继承自该包的 Naming，即一次设备和二次设备都应该是 Naming 的普遍化，但实际上普遍化的层次更具体和详细，不只是简单地从 PowerSystemResource 派生，其中还有相应的 EquipmentContainer 等类的派生。以变压器为模型，采用 UML 描述如图 6－4 所示。

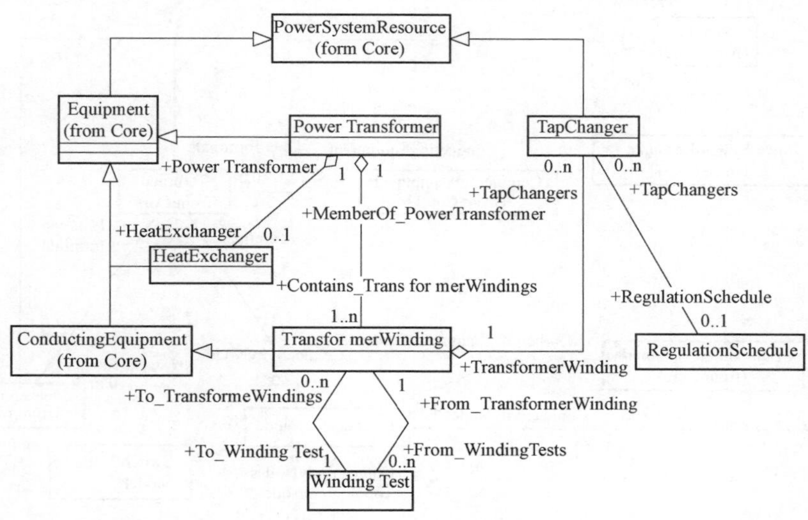


图 6-4 变压器 UML 模型

可以看到变压器的采用 CIM 建模的方式会建成如图 6-4 所示模型的结构。PowerTransformer（变压器）类继承自 Equipment（设备）类，而 Equipment 类是核心包的内容，继承自 PowerSystemResource（电力系统资源）类。而 PowerTransformer（变压器）也聚合了 TransformerWinding（变压器卷）类，从图中类的聚合关系可以看出，PowerTransformer 可以聚合多个 TransformerWinding，但一个 TransformerWinding 只能属于一个 PowerTransformer 类。

以上是变压器建模的一个简单介绍，二次设备智能运维系统的建模需要考虑的是一次设备与二次设备之间的关联关系，因此，关注的重点是 Topology 包，如图 6-5 所示，我们可以看到整个 Topology 的类，其中 ConductingEquipment 是不同类型间的连接模型。

而 CIM 对二次设备的模型都包括在保护包（Protection）中，其对二次设备的信息描述不多，对于遥测量等信息的描述，CIM 模型尚可完成，但对于二次设备所具备的功能却无法进行描述，所以希望直接使用 CIM 模型对二次设备运维的模型进行描述是不能满足的，需要对相应的 CIM 模型进行扩展并结合 IEC 61850 的 SCD 模型进行关联，才能完整和合理地描述整个二次设备运维的信息模型，才能满足智能运维的通信要求。

### 6.2.3 智能运维系统建模

二次设备智能运维的典型通信网络架构如图 6-6 所示。

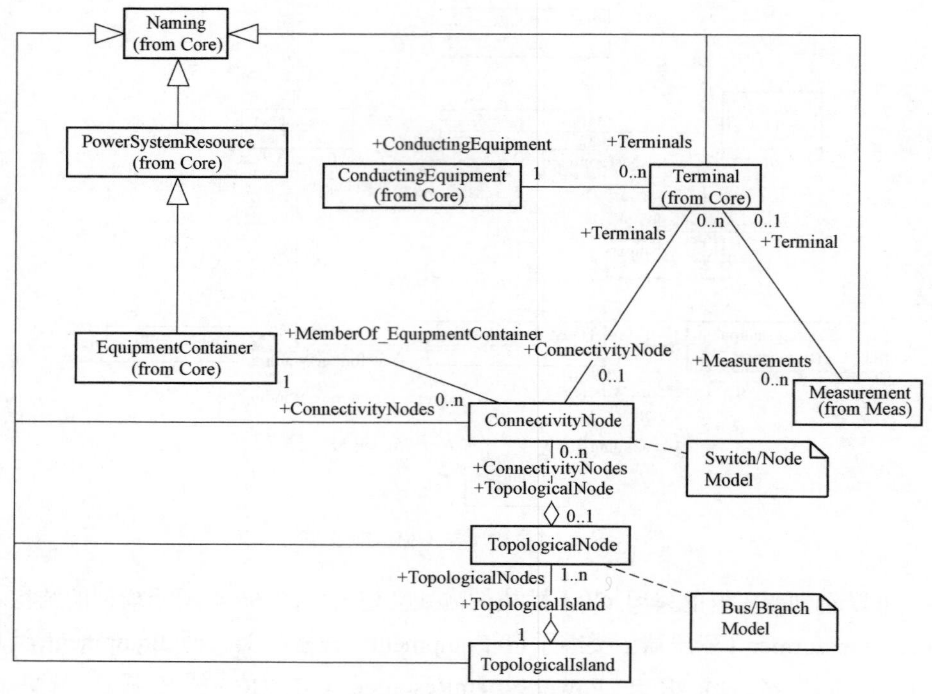


图 6-5 拓扑包 UML 模型（部分）

为满足远程诊断的需求，在厂站端增加了二次设备在线监视与智能诊断管理装置和模块，在间隔层增加二次设备状态监测与诊断采集装置，同时为了满足日常运营巡视的需要，增加相应的运营端和巡视站端系统，以实现电网运行状态的实时监测和二次设备的运行状态评价，以满足精确到插件的继电保护缺陷定位，为二次设备维护提供完整准确的信息支撑和数据保障，完成二次设备从“就地运维”到“远程运维”的精益化转变。

二次设备智能运维系统不仅需要满足保护信息的相关建模需要，更多的是多系统间的协同工作，因此在实现保护装置等传统二次设备的建模基础上，应具备更强的模型整合能力来满足多业务领域的应用需求，如：

（1）智能故障诊断。随着变电站无人值守及远方操作的推广应用，电网对调控人员在事故状态下的快速判断、快速响应能力提出了更高的要求，对二次设备运维提出了新的挑战。通过智能诊断应能实现如区内（外）故障分类并在列表文件中自动标识、故障线路波形及开关变位信息自动筛选关联、故障简报自动推送等功能，以达到缩短事故处理时间、加快故障恢复速度的目的。因此在故障诊断方面不仅仅需要保信的动作信息，同时还需要与此二次设备相关的

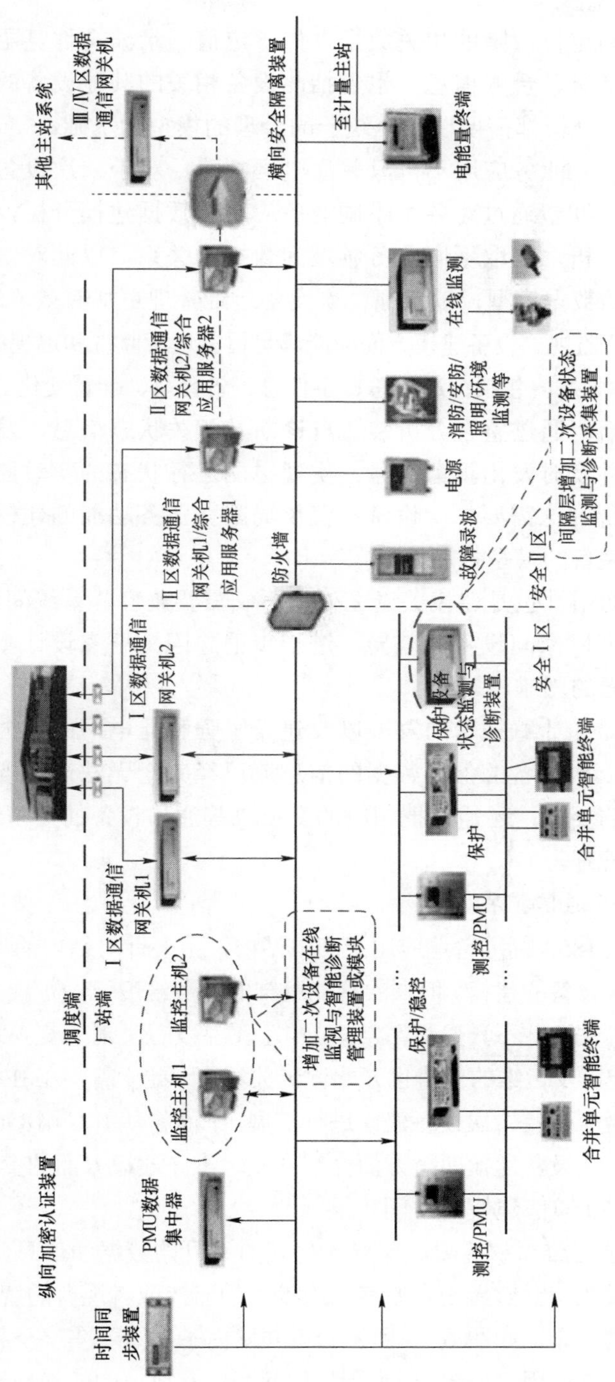


图6-6 二次设备智能运维通信网络架构

其他有助于分析和定位故障的相关数据，如：定值、录波文件甚至包括该二次设备的历史故障信息、台账信息，也包括此设备相关的其他设备的相关信息。这些信息的收集与分析都需要以一个统一的合理的模型为基础。

（2）预测分析。业务应用不再只关注电网故障，对于二次设备自身的状态也纳入观察范围。期望通过对各个不同业务应用的数据建模分析，并对相关数据的结合挖掘和分析，获取不同业务领域间数据的关系，以此对二次设备的运维有个相对科学的数据模型，以保证二次设备运维管理更加有效。

（3）日常运营监视。设备建模方面应能满足日常运营监视和巡视的相关需要，如：厂站当前整体状态，包括：通信总、事件总、告警总、配置变化等信息。

（4）远程诊断。通过整合分析装置自诊断及相关状态信息，发现二次设备自身的问题所在并及时发出报警信号，实现电网运行状态的实时监测和二次设备的运行状态评价。这需要二次设备不仅仅局限在业务功能的建模，同时需要对设备自身进行完备的模型描述。

此外模型的通用性也是建模关键之处，不仅需要兼容各系统间的模型差异，还需要考虑到不同厂家间设备的差异，进一步消除因为厂家设计不同给系统带来互操作交互方面的困难。

随着数据存储和计算技术的发展以及建设坚强智能电网的数据需求，原有的只关注于传统二次设备的保信数据的信息流已经完全无法满足要求，为满足全网设备大数据的要求，还需要把相应的交换机等通信设备的模型纳入 SCD 模型中统一建模和管理。

#### 6.2.3.1 IEC 61850 通信扩展

当前的 IEC 61850 标准普遍应用于变电站内，主要针对站内的保护装置和测控装置等常规二次设备的建模。但二次智能运维的业务维度已经扩展至站间，且对站内的二次设备的关注并不只局限在常规的二次设备方面，对于交换机、操作箱等装置的状态、功能以及运维的价值也开始逐步关注。因此，需要在 IEC 61850 规范的范畴内对站间通信以及二次设备建模进行扩展。下面将从 IEC 61850 在站间通信的扩展和特殊的二次设备建模两个方面介绍二次运维在建模方面的变化。

（1）IEC 61850 通信建模的站间扩展。

二次设备智能运维系统需要收集智能终端监测到的数据和信息，同时需要对终端做出相应的操控。此外，无论是原有二次设备的监控或者现有的智能运维系统，根据其系统架构的分布，如图 6－6 所示。可知站内子站需要在整个系统的通信过程中起到承上启下的作用，即子站层与主站层间互联和协议的转换问题。IEC 61850 Ed.1 标准解决了变电站内部智能设备间通信采用统一协议的问题，但对站间通信的实现没有详细和明确的描述，只对站间的通信简单地提出了三种可能方案：

1）网关/代理者提供直接访问变电站物理设备的能力。此种方案实现简单，相当于透明传输方式，对主子站性能和网络条件要求较高，子站看作一个交换机，没有信息处理、过滤和分析能力，不符合智能二次运维系统的实际应用要求。

2）在网关/代理者内，逻辑设备定义为控制中心所需收集信息的数据集。此方案相当于修改站内每个装置建模信息，重新组合信息形成新的数据集，子站工程工作量相当大，且不能向主站反映子站内各装置的实际信息组成和运行状态。

3）在网关/代理者内定义新的逻辑节点和数据类，并向控制中心提供视图。此方案需要子站建立新的逻辑节点，重新组织和描述站内装置和信息模型，此方法实现麻烦且工程工作量较大，容易对整个站模型和布局造成偏差。

这些方法主要是通过对逻辑节点的扩展，在网关/代理者中创建新的逻辑节点，在实际应用中重新建模，工程量大、不易实现且不符合智能二次运维系统的要求。因此需要一种基于 IEC 61850 标准的，适用于主子站间 61850 虚拟站级 IED 模式的通信实现方法，为电网各层级间稳定、实时、准确的通信服务提供一种新的尝试，如图 6－7 所示。下面根据实际工程说明这种 IEC 61850 站间通信的映射方法。

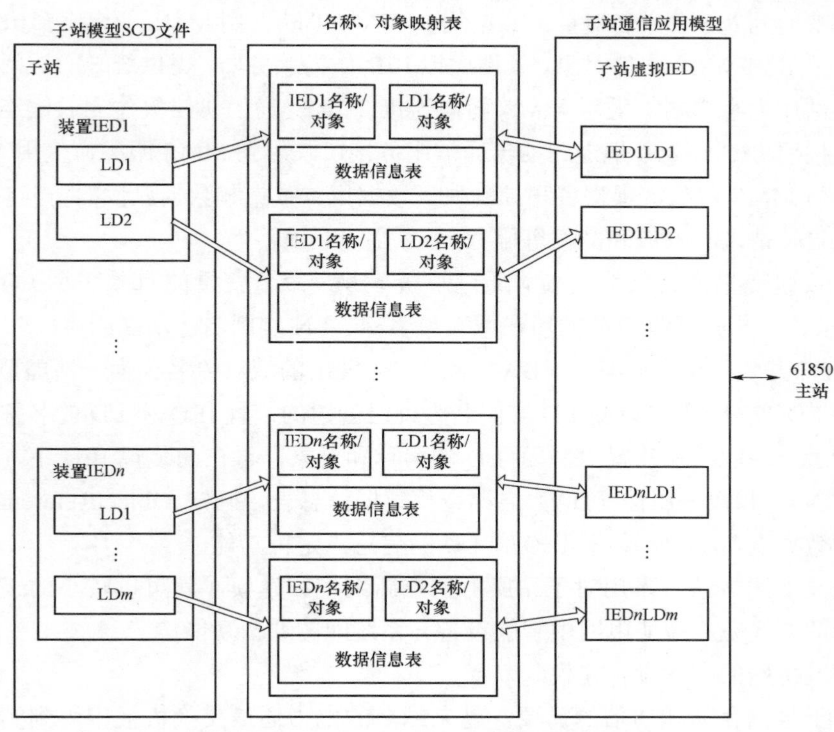


图 6－7　基于 IEC 61850 的站间通信方式示意图

IEC 61850 变电站内 IED 名称和 LD 名称按照装置型号、功能、所属电压等级和通信地址等命名规则命名，创建具体子站的 SCD 模型文件，保证每个装置模型中的 LD 实例名不会重复，在变电站内唯一，如 IED 名称为 ABC_100A_FTU_X_80，表示地址为 80，设备型号是 ABC_100A 的 X 类 FTU 终端设备。LD 命名规则按照 FTU 的方式进行，如保护功能的 LD 名为 PROT。

创建子站虚拟 IED 作为通信所使用的应用层模型，如图 6－7 所示的映射关系。子站虚拟 IED 的信息模型，在应用层将子站视为一个站级 IED，而站内实际终端 IED 拥有的 LD 一一映射到子站虚拟 IED 内，虚拟 IED 中的 LD 实例名与对应的装置 IED 中的 LD 实例名相同。如装置 IED1 中的 LD1 被映射为子站虚拟 IED 中名为 IED1LD1 的新 LD，此新 LD 实例名作为后面实际通信所采用的 MMS 域名，由于建模时的命名规则保证此域名不会重复，因此每个 LD 下的命名变量将在整个子站内唯一确定。根据此对应关系创建新 LD 的名称、装置 IED 和 LD 的名称和对象的映射表，用于信息的查询。

通过特定通信服务映射使用 MMS 对象，子站虚拟 IED 模型中的新 LD 映射到 MMS 域对象，LN 映射到 MMS 命名变量，数据 DATA（包含 DO、DA）和控制块映射到 MMS 命名变量，数据集 DATASET 映射到 MMS 命名变量表，文件对象映射到 MMS 文件对象。子站虚拟 IED 作为服务器，提供统一的访问服务点，主站作为客户端，采用 MMS 面向连接 TCP 的通信协议集建立通信连接，主子站按照 IEC 61850 规定的抽象通信服务接口映射到 MMS 服务，使用 MMS 域名访问 MMS 对象，提供各种控制块、数据集、数据和数据属性的访问功能，实现报告、请求、响应和文件等服务。

对数据变量的访问和定位，通过解析 MMS 命名变量的对象引用（Object Reference），确定数据变量的所在域对象名称、LN 实例名、功能约束（FC）及数据（DO）名称和数据属性（DA）名称。分解出的域对象名称为子站虚拟 IED 中的新 LD 实例名称，以新 LD 实例名查询已创建的装置 IED 和 LD 的名称和对象映射表，获取所属装置 IED 和 LD 的名称和对象，再在此装置 IED 下，根据数据（DO）和数据属性（DA）名称查找数据信息表，确定 ObjectReference 所标识的数据点，实现到装置 IED 和 LD 的信息点定位功能。

按照上述方法，不用对子站服务器重新组织和建模，就可以较小的工程量和简单的方式完成智能电网中智能设备与系统间的通信功能。

（2）特殊的二次设备建模。

由于数据存储和通信的需要，越来越多的电力通信交换机被应用到实际的工程中，作为通信的重要设备，数量的增加和生产厂商的不同给这些交换机设备的管理带来了一定的挑战。此外，由于这些应用于实际工程的交换机设备更接近于实际电力业务的需求，如 IEC 61850 GOOSE 的映射等需要，与传统的通信交换机存在一定的业务关注点差别，所以并不适合划分成传统的通信设备进行运维。所以作为发展的需要，应将这些业务相关的交换机运维纳入二次设备运维体系中，统一管理和配置。

作为一种特殊的二次设备，原有的 IEC 61850 ED.1 等规范并没有针对该类二次设备的建模进行规范，因此在实际建模的过程中存在较多灵活性，如采用 GGIO 对所有功能点进行简单的功能映射，这样灵活定义的模型容易造成模型的不统一，不便于纳入统筹管理。

由于交换机与普通的二次设备不同，其在控制方面相对偏向于通信控制方面，所以对于交换机的建模应更加侧重于状态的监视，而控制方面应依旧采用交换机原有的配置方法进行。交换机作为一种新的引入 IEC 61850 的二次设备，无论在 ED.1 版本中或者是在 ED.2 版本中都没有深入的阐述其建模方式。因此，交换机的建模将注重关注其端口以及其对应的邻居端口的信息监测，其中包括：端口状态、端口邻居的状态、端口的数据统计、自身的告警信息和交换机自身的一些信息，按照 IEC 61850 建模原则，下面就交换机的建模进行介绍，如图 6－8 所示。

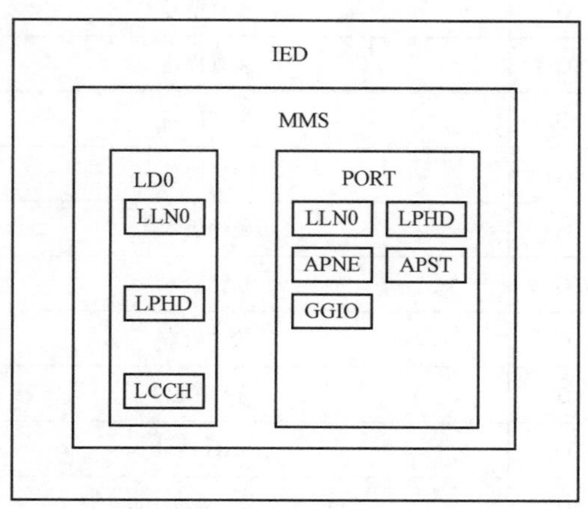


图 6－8　交换机模型

按照交换机的结构并结合 IEC 61850－7－4 ED.2 的内容，将交换机建模为一个 IED，其中包含两个 LD：LD0 和 PORT，如上述考虑到交换机建模侧重于状态的监测，所以并未将其映射到 GOOSE 上，而只是遵循站内常用映射方式将其映射至 MMS。其中 LD0 作为描述交换机的自身信息以及端口状态的主要 LD，包含如下 LN 节点：

1）LLN0：通用的装置信息，由于需要根据交换机特性进行建模，如：端口、软硬件版本、IP 地址和 MAC 地址等，需要对 LLN0 进行一定的扩展，具体的扩展结构如表 6－4 所示。

2）LPHD：物理逻辑节点信息，结构参见 IEC 61850－7－4，无须扩展。

3）LCCH：物理通信通道监视（Physical Communication channel Supervision），用于每个物理通信通道或冗余通道的相关信息建模。

**表 6－4　　LLN0 类 结 构**

| LLN0 类 | | | | |
|---|---|---|---|---|
| 数据对象 | CDC | 说明 | T | M/O/C |
| 逻辑节点名 | | 应从逻辑节点类接触，参见 IEC 61850－7－2 | | |
| 数据对象 | | | | |
| 公用逻辑节点信息 | | | | |
| | | 逻辑节点应继承公用逻辑节点类全部制定数据 | | M |
| 参数（SP 约束，不可修改） | | | | |
| DevType | STG | 装置型号 | | M |
| DevDescr | STG | 装置描述 | | M |
| Company | STG | 生产厂商 | | M |
| PortNum | ING | 端口数量 | | M |
| HWVersion | STG | 硬件版本 | | M |
| FWVersion | STG | 固件版本 | | M |
| SWVersion | STG | 软件版本 | | M |
| IPAddr | ING | IP 地址 | | M |
| MACAddr | STG | MAG 地址 | | M |
| CpuUsage | ING | CPU 使用率（乘以 100 上送） | | M |

注：“M”表示“必须属性”；“O”表示“可选属性”；“C”表示“有条件属性”。

这里引入了一个新的 LN，在 IEC 61850 ED.1 里没有 LCCH 类结构的定义，所以作为对通信建模的补充，TC57 在新版的 IEC 61850－7－4 里补充了 LCCH 定义用于建模与物理通道相关的信息，其主要内容如表 6－5 所示。

表 6-5 物理通信通道监视 LCCH 类结构

| LCCH 类 | | | | |
|---|---|---|---|---|
| 数据对象 | CDC | 说明 | T | M/O/C |
| 逻辑节点名 | | 应从逻辑节点类接触，前缀和 LN 实例 ID 参见 IEC 61850-7-2 | | |
| 数据对象 | | | | |
| 状态信息 | | | | |
| ChLiv | SPS | 物理通道状态；如果通道在指定的时间间隔内收到报文，为 true | | M |
| RedChLiv | SPS | 冗余物理通道状态 | | C |
| OutOv | SPS | 输出通信缓存溢出 | | O |
| InOv | SPS | 输入通信缓存溢出 | | O |
| Fer | INS | 该通道的帧错误率 | | O |
| RedFer | INS | 冗余通道的帧错误率 | | O |
| 测量信息 | | | | |
| RxCnt | BCR | 该通道收到报文的数量 | | O |
| RedRxCnt | BCR | 冗余通道收到报文的数量 | | O |
| TxCnt | BCR | 该通道发送报文的数量 | | O |
| 定值 | | | | |
| ApNam | VSG | 属于该通道的访问点名称，只有在多于一个访问点和物理通道的时候使用 | | O |
| ChLivTms | ING | 通道活跃计时；默认 5s | | O |

注：“M”表示“必须属性”；“O”表示“可选属性”；“C”表示“有条件属性”。

更多关于 LCCH 的信息请参见文献［1］中的具体内容。

另一个 LD，PORT 保护如下 LN 节点：

1）LLN0：通用的装置信息，参见 IEC 61850-7-4，无须扩展。

2）LPHD：物理逻辑节点信息，参见 IEC 61850-7-4，无须扩展。

3）APST：统计各端口信息，属于新扩展 LN 节点，目前 IEC 61850 ED.2 中没有对应的 LN 节点，但文献［1］给出了具体的定义，用于统计各端口的具体信息，如：端口速率、端口吞吐量、端口的单播、多播和广播的帧数等，具体结构如表 6-6 所示。

4）APNE：各端口邻居信息，与 APST 类似，属于新扩展 LN 节点，IEC 61850 ED.2 中没有对应的 LN 节点，但文献［5］给出了具体的定义，用于统计各端口两句的具体信息，如：IP 地址、MAC 地址、装置类型和描述等，具体结构如表 6-7 所示。

5）GGIO：通用 LN 节点，用于 IEC 61850 中没有规范的通用功能，这里利用 GGIO 为告警信息建模，以表示交换机的相应告警，具体结构如表 6-8 所示。

表 6-6 APST 类结构

| APST 类 | | | | |
|---|---|---|---|---|
| 数据对象 | CDC | 说明 | T | M/O/C |
| 逻辑节点名 | | 应从逻辑节点类接触，参见 IEC 61850-7-2 | | |
| 数据对象 | | | | |
| 公用逻辑节点信息 | | | | |
| | | 逻辑节点应继承公用逻辑节点类全部制定数据 | | M |
| 参数（SP 约束，不可修改） | | | | |
| DevType | STG | 装置型号 | | M |
| DevDescr | STG | 装置描述 | | M |
| Company | STG | 生产厂商 | | M |
| PortNum | ING | 端口数量 | | M |
| HWVersion | STG | 硬件版本 | | M |
| FWVersion | STG | 固件版本 | | M |
| SWVersion | STG | 软件版本 | | M |
| IPAddr | ING | IP 地址 | | M |
| MACAddr | STG | MAG 地址 | | M |
| CpuUsage | ING | CPU 使用率（乘以 100 上送） | | M |

注：“M”表示“必须属性”；“O”表示“可选属性”；“C”表示“有条件属性”。

表 6-7 APNE 类结构

| APNE 类 | | | | |
|---|---|---|---|---|
| 数据对象 | CDC | 说明 | T | M/O/C |
| 逻辑节点名 | | 应从逻辑节点类接触，参见 IEC 61850-7-2 | | |
| 数据对象 | | | | |
| 公用逻辑节点信息 | | | | |
| | | 逻辑节点应继承公用逻辑节点类全部制定数据 | | M |
| 测量信息 | | | | |
| IfIndex | ING | 端口索引 | | M |
| LocPortID | STG | 本地端口 ID | | M |
| RmtDevIP | ING | 远方装置 IP 地址 | | M |
| RmtDevMAC | STG | 远方装置 MAC 地址 | | M |
| RmtPortID | STG | 远方装置端口 ID | | M |
| RmtDevType | STG | 远方装置类型 | | M |
| RmtDevDesc | STG | 远方装置描述 | | M |

注：“M”表示“必须属性”；“O”表示“可选属性”；“C”表示“有条件属性”。

表 6-8 告警 GGIO 类结构

| GGIO 类 | | | | |
|---|---|---|---|---|
| 数据对象 | CDC | 说明 | T | M/O/C |
| 逻辑节点名 | | 应从逻辑节点类接触，参见 IEC 61850-7-2 | | |
| 数据对象 | | | | |
| 公用逻辑节点信息 | | | | |
| | | 逻辑节点应继承公用逻辑节点类全部制定数据 | | M |
| 状态信息 | | | | |
| Alm | SPS | 端口索引 | | M |
| Alm1 | SPS | 本地端口 ID | | M |
| Alm2 | SPS | 远方装置 IP 地址 | | M |

注："M" 表示 "必须属性"；"O" 表示 "可选属性"；"C" 表示 "有条件属性"。

#### 6.2.3.2 CIM 模型和 SCD 模型的相互关联

从上述章节介绍可知，无论是 IEC 61850 还是 IEC 61970. 103，都无法单独满足智能运维系统的通信建模需要。需要对两种建模体系进行一定的合理扩展才能满足需要，建模的关键在于如何描述 CIM 模型和 SCD 模型之间的关联关系，即一次设备与其相关的二次设备之间的联系。

下面介绍一种通过逻辑节点（Logic Node，LN）为连接桥梁的方式连接 SCD 和 CIM 模型的建模方法，以此达到既兼容其他系统导出的 CIM 模型，也保证了 SCD 模型中信息的完备性的目的。

通过 CIM 模型我们知道，与一次设备相关的二次设备信息只有 LN，LN 是描述二次设备功能的最小单位。而通过 IED 和 LN 的包含关系，我们可以通过一次设备相关的这个 LN 信息找到所属的 IED 信息，这就在逻辑上将 CIM 模型和 SCD 模型关联上。但在具体的 UML 模型上，却需要对相关的类的关系按照 CIM 和 IEC 61850 的规定进行关联，如图 6-9 所示。

该建模方式也是目前电力行业比较建议的建模方式，从图 6-9 中可知，将 PowerSystemResource 类继承自 LNodeContainer，通过这种继承关系使一次设备和相应的 LN 关联上。因为所有的一次设备都是继承自 PowerSystemResource，而 PowerSystemResource 又继承自 LNodeContainer，这样从本质上将所有的一次

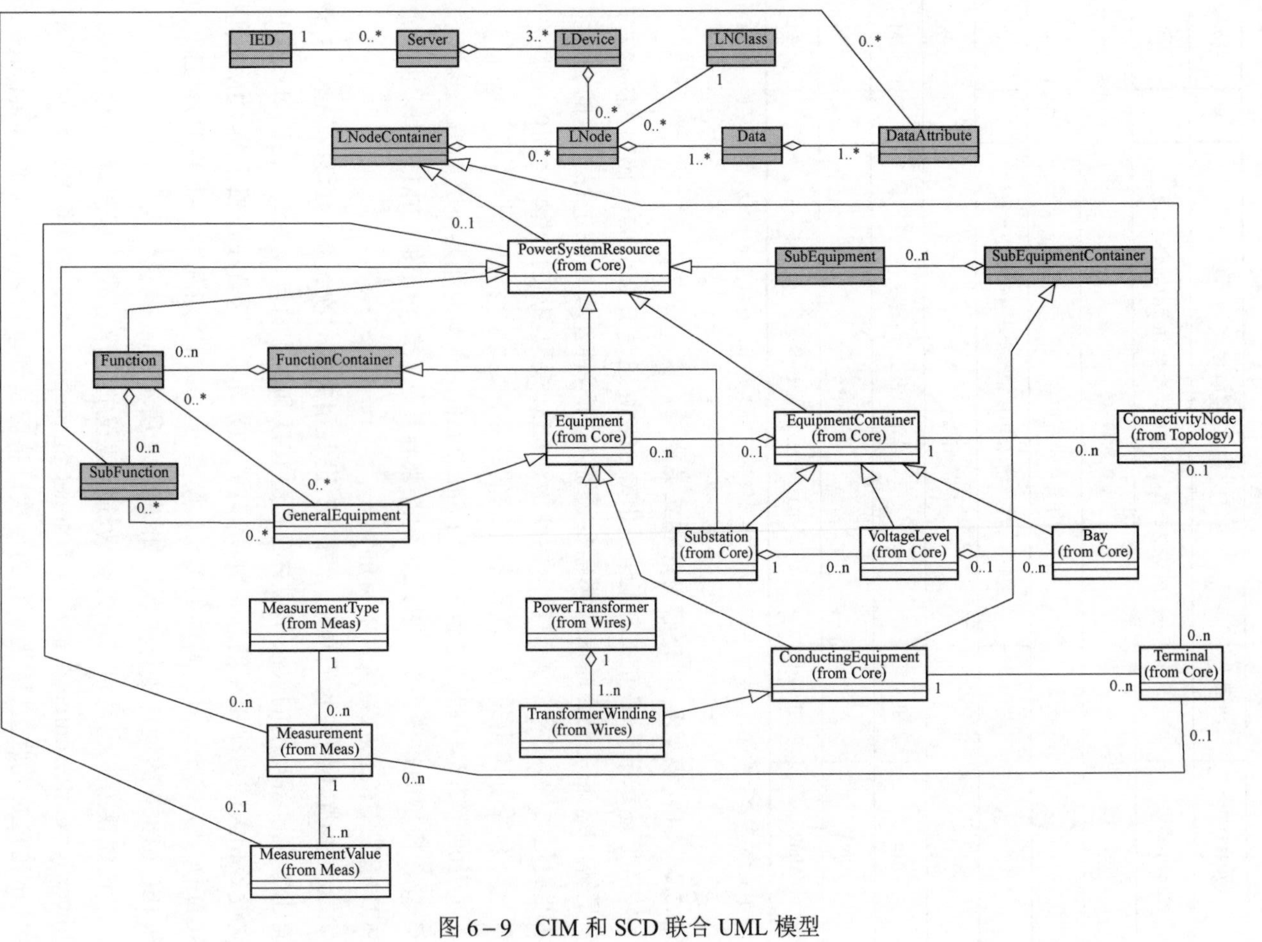


图 6-9 CIM 和 SCD 联合 UML 模型

设备都继承自 LogicNodeContainer 这个类。LogicNodeContainer 这个类包含了 LNode 这个类，换句话说，所有的一次设备都具备了相应的 LNode 信息。通过这样的继承和包含关系，使一次设备和 LNode 建立了联系，即实现了二次设备功能与一次设备的关联。不仅可以将 CIM 模型中的 LN 直接映射到 IEC 61850 的 LN 类上，同时数据对象类也可以直接映射到 IEC 61850 的 CDC 上。通过这样的关联关系不仅最大程度上保证了 CIM 和 SCD 的模型的独立，在模型的扩展上也都遵循了各自标准的要求。这样的一次二次设备融合的模型不仅可以满足业务应用对二次设备分析的需求，同时也保证了与其他系统 CIM 间的兼容和一致。

通过上述建模方式实现智能运维系统的模型一致性，不仅可以大大减轻主站/调控中心的维护工作量，而且可以保证采用 CIM 模型和 IEC 61850 模型的其他系统可以无缝兼容该系统模型，达到系统间协同工作的目的。

（1）SCD 模型源端维护。在实际工程中，可以根据预设的配置参量对变电站进行建模和配置，同时生成变电站的统一的相关配置文件以及 SCD 模型，但此 SCD 模型必须包括系统规格文件 SSD（system specification description）部分，并且必须保证一次设备和二次设备的关联关系，特别是相关功能的关联。

通过这种方式，不但可以保证 SCD 模型的真实可靠性，同时也减轻了主站/调控中心侧的维护工作量，将原有繁重的模型创建和维护工作下放至站端。

（2）模型传输。主站/调控中心采用 IEC 61850 的站间通信方式通过文件服务等获得相关模型文件，以用于系统模型的重新加载和 CIM 模型的融合。

（3）模型融合。主站/调控中心按照获得的 SCD 模型通过相应的配置工具，将 SCD 模型与 CIM 模型进行融合，生成符合应用需求的一次和二次混合模型。

按照上述所描述的方法，如图 6-10 所示的模型通信建模流程，不仅可以将原站内 IEC 61850 的通信映射 MMS 扩展到站间，同时保证了站内和站外的 SCD 模型的统一。另外，在主站/调控中心侧 CIM 模型与 SCD 模型的融合不仅可以满足运维系统分析的需要，同时也保证了与其他系统的校核和协同工作。

上述智能运维系统的通信建模方法，目前已在浙江、江苏、华北等地区的电网相关工程中实施和应用，并在逐步取代以 103 为主的通信方式，为智能通信的更大可能性和发展空间提供了坚实的通信建模基础。

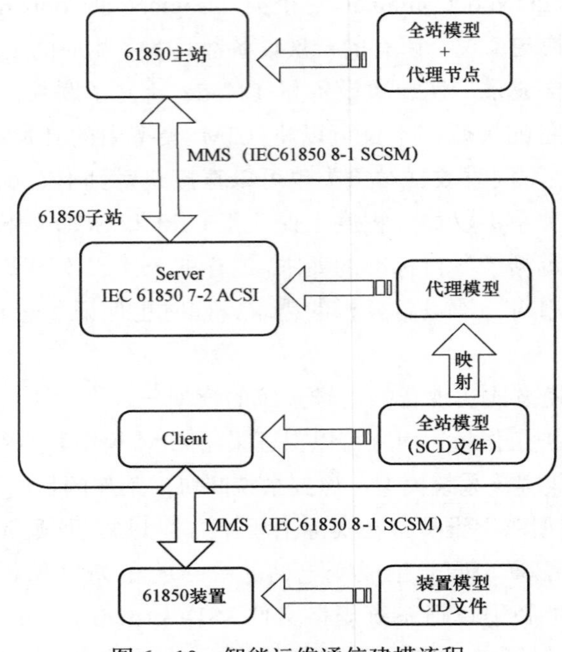


图 6-10 智能运维通信建模流程

## 6.3 智能变电站配置设计技术

随着智能变电站快速发展以及工程应用的深入，智能变电站在前期设计中缺乏可靠的一体化配置设计工具问题日益突出，且已投运智能变电站也面临扩建或改造的愈来愈迫切的需求。常规的变电类二次回路等的设计方案是由设计院来完成制作蓝图的，全部现场进行的施工都必须完全依据所拟定出来的蓝图来对二次电缆进行连接，通过万用表或者使用其他的特定仪器来连接设备进行检测。在智能变电站中二次系统取用光缆替代电缆联接，增加了合并单元、智能终端及大量交换机，二次系统构成变得更加复杂，二次回路设计由设计院出虚端子表和光缆清册，集成商依据虚端子表配置变电站配置描述（SCD）文件的二次虚回路，二次回路的设计和配置变为两个环节的独立工作，缺乏其数据一致性的验证手段。二次系统的连接关系描述于 SCD 文件中，其文件内容庞大且描述关系复杂，不适合人工读取。二次人员为获知二次回路连接是否有效，不但需要具备继电保护业务技术，还需具备通信技术、网络分析技术、SCD 文件解析技术等，对二次人员技术水平要求过高。缺乏实用、易用的配置设计工具导致智能变电站二次系统的可维护性差，管理极其复杂，安全风险大。

智能变电站整个二次系统基于 SCD 文件，但 SCD 模型尚不能满足智能变电站新建、改扩建工程便捷应用的需求，主要体现在：

（1）SCD 文件大而全，浏览不方便，各种应用或业务信息耦合在一起，局部改动往往影响全局，使得集成调试或改扩建时难以定位 SCD 文件改动的影响范围，实际工作中往往以扩大停电范围为代价反复开展调试。

（2）SCD 文件中各个 IED 相互关系离散，模型结构层次多，配置复杂度高，完全依赖厂家来配置和维护存在较大风险，调试或运维人员在使用和操作 SCD 文件时存在较大困难，管理人员缺乏对 SCD 文件的有效管控手段。

（3）改扩建环节中 SCD 文件的升级难以界定需要同步升级的装置。

（4）工程配置的 SCD 文件中 SSD 模型片段内容普遍缺失，二次设备孤立建模，缺少一、二次设备之间的关联关系，无法满足基于间隔的改扩建智能分析评价的要求。

上述问题在一定程度上制约了智能变电站的规模化发展和智能化水平，影响到智能变电站业务管理水平的提升。

为解决上述问题，利用计算机辅助设计技术，二次设计人员通过可视化的手段将智能变电站中各二次设备的回路关系进行连接，自动形成完整的 SCD 文件；在系统调试运行时通过计算机技术将复杂的 SCD 文件进行解析，并将实时的通信链路数据映射为回路通信状态，自动生成如同传统变电站端子、回路连接的“虚端子”、“虚回路”图形，使二次回路的连接关系变成可见的、可被识别的，二次人员仅需具备继电保护业务知识，就可以识别二次回路是否正常连接；在系统改扩建时，利用计算机技术实现二次设备信息的解耦，通过间隔建模将 SCD 文件改动的影响范围进行清晰的界定，在保证安全的情况下对 SCD 文件进行修改，从而完成智能变电站的改扩建。

在建设智能变电站时，需要将变电站设计与配置一致性、设计虚回路标准化、设计与维护二次回路信息共享、安全等问题结合起来统一考虑，通过图模一体化方式，在那些智能装置的 ICD 模型工程实例化的基础之上，将智能装置在整个二次系统中地建立起相应的联系，并将这些“虚端子”“虚回路”变成可见的、可被识别的、可被拆分、可被管理的，从而满足结合配置以及设计一致性的相关需求，总体结构图如图 6－11 所示。

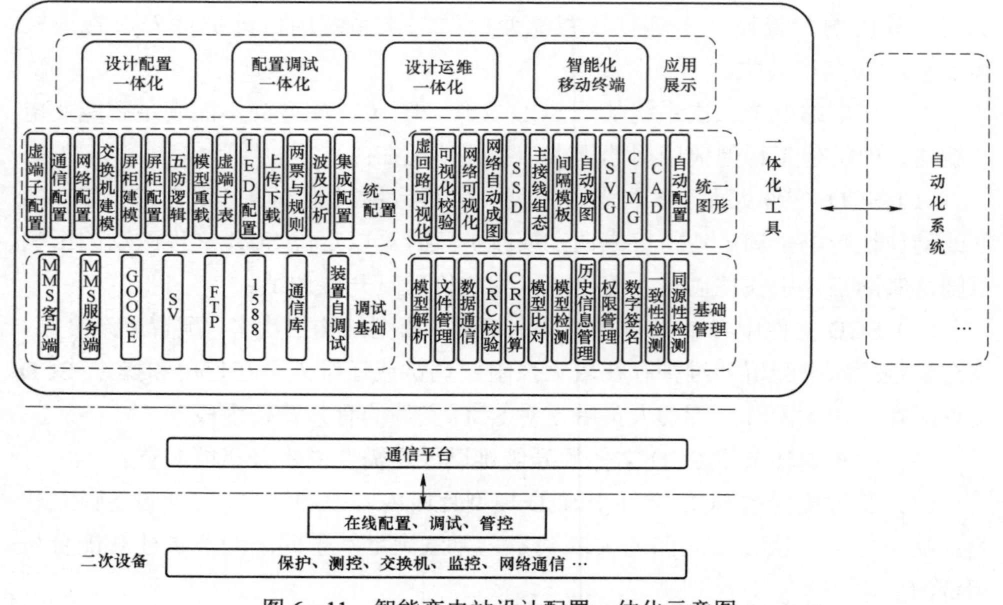


图 6－11　智能变电站设计配置一体化示意图

设计配置一体化要求将变电站设计和配置流程整合，设计人员在进行传统图纸设计的同时，能够同步配置后续工程所需的模型、通信等内容，从而保证设计和配置的一致性，提高设计和配置的效率。按照设计配置一体化的理念，以往集成商承担的很多工作，例如变电站一次设备拓扑连接、二次装置物理通信回路、虚端子连接等内容，可前移至设计阶段完成。集成商的系统配置工具通过导入、转换和补充设计输出的二次资料，完成智能变电站的现场配置。同时，现场对于设计的变更和修改可同步到设计，保证配置与设计的高度一致，减少配置和设计的重复验证，提高工程实施的效率。

智能变电站设计配置一体化的实现方法是导入变电站内配置的各类智能装置的 ICD 文件，按照 IEC 61850 规范，进行对包括 IEC 61850 模型、虚端子连接、逻辑子网等内容在内的配置工作，最终自动生成 SCD 文件。图模一体化是智能变电站设计配置一体化的基础，而图纸的设计是由图模布局、图模输入、输出连接线等组成的，通过装置图模布局实现装置的实例化。标准的图模库要求输入和输出的变量定义符合相关标准化设计规定。

在智能变电站中，装置图元和装置 ICD 模型相对应，同时 ICD 文件的输出和输入虚端子定义需要符合 Q/GDW 396—2009《IEC 61850 工程继电保护应用模型》的相关要求，在智能变电站设计配置一体化中，图模建立的过程实际上就是导入 ICD 文件的过程，在这个过程中，如果发现不标准现象需要发出警示，提示设计人员及时停止输入，检查问题所在。由于目前没有明确的规定 ICD 文件的相关标准，因此很难设计出完全符合标准的设备。

通常情况下，设计院给出的虚端子表涵盖了全部装置之间的所有虚端子的联系，这种联系现在已经被看作是虚回路的可视化的一项重要基础。虚端子拓扑邻接表产生在两个实例化的装置虚端子之间，拓扑连线两端分别连接输入虚端子和输出虚端子。在进行智能变电站设计时，设计人员要先建立虚端子映射表，然后根据虚端子映射表将拓扑线的逆向操作绘制出来。这种设计的优势是，在建立虚端子映射表时，可以快速地利用鼠标在两个装置映射表之间建立映射关系，能极大地提高设计效率。虚端子拓扑邻接表在手工布线的基础上产生，利用拓扑线的复制和虚端子表的映射关系，能自动地绘制出两个装置之间的连接线，并且能在运行的情况下，进行校验，如图 6-12 所示。

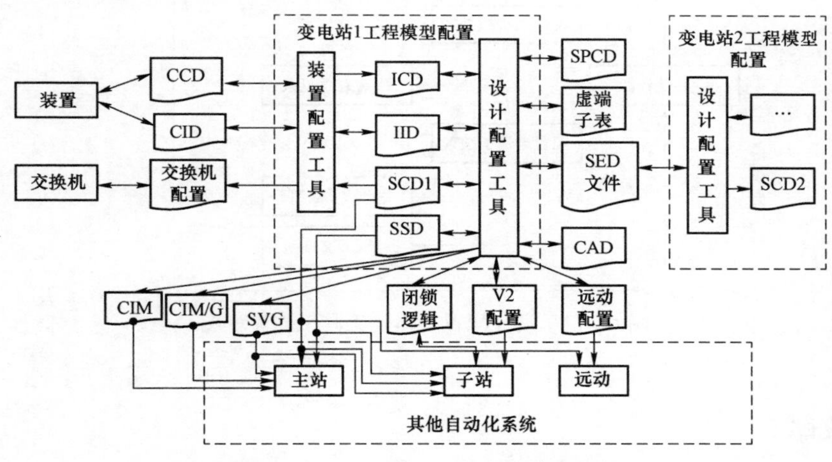


图 6-12　设计配置一体化的数据框架

设计配置一体化工具预先集成各厂家智能装置的 ICD 文件模板库，设计人员可根据变电站的配置需要，方便地从模板库中选取某个厂家的某类智能装置，读入其 ICD 文件后进行模型配置。模型配置子系统包括虚端子连接配置、逻辑子网配置、虚拟二次回路浏览等模块。虚端子连接配置模块以单个智能装置为配置对象，以接收信号为配置内容，自动分析与该智能装置接收端口相关联的发送方的智能装置，确定发送方智能装置后，手动建立接收方虚端子信号与发送方虚端子信号之间的关联关系。逻辑子网配置模块提供逻辑子网配置功能，实现 MMS/GOOSE/SV 逻辑子网的划分，并配置逻辑子网内的 IP 地址、组播地址等通信参数。虚拟二次回路浏览模块根据虚端子连接配置的内容，进行自动成图，并提供虚拟二次回路图纸的自动生成和浏览功能，可在图纸上直观地标识出虚端子之间的连接关系，从而实现虚拟二次回路的可视化。其工作流程如图 6－13 所示。

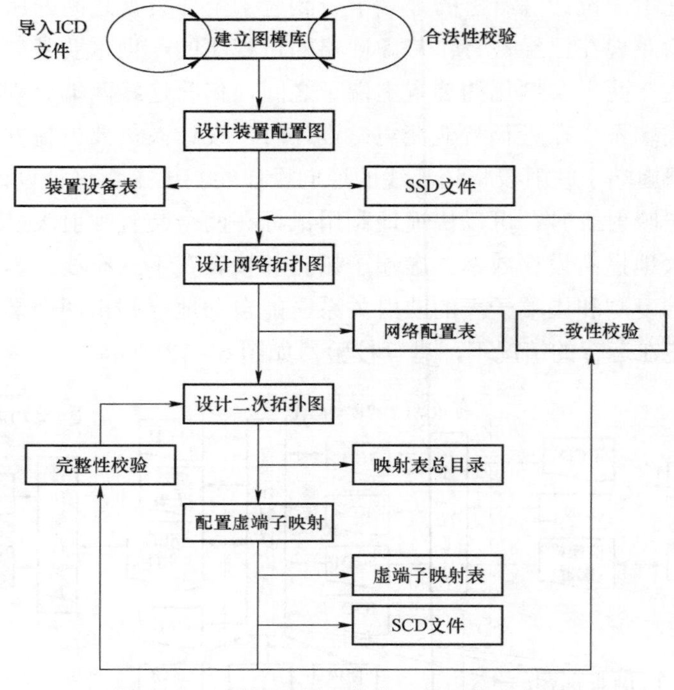


图 6－13　设计配置一体化工具工作流程图

## 参考文献

[1] IEC 61850－7－4 ED.2（CDV）Basic communication structure：compatible logical node classes and data classes［s］.

[2] 刘家泰，孙振权，陈颖. 智能配电网通信技术发展综述［J］. 物联网技术，2013（1）：49－53.

[3] 百度百科，IEC 61850 词条. https://baike.baidu.com/item/IEC%2061850/9210067?fr=Aladdin.

[4] IEC 61970－301：1999 能量管理系统应用程序接口（EMS－API）第 301 篇：公共信息模型（CIM）基础［S］.

[5] 胡绍谦，李力，祁忠，等. 保护信息系统 IEC 61850 建模及 CIM 扩展的研究与应用［J］. 电力系统自动化，2016，40（6）：119－120.

[6] Q/GDW 1429—2012 智能变电站网络交换机技术规范［S］.

# 第7章

# 二次设备智能运维主站设计

作为二次设备智能运维系统的中枢部分，运维主站不但承载着二次设备运维信息集成、数据分析、智能诊断和决策支撑的功能，还需为参与二次设备运维工作的电网不同岗位人员提供支撑其业务应用场景的数据视图和操作所需的人机对话界面。

## 7.1 智能运维主站系统概述

### 7.1.1 二次设备运维主站发展历程

二次设备的运行数据反映了电网中二次设备的运行状况，电网各业务部门对二次设备数据的需求也各有侧重。调度部门更关注于电网一次设备故障中二次设备的动作行为，而运维部门更关注于二次设备本身的运行状况，这些数据的采集和应用都离不开主站自动化系统的建设。随着电力自动化技术的发展和电网业务的逐步演化细分，以二次设备数据为处理对象的相关主站系统逐步从以调度、保护专业人员为服务对象的继电保护故障信息系统［如图 7–1（a）所示］，到以电网多源信息融合集成化为特征、满足调度部门多专业业务需求的调度综合自动化主站系统［如图 7–1（b）所示］，最后发展到现在基于业务场景设计、满足调度和运维专业人员需求的智能型二次设备运维主站（如第 2 章图 2–3 所示）。

从 20 世纪 90 年代末开始，随着调度自动化系统的逐步成熟，我国电网调度部门就已经开始研究如何在调度中心中利用二次设备数据，为电网安全运行提供数据支撑。二次设备信息系统的建设以调度自动化系统实现方式为参考，在变电站内采集二次设备的动作信号、录波信号，并将信息传送到电网调度中心，

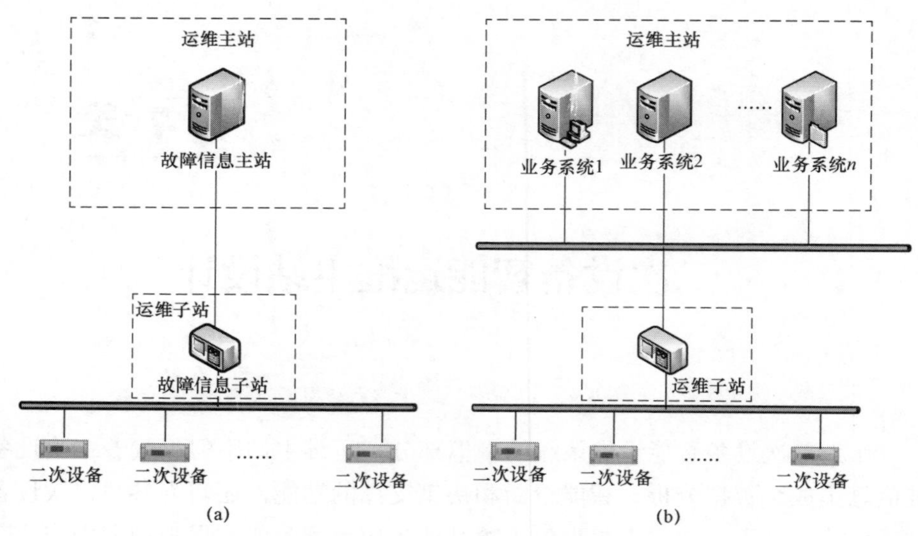


图 7-1　二次设备运维主站

（a）以故障信息为主的运维主站；（b）以集成技术为代表的二次运维主站

在电网调度中心的主站系统实现初步的电网故障信息系统功能。故障信息系统主要作为电网事故分析和保护动作行为分析的支撑，其特点在于通过所接入继电保护和故障录波器的信息实现对信息的集成应用，并根据信息的特征和系统处理事故的要求，对信息进行处理，辅助电网调度运行人员明确、快速地判断事故性质、波及范围等情况，进行事故处理和系统恢复。在故障信息系统中，还以数据召唤的形式提供了二次设备数据的远程访问的手段，调度人员可以通过该系统，调取二次设备的运行数据，包括模拟量、开关量、定值等，实现了较原始的对二次设备运行数据的人工检查。

该系统在国内十多年的建设和推广过程中，陆续解决了继电保护传输规约多样、模型不规范、信息量少和数据不完整的系统建设难题，完成了从二次设备数据站内通信到调度与变电站间数据通信的转变，统一了继电保护故障信息系统的数据模型，奠定了二次设备模型和通信的基础。

近年来，由于电网的高速发展致使运行中信息量剧增和复杂化，为适应电网安全可靠、灵活协调运行以及调度生产业务的集约化要求，电网调度自动化系统呈现出融合的态势，电网调度端原有的各业务系统逐步被整合成为以电网多源信息融合集成化为特征的调度综合自动化主站系统，在此系统中，传统的继电保护故障信息主站系统功能被集成为二次设备在线监视与分析应用。虽然该应用从功能上与故障信息系统并无不同，但因不同系统的高度集成使得信息和数据的完整性得到了较大的提升，在此基础上对电网数据的综合分析，其分析结果的准确度得到了较大的提高。而且在此阶段中，由于技术的进步，二次设备普遍采用了 IEC 61850 标准对通信和信息进行建模，二次设备信息更为标准化。但同时数据量大、数据类型繁多等问题也对二次设备相关应用的发展提出了进一步的技术挑战。

随着智能变电站技术的发展，二次系统的结构和运行模式也发生了根本性变革，继电保护的动作性能、自动化系统的信息传输依赖于网络通信系统，相应地使得二次系统的监视、控制、运行、维护和检修方式都发生了很大的变化，二次设备运行状况越来越成为电网各专业人员关注的侧重点，因此在服务调度、保护等专业业务应用场景之外，以二次设备数据为基础的主站系统应用还要支撑电网运维专业部门的应用场景需求，由于电网管理的业务分工、运维业务和调度业务由不同的机构负责，原有的调度自动化系统并不能满足此应用需求。因此需对二次设备数据相关的自动化应用进行重新定义，综合考虑调度、运维等部门的业务需求，同时需考虑承载运维业务的单位分布于不同的地域、分散度较高的实际应用情况。在此基础上建设与智能变电站技术发展相适应的二次设备运维主站系统。二次设备运维主站系统是二次系统运维支撑体系中的关键环节，需满足多专业使用者对二次设备数据的不同需求，提供满足各应用场景的数据视图，对跨地域存在的运维机构和运维人员提供数据支撑。

与以前出现的主站系统相比，二次设备智能运维主站在系统建设需求上有以下几个方面的特点：

（1）智能化。智能化不仅仅是对信息和数据的简单整合，也不仅仅是业务功能的联动组合，而是增加了对历史数据的分析和业务概率的判断之后得出的一种辅助性判断。这种智能化可以大大为用户的决策提供有力的参考和帮助，也能在预测故障、设备检修等业务方面提升效率。

（2）多视图业务集成。数据集成是面向业务场景的集成，系统间的边界越来越模糊，系统的目标就是为了满足当前业务场景的需要，而不再那么明确的区分系统的业务针对性。因此，在深度集成化方面，已不仅仅是底层数据方面的互补，更多的是在业务层面的互补和融合，真正做到以用户为中心、面向业务场景。

（3）多场景应用可视化。可视化技术在当前阶段是整个业务场景展现的一个重要组成，不仅仅在数据的呈现和规律发现方面，在业务方面更需要一个直观的围绕用户的方式来对业务目标进行展示。可视化要求不仅仅是简单的对数据的查询、报文的展示、连接关系的体现，还需从更深层次的业务目标、数据内涵上去展现在原始数据中隐含的业务知识，发掘数据背后的业务价值。

（4）数据量大、杂、非结构化。智能变电站中二次系统的数字化导致系统中输出了大量的非结构化的二次设备数据，以结构化数据存储、处理为主的传统自动化系统建设架构应对较为困难，难以满足应用的需要。所以需要引入相应的数据处理技术。例如大数据处理技术等。

综上所述，二次设备数据应用系统已经从早期单一的以故障信息为主的方式，逐步向面向综合业务场景的大数据、云平台和深度集成的智能化运维主站发展。综合运用数据存储技术、数据分析技术、集成技术、可视化技术以及人工智能等当前最新科技成果去构建二次设备智能运维主站系统成为必然选择。

### 7.1.2 二次设备智能运维主站业务需求分析

二次设备智能运维主站的服务对象是电网调度和运维部门，对二次设备运维相关的不同业务场景进行分析可以发现，对二次设备的信息需求贯穿于电网调度、运行、检修的不同业务部门，各业务部门关注信息的侧重点也各有差异，对于不同使用对象，不但需要为其提供直观的设备运行信息，还需对隐藏在数据下的业务知识进行挖掘和发现，并以合理的方式围绕用户的业务目标进行展示。对于电网调度部门，主要关注电网一次故障中二次设备是否动作，以及动作是否正确，侧重于事后分析；对于电网运行部门，主要关注运行中二次设备信息是否功能正常，是否产生了明显的缺陷，侧重于异常的发现；对于电网检修部门，主要关注当前存在的设备缺陷，如何消除，以及是否存在需要进行计划检修的设备，侧重于对其工作的辅助。另外还有一些共性的需求，如设备管理、信息可视化等。另外，二次设备智能运维主站还需考虑到位于不同地域的不同业务人员对数据访问的差异化需求，提供多种符合用户业务需求的数据访问视图和访问方式。

二次设备智能运维主站需要面向的业务场景围绕业务核心进行功能模块的组织，即对隶属于各不同业务系统的功能进行面向业务集成。通过这种深度的面向业务的集成，实现业务场景中的目标。智能运维主站按照工作应用场景和业务范围可分为：调度业务应用场景、检修业务应用场景和运维业务应用场景。

**1.** 调度业务应用场景

调度业务侧重于电网运行的整体安全，当电网发生故障时电网调度人员需要第一时间了解故障的详细信息，并给予及时、安全的处理措施和意见，合理处理电网故障以便调整电网的潮流分配和运行方式，从而保证电网能维持静态稳定和动态平衡。调度中心主要关心的业务功能如下：

（1）故障及动作行为分析。电网故障后调度人员会通过调取装置级故障报告和厂站级故障报告，对保护动作的行为进行数据分析，从而确定电网的详细故障类型并判断自动装置对故障的处置是否合理和准确。

（2）录波分析。电网发生故障是一种电磁暂态过程，一般发生时间都是在毫秒级别。这个过程首先会由临近电网故障点的保护或者自动装置在过程总线上实现闭环控制，从而对故障进行快速地动作和处置。由于故障时间极短，所产生大量故障数据来不及马上上传，会先缓存到装置本地，形成录波文件。在通信网络负担不是很重的情况下，再逐步上传到调度中心去。录波数据是相关技术人员判断电网故障的重要依据，当采样率和质量较高的故障录波数据上传到调度中心后，专业技术人员会使用录波分析软件对这些录波数据进行分析处理，分析对象包括故障测距信息，差流信息，故障阻抗，电网故障时产生的谐波，电网 A、B、C 相的电流、电压相量，还有对基本的故障数据进行动态的展示和回放等操作。

（3）综合故障报告。电网是一个互联的系统，一个故障点的故障通常会对电网产生影响，通过调取各装置的动作报告，形成电网级的故障报告和故障波及范围报告，便于调度人员对故障的整体了解。

（4）电网保护运行监视。电网的安全来自于分布在电网上各个节点附近的二次设备保证，二次设备的运行情况直接影响着电网的运行。调度人员通过使用保护动作行为反演及评价、保护动作信息全景式展示、保护异常智能告警等界面来实现对全网保护运行情况的总体监视，从而对二次设备的运行情况做到心中有数。

（5）二次设备的运行、动作、异常和通信状态的统计分析。通过对二次设备的运行状况统计、动作情况的统计、异常情况的统计以及通信情况统计进行分析和展示，可以了解电力系统二次设备的整体运行情况和趋势，统计出常见的不合格指标，针对二次设备的薄弱环节进行有目的的整改，提升整个二次系统的健康运行。

（6）定值历史存储。从调度中心可以对二次设备的定值进行手工或者定值调取，可以随时供调度人员查阅二次设备的定值和参数，并且自动和标准定值单进行定值核对，减少由于人工或者远程错误修改定值导致的保护不正确动作。

**2.** 检修业务应用场景

检修业务侧重于变电站端设备的专业检修和维护，电网检修人员需要管理、评价及预见所辖变电站站端保护、自动化及其他二次设备的运行风险及缺陷，及时安全、可靠地消除这些风险及缺陷，从而为电网及电力系统的安全保驾护航。检修中心主要业务关心的数据和应用功能如下：

（1）故障及动作行为分析。检修中心主要关心变电站内的二次设备，通过厂站内就地保存的装置级故障报告和二次设备动作行为分析数据，结合本厂站所形成的历史数据报告，检修人员会根据自己的经验发现保护装置中隐藏的缺陷，或者保护装置之间配合和信号传递所隐藏的缺陷，从而有目的地对装置进行整改，保证保护逻辑的正确性。

（2）变电站运行监视。检修人员通过可视化界面可以查看到变电站内二次设备的通信状态、二次设备的运行工况监视、差流异常监视信息以及厂站关联异常信息。通过这些界面，运行人员可以对整个变电站的运行状况有更加清晰的把握，为变电站的检修工作提供重要的参考价值。

（3）二次回路监视。智能变电站与原先的传统变电站相比最大的变化在于二次回路上，智能变电站中二次回路中的采样和控制部分数字化后，原先可见的二次回路连接关系变得不可见，二次回路检修人员无法按照传统方式获知二次回路状况。通过二次回路可视化展示、全站 SCD 文件管控等手段可以使检修人员面对智能站回路的检修更加方便。

（4）设备异常智能评价。变电站内的保护运行情况是与电网运行方式相适应的，检修和运行人员会根据实际情况对保护的功能进行临时的投退，也会根据电网或者变电站电气系统的运行情况将一些保护功能进行闭锁，从而保证电力系统的安全稳定运行。检修人员可以通过界面实时查看临时投入的保护功能、正常运行的保护功能以及被闭锁的保护功能，对整个变电站的保护装置和保护元件的运行情况有非常清晰的认识，有利于检修工作的顺利开展。

（5）缺陷智能诊断与定位。检修人员通过智能安全措施全景画展示界面和异常缺陷智能定位界面，可以实现对缺陷的智能诊断与定位。

（6）设备运行智能评价。检修人员通过主站调取二次设备正常状态专家库、运行告警信息预警信息、设备健康状况评价来实现变电站内二次设备的运行智能评价。

（7）检修可视化安全措施。检修人员在对变电站内的设备做检修时必须做好严格的安全措施，检修人员借助于厂站内外保护装置纵联通道智能分析、模拟量异常变化智能分析、定值的自动巡检与监视、保护功能投退智能识别等手段来实现检修的可视化安全措施。

（8）运行缺陷管理。检修人员在处理设备缺陷时，可以借助缺陷处理远程指导功能并辅以智能安全措施库的相关数据，使设备的消缺工作更加专业。再结合变电站内设备的台账信息，使检修人员对设备的运行缺陷管理工作更加方便和高效。

（9）定值管理。变电站内保护设备的定值一直是检修工作中的重要组成部分，实现设备定值的严格管理是保障二次设备运行的首要条件。检修人员通过对站内设备的定值调取、定值查询和定值校核实现定值的严格管理，保证变电站内二次设备的定值设置正确和合理，避免由于定值管理的漏洞导致设备的误动。

**3.** 运维业务应用场景

运维业务侧重于变电站端设备的日常巡检和维护，电网的运维人员需要时刻关注变电站站端保护、自动化设备及其他二次设备的运行情况，需要及时准确地发现自动化设备存在的运行风险，并结合一定的历史数据和经验对这些二次设备所隐藏的风险提前进行识别，并给予合理、安全处理措施，将设备隐患消灭在萌芽状态。运维中心主要业务关心的数据和应用如下：

（1）故障及动作行为分析。运维人员通过分析保护的动作行为，结合装置级的故障报告可完成二次设备的故障及动作行为分析，而这些分析结果和数据将作为运维人员对电力系统设备运行和维护的重要参考和依据。

（2）告警信息监视。运维人员不仅要关注二次设备上传的故障数据，还要时刻关注来自于二次设备的实时数据，通过监视二次设备上传的开关量变位信息、模拟量异常信息、异常操作信息以及各类告警信息，实时了解二次设备的动态状况，从而制定相应的运维策略。

（3）保护全景可视化。电力系统继电保护的运行状态也是运维人员实时关注的重点，通过对保护相关的直流系统监视、运行定值监视、运行区定值监视、运行软压板监视、运行工况监视以及通信状态监视随时了解保护的全景信息，并将这种信息进行综合和可视化，方便运维人员全面掌握继电保护的实时健康状况。

（4）正常状态的智能分析与告警。运维人员通过设备状态远程调用、正常状态专家库、状态巡视报告、一键状态巡视应用功能来完成对二次设备的正常状态的智能分析与告警工作。

（5）异常状态的智能分析与决策。二次设备平时都处于正常的运行状态，但当电力系统发生异常或者检修时，运维人员也需要时刻关注异常情况下保护装置的状态。运维人员可通过检修状态下保护功能的智能安全措施以及异常缺陷情况下保护功能的智能分析与决策应用功能来实现二次设备异常情况的运维工作。

（6）远方操作。一般调度或者现场运行人员会具有电力系统内的保护装置远方操作权限，随着无人值守站的逐步推广和电力系统中的信息系统安全的加强以及管理手段的不断加强，可以适当考虑给运维人员开通备自投、远方投退软压板、远方修改定值、远方修改定值区、投退重合闸功能压板等操作权限，为运维人员实现远方控制和远方操作维护的工作提供更多的可能和更加便捷的手段。

（7）二次设备缺陷管控。调度中心所监视的数据主要来源于数量众多的智能二次设备，这些带通信功能的电子设备不可避免的或多或少带有一些缺陷，通过对二次设备的缺陷处置安全措施提示和缺陷处置监视场景，可以将这些设备的缺陷做到可控，对这些缺陷进行及早识别和处置，从而将这些缺陷对电网运行的不利影响减少到最小。

（8）二次设备异常对系统影响的评估。通过统计和分析一段时间电力二次设备的异常和缺陷，结合电力一次系统的实时运行情况，就能分析出二次设备异常后对电力系统整体的影响范围，并且提前做好事故预想和应对措施，在重要的关键二次设备上做好电源、设备的冗余和备份，提高电力系统的运行的可靠性。

（9）定值管理。运维人员在日常运行维护工作中也需要对二次设备的定值进行管理工作。一般通过对二次设备定值的调取、定值查询，以及定值核对等手段了解所维护设备的定值信息，完成定值管理的相关维护工作。

通过上述的业务需求分析，二次设备智能运维主站的建设目标应立足于为电网不同业务部门提供对二次设备信息的需求，为其提供工作辅助支撑，减轻运行维护工作量，解决设备数量多、维护工作量大和人力不足、人员技能不足的问题。

## 7.2 智能运维主站平台架构方案

为适应二次设备数据海量增长的现状，满足当前面向业务场景的运维需求，智能运维主站需在软件架构、模型以及应用功能等方面做出合理的顶层设计，并更多地考虑当前运维场景的应用变化、新技术的应用和业务的扩展和融合，重点考虑业务部署、功能实现和数据访问方式等方面的内容，这也是二次设备智能运维系统设计和支撑的关键所在。在本章节中阐述了二次设备智能运维主站的架构设计方式、数据模型，并介绍了系统的主要应用功能，最后对二次设备智能运维主站的发展方向进行了展望。

### 7.2.1　系统设计原则

为满足电网调度和运维业务深度融合、高效协同和同质化管理的要求，构建适应当前电网发展需要的二次设备智能运维主站系统需考虑以下几个设计原则。

（1）标准化。二次设备智能运维主站模型设计必须严格按照数据标准要求实施，数据标准不但作用于二次设备智能运维主站的数据，还可以通过将数据提供给下游系统的同时输出数据标准，使整个企业数据生态环境都能够遵循数据标准。上游源系统的数据质量也参差不齐，但是二次设备智能运维主站对各分析型系统要保证高质量的输出，在数据仓库技术（Extract 抽取、Transform 转换、Load 加载，ETL）过程中，结合行业业务知识，制定标识规则，统一标识资源，从而让资源在整个平台中具有唯一标识，这样在进行分析的时候就会准确无误。只有高质量的数据才能让二次设备智能运维主站有良好的可信度和生命力。

（2）通用扩展性。二次设备智能运维主站的通用性体现在软件设计的各业务层之间。数据应用层通过数据服务层统一获取数据服务，即数据服务在企业数据生态环境中提供的数据服务是统一的、一致的和通用的。而针对新的数据应用业务需求，只需要在数据服务层添加数据服务接口满足应用层需求即可，真正实现了即插即用的业务需求。数据获取层针对各种源数据都有采集适配、针对新格式的数据源，只需要增加适配器即可完成数据采集的通用性要求，达到即插即用的效果。此外，还应具备良好的扩展能力使其方便集成更多的应用与功能，尤其是在数据基础方面。二次设备智能运维主站需要在数据存储方面和数据分发方面能兼容各类的服务器数据集群，且对于 TB 级和 PB 级的海量数据具备优秀的处理能力。同时在成本效益上，还需保证具有较高成本效益的存储解决方案。因此，二次设备智能运维主站设计需要满足外向扩展的架构要求。

（3）安全性。二次设备智能运维主站的安全性主要从三个方面进行体系设计：一是安全制度的建立，从制度上对安全方面进行管理，建立包括《机房进出管理制度》、《数据定期备份制度》、《介质与设备管理制度》、《网络安全管理制度》、《人员安全要求制度》等相应的管理规章和制度。二是软件体系整体安全设计，例如系统建立成三层用户管理，即网络用户、应用系统用户、数据库用户；建立四层安全措施，即网络、应用系统、数据库、视图。三是数据安全，包括敏感数据的脱敏、加密、解密等，从而保证体系的安全性和可靠性。

以上述系统设计原则要求为指导，以业务需求为目标，二次设备智能运维主站还需同时保障海量数据处理的实时性和准确性，并且保障多地域分布的电网各业务用户对数据的需求。因此主站系统不但需综合运用数据存储技术、数据分析技术、集成技术、可视化技术以及人工智能等新技术，还需适应多用户并发数据访问，数据的集中化处理和多地域访问是系统架构设计首要需解决的问题，同时系统架构的设计还需考虑今后电网进一步发展后数据的增长。因此基于数据中心的系统架构设计成为二次设备智能运维主站的首选。

### 7.2.2 系统部署方式

基于数据中心的二次设备智能运维主站要求在电网中某处（一般为运维中心）建立数据存储和处理的中心，其余地域的数据访问者采用客户端、浏览器或者移动终端的方式实现数据访问。为满足海量的二次设备数据实时处理以及存储，并考虑满足多地域不同用户并发访问的需求，在主站系统硬件架构上，采用多服务器集群的方式构建系统。利用高性能服务器搭建服务器集群，实现海量数据的采集、存储和处理。在安全Ⅰ/Ⅱ区，采集变电站端传送的二次设备数据，在安全Ⅱ区实现数据的存储应用处理。并将数据同步到安全Ⅲ区的 Web 服务器中，通过 Web 方式实现浏览器或者手持终端的数据访问。典型的系统部署方式见图 7－2。

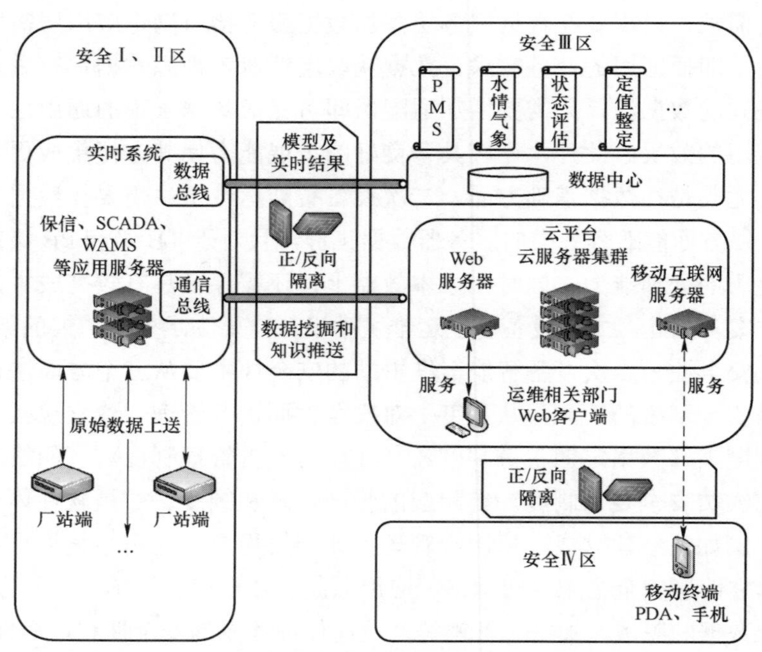


图 7－2 系统部署示意图

### 7.2.3 软件设计架构

二次设备智能运维主站作为全网二次设备的数据中心，其软件架构设计遵循层次化设计原则，按照数据采集、数据服务、数据应用的逻辑顺序，分为数据集成、数据综合服务技术支撑、数据应用模块三部分。其中，数据集成体系将分散在不同物理系统中的数据进行逻辑上的统一集成和初步整合，完成多源接入数据元模型的建立；数据综合服务支撑技术将作为通用的服务技术，构建面向业务的深度关联模型，服务于实现各种大数据应用功能，同时具备充分的可扩展及可持续发展的能力；数据应用模块从面向不同用户各种典型应用场景出发，以数据源分析为基础，通过各种应用功能的全面集成，实现基于多维 KPI 的一站式应用功能服务。总体分析架构如图 7－3 所示。

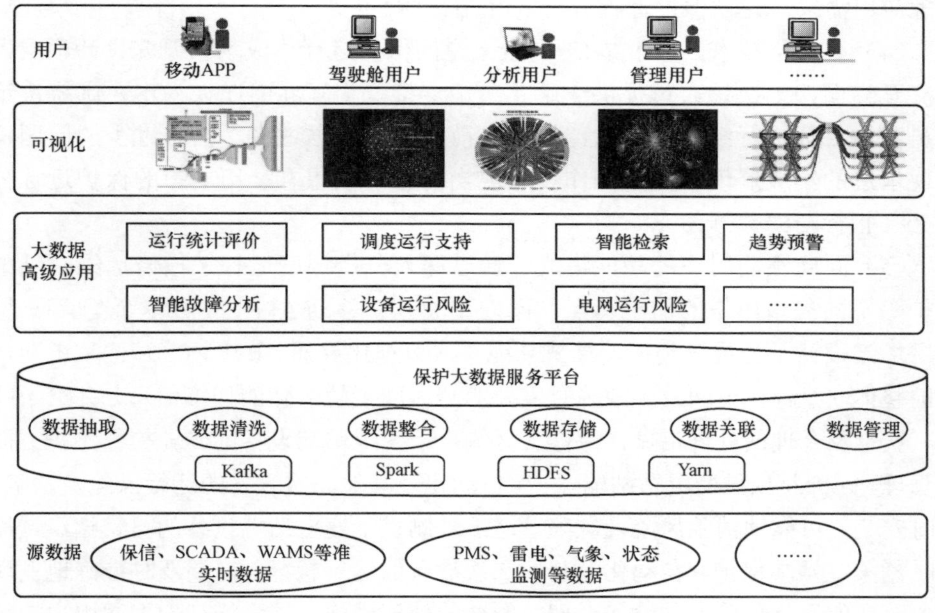


图 7－3 总体分析架构示意图

软件架构包括源数据集成、数据服务平台、数据高级应用、数据可视化技术、一站式用户功能集成，具体介绍如下：

（1）源数据集成。实现了二次设备运维、雷电定位系统、气象系统、EMS 系统、SCADA 系统、通信资源管理系统、GIS 系统、生产管理系统的数据共享，获取二次设备运行分析相关的一次设备、二次设备和相关通信设施的模型信息、运行信息和设备异常等信息数据，并进行多源数据模型的初步集成。

（2）数据服务平台。数据综合服务技术支撑体系将作为通用的技术服务体系，构建面向业务的深度关联模型，服务于实现各种数据应用功能，同时具备充分的可扩展及可持续发展的能力；系统使用了数据的分布式集成技术、海量实时数据交换与发布技术、海量采集数据的实时校验与转换技术、海量采集数据的高速缓存与刷新技术等数据获取、转换方面的关键技术，构建了二次设备数据综合服务技术支撑体系。

（3）数据高级应用。以需求为导向，以数据源分析为基础，深入研究二次设备数据应用范围、应用方向，解决二次设备数据能做什么的问题，多维度、全方位建立二次设备数据应用模块框架，做好应用模块框架的顶层设计，完成综合服务支撑应用模块的总体功能模块规划。研究 KPI 模型框架、展示技术、预警技术、处置技术，从电网系统、一次设备、二次设备运行评价等维度综合梳理应用需求，建立保护运行分析 KPI 指标体系。

（4）可视化技术。基于 GIS 的全景空间保护运行集成场景研究设计顶层人机交互界面，为决策人员提供一站式决策支持。交互界面以人为本，围绕决策人员工作目标进行组织和设计，解决目前突出的数据过多、信息过少的问题，实现信息的集成展现和集成操作。展现当前态、预想态、历史态的保护运行分析 KPI 指标与源数据信息。

（5）面向不同用户的功能集成。通过深入分析调度运行、检修运维、继电保护等不同类型用户的需求特点，面向驾驶舱、移动 APP、分析、管理等典型应用场景设计了分层分类的一站式功能集成可视化界面。其中调度端侧重电网运行的整体安全，在电网发生故障时需要第一时间了解故障的详细信息，并给予及时、安全及合理的处理措施。检修工区侧重于变电站端设备的专业检修维护，需要管理、评价及预见变电站站端保护、自动化及其他二次设备的运行风险及缺陷，同时安全、可靠地消除风险及缺陷。运维站侧重于变电站端设备的日常巡维，需要时刻关注站端保护、自动化及其他二次设备的运行状况，需要及时准确地发现设备存在的运行风险，并给予合理、安全的处理措施。本系统基于不同用户的特点研究适合于二次设备固有特性的人机交互界面，通过科学的评价机制，对可视化表征设计的合理性、自然性、直观性及有效性等进行评价，通过更多的可视化方法，为决策人员提供基于全生命周期各阶段应用场景的“一站式”决策支撑。

### 7.2.4 数据处理方式

#### 7.2.4.1 数据传输

二次设备智能运维主站系统采用了面向服务的体系架构（Service-oriented

architecture，SOA）、实时中间件、面向模式的架构设计等软件设计思想，在系统架构上采用了基于多智能体技术的分布式数据集成总线的设计，在分布式软总线的基础上实现分布式数据集成总线，子站和控制中心采用“松散耦合”方式，作为分布式数据集成总线的“粗颗粒”的智能体子系统参加集成，实现智能体之间“即插即通”和“即插即用”功能，减少了系统之间的集成复杂度。

数据通信采用国际标准模型统一建模，实现控制中心、区域主站与子站系统之间以及各个子站系统之间的一体化建模和通信；对 IEC 61850 标准建模的继电保护和没有明确规范模型的继电保护同时兼容支持，能够方便地实现对继电保护设备的信息采集和处理。数据前置采集系统采用分布式采集方式，分布式采集提供按节点分布式负载均衡能力，采集系统在 $M$ 个前置节点上运行，信息通道有 $N$ 个，按理想化的负载均衡效果，当前时间在每台前置节点上将有 $N/M$ 个通道在运行，这样保证了在每台前置节点上运行的负载均衡性。分布式采集同时需提供跨安全区通信能力，可以将安全Ⅰ区采集的数据传送到安全Ⅲ区进行数据融合。

面对大规模系统复杂的通信需求，在通信功能的设计中采用分层动态路由技术，并在关键设备部署中使用关键服务器智能自治技术。分层动态路由技术从纵向解决了信息传输的最佳路径选择和多冗余热备问题；而关键设备智能自治技术则在分层结构的基础上，实现了关键层内的统一管理。二者相辅相成，共同构建了一套完备的信息传输和处理体系，可以有效保证信息的完整传递和高效利用。

在安全性方面，系统考虑同时在集成总线上，实现了数据的异地冗余存放及信息系统的异地运行，在系统故障并部分数据受损的情况下，通过将异地冗余数据重新合并，实现系统的快速恢复，保证了系统的安全性。

**1.** 通信框架设计

二次设备智能运维主站系统需要面对大规模系统的复杂通信需求，在基于智能体的广域分布式系统架构下，在通信功能的设计中采用了分层动态路由技术。分层动态路由技术从纵向解决了信息传输的最优路径选择和多冗余热备问题，而关键设备智能自治技术则在分层结构的基础上，实现了系统同一层内关键设备的负载分担和多冗余热备问题，两者结合可以有效保证信息的可靠传递和高效利用。

在大规模通信系统中，前置通信一般是需要冗余配置的。传统的前置系统服务器部署多为主备方式，当主服务器的某个通道发生故障时，其管理的所有通信通道同时切换到备服务器。采用这种完全主备方式，对于规模较大的系统，将使服务器消耗成双倍的增加，并且在切换时影响面很广。这种管理方式在资源利用和自动化程度上还不够完善。智能电网继电保护及故障分析系统采用了分层动态路由技术，层间耦合度低，通过动态选择实现了单通道的冗余切换，对服务器资源实现了高效利用，最大限度减小了对其他通道的影响，实现了极高的通信可靠性。

前置节点与信息子站之间的通信连接由通信通道及通信路由组成。通信通道是指现实世界中存在的物理通信线路，或在物理通信线路中可配置点对点通信的逻辑通信线路，即一对端口号（socket）配置为一个通信通道。通信路由（Route）是指一个前置节点到一个信息子站的点对点虚拟通信链路。前置通信功能的设计中引入了分层的设计模式，最底层是通信介质的设备管理层，其上依次是框架层、规约解释层、数据处理层。装置、通道/规约、前置节点（组）之间实现了完整的多层动态选择（路由）技术。

（1）设备层的实现主要是屏蔽各种不同介质的通信特性，对框架应用提供统一的数据读入和写出接口。

（2）框架层的实现主要涉及通道的管理，充分考虑了各种应用的数据传输特性，系统支持多种运行方式，如事件触发方式的读写解释模式，也支持定时方式的读写解释模式，每个通道可以单独管理，也可统一管理。

（3）规约解释层完成各种不同规约的解析，为数据处理层提供统一的数据接口。

（4）数据处理层采用多前置节点及其分组技术、基于通道管理的并列运行。这样，既实现了基于通道的多前置机多重化配置，又实现了基于通道的数据分流和负载分担。

通过设备层和框架层的管理，可以实现通道的有效管理，而屏蔽了通信介质特性、通道模式等，从而为通道级的冗余备份技术，即通道的动态切换、热备用技术提供了基础。规约层可以动态解析不同的规约，从而支持不同规约通道切换的可能，实现了装置与通道/规约的路由技术。前置服务节点采用分组技术，每组配置冗余节点，组内节点互为备用，不同组则分担不同的通道数据处理，一般情况下在组内完成通道级的动态热备切换，在节点故障情况下，则能实现不同节点的热备切换，在严重情况下，如整组节点出现故障的极端情况，不同节点组也可以实现热备切换，从而极大地提高了可靠性。

智能二次运维系统支持的自动化系统前置子系统通道级的冗余备份、负载分担的分层动态路由技术，可以实现不同介质通道的热备切换，对于大数据量的系统，采用前置分组技术，多前置组配置，各前置组独立运行，实现了基于通道的数据分流和负载分担，而组内、组间多重冗余备份技术则提供了极高的可靠性。

**2.** 通信规约

在二次设备智能运维主站和运维子站的通信中，既支持 IEC 60870－5－103 规约等传统规约，更支持 IEC 61850 标准采用的 MMS 等通信映射。由于 IEC 61850 标准主要针对的是变电站范围内的通信，对于变电站以外的通信方法没有明确的规范，因此需对 IEC 61850 标准中提到的代理 IED 模型进行扩展，系统按标准进行建模，按照 IED、LD 功能和所属电压等级的命名规则，创建子站系统 SCD 模型文件；在应用层的 MMS 对象映射过程中，解析和加载子站信息模型，将站内实际装置 IED 屏蔽，把子站映射为一个站级代理 IED，通过域特定名称空间访问子站所代理的各个装置 IED；在通信规约中采用 MMS 规范，采用 MMS 域特定范围进行访问，用 MMS 域对象命名规则分解数据变量的 reference，来唯一定位和访问站内装置和信息点实现通信服务，从而实现二次设备智能运维系统主子站间的通信和模型交换。

#### 7.2.4.2　数据存储

智能变电站产生了海量的二次设备数据，传统的数据存储技术已经无法满足需求，因此在数据存储处理方面，应采用云存储技术替代传统的数据存储技术。

云存储的本质是服务，而不是存储。对于使用者来说，云存储并不是某一个具体的存储设备，而是一个服务集合，通过这个集合获取所需的服务。使用者通过云存储系统进行业务访问时，不是特定去访问某一台服务器或者某一个存储设备，也不需要去了解具体的底层存储设备或者存储如何提供，而是使用云存储系统提供的接口来进行数据存储和业务访问。云存储具有可扩展、高速、低成本的优点，用户只需通过云存储服务提供商提供的 Web 接口，将自己的数据存放在云存储系统中，而这些数据通常存储在多个数据中心的冗余服务器上，从而能够保证系统的容灾性和数据的可靠性。

此外，云存储具有平台无关性的优点，客户端与服务端不必运行在同样的平台上，可以有不同的操作系统、网络平台、数据库管理系统等。彼此的通信是通过一个统一的规范进行的，客户端只需通过某个中间件软件与服务端进行交互，服务端同样也通过中间件软件将用户的业务需求结果返回给客户端。

在云存储系统中，中间件位于服务器集群与用户之间，提供了集群管理和数据提取的功能。目前普遍被接受的中间件定义是：中间件是一种独立的系统软件或者服务程序，分布式应用程序借助这种软件在不同的应用之间共享资源，中间件位于计算机操作系统之上，对计算机资源和通信进行管理。它相对独立于计算机软硬件、操作系统、数据库关系系统，屏蔽这些基础环境的异构性，它能够把大型分散的系统组合起来，为大型的分布式应用搭建一个统一的标准平台。中间件通常处于底层操作系统和应用软件之间，为双方的交互起到桥梁的作用。开发人员通过中间件为应用层提供各种复杂的业务应用接口，中间件的存在同样使得应用软件不必直接访问操作系统，而是通过中间件进行访问，这有助于实现系统的安全隔离，同时还为应用软件屏蔽了操作系统和网络环境的异构性。中间件是一套复杂的、逻辑性很强的软件，它屏蔽了底层的种种细节，减轻了应用开发的负担，同时模块化的中间件很好地提高了软件的复用性，让应用的开发、管理都变得简单了。

中间件能够实现分布式系统底层的管理，对外提供统一规范的接口，自身保持独立性，能够对底层的变化做出灵活的反应。中间件的优点主要体现在以下几个方面：

（1）开发模块化，方便集成。中间件对外提供统一规范的接口，开发人员可以在现有应用的基础上，基于中间件开发新的模块，并集成到原应用中。不同的开发人员可以基于中间件开发不同的应用，然后将各自的工作再进行集成。

（2）改变传统开发方式。中间件提供一种完全面向对象思想的开发方式，将应用模块化，结合组件技术进行快速组装，完成优质、高效地开发。

（3）简化系统维护。对于使用者而言，传统的应用开发一旦发生改变，整个系统都要随之进行变动。而采用标准中间件技术进行开发，则完全无须担心，只需改变某一个中间件接口的具体内部实现，即可实现系统的维护和更新。

（4）提升系统运行性能和系统质量。中间件能够屏蔽底层操作系统、网络平台的异构性，为上层应用软件提供一种统一的开发和运行平台，能够使系统运行更高效、平稳。

#### 7.2.4.3 数据分析

在二次设备智能运维主站系统中采用大数据分析技术可以摆脱以往小数据集信息片面、依赖知识驱动的限制，实现数据驱动的更全面与深入的分析。二次设备运行分析的关注重点在于两个方面：一是根据实际运行数据的支撑，对二次设备分析领域已知的理论知识做出更加定量的表征；二是利用大数据挖掘揭示至今尚未认识到的规律，形成新的知识，丰富二次设备运行分析的内涵及手段。具体而言，就是在数据空间内精确刻画电力设备的全程运行状态，研究数据驱动的无指导信息异常跟踪和故障发现技术，研究电力设备的长期健康状况评价、预期和干预的智能方法，并最终实现电网健康状况的评价与风险预警。

从电网运行控制中心（地调）的各主站系统（SCADA/EMS监控主站、保护和故障信息系统主站）收集关于故障事件的告警和状态信息至一体化信息平台实时库后，根据运行需求，对信息进行综合分类管理和信号过滤，对变电站的运行状态进行在线实时分析和推理，定位发生故障或出现危险情况的具体设备和故障原因，并给出故障处理指导建议，协助运行及检修人员及时地分析和处理事故。

（1）告警信息分类处理。将来自于不同主站的各类告警信息按照关联的设备进行分类，归属到所属的一次或二次设备。并进一步将归属各设备的告警信息按告警的性质分为时序、提示、告警、事故、变位、检修、操作、未复归等类别。

（2）故障原因分析和定位。在事件分析过程中，对上述各类告警信息，结合电网状态监测量进行逻辑推理分析，推断出引起设备告警的具体原因，区分是设备本体故障，还是外围设备故障，对故障的原因实现精确描述。

（3）故障设备报告。对于分析推断出的故障设备，给出分层、分类、分级告警信息。

1）分层告警。在系统层应能标识发生故障的厂站/线路；进入厂站接线图后，接线图上相应的元件和保护以明显标识告警。

2）分类告警。根据故障类型、保护信息类型显示告警。故障类型包括变压器故障、电容器故障、开关故障、TV 故障、TA 故障、保护装置故障、辅助电源故障。保护信息类型一般可分为保护告警、保护动作、保护自检、故障简报、故障波形。

3）分级告警。根据故障严重程度和元件的重要性对告警信息进行分级，采用不同方式告警。信息主要包括保护信息子站提供的设备状态量资源（模拟量、开关量、定值等）、调度SCADA系统（模拟量、开关量、告警事件等）、在线监测（收发信机通道交换监视、电网统一监视视频平台及其他辅助在线检测装置等），结合专业巡检等方式获取的二次数据信息，构建统一的二次设备管控平台，作为电网二次设备状态分析、智能诊断的依据。

利用大数据分析技术，可实现对故障事件进行数据驱动的更全面与深入的分析，深层次的挖掘数据之间关系以及数据表征的二次设备运行态势，从而实现对二次设备隐性故障的发现。大数据分析技术通常包括数据预处理、并行计算和大数据分析三个环节。

**1.** 数据预处理

数据必须经过清洗、分析、建模、可视化才能体现其潜在的价值。在智能电网时代，单个文件（比如日志文件、音视频文件等）变得越来越大，硬盘的读取速度、文件的存储成本越来越显得捉襟见肘。与此同时，电网内部存在海量的非结构化、不规则的数据，如常见的数值型数据、文字型数据、图像、信号等，数据对象之间还存在复杂的逻辑关系的统一泛特征模型。将这些数据采集并清洗为结构化、规则的数据，通过规范、提取信息的主体因子，实现面向对象的数据表达，在提高运维决策支撑能力方面格外重要。

数据清洗在汇聚多个维度、多个来源、多种结构的数据之后，对数据进行抽取、转换和集成加载。在这个过程中，除了更正、修复系统中的一些错误数据之外，更多的是对数据进行归并整理。其中，数据的质量至关重要。常见的数据质量问题可以根据数据源的多少和所属层次（定义 Scheme 层和实例 sample 层）分为四类：

（1）单数据源定义层。违背字段约束条件（比如日期出现 1 月 0 日）、字段属性依赖冲突（比如两条记录描述同一个人的某一个属性，但数值不一致）、违反唯一性（同一个主键 ID 出现了多次）。

（2）单数据源实例层。单个属性值含有过多信息、拼写错误、空白值、噪音数据、数据重复、过时数据等。

（3）多数据源的定义层。同一个实体的不同称呼、同一种属性的不同定义（比如字段长度定义不一致、字段类型不一致等）。

（4）多数据源的实例层。数据的维度、粒度不一致（比如有的按 GB 记录存储量，有的按照 TB 记录存储量；有的按照年度统计，有的按照月份统计）、数据重复、拼写错。

除此之外，还有在数据处理过程中产生的“二次数据”，也会有噪声、重复或错误的情况。数据的调整和清洗，也会涉及格式、测量单位和数据标准化与归一化的相关事情，以致对实验结果产生比较大的影响。通常这类问题可以归结为不确定性。不确定性有两方面内涵，包括各数据点自身存在的不确定性，以及数据点属性值的不确定性。前者可用概率描述，后者有多重描述方式，如描述属性值的概率密度函数、以方差为代表的统计值等。

**2.** 并行计算

计算可以分解成完全独立的部分，或者很简单地就能改造出分布式算法，比如大规模脸部识别、图形渲染等，这样的问题使用并行处理集群比较适合。

并行计算功能可在机群环境下实现计算任务分配、计算结果汇总、计算任务管理、出错处理和数据备份功能，可快速完成电力系统的计算和分析，并通过标准接口实现应用软件与机群计算资源的交互。并行计算服务模块基于大数据云平台实现，其实现框架为 IT 领域经典的 Map－Reduce 模型。并行计算服务模块为电力系统应用提供高效通用的并行计算功能，主要功能包括：

（1）计算集群在基础平台中的物理位置应对电力系统应用软件透明，支持按标准并行化接口访问计算集群资源和执行任务计算，无须关心计算集群的节点位置和网络传输细节；计算集群内部包括管理节点和计算节点。

（2）提供标准的应用集成接口，支持稳定分析类、安全校核类应用，包括静态稳定计算、暂态稳定计算、动态稳定计算、电压稳定计算、小干扰稳定计算、短路电流计算、辅助决策计算和稳定裕度评价计算等，支持应用软件能方便地实现自身计算任务的并行化处理。

（3）提供任务预分配和任务动态分配两种方式的并行化接口，应用软件根据不同的并行计算需求选择合适的任务调度机制；任务应采用节点内并行优先的分配策略。

（4）平台内部节点之间采用可靠性广（组）播和单播机制，满足数据可靠传输的效率要求。

（5）支持数据分发、任务调度、结果回收与处理、历史数据和结果保存等基本功能，并应具备故障检测与告警、进程监视、主备冗余和超时管理等功能。

（6）管理节点并行计算服务提供服务请求、计算初始化、应用功能计算管理、结果回收等接口供应用软件调用，为应用在管理节点上提供自管理能力。

（7）计算节点并行计算服务提供计算初始化、计算数据准备、分析计算、单个计算结束、计算结束等接口供应用软件调用，为应用在计算节点上提供计算过程管理能力。

（8）支持跨调控机构协同并行计算服务的集成，实现全局机群资源使用率最大化。

**3.** 大数据分析

大数据分析技术包括统计、数据挖掘、弱关联分析、预测分析等。其中基于数据挖掘的知识发现技术使用最为广泛。

数据挖掘是从海量、不完全的、有噪声的、模糊的、随机的大型数据库中发现隐含在其中有价值的、潜在有用的信息和知识的过程，也是一种决策支持过程。其主要基于人工智能、机器学习、模式学习、统计学等。通过对大数据高度自动化的分析，做出归纳性的推理，从中挖掘出潜在的模式，可以为用户提供决策依据。大数据的挖掘常用的方法有分类、回归分析、聚类、关联规则、神经网络方法、Web 数据挖掘等，这些方法从不同的角度对数据进行挖掘。

通过收集并调研对目标有影响的可能因素，研究其分类属性（如时序、空间、静态等），针对不同类型的因素选择不同的大数据分析手段，同类型的变量可以放在一起多维分析，实现潜在因素对目标的影响程度分析。典型的应用有以下几个方面：

（1）时空关联分析。针对时空数据提出的时空网络模型和面向过程的时空数据模型，提出更加高效的时间邻域和空间邻域索引方法，提高搜索效率。对于时空自相关发现，提高时空间邻域搜索效率可直接提高时间自相关、空间自相关，以及时空自相关函数的计算效率。对于时空关联模式发现，将关联规则泛化为时空间索引的点集合数据集，用邻域代替事务的概念，搜索符合某种时空间关系的不同对象类型子集，因此，时空间邻域搜索效率的提高也可提高时空频繁模式、时空共现模式、以及时空关联模式的计算效率。对于时空关联效应发现，首先通过对电网故障过程的特征采集建立蔓延过程训练集，然后对各个设备的影响程度进行建模，建模因素包括状态参数、随机效应参数、空间临近权重、时间延迟度、时空关联效应等，最后通过对比多种蔓延过程模型的效果来发现时空关联效应的存在，并提供相关的量化指标。

（2）影响分析。对确定的图来讲，给定图中任意两个节点 $s$ 和 $t$，可达性查询是查验从 $s$ 到 $t$ 是否存在一条路径。而最短路径和最短距查询分别是检索图中从 $s$ 到 $t$ 的最短路径和这条路径所对应的距离。要把这些基本的图查询的语义扩展到不确定图上，就要使用不确定图的可能世界模型。这些基本查询在有可能世界模型演化出的结构确定的图实例上仍适用。因此，可达性查询的结果不再是“是”或“否”之一，而是“是”或“否”的概率分布。“是”或“否”的概率值分别是那些有查询结果为“是”或“否”的结构确定的所有图实例的概率之和。另外，最短路径查询的结果不再是一条最短路径，因为所有该两点间的路径都可能是最短路径。这意味着，图中存在的一个最短路径的概率分布。其中，任何该两点间的路径为最短路径的概率是这条路径为最短路径的所有图实例的概率之和。同样，最短距查询的结果变成所有可能的最短距离的一个分布。我们注意到在无向图中，任意两点都为可达。对于可达性查询，我们引入使用更灵活、语义更丰富的定义：设定一个可达阈值 $k$，认为 $s$ 和 $t$ 的距离仅在 $k$ 内可视为可达。其中 $k$ 由用户按实际需要给定。这样，在不确定图中，可达性查询也是一个分布，即最短距分布的累计分布。对基本查询的研究的主要思路是将所有的基本查询都转化最短路径事件的概率计算，然后重点考虑最短路径事件的概率的快速计算。

（3）采用模式识别算法的知识挖掘。当可以将电力系统故障时的特征总结为以某种序列表示的模式时，可采用模式识别的方法进行故障诊断。如，电力系统发生故障后的系统信号具有丰富的时序信息，若能充分利用会有助于快速和准确地诊断故障。

以单相接地为例。故障发生后，系统会连续出现“电流升高－保护动作－电流衰减至零”的时序信息。利用系统采集到的包含统一时标基准的电气量信息，可根据故障和保护动作的特征将信息构造成相应的时间序列模型，然后采用模式识别技术，将实时信息构成的序列与标准序列比对，通过相似度判断进行故障诊断。

可采用的模式识别技术包括相似性匹配、共同路径挖掘（common path mining）等。采用模式识别技术，可丰富故障诊断的信息利用手段，有效增强故障和保护不正确动作的识别水平。

（4）采用分类算法的知识挖掘。将采集的电力系统运行信息进行数据预处理，可以得出新的信号形式用作故障诊断。如采集保护线路两端的电压和电流信号后，用离散傅里叶变换得出电压和电流信号的微分特性，可成为新的故障诊断依据。

#### 7.2.4.4　数据访问

二次设备智能运维主站作为电网二次设备的数据中心，需满足位于不同地域的不同业务部门人员的数据访问需求，支持客户端、浏览器以及移动应用等多种数据访问方式。在支持多种数据访问方式的同时，还需满足电网信息安全防护的需要。在电力系统信息领域，为了数据的安全和可靠，将电力系统信息网划分为安全Ⅰ、Ⅱ、Ⅲ、Ⅳ区。一般安全Ⅰ、Ⅱ区为安全生产监控区，而安全Ⅲ、Ⅳ区为生产信息管理区。如图 7－4 所示。

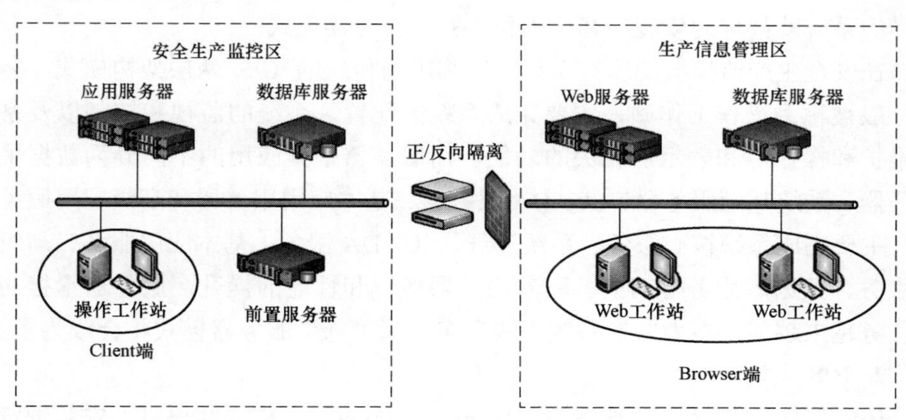


图 7－4　安全分区

在安全生产监控区，为了做到数据的实时监视和安全控制，一般都采用 C/S

架构的方式进行软件系统的搭建。而在生产信息管理区由于需要访问的用户较多且对实时性和控制要求不太高，一般都采用B/S的方式进行软件系统的搭建，下面分别对这两个区域所用到的架构做详细介绍。

**1.** C/S架构介绍

C/S架构，即Client/Server结构，是20世纪80年代末人们提出和总结的一种软件架构，在C/S架构的系统中，应用程序被分为客户端和服务器端两大部分。客户端部分为用户所专有，而服务器端部分则由多个用户共享其信息与功能。客户端部分通常负责执行前台的一些软件功能，如用户接口、系统配置和管理、数据处理和报告请求等功能。而服务器端部分执行后台计算服务、数据存储、复杂逻辑计算等功能，这种体系架构一般由多台计算机有机地结合在一起，协同完成整个系统的应用功能，从而达到系统中软、硬件资源最大限度的利用。

通常服务器会采用高性能的PC、服务器或小型机来担任，并采用大型数据库系统如国外的Oracle、SQL Server等通用数据库，也有国内的人大金仓、武汉达梦等通用数据库系统。客户端需要安装专用的客户端软件或者数据库客户端软件对系统进行访问。

在C/S架构中，如果显示逻辑部分和事务处理逻辑部分被放在客户端，数据处理逻辑部分和数据基计算部分以及数据库被放在服务器端。这样的系统就会使得客户端的功能变多而显得很“胖”，而服务器端的任务相对就变得较轻，称为“胖”客户机“瘦”服务器模式。当然如果只把显示部分放在客户端，事物处理逻辑和数据处理逻辑部分以及数据计算部分和数据库放都在服务器端，这样的系统就被称为“瘦”客户机和“胖”服务器模式。

在安全生产监控区的监控系统一般都采用传统的C/S两层架构模式，客户端一般被称为操作工作站，主要完成系统的配置、系统的监视和控制以及系统的维护和操作等和表示层相关的功能。而服务器根据应用的不同分为数据采集服务器、系统基础服务器、SCADA服务器、基本应用服务器和高级应用服务器等，主要完成系统核心服务、系统管理、SCADA服务、基本应用服务、高级应用服务、数据库服务等功能。随着服务器集群和性能的提升，服务器承担的处理任务越来越强，电力监控系统“瘦”客户端“胖”服务器模式将会成为主流。

**2.** B/S架构介绍

B/S架构，即浏览器/服务器（Browser/Server）结构，客户机上安装浏览器（Browser），如WINDOWS的Internet Explorer浏览器以及其他第三方的浏览器如火狐浏览器等，服务器安装数据库和Web发布服务应用程序。浏览器通过Web

Server 同数据库和服务器进行数据交互。在这种结构下，用户界面完全通过浏览器实现，一部分事务逻辑在前端实现，但是主要事务逻辑都在服务器端实现，客户端只留下用户界面，受理用户的操作与表示应用层的处理结果。由于将应用软件部分与客户端分离，在业务处理逻辑发生变更的情况下，只需变更服务器端的应用软件便可，不会牵连到系统整体，因此在生产信息管理区这种对数据实时性要求不那么高的场合常常采用。

电力监控领域面向的 Browser 客户端规模不如大型互联网行业那么多，因此在监控系统中一般采用互联网中比较简单的架构模式来构建自己的 B/S 访问网站。如图 7－5 所示，一般采用数据库和访问服务分开的模式来搭建系统。

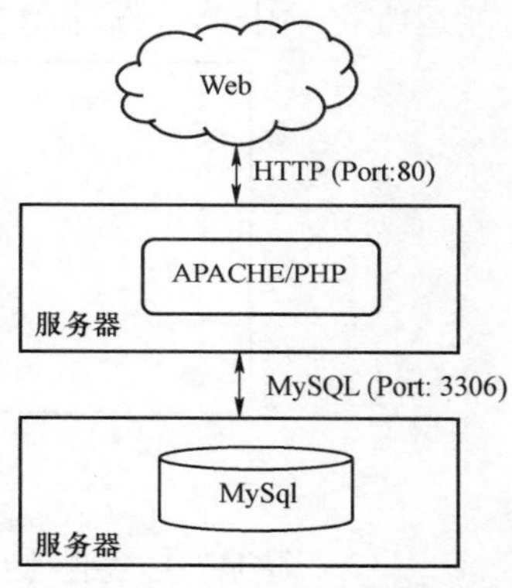


图 7－5　B/S 架构图

电力监控系统的生产管理区大多采用 B/S 的架构模式。客户端一般被称为 Web 工作站，一般不需要装任何软件，只要通过授权访问的浏览器登录成功即可完成系统的数据查看、操作及维护功能。而生产信息管理区的服务器根据应用的不同也分为同步数据服务器、数据库服务器、Web 访问发布服务器和负载均衡服务器等，主要完成系统的业务处理逻辑和数据存储操作逻辑等应用，并且完成监控系统的准实时的离线分析和统计等应用。

从上面的介绍可以看出，在电力系统信息领域一般采用 C/S 与 B/S 融合型平台的通用架构的设计监控系统。如图 7－6 所示。

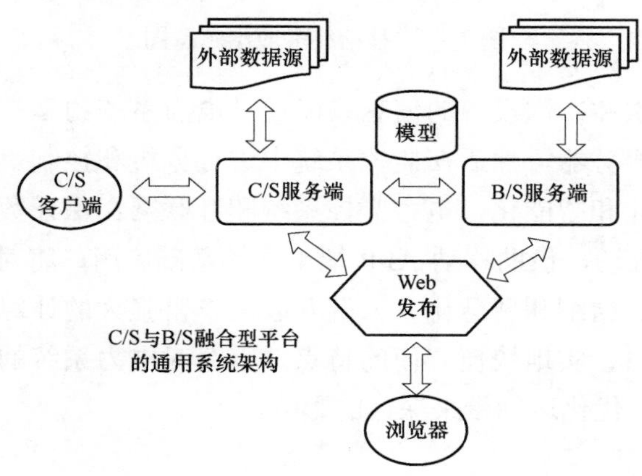


图 7－6　C/S 与 B/S 融合图

无论是 C/S 服务端还是 B/S 服务端，在一个确定的电力监控系统中都采用相同的数据模型和数据实体，这样不仅保证了整个系统的数据统一，有利于系统的维护和扩展，而且用户可以根据自己的需求灵活架构符合自己的监控系统，既可以通过增加新的管理对象实现系统横向扩展，也可以通过系统功能定义进行纵向扩展。

**3.** 移动终端访问

在移动终端上访问数据类似于 B/S 模式，只不过访问的介质从浏览器变成了移动应用 APP。移动终端访问方式是随着移动互联网的发展逐渐兴起的，其特点是不需有线网络支持，可移动办公，性能稳定、操作速度快。二次设备智能运维主站中的数据移动访问方式如图 7－7 所示。

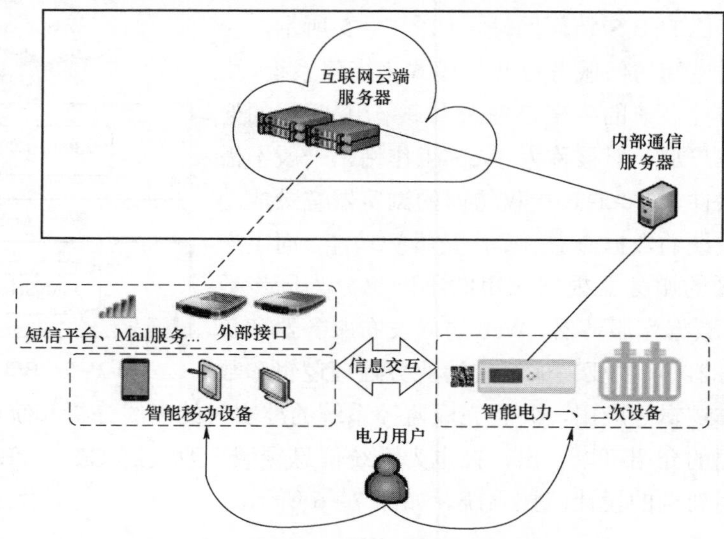


图 7－7　移动终端应用示意图

早期电力一次和二次设备的信息只能通过电力系统的私有协议和内部网络上传到内部通信服务器，然后在监控系统中进行分析和控制。随着电力一次和二次设备的数字化和智能化，电力监控系统和互联网在保证数据安全的条件下进行进一步互联互通，借助移动 APP 端丰富的基础应用，将对二次设备的信息呈现得更加完整、精细和智慧化。云端互联网丰富强大的计算和分析功能以及移动应用端的实时、实地快捷方便的特点，将会对电力系统的实时监视、智能控制、科学维护、优化运行带来深远的影响。

## 7.3　一体化综合建模

本节通过介绍一体化综合建模在运维主站方面的应用，从模型综合的角度来理解智能运维主站。

通过前面章节描述可知，现有智能变电站多采用 IEC 61850 标准的方式，即采用 SCD 文件来描述变电站内的二次设备模型。对于存量站，考虑到实际工程的维护难度，大多保持 IEC 60870－5－103（以下简称 103）的建模方式。不管 IEC 61850 还是 103，这两种建模方式在变电站端都是围绕二次设备进行通信和设备描述的。针对二次运维主站端的应用，上述两种建模方式都无法满足应用和发展的需要。在部署关系方面，主站端不仅仅关注二次设备，同时更加注重以站和区域角度来管理电网及相关的二次设备；在系统集成方面，主站端需要与不同的系统间进行数据交换，达成统一的设备认知，单一的二次设备模型无法满足系统间通信的要求；在系统应用方面，单一的二次设备模型描述无法承载更多高级应用的模型需求。综合上述三个方面需求，单一采用 IEC 61850 和 103 建模无法满足二次运维主站建模的需要，因此采用融合一、二次系统以及不同系统间模型的一体化综合建模技术是二次运维主站建设的关键所在。

针对二次设备进行模型描述的 SCD 模型无法满足二次运维主站的建模需要，主站端不仅需要汇总各变电站的 SCD 模型，同时还需要将二次设备模型与一次设备模型相关联，并与相应的业务应用模型相结合，只有这样才能使二次模型真正得到更有价值的应用。因此，本章在 7.3.1 中从二次模型与一次模型及业务应用模型的融合方面，整体对主站建模策略进行介绍。为了满足系统间的集成以及业务应用的需要，模型数据采用分层处理。在 7.3.2 中介绍根据业务应用的属性重新对模型数据进行分层，通过模型的分层为与其他系统的集成和数据交换提供模型基础。在 7.3.3 介绍如何通过对分层后的模型进行应用组合，来实现不同业务场景和系统间的通信。IEC 61850 和 IEC 61970 的应用使得整个电力系统对设备的描述标准化得到了前所未有的统一，也使得不同厂商设备间的协同工作成为可能。最后在 7.3.4 中介绍 SCD 模型和 CIM 模型的融合，即以一次设备 CIM 模型为中心，采用间隔定位主设备方式建立与二次设备 IEC 61850 模型的联系。

### 7.3.1　模型描述策略

所有基础数据均通过模型描述形成有机的整体，描述过程采用元数据建模思想。在模型结构中，各元模型间通过元数据（一次设备）关联，各元模型建设参考接入智能运维主站的相关模型结构，对相关设备属性进行继承与扩展，如图 7－8 所示。根据业务的接入，与二次设备相关的元模型分为：变电站数据元模型、设备检修信息元模型、设备台账数据元模型、操作票数据元模型、设备故障信息元模型、设备控制信息元模型、设备操作数据元模型、电网结构元模型、设备缺陷数据元模型、设备保护信息元模型、设备位置信息元模型、在线监测数据元模型，以及非结构化数据相关的故障录波数据元模型。此外，由于作为二次运维中心的角色定位，对二次设备的信息模型已经不仅仅局限在变电站层次的一、二次设备的数据模型维度，从更广泛的模型相关性来看，间接相关的数据模型还包括了：GIS 数据元模型、视频数据元模型、气象信息元模型以及雷电信息元模型。通过上述不同业务领域相关的模型的组合，可以从更加全面和科学的维度来对二次设备的运维信息进行建模。

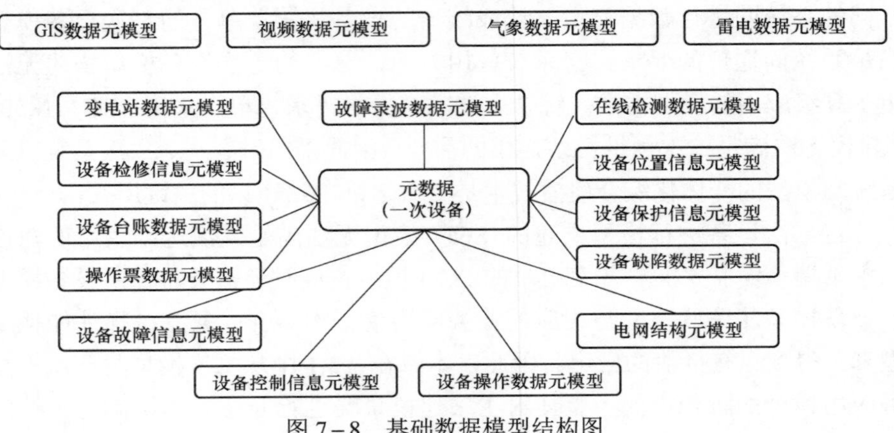


图 7-8　基础数据模型结构图

从多系统数据综合信息建模的维度考虑，元数据结构如图 7-9 所示，在数据标识方面采用了多个字段域。

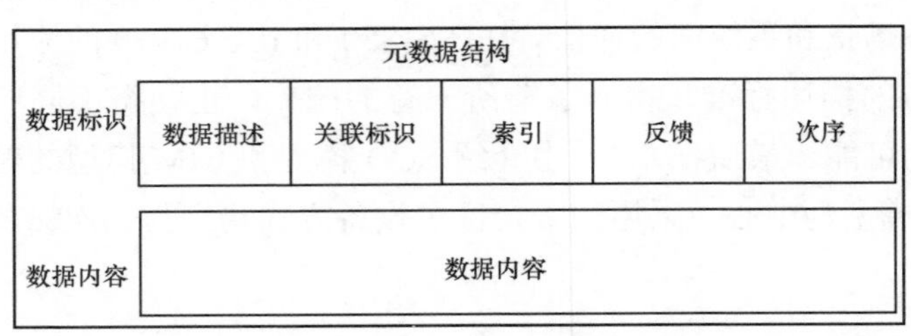


图 7-9　元数据结构图

（1）数据描述域：描述数据来源、数据语义、数据结构，增加此数据模型的描述保证了数据的描述一致性及可追溯性。

（2）关联标识域：描述数据块即数据实体间的关联关系，包括定性描述及量化描述，能够帮助进行数据的业务流程方式管理，提高数据加载效率。

（3）索引域：描述数据的采集源，保证原始采集数据作为分析及挖掘的唯一数据，避免使用多次转发数据、低采样数据。

（4）反馈域：描述反馈关系，仅在反馈数据实体中标识，是对于已知结果及已有分析的表达。

（5）次序域：描述基于业务流程和应用过程的数据的产生顺序，加快数据存取及分析效率。

采用这种多索引技术，可以满足大数据查询、计算、分析和展示等方面的处理效率要求。此外，各元模型数据与相关接入系统模型数据间建立了唯一性映射关系。

一、二次设备关联关系通过映射电网模型设备与间隔的关联关系来体现。一次设备、保护信息之间通过间隔关联。间隔中包含多个一次设备，如断路器、线路等设备。如何通过将保护信息分别与间隔内的一次设备映射关联，同时保留原间隔关联关系，即 CIM 与 IEC 61850 的模型融合过程，见 7.3.4 的介绍。

### 7.3.2　综合模型的分层

为了更有效地组织数据模型，采用分层的方式进行构建。依据二次设备在线运维的需要，并充分利用前两个发展阶段中形成的信息主站系统的基础数据模型、数据接入及处理机制，在原有的模型基础上进行扩展和定制，如台账信息、图形拓扑信息、巡检数据模型以及为实现运维等业务相关的数据模型，二次设备在线运维的主要模型如图 7－10 所示。

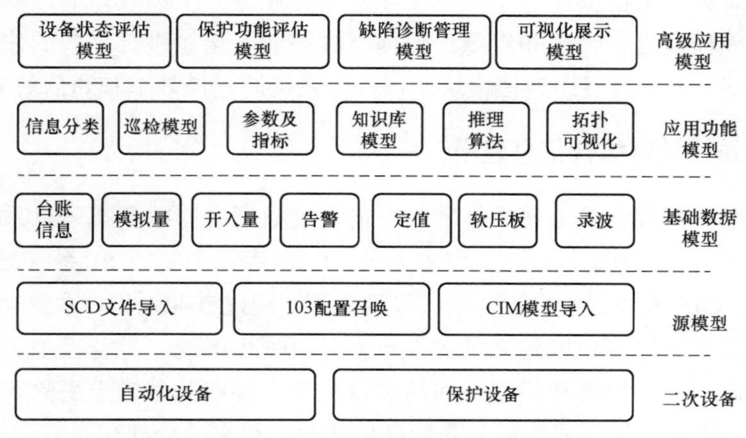


图 7－10　数据模型架构示意图

（1）源模型：二次运维系统主要针对的是变电站内相关的二次设备，从早期的只关注保护装置和测控装置，发展到现在二次设备的关注范畴已经扩大到继电保护、测控装置、监控主机、数据通信网关机、综合应用服务器、同步相量测量装置、合并单元、智能终端、网络分析仪、网络交换机和时间同步装置等。在模型方面也不仅仅只关心二次设备本身的模型，同时也涉及相关一次设备模型。在目前的建模标准来看，主要有针对二次模型的 IEC 61850 规范即 SCD 模型，同时也有针对一次模型以及一二次模型关系的 IEC 61970 规范即 CIM 模型，另外为了兼容旧的变电站二次设备，对于采用 103 通信的二次设备也需要考虑。因此，在源模型层，主要涉及 IEC 61850 描述的 SCD 模型、IEC 61970 描述的 CIM 模型以及 103 配置描述的模型。这三类模型是后续模型应用的数据来源和根本。

（2）基础数据模型：为了保证数据上的集成和业务集成，需要对不同方式建模的二次设备进行统一的模型信息抽取，即将源模型中的信息统一抽取成基础数据模型，如台账信息、模拟量、开入量、告警、定值、软压板和录波等业务相关的基本数据信息。基础数据模型是构建业务模型的元数据模型。

（3）应用功能模型：在基础数据模型之上，聚焦于常用的应用功能模型，对基础数据模型进行组织，形成了粒度更大的应用功能模型，作为业务应用的功能模型单位，如巡检模型、知识库模型和拓扑算法等。作为基本的功能模型，其在本质上已具备业务功能性，可以用于解决一些简单的业务问题。同时，为了保证系统的集约化，应以此为基础搭建更多高级的应用，使系统在设计上兼顾通用性和规范性的原则。

（4）高级应用模型：对于更多高级复杂的业务应用场景，通过基础模型以及应用功能模型进行搭建和组织，使模型围绕业务场景进行高效的建模，保证建模基础统一的同时复用建模模块，以提升系统的建模效率和通信效率。

### 7.3.3 多系统数据综合信息建模

多系统数据综合信息建模是基于当前调度数据中心的多类信息系统，包括保护信息主站、雷电定位系统、气象系统、EMS 系统、SCADA 系统、通信资源管理系统、GIS 系统、生产管理系统等的数据，通过专业知识、系统功能、业务流程、数据精度等多角度建立可供大数据分析使用的统一综合模型。综合建模的目的是建立各类数据和模型之间的关联关系，并在此基础上去除冗余数据，保证数据一致性，为数据挖掘及分析提供高效、稳定的数据获取方法。

综合建模的核心是建立各类数据和模型之间的关联关系，并在此基础上同时具备对多系统数据的统一说明性、完整的描述性、模型可扩展性等基础特性，为数据挖掘及分析应用提供高质量数据资源及高效率数据接口。为降低模型与数据源系统及大数据应用耦合度，模型体系分为三层：① 资源模型层用于统一数据结构及语义表达，隔离数据源系统结构对上层模型的影响；② 业务模型层为建模核心层，用于重构数据实体，建立实体关联，形成完整的综合模型；③ 应用支撑模型层按应用需求提供个性化模型，综合已有分析及挖掘结果建立模型关联，提高应用提取的精准度与效率。在建模过程中，数据的获取及传输均按照标准设计，可支撑原系统数据抽取及上层应用的标准数据获取。

根据各系统模型及其数据特点，模型以 CIM 与 IEC 61850 融合为核心，增加气象、雷击、定位、物理位置等模型的关联及融合。综合模型以设备为中心，与监控系统、OMS、GIS、视频系统、气象系统、雷电监测系统建立关联关系，如图 7－11 所示，实现设备与监控信息及各类数据的映射。

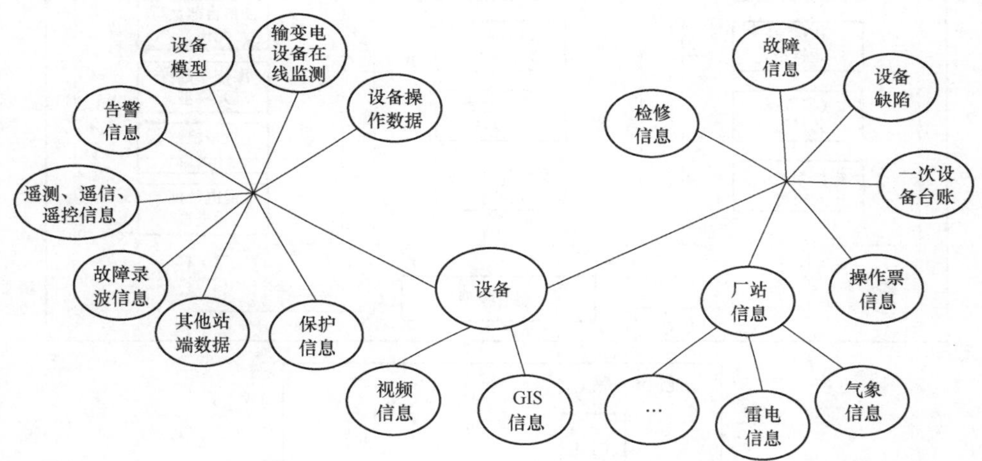


图 7－11　监控系统、OMS、GIS 等关系图

模型以一次设备为中心，采用间隔定位主设备方式，建立监控系统四遥信息、保护信号、告警信息与断路器、隔离开关、母线等设备的关联关系，并且通过设备 ID 检索停电管理系统（Outage Management System，OMS）检修信息、故 障信息、缺陷信息、操作信息等。气象系统、雷电定位系统通过 GIS 数据、物理关联信息与主模型关联，其数据结构作为主模型的属性集存在。生产管理系统、通信资源管理系统通过设备信息与主模型建立关联，其数据结构作为主模型属性集存在。

此外，从业务多视图的角度进行多系统数据综合建模，智能运维主站通过智能运维子站获得相应的变电的 CIM 和 SCD 模型，并在运维主站形成融合模型的核心，其他业务相关的数据模型皆通过这个核心进行融合，最后形成一个以

CIM 和 SCD 为核心、多业务相互关联的融合模型。融合模型包括整个运维中心所需的所有模型信息。因此，融合后的模型可以提供不同业务视图，如调度业务视图、运维业务视图以及检修业务视图等。通过模型的融合，在模型层面真正做到了多系统数据综合信息建模，使更多的业务应用和扩展成为可能，上述过程如图 7－12 所示。

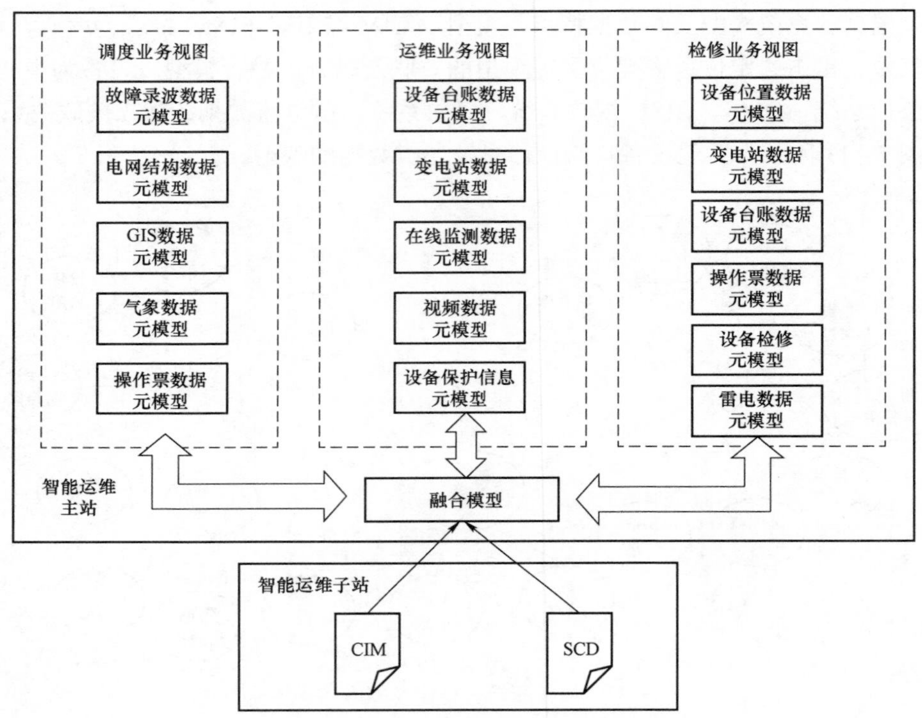

图 7－12　多业务视图模型融合示意图

## 7.3.4　IEC 61970 与 IEC 61850 综合建模

IEC 61970、IEC 61968 中的数据模型称为公共信息模型（CIM），CIM 用面向对象的统一建模语言（UML）给出了电力系统资源（如变电站、开关、变压器）、电力系统资产（如变电站资产、变压器资产、TA、TV 资产等）的公共语义，采用 UML 方式描述。IEC 61970 在标准系列文档的 30x 中定义 CIM；IEC 61968 在第 11 部分定义信息模型，称为 DIEM（Distribution Information Exchange Model，配网信息交换模型），包括对 IEC 61970 定义部分的扩展和配网功能需要的信息交换模型的定义。

IEC 61850 虽然主要是一个数据通信标准，它还是做了大量领域分析工作，给出了全面的、同时在某种程度上看比较复杂的数据模型。模型涵盖了一个配置数据模型和表示哪些信息在线交换的数据模型。为描述和交换配置数据，标准的第 6 部分定义了变电站配置描述语言（SCD），使用 W3C XML Schema。SCL 用 XML Schema 方式描述信息模型。整个模型由层次化树型结构构成，上下级对象之间的关联明确，但网状分析（如拓扑分析）需要做附加处理。SCL 描述是面向数据的（data oriented），CIM 是面向对象的（object oriented）。相对于 CIM 完善的类定义，SCL 更多是定义了一些结构。整体而言，SCL 和 CIM 都是基于对象技术进行信息模型描述。

IEC 61850 SCL 中给出的设备容器（变电站、电压等级区、间隔）及设备类型可以构成比较完备的变电站内对象层级关系，结合通过连接点（ConnectivityNode）和导电设备端点构成的拓扑连接模型形成可用于变电站自动化系统的模型。由于变电站自动化系统并不涉及整个电力网络的分析，因此 IEC 61850 SCL 中即便有与 CIM 相对应的类，也并不包含网络分析需要使用的属性。基于包含属性的不对称性，两个模型中相同或相似的类在建立映射关系后，能够建立属性映射的只是模型中的一部分（如 name、description 等），还有很大一部分属性无法建立映射关系。

对于采用面向对象体系描述的模型而言，信息模型的组成基本部分是类，类内聚属性，并通过关联建立与其他类的关系。

IEC 61850 SCL 模型与 IEC 61970 CIM 模型之间的转换主要用于主站、子站数据模型交互，使主站、子站数据模型变化同步，减少重复建模和分别建立、维护导致数据采集和控制的差异与错误。对于模型无缝转换的研究，主要包括：

（1）制定 IEC 61850 SCL 信息模型与 IEC 61970 CIM 模型之间的无损转换完整的规范，使各个厂家工具操作模型具有共同的参考和依据。具有统一完整的规范既可以指导模型转换的实际应用，又可以最大限度地提高互操作的效率，进而能够最大范围地将模型无损转换技术研究推广到实际应用，发挥最大的经济效益。

（2）IEC 61850 SCL 信息模型与 IEC 61970 CIM 模型之间的无损转换技术基于对 IEC 61850 SCL 模型与 IEC 61970 CIM 模型的分析、比较，确定两个模型的映射方式和转换方法。同时，为了解决模型转换的无损，需要对两个模型的缺失和不足部分进行补充和扩展，还要对转换过程中的关键问题和技术进行分析和解决。

1）转换方式。IEC 61850 SCL 模型到 IEC 61970 CIM 模型无损转换的方式是子站生成 SCD 文件，再将 SCD 文件传送到主站，主站接收到 SCD 文件后进行分析、转换生成 CIM 模型。如图 7－13 所示。

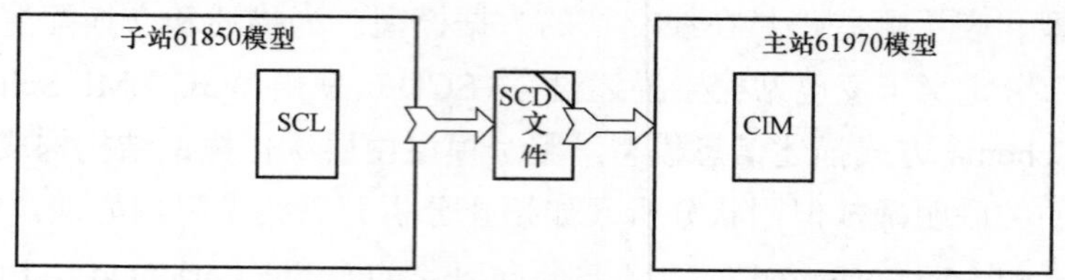


图 7－13　IEC 61850 SCL 模型到 IEC 61970 CIM 模型转换方式

2）转换规范。

a. 一次设备。所有的一次设备必须依据实际的拓扑连接对关联属性进行建模，一次设备对象信息必须包含在 Bay（间隔）对象内。所有设备相关的 Lnode 应关联到相应的设备对象上。如果是分相数据，Lnode 对象则应关联到 SubEquipment 上。

b. 拓扑。对于每个一次导电设备对象应根据其 Terminal 与 ConnectivityNode 相连，不允许出现未建立连接或连接不完整的一次设备。

c. 基于间隔建模。基于间隔的建模方法是在 DL/T 860 对象模型的功能和变电站结构部分增加约束，形成以间隔容器为基本组织单元的建模方法。

d. 文件要求。文件基于 SCD 文件规范，用于描述变电站电气主接线、变电站功能及其所要求的逻辑节点、智能电子装置等完整内容，该文件应具有文件的版本号及修订编号，以区分同一文件的不同版本。

3）模型映射与转换。由于 IEC 61850 和 IEC 61970 标准都是根据相应特定应用而对各种对象进行建模，因此，它们的模型并不完全一致。SCL 和 CIM 的比较如图 7－14 所示。

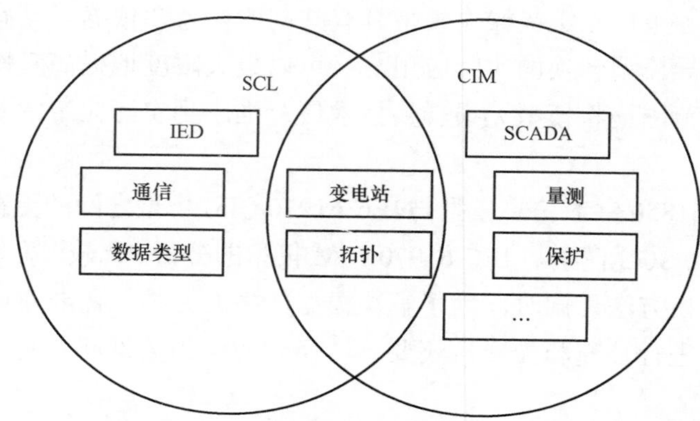


图 7－14　SCL 与 CIM 模型比较示意图

SCL 是针对变电站中的对象进行建模，包括变电站、IED、通信系统和数据类型模板等部分；而 CIM 是对整个电力系统中的对象进行描述，包括核心包、拓扑包、线路包、保护包、测量包、监控与数据采集（SCADA）包、发电包、负荷包等。

SCL 和 CIM 中对于变电站结构的描述基本一致，因此，可以直接建立它们之间的映射关系。因此对于变电站、拓扑模型可以进行直接、一致转换。但是对于其中也存在着特殊转换，如 SCD 中的间隔对应 CIM 中的间隔、母线段；SCD 中的电容器、电抗器对应 CIM 中的补偿器。对于 SCD 中的 IED，则需要在 CIM 中进行新建、扩展（测控、保护）实现映射和转换。如图 7－15 所示。

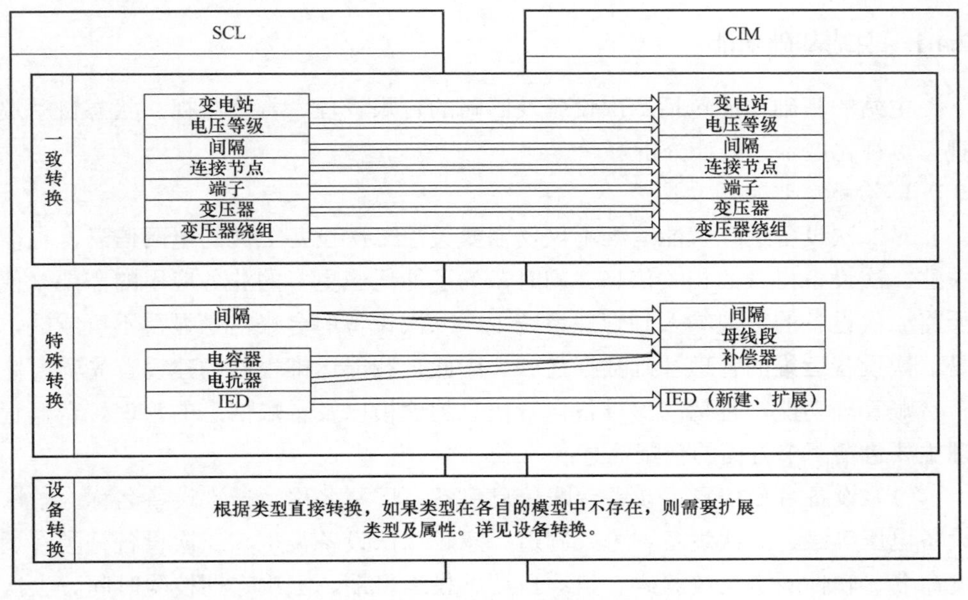


图 7－15　SCL 和 CIM 映射关系

上述内容简单介绍了一体化综合建模配置与设计相关的技术问题，更加详细的说明和介绍请参见前述章节的内容，本章节重点在于介绍智能运维主站方案，所以这里不做进一步说明和介绍。

## 7.4　二次设备智能运维主站应用功能

二次设备智能运维主站通过对二次设备及回路的数据采集，以直观的方式将智能变电站二次系统的运行状况反映给运检人员和调控机构专业人员，实现对变电站二次设备及其相关回路的管理，为智能变电站二次系统的日常运维、异常处理及电网事故智能分析提供决策依据。除上述基础功能外，二次设备智能运维主站还应在海量数据的基础上对数据进行深入分析挖掘，与传统电网调度自动化软件相比，二次设备智能运维主站处理的对象变成了海量的非结构化数据，因此，二次设备智能运维主站必须适应运算能力、存储能力的动态变化，在此基础上对二次设备数据进行数据挖掘分析，研究二次设备动作行为分析、对二次设备运行缺陷的智能预警，以及二次设备的状态评价等数据分析类的高级应用，同时提供设备分析、电网事故分析、监控数据关联分析等应用功能，对数据分析结果进行可视化展示，同时满足大量用户并发的数据访问。

### 7.4.1 主站基础功能

主站的基础功能包括二次设备及回路的台账管理、告警监视、状态自动巡视、可视化展示、统计分析等。

**1.** 台账管理应用功能

对二次设备进行智能运维不仅仅需要关注二次设备上送的电网信息，也需关注二次设备自身的相关信息。同时，为了能适应更多的业务应用的需要，便于将二次设备的管理纳入到管理系统中，二次设备的台账信息显得不可或缺，是二次设备运维的管理基础数据之一。因此，智能运维主站的建设首先需要完善台账管理功能，包括二次设备自身信息的建模以及台账信息的管理。台账管理主要包括两个方面的台账信息：

（1）设备台账信息。设备台账信息包括：厂站名称、一次设备名称、一次设备电压等级、二次设备型号、制造厂家、二次设备类型、二次设备分类、调度命名、软件版本及校验码、出厂日期、投运日期、上次定期校验时间、上次定期校验类型、上次定期校验单位、下次定期校验类型、定期校验周期、运行单位、维护单位、设计单位、基建单位、备注、厂站最高电压等级、线路长度、保护是否退出运行、退出运行时间等。

（2）插件台账信息。插件台账信息包括：插件名称、插件类型、所属装置、电压等级、所属厂站、软件版本、软件序列号、出厂日期、上次定期校验日期、上次定期校验类型、定期校验周期、设计寿命等信息。

通过对设备和插件的台账信息进行统计和分析，并关联设备的缺陷记录、评价状态趋势等，对数据进行深入挖掘，在设备的寿命预计、可靠性水平、检修管理、家属性缺陷、设备选型等多方面提供基本的数据支持。

**2.** 告警监视及管理功能

二次设备智能运维主站在运行过程中会收到大量二次设备告警信息，对这些告警信息快速响应，进行在线分析及诊断，可及时了解二次设备运行异常或故障的情况。早期的二次设备相关自动化应用对二次设备告警的处理仅仅是作为一类告警信息展示在告警窗中，大量的告警信息简单堆积并没有进一步分析利用，在数据上的应用和集成上的拓展并没有进一步开展。不利于二次设备运行状况的识别。

通过对二次设备告警信息进行扩展建模，并对告警信息进行详细精确的分类，形成告警信息的知识库，在此基础上对二次设备智能运维主站收到的告警信息进行在线分析，从而实现二次设备的状态监视、诊断及检修决策。以下将从三个方面介绍告警监视与管理的相关功能：告警数据的流程、告警辅助决策和检修告警的屏蔽。

（1）告警数据流程。根据信息的来源对运维主站收到的二次设备信息进行分类，主要可以划分为以下几种：二次设备原生告警，由二次设备原生告警产生的平台告警，主站对二次设备巡视产生的平台告警。从运维主站内部查看这些告警的数据的具体流向和处理过程如图 7－16 所示。

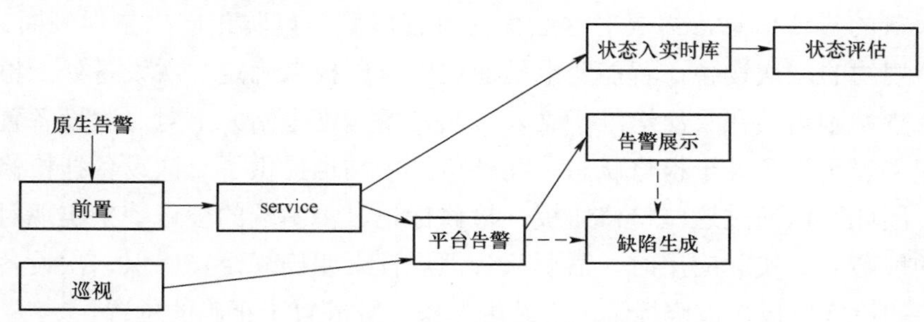


图 7－16　告警处理流程图

从图 7－16 中可以看到告警数据是后续业务应用的基础，这些告警数据在经过多环节的处理和分析后，为系统的决策提供相应的数据支持，如：缺陷生成、状态评价等。

（2）告警辅助决策。从上面所描述的告警数据的处理流程来看，告警数据为业务人员提供了辅助决策，该过程的具体描述如下：

1）基于知识库的辅助决策。在建立告警多维度分类模型并建立告警原因及处理办法专家知识库后，可以很容易实现告警的辅助决策，并借此实现状态检修。如图 7－16 所示，在收到二次设备告警后，依据其告警信息点的告警多维度分类模型、告警原因及处理办法，知识库快速确定告警的严重程度、影响范围等，并获得告警产生的原因及处理办法，从而形成告警的辅助决策报告，依据此报告可确定告警处理的时间计划、处理方式等，从而实现状态检修。

辅助决策的实现体现在两个方面：① 装置状态监视可视化界面，可列出装置当前的告警状态、影响范围、原因及处理办法；② 基于告警产生缺陷记录，并展示缺陷的原因及处理办法。

2）历史告警统计。通过对告警进行多维度分类统计，找出影响二次设备运行的关键因素，为二次设备的检修及维护提供决策依据，统计的内容包括：① 按重要性统计，统计危急告警、重要告警、一般告警的次数及所占比重；② 按影响范围统计，包括装置本体、外部回路、通道告警、系统告警等告警次数及所占比重；③ 进一步还可以按影响范围的详细分类维度进行统计，按告警详细分类统计，如统计 CPU 插件异常、定值异常、开出告警等的告警次数及所占比重。

此外，还可以结合其他维度，对上述 3 类指标进一步分类统计：按设备厂家的二次设备平均每装置告警指标（包括重要性指标、影响范围指标、告警详细分类统计指标等，下同）；按装置型号统计每种型号平均每装置的告警指标。

（3）检修告警屏蔽。在二次设备检修时，对二次设备进行的检测、试验将产生大量的告警信息，需要对这些信息进行屏蔽，以防止产生错误判断。IEC 61850 规约的二次设备，智能变电站通过检修压板来确定二次设备处于检修状态，常规站则需要在二次运维子站（二次设备运维子站）上对二次设备置上检修标记来表示设备处于检修状态，此外运维主站也提供了二次设备挂检修牌的功能。因此可以通过这些检修压板、检修标记、主站端的检修牌来实现对检修告警的屏蔽。在实际应用时，需要从管理规程上明确规定，确保二次设备检修时对应的检修压板、检修标记、主站端的检修牌等置于正确的位置。

**3.** 二次设备巡视功能

二次设备的运行巡视是变电站日常设备运行维护的重要手段，通过巡视可发现设备的隐患。随电网自动化水平的提高，二次设备装置具备了较完善的在线测量功能，其测量数据可较准确地反映设备的运行状况，定期巡视继电保护装置的参数及运行状态是否正常，可分析出二次设备可能存在的隐患。

二次设备智能运维系统通过实时采集二次设备运行数据，获取了二次设备大量的数据，如模拟量、开入量、软压板、定值、装置参数、控制字、定值区、录波等信息，通过定期自动检查（巡视）这些信息，对保护当前运行的状态进行分析，判断保护是否正常运行，从而替代传统的定期人工设备巡视。

为了减少通信的信息量，降低复杂度并减轻二次设备智能运维主站端的工作负荷，宜将主要的巡视工作放在二次运维子站端，通过对运维子站下发巡视策略，由二次运维子站来实现对二次设备的各种电气量值进行巡视，并将巡视异常结果返回给二次运维主站。详细功能介绍见 3.2.1。

**4.** 智能变电站可视化监视功能

智能站的推广提高了变电站的智能化、数字化水平。与此同时，大量的智能设备及其二次连接也极大地增加了变电站二次回路的复杂度，增加了运维、检修的难度，同时以太网线、光纤替代传统的电缆，也使得二次回路故障诊断及定位变得极为困难。智能站一般采用模型 SCD 模型来描述，利用 SCD 文件的可视化技术来描述二次设备间的拓扑连接，并结合动态数据信息，可以实现智能站二次回路的有效监视及故障诊断。SCD 文件详细描述了各种智能设备（保护、合并单元、智能终端、网络分析仪、交换机等）间的信号拓扑关系，即二次设备虚回路。利用自动化转换工具可以将这些拓扑关系转换成直观的二次设备虚回路 SVG 图，并结合二次设备传送的二次虚回路信号的状态，在运维系统中动态展示当前虚回路的连接状态，直观表达出各二次设备间的信号连接关系，并实现虚回路的故障诊断。

详细功能介绍见 5.2 节。

**5.** 统计分析功能

二次设备信息系统多年运行积累了大量的历史数据，对这些数据进行多维度统计及数据挖掘，可进一步评价二次设备的运行状态，明确影响二次设备正常运行的关键因素，为二次设备的状态评价、运维策略制定、设备选型等提供依据。在此基础上，建立覆盖二次设备通信、数据质量、功能应用和异常处理的多维度运行评价指标，对其运行水平进行全面评价和考核，找出薄弱环节，为设备状态评价、缺陷管理提供依据，提升二次运维应用的水平。具体统计维度包括：交流系统一次设备故障统计、继电保护运行评价情况统计等。

故障相关数据统计包括：按故障类型、故障原因等多种维度对电网故障进行统计，形成月度、季度、年度报表。

故障处理情况包括动作正确率、录波正确率、快速切除率和重合闸成功率。保护运行情况包括保护故障率、保护异常率、纵差保护通道正常率和二次回路正常率。

二次设备智能运维系统接入设备的通信状况反映了系统整体的可用性和运维水平。对本系统的信息上送情况进行统计，提供信息上送完整率的统计指标，科学全面地评价二次设备智能运维系统的运行水平。

### 7.4.2 主站高级功能

二次设备智能运维主站的高级功能包括二次设备状态评价、缺陷管理、二次设备动作行为分析、智能预警等。

**1.** 二次设备运行状态评价功能

除了巡视之外，传统保障二次设备的正常运行手段还包括定期检修。定检属于预防性检修方式。设备检修周期依据经验确定，而不考虑设备的实际运行情况，导致部分运行状态较好的设备周期性停运，增加了调度调整运行方式的频度，影响了电网的经济运行。同时，定检模式人力耗费较大、运检人员劳动强度大，效率较低、停电时间长、重复性停电、重复性工作较多，维护成本高，维修频度高，过多的安全措施容易引起保护的异常及误操作，容易引发其他或相邻间隔设备跳闸。因此基于运行数据的状态检修工作发展趋势越来越受到广泛的重视。近年来，随着运维技术的提升和广泛应用，继电保护设备的自检测、自诊断能力有了显著的提高，设备通过自检能够发现设备本身异常，初步具备了根据设备自检告警信息进行状态检修的基础，但依据自检告警信息的状态检修是一种事后检修的被动工作模式，不能在故障发生前及时消除设备隐患，存在系统运行风险甚至造成事故。

随着电力系统集成度、自动化程度越来越高，二次设备智能运维主站可以将二次设备运行数据采集到运维主站中，但二次设备的运行信息尚未得到有效的利用和挖掘，如何有效利用二次设备的运行信息，从系统的角度对二次设备的运行状况给出评价，从而支撑二次设备的状态检修工作是急需解决的问题。

智能运维主站通过二次设备运行状态评价功能提升了二次设备运行信息的有效利用，从系统角度对二次设备的运行状况做出定义，并通过状态评价算法准确地评价和评价二次设备的状态，为后续的运维决策提供可靠有效的辅助。下面介绍状态评价的关键技术点：状态定义和评价算法。

（1）正常状态定义。为实现对设备状态的评价，需要对设备的正常状态进行明确定义。结合二次运维系统的实际情况，对设备的正常状态定义如下：

1）设备在线监测状态正常，包括：设备当前与子站通信应正常；设备的运行参数与规定的值一致，主要指设备运行在某一定值区时，其对应的定值、软压板、控制字等应与对该区的各项标准值一致；设备的实时监测数据应在预定的范围，主要是模拟量、状态量等；设备当前应处在非告警状态；设备的健康状况特征量值在正常范围（主要是模拟量，如温度、湿度、CPU 使用率、内存占用率等）； 设备测试结果应正常，设备巡检正常（可正确召唤各种量值），电网发生故障时，动作的设备应上送完整、正确的信息。

2）设备历史信息考核正常。二次设备通信率应达标；近期未产生过缺陷（直接依赖缺陷管理输出的历史信息）；最近一段时间有过实际出口或做过检修；该产品无家属性缺陷。

（2）状态评价算法。根据定义，可以从非检修态设备在线监测状态、历史状态两方面对二次设备的状态进行综合评价，如表7－1所示。

**表7－1　　二次设备状态评价项及基本评价方法**

| 评价项 | | | 基本评价方法 |
|---|---|---|---|
| 在线监测状态评价 | 设备通信状态 | 通信状态 | 查看设备当前的通信状态 |
| | 运行量值校核 | 运行参数校核 | 对比二次设备的运行参数与标准值<br>比较的内容包括：当前定值区、定值、软压板、硬压板等 |
| | | 实时量值校核 | 对比二次设备的实时量值与标准值<br>比较的内容包括：一般模拟量、一般状态量等 |
| | | 同源数据比对 | 对比二次设备相关的同源数据 |
| | 设备状态监测 | 量值越限评价 | |
| | | 告警状态评价 | |
| | 测试 | 巡检测试 | 对装置巡检，检查各量值是否可以召唤<br>巡检的数据包括：定值、录波列表、录波文件等 |
| 历史运行水平评价 | 通信率 | 通信率 | 一段时间内的通信率是否达标 |
| | 历史动作评价 | 历史动作记录 | 是否有历史动作记录 |
| | | 动作正确率 | 保护动作正确性情况 |
| | | 动作上送数据完整性 | 对二次设备动作时上送数据的完整性进行评价 |
| | 历史缺陷评价 | 缺陷记录 | 查询二次设备是否有历史缺陷 |
| | | 家属性缺陷 | 查询是否存在家属性缺陷 |

在线监测状态评价依据非检修设备的在线数据，如告警、特征值、运行量值、通信状态、自动化测试等，对设备的当前运行情况进行评价；历史运行水平评价则根据非检修设备的历史信息，如动作记录、动作正确性、缺陷记录等数据，对设备的历史运行水平进行评价。最终结合在线监测状态评价、历史运行水平两个方面得出二次非检修设备运行状态的综合评价。

**2.** 缺陷诊断及管理功能

加强电力设备缺陷管理，提高在线缺陷诊断管理水平是实现电网安全稳定运行的重要保障。二次设备智能运维主站在运行过程中会收到大量二次设备告警信息，对这些告警信息快速响应，进行在线分析及诊断，可及时了解二次设备运行异常或故障的情况。传统的保信主站对二次设备告警的处理仅仅是作为一类告警展示在告警窗中，仅仅是大量的告警信息简单堆积，没有进一步分析利用。

二次设备智能运维主站系统通过对二次设备告警信息进行扩展建模，并对告警信息进行详细精确的分类，形成告警信息的知识库，在此基础上对收到的告警信息进行在线分析，从而实现二次设备在线缺陷诊断。

首先，二次设备智能运维主站通过合并历史未确认告警和新产生告警，基于多元异常大数据分析的缺陷管理系统，将电力设备缺陷和二次运维主站实时缺陷需要参与诊断的告警信息放入告警队列，从缺陷管理系统的巡视内容分类信息中挖掘匹配缺陷原因、处理建议等信息，获取所属设备基本信息，形成缺陷记录，给出缺陷处理方法，从而消除缺陷。同时将新增的缺陷处理方案增量加入缺陷管理系统，不断扩充和完善缺陷管理系统。在缺陷诊断功能方面，智能运维主站采用了二次设备智能诊断技术。二次设备智能诊断技术是智能二次运维的核心技术组成之一，其包括：设备状态评价、运行智能预警、自检信息智能分析和动作行为分析与故障原因诊断等多项技术。由于影响到二次设备可靠性的因素较多，贯穿了设备投运、运行维护阶段，所以只有针对在每个可能的阶段采用相应的技术进行诊断，确保二次设备元件完整性及功能正常，二次回路接线以及定值等，才能保障电网安全稳定运行。所以在二次设备诊断技术的应用过程中需要整合上述多项技术和功能来实现对二次设备全过程的异常诊断。

在设备运行阶段（在线诊断），可利用智能二次设备提供的大量数据，对设备进行在线的状态评价和诊断，发现异常后进行故障的预警，提醒进行异常设备的检查或者处理。二次运维管理系统的在线诊断包含以下主要步骤：

（1）初始化加载没有确认的缺陷。装置告警信息和通信状态诊断时初始化加载和巡视异常诊断的初始化加载。

（2）缺陷诊断模块实时接收平台告警消息。若接收到新告警则生成一条缺陷，并向平台发送告警通知界面发现新缺陷，若收到复归的告警则更新缺陷的状态，并向平台发送告警告知界面有缺陷消除。

（3）参与诊断的告警信息放入告警队列，根据具体的告警类型分别进行诊断。缺陷诊断判断方法为：缺陷等级与信号点的告警影响程度相对应，取其中的属性位，若该点参与缺陷诊断，属性位为1，对应缺陷等级为危急；属性位为2，对应缺陷等级为严重；属性位为3，对应缺陷等级为一般；属性位为其他值，该点不参与缺陷诊断。

（4）向平台发送告警通知缺陷消除。删除状态消除后的缺陷告警映射关系，告警处理完毕。

（5）缺陷诊断的纠错。缺陷诊断模块定时对告警进行查漏纠错。

继电保护在电网故障时通过跳开断路器切除故障，防止故障扩大。故障时继电保护的动作行为是否正确、开关动作是否正确是二次系统功能是否正常的重要指标，因此对继电保护动作行为进行分析也是状态评价的重要内容之一，同时发现动作行为异常直接触发预警。根据预警提示，进行故障诊断。

当二次设备本身异常时，通过较完善的设备自检功能发现异常，并以告警的形式发送异常信息，通过对自检告警信息的智能判断分析，可以判断定位设备的故障原因和故障位置。

汇总上述功能的综合结果，可以得出二次设备智能诊断结论：

（1）缺陷产生及消除。缺陷产生和消除流程如图 7－17 所示。

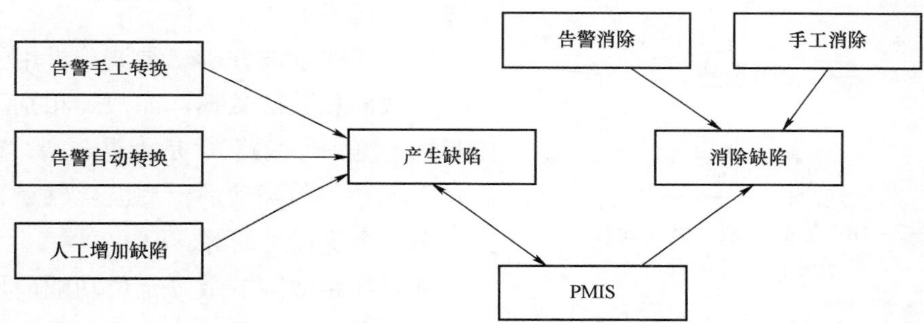


图 7－17　缺陷产生及消除流程示意图

缺陷通过 4 种方式产生：

1）告警手工转换为缺陷；

2）如果配置了自动转换，告警可根据规则自动转换为缺陷；

3）通过工具人工增加缺陷；

4）如果与缺陷管理系统有接口，可以通过该系统获取 PMIS 系统中的缺陷。

缺陷消除有 3 种方式：

1）如果配置了告警自动转换缺陷，当告警消除时，对应的缺陷也消除；

2）可通过手工消除缺陷；

3）如果与 PMIS 系统有接口，在 PMIS 消除缺陷时，本系统收到通知可实现本系统缺陷的同步消除。

（2）家族性缺陷诊断。家族性缺陷的诊断在基于前边所述生成的缺陷记录的基础上，定期（可配置，默认 1 天）自动对设备的装置型号、缺陷类型进行

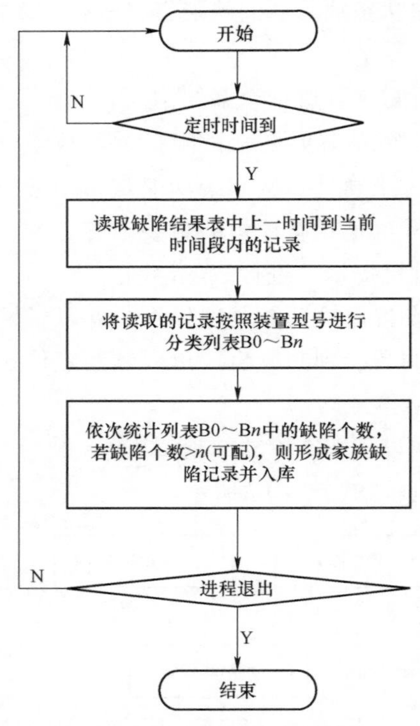


图 7－18　家族性缺陷诊断流程－基于装置型号的诊断

多维度统计分析，给出家族性缺陷分析结果并存入家族性缺陷统计结果表。在一段时间内，同一型号装置发生了一定数量的缺陷，缺陷不分任何类型，只要缺陷数量达到一定限值（可配，默认为15），则认为该型号的装置容易发生家族性缺陷，形成一条家族性缺陷，缺陷诊断流程如图 7－18 所示（同一型号装置是指设备型号、类型、子类型、软件版本都相同）。

**3.** 故障及动作行为分析

故障及动作行为分析主要包括以下几种：在线录波分析、故障/检修辅助决策、故障可视化展示。

（1）在线录波分析。录波分析用于分析一些故障相关的数据，如故障相别、跳闸相别、测距（线路）、是否重合闸、重合闸是否成功、故障前后一周波电气量、开关跳闸命令执行时间等。

针对线路故障的故障定位功能应用了输电线路纵联电流差动保护的特性，电流差动保护原理是建立在基尔霍夫电流定律的基础之上的，具有良好的选择性，能灵敏、快速地判断出故障位置。当故障发生在线路内部时，线路两端的电流差为一较大数值，大于电流门槛值；当故障发生在线路外部时，线路两端的电流差为一较小数值，小于门槛值。基于以上特性，智能二次运维主站录波数据分析功能根据故障录波数据进行故障定位并对继电保护动作行为进行分析评价。录波数据分析功能先将电力系统中的线路两侧电流作差，再根据电流差动保护原理判断故障线路，最后，根据找出的故障线路对继电保护的动作信息进行分析评价。智能二次运维系统同时考虑了故障相，不但可以找到故障线路，而且可以精确判断出故障相别，为进一步评价保护动作行为提供了依据。同时，按照此功能设计的原理不存在故障定位盲区，故障定位的可靠性高，可以实现快速有效的故障定位和保护动作评价功能，具有很高的工程实际意义。方法如下：

1）故障发生后，将录波数据的时间进行同步。

2）取录波数据中的任一线路两侧的故障后 1/4 时间周期处的 A 相电流，求出电流差，即 $i_{rA}=i_{A1}-i_{A2}$。

3）当线路正常运行或外部发生故障时，流经线路两端的电流幅值相等，则电流差为一很小的数值，将小于电流门槛值 $i_{op0}$，即 $\dot{I}_{rA}<i_{op0}$；当线路内部发生故障时，两端电源分别向故障点供给故障电流，流经线路两端的电流方向相反，则电流差为一很大数值，将大于电流门槛值 $i_{op0}$，即 $\dot{I}_{rA}>i_{op0}$。

4）取录波数据中相同线路两侧的 B 相电流和 C 相电流，分别得到 B 相和 C 相的电流差 $i_{rB}$、$i_{rC}$，并重复 c. 中的步骤。

5）计算录波数据中线路两侧的各相电流和，直到找到所有故障线路和故障相，实现故障定位。

6）找到故障线路后，故障线路两侧的主保护均应动作，分析继电保护动作行为。如果故障线路的主保护动作，则判断保护动作正确；如果故障线路的主保护未动作，则判断保护动作不正确，从而实现对保护动作的分析评价。

（2）故障/检修辅助决策。目前在运维检修过程中，继电保护设备检验以定检为主，包括全部检验和部分检验。现有定期检验项目繁多，不考虑检修对象的实际运行状况，按照既定检修项目进行检修，检测效率较低，停电时间较长。电气设备的电压等级不同，规定的预试周期也不同，导致电气设备需要进行一次和二次的试验却要进行停电两次。随着迅速发展的经济，电力企业面对频繁的检修任务，已经不堪重负。这种单纯的以时间定义检修周期，不考虑设备运行情况的传统定期检修制度，检修过程中没有明确检修重点。如果全部按作业指导书来试验，消耗时间较长，耗费较大运营成本，甚至给企业的电力生产埋下安全隐患。随着电力系统自动化程度越来越高，二次设备运行数据已经能够被采集到保信主站中，但设备的运行信息尚未被充分利用和挖掘，如何有效利用继电保护的运行信息，从系统的角度为继电保护装置运维检修工作提供辅助决策，是急需解决的问题。

故障/检修辅助决策作为二次智能运维主站智能化重点突破点，在经过数十年的技术沉淀之后，形成了一整套成熟的安全运维测试技术和方法。相较于传统的保信主站，二次设备运维主站的检修辅助决策技术采用了更多的智能化应用，包括：定期检验、缺陷处理等。二次智能运维主站所涉及的辅助决策技术包括：检修辅助决策、检修智能安全措施等方面。

定期检验主要涉及变电站继电保护系统和自动化系统实施，通常包括全部检验、部分检验两种，在实际工程实践中往往要求应尽可能配合在一次设备停电检修期间进行。而对于新安装的继电保护装置，若其二次回路为同期建设或同期改造，则在装置投运后一年内必须进行第一次全检。装置第一次全检后，若发现装置运行状况较差或已暴露出了需予以监督的缺陷，其部检周期可考虑适当缩短，并有目的、有重点地选择检验项目。若仅更换装置而保留二次回路的技术改造工程，投产前应进行一次全检，此后可按正常检验周期安排检验，可不进行投运后第一年的全检。

从当前的工程状况来看，二次设备检修以定期计划检修为主，事后维修为辅。此类检修策略和方法，虽然可以在很大程度上保障重大设备的正常运行，但是由于其检修内容和检修计划的制定并没有完全根据设备的实际状况，很容易造成“维修不足”或“维修过剩”的现象，增加了系统的运营成本，严重情况下甚至会引发电网故障。正是由于传统检修方式存在的这些缺陷，采用合理的维修策略和运用高科技手段对设备实行更先进、更科学的管理和维修体制，以保证设备安全运行，提高设备运行的可靠性已成为电力设备检修技术的发展关键。本章所涉及的智能二次设备运维系统采用的检修辅助决策技术主要包括：利用故障智能诊断技术，并结合传统检修方式中的检修周期设置，对二次设备进行按运行状况的检修决策提示；检修工作中安全措施的智能制定及执行监视。

在实际运维过程中，按照技术的使用将检修分为两个阶段：设备运行阶段和设备检修阶段。二次设备的运行阶段，根据二次设备产生的数据，对设备工况进行“智能诊断”，如发现设备故障或者异常，则提示检修；如未发现异常，且运行过程中已经通过电网故障时继电保护正确动作验证了装置功能正常，其“经验检修”的周期可以相应的延长。对于长期无跳闸出口的继电保护设备，基于运行信息无法对其跳闸回路进行检验。针对此问题，结合跳闸回路的检验周期设定，给出检验周期内需进行跳闸回路检验设备的清单，为检修人员制定检修计划提供数据支撑。上述“智能诊断”和“经验检修周期”的设定构成了设备运行阶段的主要辅助检修决策。

智能二次运维系统通过故障/检修辅助决策功能实现对继电保护系统进行全过程、全方位的检验检测，为运维检修工作提供辅助决策。该功能在处理故障信息方面采用了如下功能以达到辅助决策的目的。

1）告警信息诊断功能。充分利用继电保护自检信息进行分析，定位保护装置本体的插件异常、二次回路异常和外部异常，给出继电保护设备检修内容的辅助决策。该功能主要包括：① 建立异常告警决策库，定义各项保护装置异常告警所对应的装置异常原因及辅助决策建议；② 收到保护装置所上送的异常告警后，根据异常告警决策库自动给出辅助决策建议。

2）断面数据比对功能。在一次设备不停电和保护设备不改变运行工况的前提下，通过采集继电保护在线运行信息，利用断面遥测、遥信等数据的比对，远程检验继电保护设备的交流回路、开入量回路和跳闸出口回路。该功能主要包括：建立电气量和状态量数据的横向关系，对于不同装置上送的同一量值建立对应关系，并设立差值标准门槛值范围；将保护装置上送的电气量和状态量按断面进行横向比对，对于差值不在标准门槛值范围内的发出告警提示。

3）跳闸回路检验功能。利用区内故障时录波数据的跳位开关量特征和相电流特征，实现跳闸回路的检验。该功能主要包括：建立录波文件中录波模拟量通道与开关量通道的逻辑对应关系；区内故障发生时，接收故障录波文件；分析故障录波文件，判断录波开关量有该相跳令、该相电流小于 $0.1I_n$、有该相跳位，可判别该相跳闸回路正常（$I$n 为额定电流，该方法可用于分别判别 A、B、C 相）。

4）零序回路检验功能。利用区内故障时录波数据的三相电流和等于零序电流的电气量特征，实现零序回路的检验。该功能主要包括：区内故障发生时，接收故障录波文件；故障录波文件分析。

（3）故障可视化展示。故障通过以下两个方面来展示：

1）故障报告详细页面展示增强。在原有报告基础上，整合故障场景数据、动作行为评价数据、故障影响范围数据、故障辅助决策、故障报告完整性等内容，形成完整的故障报告详细信息。

2）基于中间节点的动作逻辑可视化展示。基于可视化技术继电保护装置启动或动作时自动生成故障录波、中间节点以及故障简报文件，并生成扰动通知，故障录波器通过文件服务从保护调取故障信息文件，故障录波器再将故障信息文件上送。将故障录波信息和保护逻辑图信息进行综合分析，全景显示故障过程中保护元件的实时状态，在波形反演的同时，动态显示开关量信息，事件以及元件逻辑状态，并根据保护元件特点提供相应的动作轨迹。

**4.** 监视预警功能

二次设备的广泛应用，极大地提高了电力系统的运行水平，与此同时，海量的二次设备本身也带来了运行、维护等方面的问题。目前已在电力系统中广泛应用的故障信息系统（简称保信系统）实现了对保护装置等二次设备各种运行数据的在线收集，在保护运行信息监视、事故后的故障整理等方面发挥了重要作用。但另一方面，对于保护装置运行是否正常、故障时保护的动作是否正确、开关动作是否正确等没有做深入分析，无法及时发现电力系统中存在的隐患。监视预警是对设备亚健康状态的一个提前预警，引起运行维护人员的注意，通过做好设备的维护检修工作，达到设备事故防范的目的。

在保信系统的基础之上，二次设备智能运维主站的监视预警功能通过以下几个方面对故障数据进行处理，充分利用保护装置等二次设备上送的事件信号、告警信号、定值、控制字、软压板等信号信息，对这些信号进行功能筛选、编码分类，加上波形数据一起进行多维度深入分析，发现异常时推送风险预警，可以及时发现系统中二次设备和一次设备存在的风险，便于工作人员及时排除系统安全隐患，提高系统的运行水平。

（1）智能二次运维系统在线收集各种二次设备运行数据，包括保护动作事件、保护告警信号、保护定值、保护开入量、保护控制字、保护软压板、保护录波文件、故障录波器录波文件。

（2）二次设备智能运维主站将所有保护装置涉及一次设备故障的保护动作事件归类为故障风险类事件，当系统在线收集到的保护装置运行数据属于故障风险类事件时，推送保护装置电网故障风险预警。

（3）二次设备智能运维主站在线采集所有保护告警信号，并将其归类为异常风险类告警，当二次运维系统在线采集到异常风险类告警信号时，推送保护装置异常风险预警。

（4）二次设备智能运维主站通过对保护装置上送的保护动作事件、保护告警信号、保护开入量所带时标与系统前置机接收时间进行时间差值计算，如果时间差值超过预定阈值，系统则推送保护装置时钟异常风险预警。

（5）二次设备智能运维主站对在线收集的保护动作事件、保护定值、保护软压板、保护控制字，根据动作行为进行分类，在保护动作后，根据保护动作事件、保护定值、保护软压板、保护控制字以及保护录波文件、故障录波器录波文件对保护的动作行为进行分析，对于动作行为异常的，系统推送保护动作行为异常风险预警。主要预警数据分类如表 7-2 所示。

**表 7-2　　主要预警数据分类**

| 分类 | 说　明 |
|---|---|
| 保护故障/异常 | 保护上送异常告警/故障告警 |
| 动作行为异常 | 电网故障中保护装置的动作行为不正确 |
| 开关跳闸命令执行时间异常 | 电网故障中开关的跳闸时间异常 |
| 多次故障 | 一次设备在某一时间段内发生了多次故障 |
| 时钟异常 | 保护装置的时钟异常 |
| 差流异常 | 保护长期采集到较大差流 |

续表

| 分类 | 说　明 |
| --- | --- |
| 零序电流 | 保护长期采集到较大零序电流 |
| 零序电压 | 保护长期采集到较大零序电压 |
| 压板异常 | 压板与标准值不一致 |
| 频繁告警 | 同一个告警一定时期内频繁出现 |
| 扰动预警 | 某个保护一段时间内经常启动 |
| 单台保护启动 | 某一时间（段）只有一台保护启动 |

（6）二次设备智能运维主站通过对所有保护装置上送的保护动作事件和保护录波文件、故障录波器录波文件分析，计算出开关每一相的跳闸命令执行时间，对跳闸命令执行时间超过正常范围的开关，推送开关跳闸命令执行时间异常风险预警。

（7）当电网故障发生后，通过二次设备智能运维主站查询发生故障的该一次设备，根据历史数据检查某一设定时段内该设备是否已发生多次实际故障，对于发生多次故障的一次设备，系统推送一次设备多次故障异常风险预警。

通过充分利用保护装置和故障录波器上送的各种信息进行多维度深入分析，发现异常时推送风险预警，可以及时发现系统中二次设备和一次设备存在的风险，便于工作人员及时排除系统安全隐患，提高系统的运行水平。

## 7.5　二次设备智能运维主站展望

运维技术的发展必然会带来硬件和软件上需求的提升，前面我们更多地强调了在运维平台上软件方面所采用的技术的进步和要求的提高，软件的进步和需求提升是需要以硬件为基础的，因此，硬件水平也会随着软件的要求“水涨船高”。以下从几个方面介绍硬件方面的需求提升。

首先，二次运维产生的数据已经从 GB 步入了 TB 级别，甚至在不远的将来 PB 也将逐渐普及。尽管大数据在软件方面做了很多的优化和技术提升，但数据的存储方面也需要大量的硬件来支撑，存储服务器的扩容对智能运维系统来说势在必行。另一方面，针对海量数据的冗余备份措施显然已经无法采用之前的备份技术，数据的体量已经决定了存储的方式已经不是简单磁盘阵列之类的硬件设备能支撑的。此外，虽然当前硬件存储价格在逐年走低，但也远远跟不上数据存储增长的需求速度。因此总体上要解决海量数据存储的问题，在存储介质方面带来的硬件要求不仅仅是硬件的成本，更多的是数据的冗余备份等技术问题。从业务方面看这些数据的存储问题，我们可以有区别对待，对于实时性高、安全要求高、业务关联紧密的数据可以作为就地存储，但对一些时效性要求不太高的数据，如历史数据、运行数据、分析数据等相关业务数据，完全可以采用更加灵活和经济的方式来完成。从实际运行过程中来看，这些数据占据了上述数据体量的绝大部分，因此建立一个更加灵活和经济的硬件支持环境是智能运维在后续发展中需要解决的第一个硬件问题。

其次，运维的业务外延已经扩展到了更多的领域。对于业务划分不同的领域，可以考虑采用不同的部署规模和方式。针对重要业务节点采用就地设备部署，但对于业务要求没那么多、需求功能较少的节点，如果也采用同样规模的设备部署，在成本方面是较大的浪费，同时在维护和建设方面也需要耗费较大的人力成本。在不同的业务节点部署不同的运维系统，作为运维方案提供商也存在困难，因为为每个业务的应用提供不同配置和组合的运维设备对提供商来说也是个巨大的调整。因此，寻找一种更加灵活的搭配和配置，一种对用户和提供商来说都可接受的方案是部署的关键。

第三，部署本身的维护工作量是巨大的，即使目前运维站的自动化水平越来越高，但是要针对不同业务级别分别进行周期维护，这对人力的投入来说也是很巨大的，不但需要相应的人员，同时人员也需要具备相应的知识储备。此外，排错维护方面对于提供商和用户来说都是艰巨的工程问题。

第四，随着访问方式的改变以及移动应用技术的普及，当前只满足工作站级别和桌面级别的部署方式已经无法满足发展的需要。实效性更高、信息处理更及时、维护协助更方便等与传统信息访问方式截然不同的要求越来越多，不仅仅是一种技术应用的普及，更是运维方式发展的必然。因此，仅仅采用传统的硬件方式显然无法满足上述的运维需要，满足移动应用的需求和应用场景的硬件部署方式已然是一种迫切需要的方案。

### 7.5.1 云平台技术介绍

针对上述介绍的运维在发展过程中的软件需求与硬件部署的问题，当前行业已经具备了成熟的解决条件，即基于云计算的云平台技术。云平台技术并不是一种单一的技术，从某种程度上来讲是一系列相关技术的集合，是并行计算、分布式计算和网格设计的发展。作为一种平台技术，它采用所谓“服务”的方式对外提供交互方式。从某种意义上说，上述的需求就可以通过云平台提供的“服务”完全得到满足。云平台的服务一般分为三种服务类型：IaaS（Infrastructure as a Service，基础设施即服务）、PaaS（Platform as a Service，平台即服务）以及SaaS（Software as a Service，软件即服务）。这三种服务类型可以很好地应付上述我们所描述的在运维发展过程中遇到的挑战。IaaS 服务把最基本的计算资源和存储资源通过虚拟化的方法以服务的形式对外提供。PaaS 把诸如开发环境、运行平台和部署环境作为一种资源对外以服务的形式提供，用户可以在 PaaS 之上搭建和部署所需要的软件。SaaS 把具体的应用功能以服务的方式对外提供，这是粒度更小、更具体的服务提供，适用于只关注部分服务的用户。

更具一般化的云平台技术划分为以下四个层次，如图 7－19 所示。

图 7－19　云计算技术体系结构

云平台大体可分为四层：基础资源层、虚拟化资源层、管理中间件层和应用服务层。基本上分层的逻辑与常用的软件架构相同，只是不同层包含的内容不同。其中：① 基础资源层主要包括了计算机设备、存储设备、网络设备和各种应用服务软件。② 虚拟化资源层主要是将基础资源层的各种资源经过虚拟化技术构建成同构的或类同构的资源池，其主要目的是实现物理资源的集成和管理，即从硬件资源到软件服务实现“m:n 的映射”，其中 m 表示真实资源的数量，n 表示对外提供的资源数量，显然云平台的目的在于实现 $n \gg m$。③ 管理中间件层主要完成对云平台的资源的部署和管理，与上一层的不同在于，上一层注重于从“实到虚”的映射，而本层的主要目的是对任务的调度、执行、反馈以及其他相关的服务如安全等。④ 应用服务层是对外提供服务的接口层，用户通过与该层提供的服务订立关系进行交互，最终达到实现云计算资源的目的。更加具体的云计算的技术内涵和外延不是本书关注的重点，因此在后续章节不对云相关的技术做深入探讨，这里只是从最基本的云平台的架构层次说明云计算在运维主站的应用前提，后续将根据上述的层次架构说明智能运维主站如何在云平台上应用为前述的业务场景提供服务，以避免前述所描述的部署问题和挑战，以达到更好更有效的利用资源，开拓运维平台应用的广泛性。

### 7.5.2 智能运维云平台结构

上一节介绍了云平台的一般技术结构，这里将介绍在智能运维主站上云平台如何实现各对应层的关键点，如图 7－20 所示。

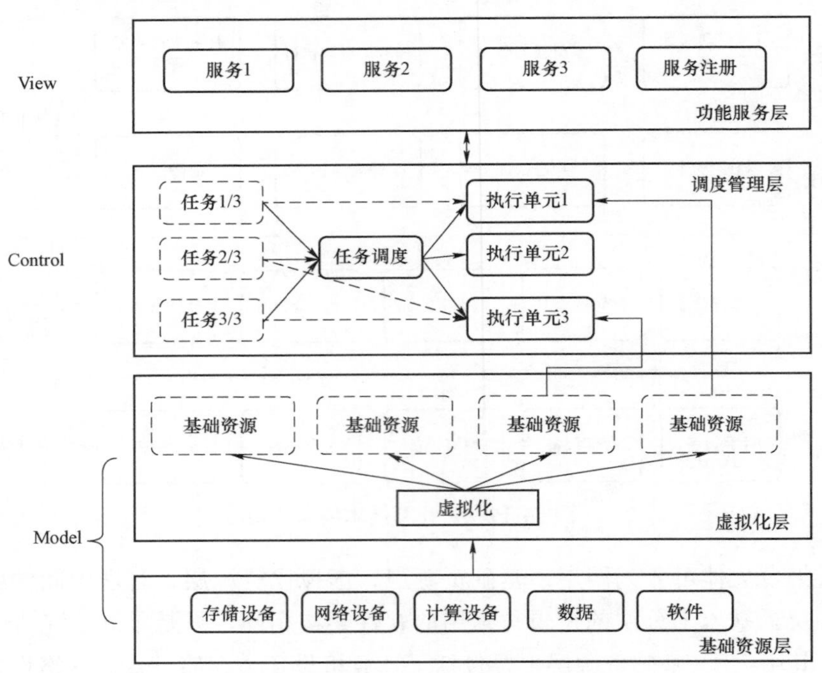


图 7－20　智能运维云平台结构

（1）基础资源层。为了解决前述介绍的常规硬件部署在应付海量数据存储和冗余的问题上所需要付出的巨大成本问题，以及针对不同业务场景部署的运维平台规模和功能集成的问题，云平台在基础资源层面需要提供最基本的硬件和软件支持。

从前面的介绍我们知道，在基础资源层需要提供最基本的硬件和软件资源。

因此，为了支撑海量数据的存储和冗余问题，在基础资源层，云平台需要采用云计算技术搭建分布式存储阵列，由于需要对外提供强大的存储能力，所以在此处的数据存储设备能力应远大于单节点的数据存储，但考虑到成本和管理因素，更多的是借助于云计算技术从技术上保证足够的存储供使用。其他硬件设备与存储设备类同，都需要提供一套甚至多套强于单节点的硬件资源。即使是这种强于单节点的硬件资源部署，在总体成本上也好于所有节点进行类似配置的情况。另一方面，在软件上，基础资源层应该能够为后续软件提供全集的软件功能，否则无法对外提供一个全面的功能服务。因此，在资源层除与传统的硬件和软件配置外，更加重要的是提供冗余的多节点并行计算的能力，这是该层技术的核心，如果没有相应的计算能力来支撑这个平台上的软硬件资源的共享，将无法实现后续的其他服务能力。

（2）虚拟化层。在基础资源层搭建完成必要的软硬件资源后，虚拟化层主要解决如何将这些软硬件资源在云平台上虚拟化的问题，即如何使这些资源完成从 m－>n 的转变（n≫m）。通俗的类比：如何将只有 m 份的资源“变成”n 份资源，因为只有实现了从 m－>n 的转变才能实现上述所说的为用户提供定制化的服务。因此，该层的虚拟化技术主要实现将智能运维平台中的物理存储设备、网络设备、服务器资源、海量数据和各种基本功能以及智能高级应用等进行逻辑化处理，并部署到智能云平台的虚拟资源池中进行统一管理。虚拟化技术是整个云平台的核心技术，如果没有虚拟化技术的支持，上述的软硬件资源无法实现通过有限的资源完成多资源的服务提供，并在性能上不亚于单节点的资源所能提供的处理能力。在服务功能和性能两个方面都满足相应的智能运维的需要，才是虚拟化层最终的目标。

（3）调度管理层。这一层是智能运维云平台最关键的部分，从 MVC（Model－View－Control）模型的角度来看，基础资源层和虚拟化层构成了 MVC 模型的 Model 部分，而调度管理层则构成了 Control 部分，这层是 MVC 模型中承上启下的关键部分。从云平台的四层结构来看，这层对应的是管理中间件层，因此，该层的主要任务是承担整个云平台的任务调度、执行、任务生命周期管理、资源自动部署管理、权限管理、身份认证和故障恢复等相关的任务和安全方面的管理。在智能运维系统中该层通过集群、分布式文件系统和网格计算等技术对来自上层（即 View 部分，是指功能服务层）的任务进行分解、调度和管理以及负载均衡等。同时，该层还承担着云平台的故障恢复等重要安全性容灾工作。

（4）功能服务层。该层在 MVC 模型中构成了 View 的部分，主要承担各种应用服务的接入管理，不同用户的功能和服务的集成正是通过这一层来实现的。

用户根据业务需要通过该层订制与自身业务相关的功能集成，而不需要在本地安装部署全套的智能运维主站功能，从而实现了在不影响业务功能和安全性的前提下极大地降低了运维主站的搭建成本，减少了人力运维支出。这一层常用的技术有主动服务技术，是在传统的 Web 模式基础上发展而来的一种新的服务方式，它意在解决 Web 服务模块无法动态扩展而且无法感知用户需求从而无法满足业务需求的弊端，它是一种面向用户的服务，体现了以用户需求为本的思想。它的思想是能够感知用户的服务需求，分析需求获取解决方案，从应用部署网络或者本地网络中寻找、发现能够满足需求的服务或者程序，将这些服务或者程序按照需求进行组装后返回给用户。而用户在使用服务或程序的时候，完全不必知道这些服务是从何得到的，也不需要知道这些服务是怎么组装成结果形式的。这样就能充分利用现有资源，解决了传统 Web 服务对用户需求的变化无法动态满足的弊端。

主动服务研究的主要内容包括以下三大部分：

1）主动服务的模型和结构。相比于传统的 Web 服务模式，主动服务模式的主要区别在于可以动态感知用户需求，而 Web 是将事先预置好的服务提供给用户，满足用户特定的需求。那么，我们可以把 Web 看成对于特定需求的静态主动服务方式，因此主动服务的模型和结构应当建立在 Web 模型基础之上。

2）查询满足服务需求的程序和数据。传统的 Web 服务模式，Web 开发人员根据用户的固定需求开发一套固定的服务程序供用户使用。然而主动服务模式下，这样是不可能的，因为用户的需求是多种多样并且无法预知的。因此如何感应用户需求，并且如何查询满足服务需求的程序和数据是一个重要的研究问题。

3）服务的定制。当主动服务系统在应用部署网络中找到了能够满足用户需求的服务时，接下来就需要将这些服务组织起来，根据用户的操作系统和软硬件环境进行编译、执行，从而转换为用户可使用的服务。由于在通常的软硬件环境下，传统的服务或者程序无法直接进行编译、执行，服务之间也缺少相应的标准接口进行相互的连接。因此，需要一种标准化、开放的技术来解决这些问题。构件技术为服务的定制提供了一种可能的解决方案。

从以上四层的介绍可以知道，智能运维云平台的应用不但可以从基础设施的部署上节省硬件成本和人力成本，同时对于用户在业务上的功能性订制和供应商对产品的功能组合方面都提供了很大的灵活性，降低了产品维护的复杂性。另一方面，由于采用的是云平台的虚拟化和云计算等技术，在容灾和故障恢复等安全性方面，极大地提升了数据和功能的可用性，即使部分云节点出现问题也不影响整个系统的安全性和可用性。此外，在电力的运维业务方面，云平台的方式开创了一种完全不同于以往的部署构建服务的方式，这种通过数据服务提供商提供的安全可靠的平台性的计算服务，不仅在功能性上完全满足业务需要，在管理方面更是提供了一种可行的、经济的运营方案，使电力数据安全性得到保证的同时还能最大程度进行共享，使更多的业务系统能集成进来，实现更为广泛意义上的智能运维，真正解决了上述智能电网发展过程中数据和设备运维带来的挑战。

### 7.5.3　基于云存储的数据存储方式

根据二次设备智能运维系统接入数据特点，采用分布式结构化数据、非结构化数据存储技术，实现满足建设要求的电力云存储方案。

考虑到二次专业模型与数据特征，应针对电网及非电网设备数据与运行、应用数据提供分布式与集中式的混合型存储方案。其中涉及的电网及保护全景模型数据，具有硬关联特征，结构较固化，可以采用传统关系型数据库进行存储。对于其他诸如文件、图片、视频、图纸等数据，已经利用其他采集工具获取的数据，可以存储在分布式 NoSQL 数据库或文件数据库。

从数据采集系统抽取公共数据完成运行云存储数据中心模型数据的初始化过程中，公共信息模型建立时，通过分析源数据，独立配置数据抽取规则，包括抽取对象类型范围、属性范围、来源访问点及采集、抽取方式，实现对象属性数据的自动多源提取。初始化完成后跟随源系统获取电网模型的差分数据，实现电网模型与源系统的一致。

根据数据值变化形式的不同可将数据分析平台中的数据分为 5 种类型：模型静态属性、实时采集数据、事件数据、历史及统计数据、非格式化数据。各类型数据获取原则如下：

（1）模型静态属性：在源系统建模完成时获取。

（2）实时采集数据（即过程数据）：跟随源系统的实时数据变化，实时数据更新后，写入实时历史数据库。

（3）事件数据：源系统产生的各事件由大数据分析平台的侦听客户端获取后，存储于中心的数据库。

（4）历史及统计数据：对于历史数据，可直接存储在数据中心内，在访问时由运行数据中心相应服务直接从数据中心相应库中获取，其对应用透明。系统上线前的，及因运行原因缺失的历史数据，通过数据抽取工具补足。对于统计数据，使用 ETL 工具从源系统周期获取，存储在数据分析平台的存储系统中。

（5）非格式化数据：对于其他诸如文件、图片、视频、图纸等数据，已经利用其他采集工具获取的数据，可以存储在分布式 NoSQL 数据库或文件数据库。

数据分析平台是模型、实时、历史和同级、事件数据的综合管理中心，在以信息模型为主的元数据的统一描述指引下，按数据性质不同存储于不同的存储设施（实时历史数据库、关系数据库、文件等）中。统一的对象标识（编码）是跨多存储设施访问同一对象的不同部分数据的关键。数据分析平台依据 Hadoop 架构建设。

Hadoop 是 Apache 开源组织的一个分布式计算框架，支持在大量廉价的硬件设备组成的集群上运行数据密集型应用，具有高可靠性和良好的可扩展性。Hadoop 的系统架构如图 7－21 所示。

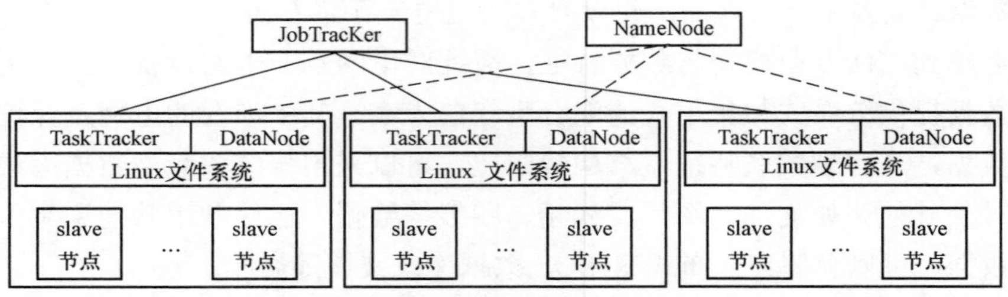


图 7－21　Hadoop 的系统架构示意图

HBase 建立在 HDFS 之上，提供高可靠性、高性能、列存储、可伸缩、实时读写的数据库系统。它介于 NoSQL 和 RDBMS 之间，仅能通过主键 RowKey 和主键的 Range 来检索数据，仅支持单行事务，主要用来存储非结构化和半结构化的松散数据。存储系统分为以下 3 层，如图 7－22 所示。

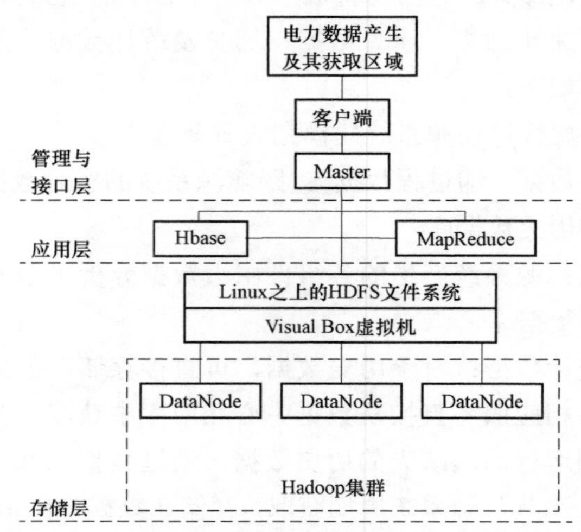


图 7－22　基于云计算的电力设备采样数据存储系统

（1）存储层为 Master 管理下的 Hadoop 集群，用于数据的物理存储。集群中的普通 PC 通过 Visual Box 虚拟化技术建立同质的Ⅱnux 系统.并使用 Hadoop 平台建立 HDFS 文件系统。

（2）应用层包括基于 HDFS 文件系统的 HBase 和 MapReduce 编程模型，依据所提供的存储和并行编程接口完成数据存储以及应用开发。

（3）管理与接口层由数据产生区域、客户端和 Master 组成，可以通过客户端完成电力数据的云存储和实时访问。

### 7.5.4 智能运维云平台关键技术

**1.** 智能运维资源的虚拟化

虚拟化是智能运维云平台实现的关键技术基础，它将位于底层的硬件和软件全面虚拟化，构建一个共享的、多用户的、按需组合的智能运维云内部资源池。虚拟化计算指的是通过自动安装和部署，将计算资源从单一原始状态转变为多可用状态。存储虚拟化的核心工作是处理物理存储设备和逻辑资源池的映射关系，由于需要解决海量数据存储的问题，如果考虑各个节点共同作用与该节点的存储问题的话，云平台的存储将是不可想象的数据体量，因此并行计算技术应用能够使数据的分布式存储和冗余能在一个可以接受的范围内得到应用。通过虚拟化技术，智能运维平台对用户和应用程序提供虚拟化的存储设备，对用户隐藏或屏蔽了具体物理设备的各种物理特性，使用户和程序在使用存储介质时如同在使用本地的存储介质。智能运维的云资源的虚拟化过程也是一个自动部署的过程：也就是一个云任务的生命周期，即在这个生命周期内可以通过一个工作流引擎来实现。一个云任务的生命周期内主要涉及服务器、操作系统、中间件、应用程序和运行环境的相关配置，其核心思想主要是根据需求对相关参数进行自动配置，包括云任务的数量、应用类型、调度策略等。借助于文献［1］提供的云任务的部署可以简要了解一个典型的云任务的部署过程，具体过程如下描述。

CT：云任务；VM：虚拟机资源群；PC：代指单个计算单元。

（1）初始化 CT。包括用户数量、日期和有关标记。

（2）创建数据中心。数据中心在本次 CT 任务生命周期内负责管理一组计算单元 PC（或 CPU），并根据实际需求动态地为计算单元 PC 配置操作系统、带宽、存储和调度策略。

（3）创建数据中心代理。数据中心代理负责在云计算中根据用户的 QoS 要求协调用户及服务供应商并部署 CT。数据代理隐藏了虚拟机的管理，如：创建任务、任务提交、资源的销毁及重新分配。

（4）创建 VM。对虚拟机 VM 的参数进行设置，主要包括 ID、用户标识 ID、计算单元 CPU 数量、内存、带宽及调查策略，并提交给数据中心任务代理。

（5）创建 CT。根据指定的参数创建 CT，设定任务的用户 ID、CT 数量、CT 类型、CT 的调度策略等信息。

（6）CT 部署调度。根据调度策略，将 CT 分配到各 VM 进行处理和执行。

（7）返回 CT 的计算结果。

上述流程是文献［1］描述的一个云任务的部署全过程，其中对于用户来说只能感知到任务的创建和执行及反馈，中间的数据、资源的分配和调度等都是由云平台进行的。

**2.** 智能运维云平台访问权限管理

由于电网结构复杂，存在不同级别的终端服务请求，并不是每个业务节点上的业务需求都应该提供无限制的访问和资源支持，过多的不必要的资源的权限支持尤其是数据存储和 CPU 的虚拟等，造成再强大的云硬件也无法支撑当前的运维需要。因此，为了保证关键资源的有效性和资源分配的合理性，需要对云平台的访问进行管理。按照文献［1］介绍的方法，可以采用在现有电网系统的行政区域划分的基础上建立云平台访问的权限管理，即按照区域电网、一级电网、二级电网逐级建立树状结构的云平台的访问权限。通过树状结构建立主云和子云的访问权限管理机制。

图 7－23 为智能运维主云与子云的关系结构，主要说明如下：

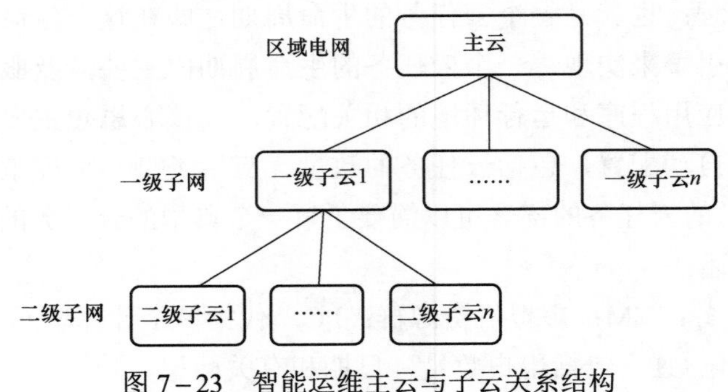


图 7－23　智能运维主云与子云关系结构

（1）图中主云与子云之间的层次结构只是说明了一种树状的层次，并不代表现有云的结构就是智能划分成 3 级，可根据实际应用情况和数据、软硬件的资源使用情况，可以进一步划分。

（2）主云和子云与电网的行政划分有一定对应关系，但这种关系并不是强相关，只是作为一种建议的划分方式，便于管理和理解。每个云都有管理节点，负责本云中的资源管理和任务调度，这样的自治性设置，是智能运维过程中保证资源可用性和分配合理性的关键。

（3）通常情况下，本级云能直接访问和调度本级以及下级子云的资源，但不能直接访问其上级云平台的资源。如果确实需要协调上级云的资源，可通过请求应答机制获取访问权限，即需要向上级申请所需的资源的访问权限，由上级云决定何时将资源分配给子云申请使用。即便是上级云同意了其子云的资源访问需求，该权限也仅仅作为有时限的资源使用，通过这种紧急申请资源的方式不但为子云提供了访问上级资源的方式，也保证了资源分级使用的完整性和可行性，最大限度地确保了资源的使用效率。

（4）智能运维的云平台有应急处理机制，如有特殊情况（如自然灾害等不可抗力）应启动应急处理机制，在应急情况下资源访问采用相应的应急访问规则，其目的在于快速隔离故障，并最小化故障影响，以及最大限度的恢复故障。

上述两点：虚拟化技术和云平台访问管理是云平台运营过程中主要的关键技术。没有虚拟化就没有云平台的资源虚拟化，就无从谈起资源的有效利用和更多的运维服务功能。而没有有效的访问管理，再强大的资源设备也无法满足现有智能运维的访问需要，只有合理地规划构建云平台才能合理有效地利用云资源。上述两项关键技术保障了云平台的可行性和可用性。

## 参考文献


[1] 李杰，李鹏伟，等. 云计算在智能电网中的应用研究 [J]. 数学的实践与认知，2012，42（13）：123－129.

[2] 叶志祥，等. 一种二次运维管理系统的在线缺陷诊断方法 [P]. 中国：201710230639.2，2017－08－30.

[3] 杨俊权，等. 一种基于在线数据的继电保护检修辅助决策方法 [P]. 中国：201710307496.0，2017－05－04.

[4] 文继锋，盛海华，周强.智能变电站继电保护在线监测系统设计与应用 [J]. 电力工程技术，2015，34（1）：21－24.

[5] 杨俊权. 一种基于在线数据的继电保护检修辅助决策方法[P]. 中国：CN201710307496，2017－05－04.

# 第 8 章

# 二次设备智能运维子站设计

## 8.1 智能运维子站发展过程

厂站端二次设备的运维由来已久，但随着二次设备的智能化程度越来越高，运维手段和系统也越来越丰富和智能化。从设备的信息联网，到综合自动化系统和故障信息系统，再发展到厂站端系统的一体化设计，逐渐产生了独立的智能运维厂站端系统。因此，厂站端的智能运维子站与传统故障信息子站有一脉相承的关系，在继承传统故障信息子站的基本功能的基础上，在系统定位、功能的针对性等方面都有较大的发展变化。

### 8.1.1 故障信息子站的功能和局限性

故障信息子站，是故障信息系统的主要组成部分之一。故障信息子站的发展，得益于数字化继电保护设备通信能力的发展和电力通信网络的发展。故障信息子站的功能，使得它在一定的时期内成为继电保护专业对电网故障进行分析处理的辅助工具，但其局限性也决定了它最终将被二次设备智能运维系统取代。

**1.** 故障信息子站的发展背景

故障信息系统发展的基础是数字化继电保护设备通信能力的发展。继电保护设备是电力系统安全运行的重要屏障。20 世纪 90 年代以来，继电保护装置在实际电网中逐步以数字式或微机保护替代了传统的静态继电器，21 世纪所带来的技术进步与发展使数字式保护装置和故障录波器得到了越来越普及的应用，装置的数据处理能力有了很大的提高。随着继电保护设备数据处理能力的提高，其内部可以实现越来越多的功能，以往只能以硬接点方式反映的继电保护装置动作情况也可以用数据方式记录下来用以反映保护装置的动作时序，并可以提供很高的时间精度。继电保护信息不再局限于内部处理，而是有了越来越强的对外传输的需求和能力。实现了内部信息的打印输出，设备由完全独立工作逐渐向信息联网的方向发展。起初，不同制造厂商的设备发展了各自不同的联网方式和联网规约，使得同一厂家的设备可以实现联网，此时开始出现对变电站二次系统进行监视和控制的系统，称之为变电站监控系统（也称综自系统），可以对变电站内的测控装置进行监控，但对继电保护设备信息的监视和控制很少，并且不同厂家的设备之间互联困难，工作量非常大。之后，随着设备互联需求的愈发强烈和电力系统用户的介入，通信方式和通信规约逐渐得到统一，使得继电保护设备联网具备了良好的基础，逐渐出现了专门面向继电保护设备的故障信息处理系统，也常简称为保信系统。

设备联网，除了设备本身的基础条件外，网络的条件是重要的制约因素。构成电力信息实时或非实时信息传输基础的电力通信传输网基本可分为电力载波、微波（模拟和数字微波）和光纤通信三种方式。电力载波采用的是模拟通信技术，存在带宽窄（4KC）、速率低（小于 1200 波特）、噪声大等弱点，一般只作为话音通道或保护及安全自动装置点对点方式信号的传输媒介，如高频保护、远方跳闸、切机、切负荷等信号。在数字微波及光纤通道的发展初期，采用 4KC 带宽的电力载波作为远动信号的专用通道，由于载波通道噪声大，往往能获得的数据传输速率要低于 1200 波特。随着电力通信网络的发展，光纤通道的建设可以说是突飞猛进。光纤通道建设过程中网络一体化的趋势相当明显，架空地线复合光缆（OPGW）和全绝缘自承式光缆（ADSS）已得到广泛应用，已经形成覆盖全国的“三纵四横”光纤网络。在此基础上国家电网公司、各区域电网公司和省、市公司纷纷建立数据通信网络，数据网的覆盖范围主要是各网、省（市）电力公司调度管辖范围内的厂、站，数据网络大部分为综合业务网络，采用设备为异步转移模式（ATM）设备，也有部分地区采用路由器组网。光纤传输通道和数据网的建设使得采用电力专线或数据网方式传输故障信息成为可能，并能实现故障信息系统准实时方式的应用，即在正常方式下系统仅仅进行一般的数据问询，在电力系统发生故障时才产生大量的数据传送，由于专线或数据网方式能对传输通道及其设备进行有效监视，因此能保证在系统发生故障前的通道完好率，确保系统的可用率。电力通信网络的发展，为故障信息系统的发展提供了有力保障，使得继电保护专业人员有条件远程获取继电保护信息，为电网故障分析和决策提供便利，有利于快速恢复电网的正常运行。

故障信息子站安装在厂站端，一般包含子站主机、子站工作站及相关网络通信设备。子站主机负责与故障信息主站及接入到故障信息子站的继电保护装置及故障录波器等装置通信。子站工作站用于现场调试和就地信息显示，负责就地调取、显示及分析保护装置及故障录波器等装置信息，查询历史信息，完成子站主机及网络通信设备等装置的配置。

**2.** 故障信息子站的设备组网

在变电站端，继电保护装置一般都组网接入变电站监控系统。在故障信息子站连接继电保护装置时，站控层采用常规规约的变电站与站控层采用 DL/T 860 通信的变电站会采用不同的组网方式。在站控层采用常规规约的变电站，在保护装置通信口数量足够的情况下，厂站内继电保护设备一般单独组成一个保信网络与故障信息子站通信，如图 8－1 所示。如果保护装置通信口已经全部用于接入监控网络，则故障信息子站可以与监控系统共网获取继电保护装置信息，如图 8－2 所示。在站控层采用 DL/T 860 通信的变电站，通常继电保护设备只需组成 MMS 双网，故障信息子站与监控系统共网获取继电保护数据，如图 8－3 所示。

在继电保护设备组成站控层监控网时，有时候是经过通信管理机接入站控层网络的，其间由通信管理机将继电保护设备自有通信规约转换为站控层网络的统一规约。这种方式便于监控系统以统一的通信规约接入所有设备，但由于中间经过了一次规约转换，会有部分信息损失。为了保证真实采集继电保护设备的完整信息，故障信息子站接入继电保护设备时，原则上要求与所有保护装置和故障录波器采用直接连接方式，不应经过保护管理机转接。特殊情况下，保护装置需经过规约转换才能与保信子站正常通信的，才会采用保护管理机转接。

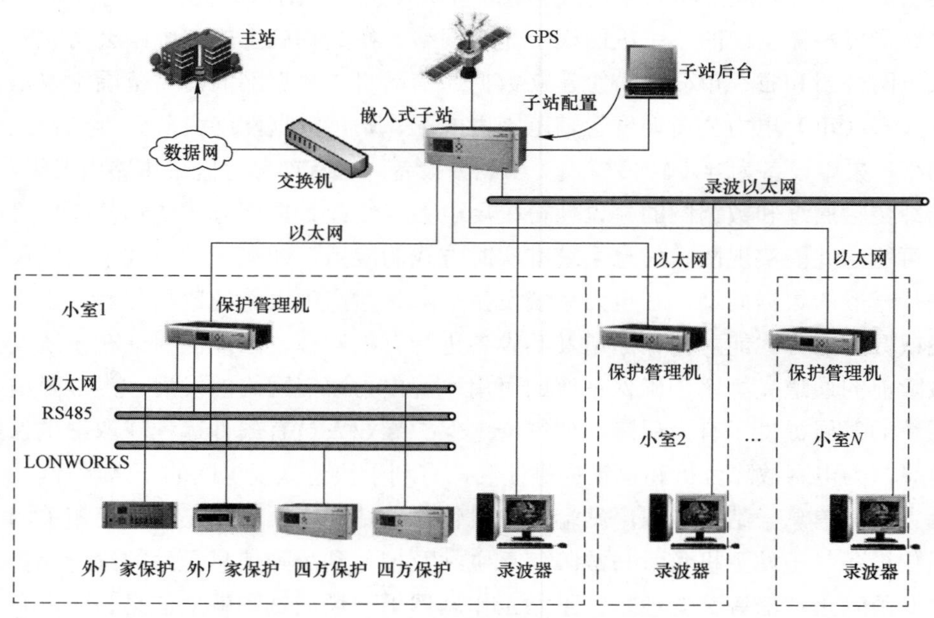


图 8－1　常规变电站保信子站独立组网

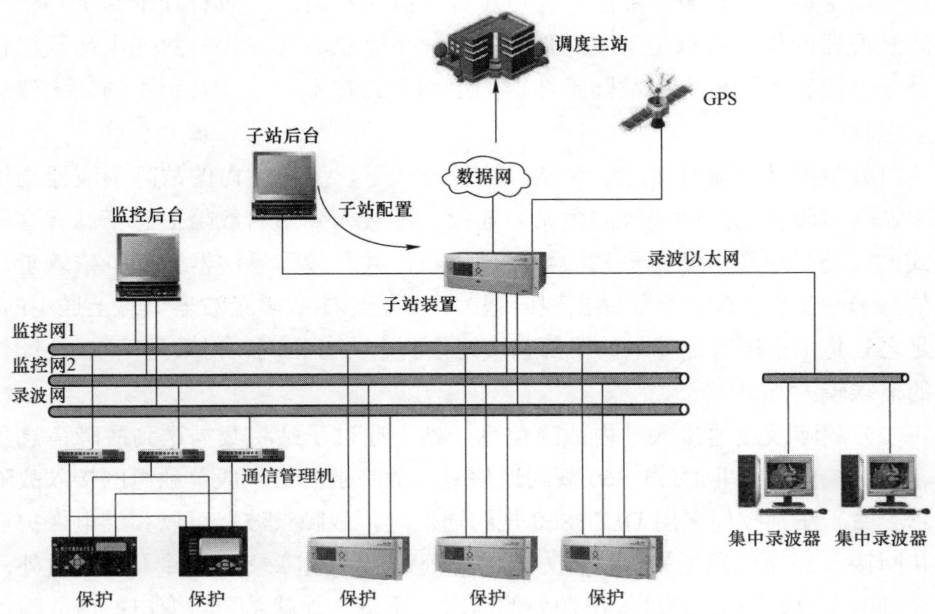


图 8－2　常规变电站保信子站与监控共网

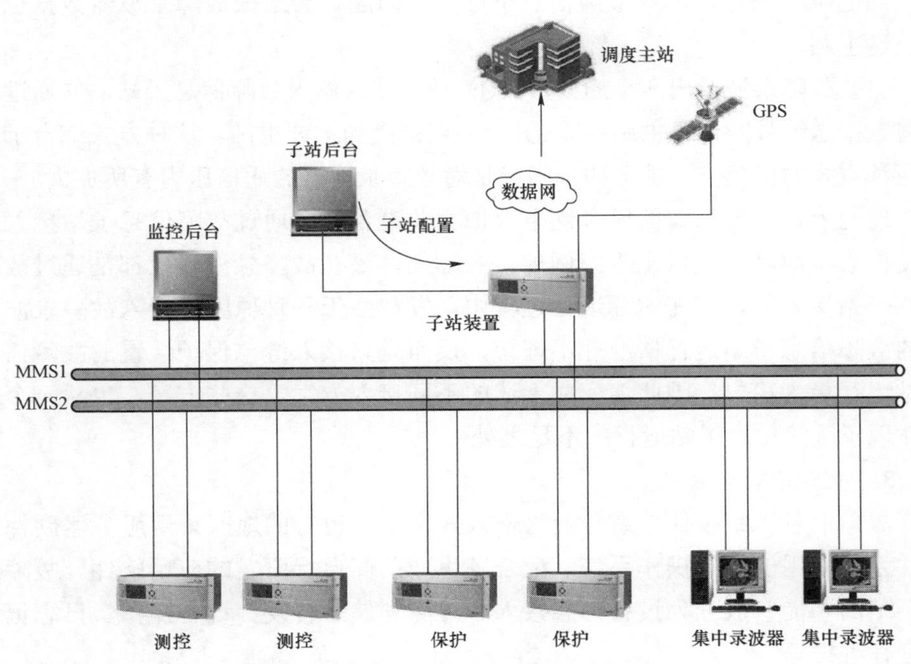


图 8－3　智能变电站保信子站与监控共网

变电站端故障录波器数量，视电压等级有所不同，一般有几个到十几个。故障录波器的信息特点是录波文件数量多，单个录波文件大，对变电站数据传输是一个比较大的压力。故障录波器的组网方式在不同地区有所不同，大致有以下三种：

（1）故障录波器直接上送主站。这种方式下，变电站内的故障录波器直接与主站（故障信息主站或录波主站）连接，不接入到站内故障信息子站。这种方式的好处是对变电站内子站的数据压力小，并且故障录波器数据不依赖于故障信息子站，当故障信息子站出现问题时，不会影响故障录波器信息上送主站。不足之处是由于所有故障录波器都直接连接到电力数据网，对数据网 IP 地址数量的需求较大。

（2）故障录波器接入站内故障信息子站，通过子站将数据送到故障信息主站。在站控层采用非 DL/T 860 规约通信时，故障录波器一般单独组网接入故障信息子站。在站控层采用 DL/T 860 规约通信时，故障录波器可以和继电保护设备共网接入故障信息子站。这种方式的好处是由于故障录波器并不直接对外，不会对电力数据网 IP 地址提出额外的需求，不足之处就是会对变电站内故障信息子站带来较大的数据采集和处理压力，并且故障信息子站成为故障录波器信息出站的唯一通道，如果故障信息子站出现问题，会造成故障录波器数据也无法上送主站。

（3）故障录波器出两个通信口：① 一个接入站内故障信息子站，并通过子站将数据送给故障信息主站；② 另一个直接接到录波主站。这种方式综合了前面两种方式的优缺点，唯一的不同就是对故障录波器的通信压力有所加大。

理论上，变电站端的所有继电保护相关设备都应通过故障信息子站接入并转发信息，故障录波器也不应例外。实际上，最初故障录波器也都是通过故障信息子站接入的。但在实际运行过程中，发现由于种种原因，接入故障录波器后的故障信息子站运行情况并不理想，反而是只接入继电保护装置的故障信息子站运行更为稳定，因此演变成上述的不同接入方案。这些方案，也从一个侧面体现了故障信息子站运行的不足之处。

**3.** 故障信息子站的功能

故障信息子站硬件系统一般为嵌入式设备，也有的地区采用服务器硬件。软件系统采用安全的操作系统，配合各生产厂商自行研发的应用软件。故障信息子站的功能一般分为设备信息接入、过滤存储、转发、设备操作、日志记录和远程维护等。

设备信息接入，是指故障信息子站接入变电站端所有的继电保护设备和故障录波器，同时还需将自身作为一个设备，将自身信息也作为变电站内信息的一部分。故障信息子站接入变电站内继电保护装置的物理介质通常是以太网，如有部分设备仅支持通过串口接入，故障信息子站也需要具备接入能力。在继电保护装置支持的情况下，故障信息子站能够从继电保护装置正确取得各类运行信息，包括装置参数（软件版本、校验码、程序时间、IP 地址等）、保护装置定值区号（含运行定值区号和编辑定值区号）及各区定值、保护装置软压板、保护装置采集的模拟量、保护装置开关量状态、保护装置出口动作信息、保护装置启动和复归信息、故障量（故障相别、故障测距、故障相电流、差动电流、零序电流、故障相电压、接地阻抗、相间阻抗等）、保护装置的告警信息、保护装置的录波文件（对于保护装置中同一次故障的分段录波，保信子站应进行合并）等。故障信息子站接入故障录波器的物理介质通常是以太网。从故障录波器取得的信息主要是故障录波器的定值、录波简报（在故障录波器支持的情况下，录波简报应包括录波文件名称、访问路径、时间信息、故障类型、故障设备、测距结果、故障前后的电流、电压最大值、电压最小值、开关变位情况等）、录波文件列表和录波文件。除上述信息外，故障信息子站还要监视与继电保护装置和故障录波器的通信状态，并对通信状态进行记录。通信状态改变时，向保信主站发送相应事件。为了方便调度端系统对故障信息子站进行管理，故障信息子站也会把自身作为变电站端的一个虚拟接入设备。故障信息子站自身的信息包括装置参数（保信子站型号、保信子站版本号、单机或双机配置情况、出厂日期、投运日期、系统容量等）、模拟量（CPU 使用率、内存使用率、系统剩余容量）、告警信息（容量告警、GPS 失步告警、检修态告警、与保信主站通信中断告警）以及故障信息子站的其他信息。

由于故障录波器有大量的录波文件，且单个录波文件也比较大，在一些地区对故障录波器的录波文件召唤方式做了一些策略，以减轻其对故障信息子站的负担。例如，在南方电网，对故障录波器的启动录波召唤方式有特殊的规定，要求故障信息子站从故障录波器获得录波文件列表后，根据录波文件名中是否含有保护出口标识，执行不同的召唤录波策略：

（1）故障信息子站主动召唤有保护出口标识的录波，召唤成功后的录波及该条录波的文件名保存在故障信息子站。故障信息子站召唤录波完毕后，发录波简报给故障信息主站。

（2）对于无出口标识或标识为启动的录波，故障信息子站不主动召唤。

（3）用户需要查看时，可在故障信息主站端选择从故障信息子站或从故障录波器召唤录波列表。若故障信息子站未保存该录波文件，则需选择从故障录波器召唤，召唤成功后的录波保存在故障信息子站。再次查看该录波时，可从故障信息子站调取。

故障信息子站接入的信息，需要经过过滤和存储。首先，在接入实时数据时，故障信息子站要对接收到的数据进行判断，去除重复的或无价值的数据。其中，检修态的判断和过滤，就是重要内容之一。不同地区、不同设备，对检修状态信息的处理方式不同。有些设备在检修态下停止上送数据，此时在故障信息子站端就无法收到任何数据，不涉及数据过滤。但目前的大部分设备在检修状态下都会上送数据，但有的带有检修品质，有的则不带有任何可以区分的标识，需要故障信息子站进行判断。故障信息子站判断设备为检修态后，将相关信息划分为检修状态信息，保存在故障信息子站的数据库中。根据不同地区主站的要求，可能向故障信息主站转发，也可能不向故障信息主站转发。故障信息子站内部具有数据库，用于存储保护装置及故障录波器信息及自身信息。故障信息子站必须为所接入的所有设备预留足够的缓存和信息存储空间，短时间内出现大量保护报文时不能丢失信息。在配有网络存储器的情况下，故障信息子站需将网络存储器容量纳入自己的容量管理范畴，网络存储器的通信状态需上送保信主站。网络存储器故障或异常，不应影响保信子站的正常运行。故障信息子站与子站工作站配合，能够实现就地的实时及历史数据查询，并具备导出历史信息和录波文件的功能。可以实现灵活、方便、快速的数据查询和报表输出功能，以便相关人员进行各种数据统计和查询，制作各种报表。

故障信息子站接入的信息，经过滤后要转发给故障信息主站。子站与主站通信所使用的通信规约，遵循主站所属地区的主子站通信规范。故障信息子站一般需将信息传送给多于一个的故障信息主站。目前国家电网和南方电网的规范都要求同时连接的故障信息主站数量不少于 5 个，并能满足不同调度机构的信息定制及安全防护要求，支持断点续传功能和多路数据转发功能。故障信息子站向主站端传送保护信息时，信息所携带的时标是保护报文的原始时标，在有些地区还要求在通信报文中携带保信子站接收到该信息的时间。故障信息子站系统的配置发生变化时，也会主动上送配置变化事件至主站。故障信息主站召唤保护装置的信息时，按照不同的信息类型，故障信息子站采用不同的处理方式。对于装置参数、定值区号、各区定值、软压板、模拟量、开关量数据的召唤，故障信息子站一般是实时召唤保护装置的相应数据上送给故障信息主站。对于历史数据、录波列表、录波文件等信息，故障信息子站则是以子站数据库中保存的数据来响应。在继电保护装置支持的前提下，故障信息主站还可以通过子站直接召唤保护装置中保存的历史信息（包括动作事件、告警信息）和故障录波。

在继电保护装置支持的前提下，故障信息子站能够响应主站的命令，对继电保护装置进行远方读取，并修改任意区保护定值、远方切换定值区、远方投退软压板、远方复归装置的操作。上述设备操作，一般的故障信息子站都能支持，但在实际工程应用中，为保证操作的安全性，大部分地区并未使用。因此，故障信息子站需要支持将远方控制功能可靠闭锁。在厂站端，通过硬压板投退方式对远控功能进行开关控制，当远控功能硬压板退出时，远控功能不可用。同时，故障信息子站的所有远方控制操作和功能投退记录均要有详细的日志记录，该部分日志记录在故障信息子站退运前不得删除。

故障信息子站具备定值自动召唤（召唤周期可由用户设定）及定值核对功能，当子站发现当前区保护定值与基准定值不对应时，应向故障信息主站发送定值不对应事件。故障信息子站中保护定值的初始化方式可由用户选择，并支持以下两种方式：① 以上一次召唤的定值作为基准；② 以在故障信息子站中输入的装置定值作为基准。

故障信息子站内部一般都有日志记录，用于记录运行过程中的各种信息。日志记录可分成运行日志、异常日志、操作日志等。运行日志用于记录运行中的重要事件，如系统启动、各种进程信息等。异常日志用于记录运行中的各种异常信息，包括软件异常、硬件异常、数据异常等。操作日志用于记录运行过程中各种操作相关的信息，包括操作的内容、对象、结果等。日志记录在故障信息子站中以一定的策略存储和更新，对于设备厂家和用户分析问题是有力的保证。

故障信息子站支持远程维护，通过调度数据网远程对保信子站系统进行配置、调试、复位等。故障信息子站进入远程维护状态时，允许子站短时退出正常运行状态，但不能影响到各个接入设备的正常工作。

**4.** 故障信息子站的局限性

国内故障信息系统的建设基本始于 2000 年左右，由最初的在个别地方实施，发展到在全国范围内所有网省调普遍建设了故障信息系统主站，部分地区地调级别也建设了故障信息系统主站。经过多年的工程实施，全国大部分 220kV 及以上变电站都已建设了故障信息子站，部分 110kV 变电站也建设了故障信息子站。虽然故障信息系统的主站和子站已经在国内进行了大范围推广应用，但总体来看，还是仅实现了一些基本应用，同时由于所接入的继电保护和故障录波器设备接口规范性一致性比较差，系统实施存在一定程度的随意性等，系统发挥的效用还远没有达到应有的功能。存在的主要问题有以下几个方面：

（1）系统接入信息不规范。

故障信息子站接入变电站内设备时，面向的是不同厂家、不同型号、不同年代的产品，由于历史原因，数据传输方式和内容千差万别，这就造成了故障信息子站接入信息面临极大的困难。主要反映在两方面：信息接口不统一，信息内容不完整。

故障信息系统建设的主要目的是满足保护专业应用的要求。在系统建设初期，是从保护专业应用的角度考虑系统的功能配置、系统的建设问题，但由于缺乏应用经验，对于应用功能的要求也是从最初的比较浅层到逐渐深入与保护专业的工作要求相结合。在这个过程中，对于信息的数据来源与处理要求并未从一开始就给以规范，因此变电站内设备仍然是各厂家按照自己的意愿进行设计开发的，其通信接口和通信内容带有各自的特点，造成了故障信息子站接入信息的难度非常大。变电站内设备所支持的通信模式，有各种现场总线、串口和以太网等多种。作为故障信息子站，如果要接入所有设备，就必须兼容各种接入模式，这就要求故障信息子站从硬件形式上就需要支持多种不同的通信接口。从通信内容的解析来说，不同设备的通信规约差异很大，通信报文的格式不同，其中信息的解析方式就不同。各种厂家设备的通信规约有数百种之多，即使是常见的主流厂家，其设备所支持的通信规约，仅仅属于 IEC 103 的各种分支类型也有十几种。由于通信方式和通信规约的驳杂，故障信息子站在接入站内设备时，经常会遇到因通信规约理解差异或者通信规约文本与实际装置通信报文不相符而引发的问题，在联调阶段需要付出大量的工作量进行连接和信息核对。即使这样，也有时候会因为某些流程在联调期间不能覆盖所有情况而在投入运行后遇到问题。随着通信技术的发展和设备的进步，现场总线的通信方式越来越少，继电保护装置和录波器的通信规约主要集中于串口通信和以太网通信，规约类型也有所减少，但仍然是各自为政，彼此之间有明显差异。在各地区故障信息子站的入网测试中，在测试环境仅选择主流保护厂家的主流设备的情况下，故障信息子站仍然要支持五六种不同的通信规约。

除了通信接口不统一之外，通信信息内容的不完整也是困扰使用者的一个难题。对于继电保护专业来说，故障信息系统的主要用途就是对故障信息进行分析，因此，尽可能多的获取故障时相关信息就成为故障信息系统的必然使命。但实际情况是，由于设备设计制造的年代不同，其信息输出能力有明显的差异。国内的保护设备通信能力比较强，进步比较快，在故障信息系统建设后不久，大部分继电保护设备都可以通过通信接口送出开关量、模拟量、事件、告警和录波数据，但只有少量较新的继电保护设备能送出故障时相关的参数信息，如故障相别、故障测距、故障电压、故障电流等。对于使用者而言，当然是能送出较全面信息的继电保护设备更为符合应用需求。

面对以上的情况，电力系统的继电保护专业用户逐渐感受到了通信规约不统一的弊端，萌生了统一通信规约的想法。在浙江首先进行了统一通信规约的尝试。2004 年，浙江省电力公司首次组织了统一保护串口规约的工作，经过多厂家讨论确定了方案后，进行了各厂家故障信息子站和继电保护产品的互操作测试。2007 年，浙江省调再次组织编制了统一的保护以太网通信规范，同样组织了多厂家的互操作测试。经过这两项工作，浙江地区继电保护设备与故障信息子站之间的通信得到统一，并且明确要求对于新建变电站必须使用统一通信规约，对于已经投入运行站则是结合设备改造计划逐渐更改为统一通信规约。在此之后，浙江地区的故障信息子站与继电保护通信的稳定性得到大幅度提高。在对通信规约进行统一的同时，浙江省电力公司根据继电保护专业的工作需求，对通信规约信息内容进行了扩充，使得保护装置在故障时不仅能送出传统的事件、告警和开关量信息及录波文件，还能够把故障相关参数、故障前后开关量、故障相关定值等信息通过通信方式送出来，极大方便了调度端系统对故障信息进行分析，尽快确定故障范围，进行辅助决策。

（2）系统过滤和预处理功能不足。

厂站端的故障信息子站，其地位是一个承上启下的作用。其功能分为对下和对上两个方向。对下，要完成继电保护装置和故障录波器数据等涉及事故分析处理信息的汇集；对上，在汇集这些信息后，还必须根据不同应用的需要实现信息的分类处理、过滤，然后再传输给主站。因此，故障信息子站的功能，可以形象地称之为“合适的信息在适当的时机送给最需要的人员”。随着电网规模的不断扩大，变电站内具备通信能力的智能设备越来越多，所能提供的信息呈指数曲线上升。如果故障信息子站只是将站内信息原封不动的转发给主站，将给主站带来巨大的压力，并且故障信息子站也失去了应用效果，其功能就仅仅相当于一个交换机了。因此，实现对变电站内信息的有效处理可以避免海量信息干扰主站，包括日常的海量告警信息，和在电网故障时变电站的大量无用信息的上送，使电网运行人员免于陷入“信息泥潭”，影响事故的有效处理。作为信息应用的基本原则在于变电站内信息的完整性和电网调度信息的有效性。因此，信息过滤的原则在于一、二类信息必须采取主动上送方式，对于电网事故处理急需的信息以第一时间上送电网调度，如断路器跳闸、保护出口动作信息，故障相别、持续时间、故障元件的模拟量有效值等；装置异常告警信息必须主动上送到设备检修部门；对于其他信息可以采取事后调用的方式。这样在电网发生事故及事故处理过程中就不会有“海量”的信息涌向电网调度，运行人员可以比较有序地快速处理事故。

（3）系统维护工作量大。

故障信息系统在变电站工程实施过程中，遇到很多问题，使得这个系统的工程配置、调试和后期维护与传统变电站自动化系统相比都有更大的工作量，难以达到理想的效果。

在进行变电站工程配置时，由于故障信息系统关注继电保护设备的所有信息，因此获取准确的装置模板就成为第一个问题。现场实施故障信息子站的工程人员，获取模板的途径是继电保护厂家的人员，但由于历史原因，不同厂家不同型号的设备，因管理情况不同，会有模板与装置不一致、单一型号设备存在多种模板等情况出现。因此，故障信息子站工程人员在制作故障信息子站的配置时，由于信息的不准确或者反复变化，多次修改配置就成为经常遇到的情况。在配置过程中因设备厂家模板频繁修改，或者在配置做好后调试过程中发现设备模板的错误而需要修改，都是家常便饭。

在完成配置后，需要通过调试确认信息的正确性和配置的一致性，这时遇到第二个问题——调试困难。传统故障信息子站，在变电站新建的时候与自动化系统一起调试的比较少，大多数都是变电站内已经有运行的自动化系统后，再建设故障信息子站。在这种情况下，由于继电保护设备都处于投运状态，无法随意进行保护试验，造成继电保护专业最为关心的保护事件、保护告警、故障录波无法得到充分验证，而只能进行总召唤、定值召唤等信息验证。这样一来，很多地区在故障信息子站投运后就出现真正发生电网故障的时候上送的动作信息与实际不符、故障录波数据上不来的情况。究其原因，很多就是因为配置有误所致。即使是新建变电站的故障信息子站，也一般不会在较早时候进场与自动化系统一起调试，而多数是在调试的后期才开始进行故障信息子站调试，预留的调试周期比较短，无法做充分的保护试验，最终也会与后建的故障信息子站有类似的结果。

在故障信息子站的长期运行过程中，还经常会遇到变电站改扩建情况，此时由于继电保护设备会发生变化，需要在故障信息子站的配置中增加或删除设备。由于故障信息系统功能的复杂性，所有故障信息子站的生产厂家，其故障信息子站的配置工具都是相当复杂的，无法很容易地被用户单位人员所掌握，因此，凡是涉及故障信息子站配置修改的工作，都必须由子站设备生产厂家的工程人员来完成。这就带来了大量的后期运行维护人员投入。一些较小的故障信息子站设备生产厂家，由于无法支撑后期的投入成本，逐渐退出了故障信息子站市场。有些大厂家，经过评价认为故障信息子站虽然前期利润率较高，但后期投入成本过高，并不符合利润需求，也逐渐对这方面市场采取不积极态度。

（4）系统定位不满足专业应用要求。

传统的故障信息系统，主要定位于面向电网故障信息。变电站端的故障信息子站，其作用主要在收集变电站内的保护动作信息，包括动作事件、告警、相关开关量状态、故障时参数信息、故障时继电保护和集中录波器的录波数据等。

随着变电站智能化的发展，继电保护专业的应用需求，由单一关注故障信息，逐渐向全面关注继电保护信息转变。故障信息子站的功能，可以支撑调度端对故障进行分析和辅助决策，但对继电保护设备进行日常运行维护功能的支撑能力不足。尤其是在智能变电站飞速发展之后，设备数量激增，设备的技术含量大幅度增加，运行维护人员的数量和技术能力越来越捉襟见肘，此时非常需要一个能对继电保护设备及回路的运行维护提供有力支撑的系统。故障信息系统逐渐退出历史舞台，而在其基础上二次设备智能运维系统逐渐发展起来。

### 8.1.2　智能一体化厂站端系统设计与建设

随着 IEC 61850 标准引入国内的电力系统通信领域，成为电力系统的行业标准 DL/T 860，智能变电站随之蓬勃发展起来。在国家电网范围内，智能变电站已经进入全面建设阶段。南方电网也在一些地区推广了数字化变电站，但新建站站控层也均采用 DL/T 860 通信。智能变电站站端各装置之间的数据通过二次回路或以太网进行传输，在信息采集方面具有良好的可靠性和稳定性，数据的实时性和同步性方面也可以满足系统运行的要求。但存在同一装置需向其他多个装置发送相同数据的情况，增加了数据的重复采集，增加了发送数据设备的负担，同时也极大地增加了系统的复杂程度，使厂站运行系统内存在着数量繁多的装置，运行中存在较多的故障风险点，系统运行的稳定性存在隐患。基于以上情况，国家电网和南方电网不约而同地开始了对厂站端信息的梳理，进行了一体化模式的规划。

**1.** 国家电网的厂站端一体化模式

国家电网在 2012 年左右，经过对智能变电站现状的分析，认为智能变电站的信息系统及高级应用系统是电网调度监测与运行控制最为重要的信息采集点和管控点，对变电站自动化系统的继承和深化，可以有效提高智能变电站独立的运行控制能力，提高智能变电站对智能电网调度决策控制的支撑能力。因此，开展了对智能变电站站端信息流的优化整合，提出了一体化监控系统的体系。

国家电网对智能变电站一体化监控系统定义为“按照全站信息数字化、通信平台网络化、信息共享标准化的基本要求，通过系统集成优化，实现全站信息的统一接入、统一存储和统一展示，实现运行监视、操作与控制、信息综合分析与智能告警、运行管理和辅助应用等功能。”

智能变电站一体化监控系统由站控层、间隔层、过程层设备，以及网络和安全防护设备组成。站控层设备包括监控主机、数据通信网关机、数据服务器、综合应用服务器、操作员站、工程师工作站、PMU 数据集中器和计划管理终端等，间隔层设备包括继电保护装置、测控装置、故障录波装置、网络记录分析仪及稳控装置等，过程层设备包括合并单元、智能终端、智能组件等。一体化监控系统架构如图 8－4 所示。

一体化监控系统划分为安全Ⅰ区和安全Ⅱ区。在安全Ⅰ区中，监控主机采集电网运行和设备工况等实时数据，经过分析和处理后进行统一展示，并将数据存入数据服务器。Ⅰ区数据通信网关机通过直采直送的方式实现与调度（调控）中心的实时数据传输，并提供运行数据浏览服务。在安全Ⅱ区中，综合应用服务器与输变电设备状态监测和辅助设备进行通信，采集电源、计量、消防、安防、环境监测等信息，经过分析和处理后进行可视化展示，并将数据存入数据服务器。Ⅱ区数据通信网关机通过防火墙从数据服务器获取Ⅱ区数据和模型等信息，与调度（调控）中心进行信息交互，提供信息查询和远程浏览服务。综合应用服务器通过正反向隔离装置向Ⅲ/Ⅳ区数据通信网关机发布信息，并由Ⅲ/Ⅳ区数据通信网关机传输给其他主站系统。数据服务器存储变电站模型、图形和操作记录、告警信息、在线监测、故障波形等历史数据，为各类应用提供数据查询和访问服务。计划管理终端实现调度计划、检修工作票、保护定值单的管理等功能。视频可通过综合数据网通道向视频主站传送图像信息。

一体化监控系统主要有五类应用功能，包括：运行监视、操作与控制、信息综合分析与智能告警、运行管理、辅助应用。

（1）运行监视是指通过可视化技术，实现对电网运行信息、保护信息、一二次设备运行状态等信息的运行监视和综合展示。包含运行工况监视、设备状态监测和远程浏览。实现智能变电站全景数据的统一存储和集中展示，提供统一的信息展示界面，综合展示变电站运行状态、设备监测状态、辅助应用信息、事件信息、故障信息，实现装置压板状态的实时监视，当前定值区的定值及参数的召唤、显示。实现一次设备的运行状态的在线监视和综合展示，实现二次设备的在线状态监视，通过可视化手段实现二次设备运行工况、站内网络状态和虚端子连接状态监视，实现辅助设备运行状态的综合展示。调度（调控）中

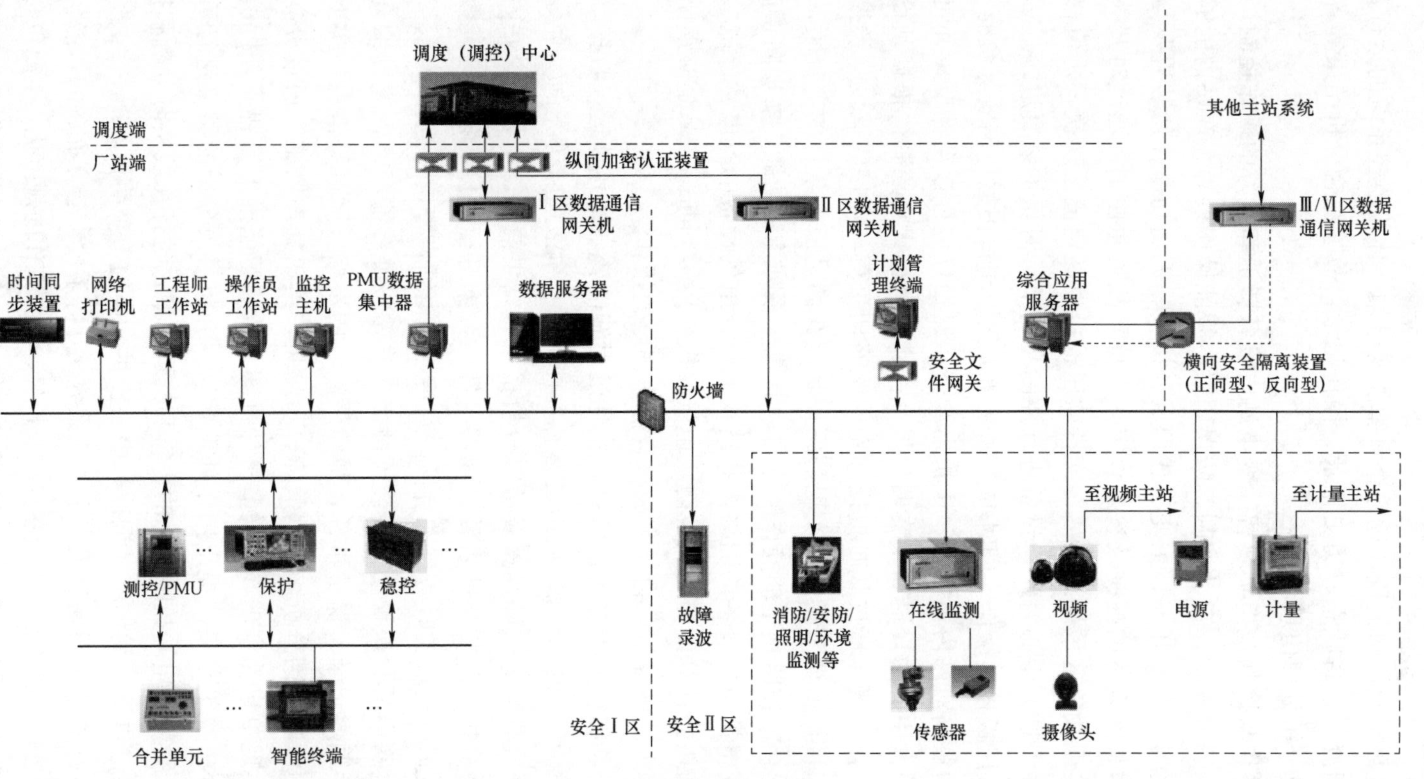


图 8－4　一体化监控系统架构

心可以通过数据通信网关机，远方查看智能变电站一体化监控系统的运行数据，包括电网潮流、设备状态、历史记录、操作记录、故障综合分析结果等各种原始信息以及分析处理信息。

（2）操作与控制是指实现智能变电站内设备就地和远方的操作控制，包含站内操作、调度控制、自动控制、防误闭锁、智能操作票等。在站内能够对全站所有断路器、电动开关、主变有载调压分接头、无功功率补偿装置及与控制运行相关的智能设备的控制及参数设定，支持事故紧急控制，通过对开关的紧急控制，实现故障区域快速隔离，支持软压板投退、定值区切换、定值修改。支持调度（调控）中心对站内设备进行控制和调节，对保护装置进行远程定值区切换和软压板投退操作。同时要实现无功优化控制，根据电网实际负荷水平，按照一定的策略对站内电容器、电抗器和变压器挡位进行自动调节，并可接收调度（调控）中心的投退和策略调整指令；实现负荷优化控制，根据预设的减载目标值，在主变压器过载时根据确定的策略切负荷，可接收调度（调控）中心的投退和目标值调节指令；实现顺序控制，在满足操作条件的前提下，与智能操作票配合，按照预定的操作顺序自动完成一系列控制功能。实现防误闭锁，根据智能变电站电气设备的网络拓扑结构，进行电气设备的有电、停电、接地三种状态的拓扑计算，自动实现防止电气误操作逻辑判断。在满足防误闭锁和运行方式要求的前提下，自动生成符合操作规范的操作票。

（3）信息综合分析与智能告警是指通过对智能变电站各项运行数据（站内实时/非实时运行数据、辅助应用信息、各种报警及事故信号等）的综合分析处理，提供分类告警、故障简报及故障分析报告等结果信息。主要包含站内数据辨识、故障分析决策和智能告警。能够对站内数据进行校核，检测可疑数据，辨识不良数据，校核实时数据准确性，对智能变电站告警信息进行筛选、分类、上送。在电网事故、保护动作、装置故障、异常报警等情况下，通过综合分析站内的事件顺序记录、保护事件、故障录波、同步相量测量等信息，实现故障类型识别和故障原因分析。根据故障分析结果，给出处理措施。通过设立专家知识库，实现单事件推理、关联多事件推理、故障智能推理等智能分析决策功能。根据分析决策结果，提出操作处理建议，并将事故分析的结果进行可视化展示。建立智能变电站故障信息的逻辑和推理模型，进行在线实时分析和推理，实现告警信息过滤，为调度（调控）中心提供分类的告警简报。

（4）运行管理是指通过人工录入或系统交互等手段，建立完备的智能变电站设备基础信息，实现一、二次设备操作、检修、维护工作的规范化。主要包含源端维护、权限管理、设备管理、定值管理和检修管理等。在站端遵循 Q/GDW 624，利用图模一体化建模工具生成包含变电站主接线图、网络拓扑、设备参数及数据模型的标准配置文件，提供给一体化监控系统与调度（调控）中心，智能变电站一体化监控系统与调度（调控）中心根据标准配置文件，自动解析并导入到自身系统数据库中。变电站配置文件改变时，装置、一体化监控系统与调度（调控）中心之间应保持数据同步。设置操作权限，根据系统设置的安全规则或者安全策略，操作员可以访问且只能访问自己被授权的资源，并能自动记录用户名、修改时间、修改内容等详细信息。通过变电站配置描述文件（SCD）的读取、与生产管理信息系统交互和人工录入三种方式建立设备台账信息，通过设备的自检信息、状态监测信息和人工录入三种方式建立设备缺陷信息。接收定值单信息，实现保护定值自动校核。通过计划管理终端，实现检修工作票生成和执行过程的管理。

（5）辅助应用是指通过标准化接口和信息交互，实现对站内电源、安防、消防、视频、环境监测等辅助设备的监视与控制。采集交流、直流、不间断电源、通信电源等站内电源设备运行状态数据，实现对电源设备的管理。接收安防、消防、门禁设备运行及告警信息，实现设备的集中监控。对站内的温度、湿度、风力、水浸等环境信息进行实时采集、处理和上传。实现与视频、照明的联动。

一体化监控系统将站内所有信息进行汇总分析后，按照统一采集，统一处理、分别通信的方式，对外通信根据需要采用不同的网关机实现，实现了变电站通信的统一管理，起到了一体化信息平台的作用。在一体化监控系统的框架下，传统的故障信息子站不再以独立的物理设备的形式出现，故障信息子站功能分散在多个不同的物理设备上。故障信息子站的信息采集功能在一体化监控系统的监控主机或前置服务器上，数据存储在数据服务器上，信息展示在监控主机或操作员站上，信息远传则通过Ⅱ区数据通信网关机。从这个角度看，将原来统一由故障信息子站实现的功能拆分在多台物理设备上实现，如果要进行问题分析定位，就会涉及多台设备。但从信息统一管理的角度，各种不同的信息基本都遵循这样的拆分和处理原则，又有统一管理的优势。

**2.** 南方电网的厂站端一体化模式

南方电网在 2012 年推出了南方电网一体化电网运行智能系统的一系列规范，规划了电网运行的一套体系。其中，为了规范厂站端信息的通信模式和功能要求，形成了对应的智能远动机技术规范。智能远动机被定义为“为了实现二次一体化，在厂站端用于数据统一采集统一出口的远动通信设备”。

智能远动机按照直采直送的原则，直接从间隔层装置采集信息，智能远动机和监视中心、控制中心、管理中心之间的数据交换通过数据中心来完成。智能远动机和厂站端数据中心、监视中心、控制中心、管理中心之间相互独立，上述四中心的任何故障不影响智能远动机的运行。在无人值班站，厂站数据中心可和智能远动机合二为一。根据不同应用的需求，智能远动机可以由多个物理实体构成，分别完成不同的应用。但是在条件允许的前提下，建议监控、保护、录波信息的采集处理转发由同一个物理实体完成。

智能远动机处于厂站端站控层，综合采集厂站内的测控数据、保护装置数据、计量数据、故障录波数据、设备状态监测数据、PMU 数据、环境数据、直流屏消弧线圈等 IED 数据、视频数据，实现厂站端统一的数据采集功能。支持变电站完整数据的上传功能，实现厂站和主站数据和模型的通信，能够传输测控数据、保护装置数据、计量数据、故障录波数据、设备状态监测数据、PMU 数据、环境数据、直流屏消弧线圈等 IED 数据、视频数据，能够根据不同数据的重要性和实时性的要求，满足变电站数据出站的“轻重缓急”的需求。

智能远动机支持目前变电站的出站的各种通信协议，例如 IEC 101、IEC 104、IEC 102、南网 103、IEEE 1344。实现主站和厂站端之间的订阅发布功能，实现厂站数据的灵活配置和动态管理。实现 IEC 61850 和 IEC 61970 之间的模型转换和变电站接线图的源端维护，解决变电站和调度之间的信息对点问题。实现调度端自动发电控制（AGC）、自动电压控制（AVC）等经济运行控制功能、调度端程序化操作的功能、数据存储（包括遥信变位、保护动作事件、录波波形、操作报告、电量数据）、双机冗余、通道冗余等。支持转发信息的编辑与合成，具备和智能电子设备以及调度的通信状态检查和监视功能，具有远程维护和自诊断功能。可以接受卫星对时（GPS、北斗）、可以接受调度对时，卫星对时方式为差分秒脉冲、IRIG－B 码、IEEE 1588。卫星对时的优先级高于调度对时的优先级。

智能远动机支持数据的预处理功能，即：具备状态估计、数据筛选的功能，可以对数据进行预处理，去掉不合格数据和坏数据，提高厂站数据传输的质量。还应具备智能告警功能，当发生故障时，能对厂站内部的告警信息进行分级分类，基于电力系统专家知识库，进行推理判断，自动进行告警事件的智能组群，分析其事故或者异常的原因，并将结果上送到主站。

智能远动机的配置工具以 SCD 为数据源，实现对厂站数据模型和相关数据的编辑和筛选，实现 IEC 61850 模型和 IEC 61970 模型之间的转换。

智能远动机将站内所有需要对外通信的信息进行了集成，实现了变电站通信的统一采集、统一出口，起到了简化通信设备的作用，但同时，由于多种通信需求集中于智能远动机一体，使得智能远动机本身的压力比较大。另外，由于智能远动机所承载的各种通信功能对外均体现为独立通道，相互之间并无联系，所以这种功能合并更多地表现为叠加关系。在维护上，如果这些功能集中在一个 CPU 的设备进行处理，会有较强的耦合关系，一旦某个功能需要调试或升级，将造成其他功能连带的停止运行。因此采用多 CPU 设备更为适合这种模式。

### 8.1.3　二次设备智能运维子站的定位

从上述内容可以看出，无论国家电网和南方电网，对于变电站端信息的一体化采集和集中管理都有近乎一致的想法。在这种整合的模式下，传统的故障信息子站功能已经被整合进了一体化监控系统或智能远动机。从信息采集的角度来看，这种整合的模式，由于信息采集途径的合并，更有利于获取到智能运维所需的所有二次设备的完整的信息。而从二次设备运维应用需求的角度来看，由于传统故障信息子站不足以支撑对二次设备运维所需要的信息和应用功能，所以有必要研究专门的二次设备智能运维系统。

从 2014 年左右开始，国家电网和南方电网都开展了二次设备智能运维方面的相关研究和开发工作。继电保护部门和自动化部门在二次设备智能运维方面的思路各有侧重。简而言之，自动化部门的二次设备智能运维侧重于设备集中管理，主要关注设备的运行状况和远方控制，而继电保护部门则侧重于专业管理，在设备运行状况之外，还非常关注继电保护专业应用的故障诊断分析、继电保护动作行为分析等方面。但二者有一个共同点，就是都希望能够通过二次设备智能运维功能的推广应用，减轻运行维护工作量，解决设备数量多、维护工作量大和人力不足、人员技能不足的问题。

## 8.2　智能运维子站系统架构

由于自动化专业和继电保护专业对于二次设备智能运维的功能侧重点不同，使得双方在推动二次设备智能运维相关工作时也有所不同。

### 8.2.1　自动化智能运维子站系统架构

国家电网公司和南方电网公司的自动化部门，对自动化设备运维的关注点，都在设备的运行状态监视与评价。所涉及设备范围涵盖变电站内所有的自动化设备，包括测控装置、监控主机、数据通信网关机、综合应用服务器、同步相量测量装置、合并单元、智能终端、网络分析仪、网络交换机、时间同步装置等。

自动化设备的智能运维，在变电站端体现为在线监测子站。其系统结构图如图 8－5 所示。

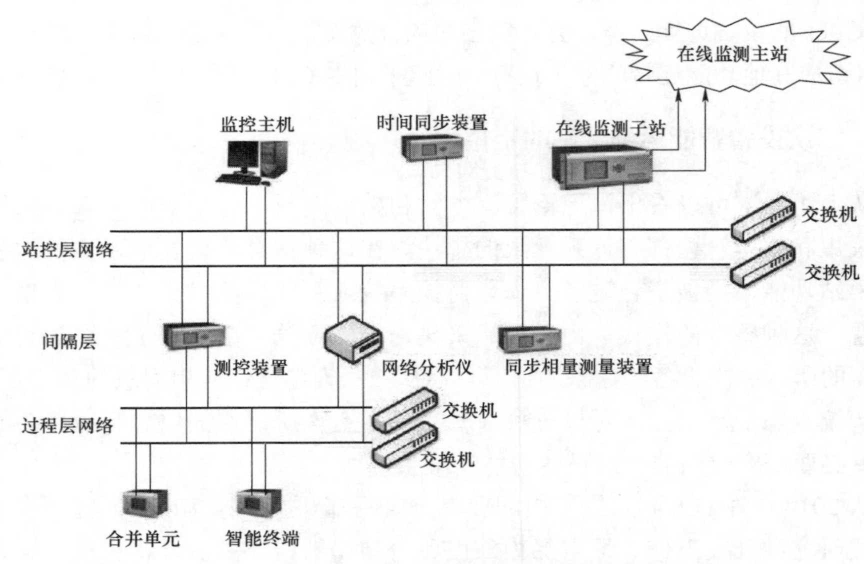


图 8－5　自动化在线监测子站系统结构图

自动化设备在线监测子站布置于安全 I 区，集成到现有变电站端一体化系统，通过自动化设备在线监测子站上传状态监测数据到在线监测主站。国家电网要求集成到一体化监控系统，南方电网要求其信息远传通过智能远动机。

站控层自动化设备包括数据通信网关机（国网）/智能远动机（南网）、监控主机、时间同步装置、交换机等设备。站控层设备之间通过 DL/T 860 方式实现在线监测数据交互。采用一体化平台的智能变电站，数据通信网关机/智能远动机、监控主机也可以采用内部总线方式实现更高效率的数据传输。

间隔层设备包括测控装置、同步相量测量装置、网络分析仪、交换机等设备。站控层与间隔层设备通过 DL/T 860 MMS 报文方式实现在线监测数据交互。

过程层设备包括智能终端、合并单元、交换机。智能终端、合并单元的状态监测信息通过 GOOSE 方式发送给间隔层测控装置，由其转发至在线监测子站，或由网络分析仪采集后发给在线监测子站。

### 8.2.2　继电保护智能运维子站系统架构

国家电网公司和南方电网公司的继电保护部门，对继电保护设备运维的关注点，除了传统的故障信息的采集分析和高级应用，还增加了对智能变电站继电保护的日常运维。所关注设备范围主要是继电保护装置及其相关回路，涵盖合并单元、保护装置、智能终端、安自装置、过程层交换机及构成保护系统的二次联接回路。实现继电保护 SCD 模型文件管理、状态监测、二次系统可视化和智能诊断功能。其中很重要的就是基于 SCD 以直观的方式将智能变电站保护系统的运行状况反映给变电站运检人员和调控机构继电保护专业人员，为智能变电站二次系统的日常运维、异常处理及电网事故智能分析提供决策依据。

智能变电站继电保护设备智能运维系统的逻辑结构如图 8－6 所示。

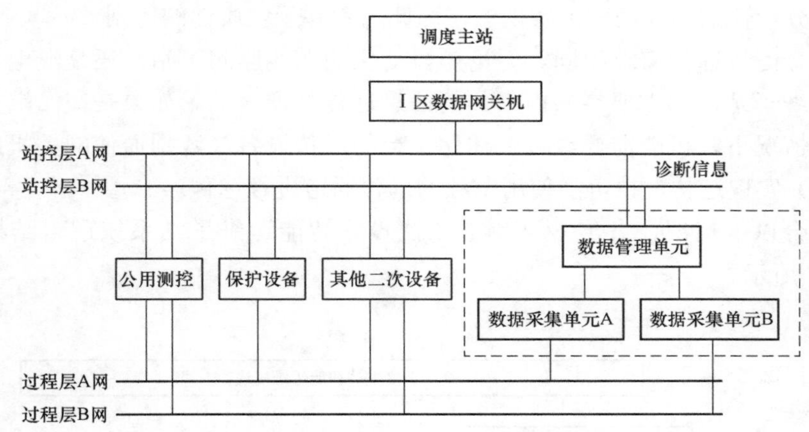


图 8－6　智能变电站继电保护智能运维系统逻辑结构图

继电保护智能运维系统，由部署在变电站端的智能运维子站和部署在调度端主站系统的智能运维主站模块共同完成。在国家电网，智能运维主站模块集成于 D5000 平台；在南方电网，智能运维主站模块集成于 OS2 平台。

变电站端的智能运维子站由数据采集单元和数据管理单元两部分组成。数据采集单元通过过程层网络获取过程层设备数据；数据管理单元从数据采集单元和站控层网络获取数据，进行分析处理，并通过 DL/T 860 将诊断信息上送至调度主站。

### 8.2.3　通用智能运维子站系统架构

从上面的内容可以看出，尽管自动化专业和继电保护专业对智能运维的关注重点不同，但其智能运维子站的结构中有很多相同之处：

（1）信息采集内容基本相同。无论是自动化的在线监测子站，还是继电保护的智能运维子站，都需采集站控层、间隔层、过程层这三层设备的信息，同时也需要站控层网络和过程层网络的信息。尽管自动化专业所关注的设备范围和继电保护专业所关注的设备范围不同，但所采集的信息内容大体相同。

（2）信息采集方式基本相同。无论是自动化的在线监测子站，还是继电保护的智能运维子站，对站控层设备和间隔层设备的信息都可以直接通过站控层MMS网络采集，而对过程层设备的信息，则需要借助于其他设备进行采集后转发给在线监测子站/智能运维子站。在前面的内容中有提到通过测控装置转发、通过网络分析仪转发和通过采集单元转发。实际上，通过测控转发方案会带来很大的信息映射工作量，一般不采用。而在实际系统中的采集单元，恰恰是基于网络分析仪的功能基础上实现的，因此二者并无实质性的差别。

（3）信息远传需求相同。无论是自动化的在线监测子站，还是继电保护的智能运维子站，都需要将站内采集的信息远传到调度端。如果是在站端一体化平台的情况下，可能需要经过一体化平台的远传设备（数据通信网关机或智能远动机）实现远传，也可能使用单独的远传通道进行远传。

综合以上情况，各专业适用的二次设备智能运维子站系统逻辑结构应如图 8－7 所示。

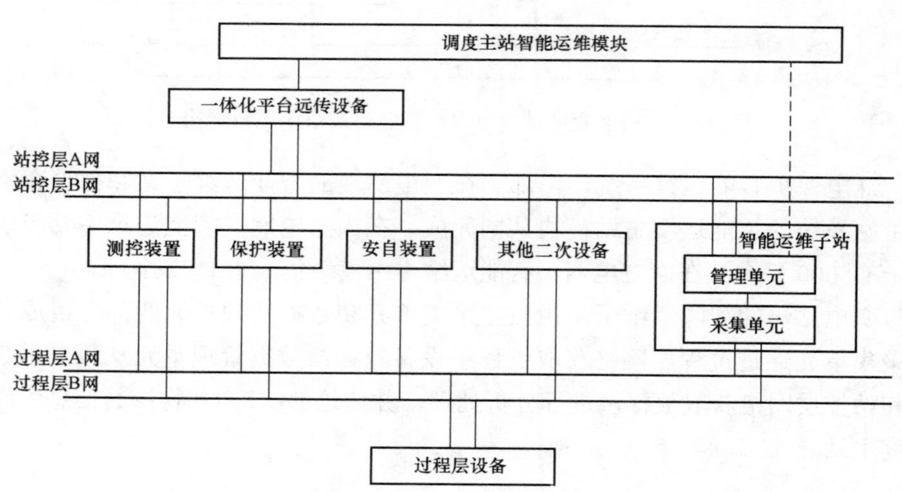


图 8－7　智能运维子站系统逻辑结构图

系统的硬件部署应如图 8－8 所示。图中过程层的虚线表示根据不同地区应用差异，可能是单网或双网。

有些地区因在运行过程中发现合并单元的一些问题，对模拟量采用直接电缆采样，则硬件部署如图 8-9 所示。

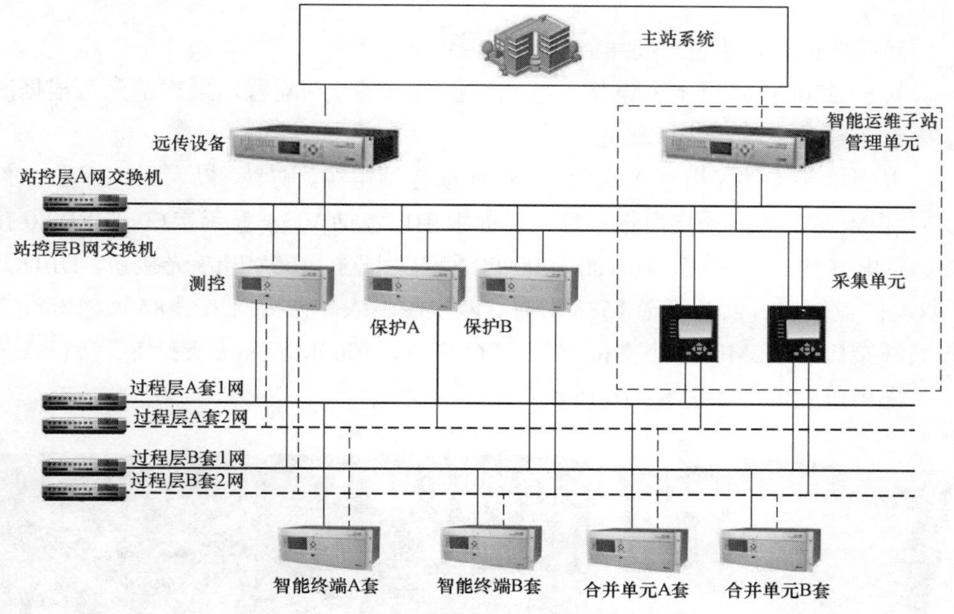


图 8-8　智能运维子站系统硬件部署图

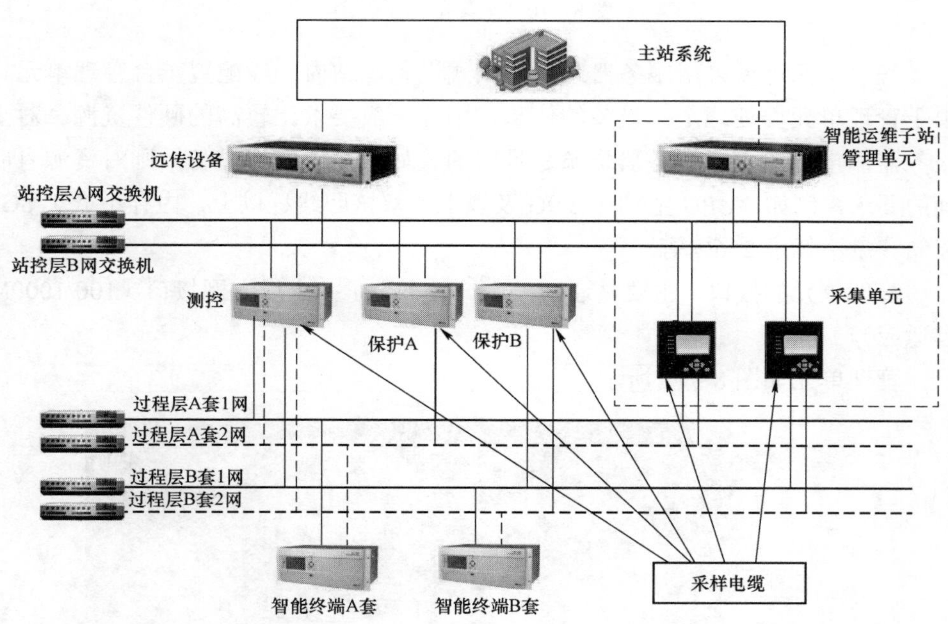


图 8-9　智能运维子站系统硬件部署图（模拟量电缆采样）

### 8.2.4 通用智能运维子站硬件

系统的硬件部署应如图 8－8 和图 8－9 所示。

对于 220kV 及以上变电站，按照过程层网络分别配置，采集单元可根据所接入设备数量按电压等级配置。

采集单元硬件采用嵌入式设备，前面板包括电源、硬盘、以太网、B 码对时、DO、自定义、数据采集口指示灯。后面板接口包括 VGA 显示接口，USB2.0 接口、光电 B 码、电 B 码、10/100/1000 自适应以太网、100Mbit/s 光接口、DI/DO、SATA 硬盘接口，以及可选 1588 对时、双电源输入。光接口采用 850/1310nm 多模光纤接口，100Mbit/s 应支持 ST 或 LC 接口，1000Mbit/s 应支持 LC 接口。

采集单元硬件如图 8－10 所示。

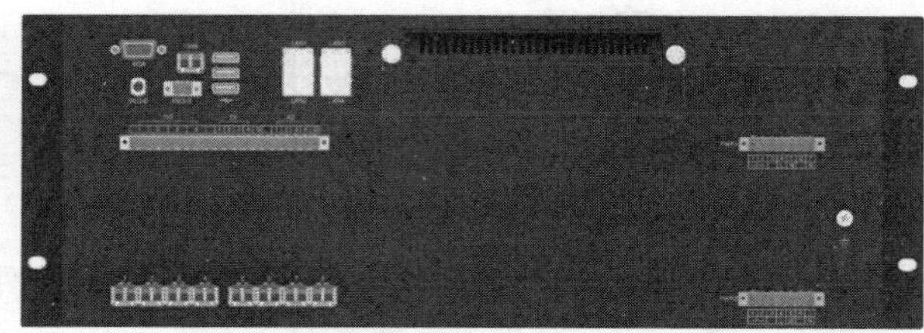

图 8－10　采集单元硬件图

管理单元可以采用服务器或者嵌入式设备，站内一般配置一台管理单元。由于管理单元要处理全站设备的信息，因此一般要求比较高的硬件资源。对于服务器，市场的主流服务器资源是足够的。如果是嵌入式设备，则对资源有明确的要求，例如，CPU 主频在 2.0G 及以上，双核四线程以上，内存不低于 8G，存储容量不低于 256G 等。

管理单元的接口，主要是通信口，一般不少于 6 个以太网接口（100/1000M 自适应）。

管理单元如图 8－11 所示。

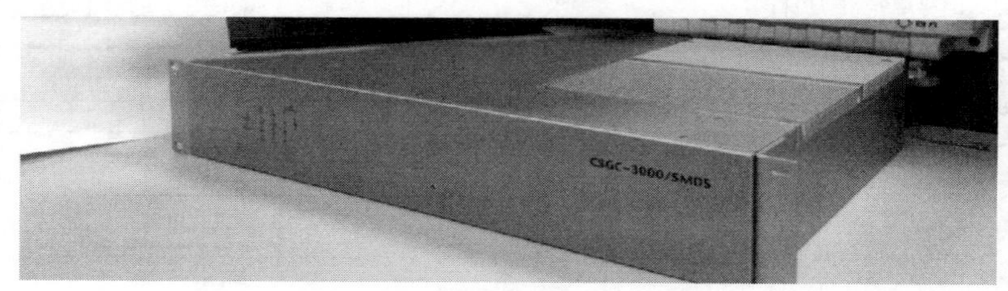


图 8－11　管理单元硬件图

## 8.3　智能运维子站信息

### 8.3.1　信息采集

变电站内智能运维相关信息的数据流如图 8－12 所示。

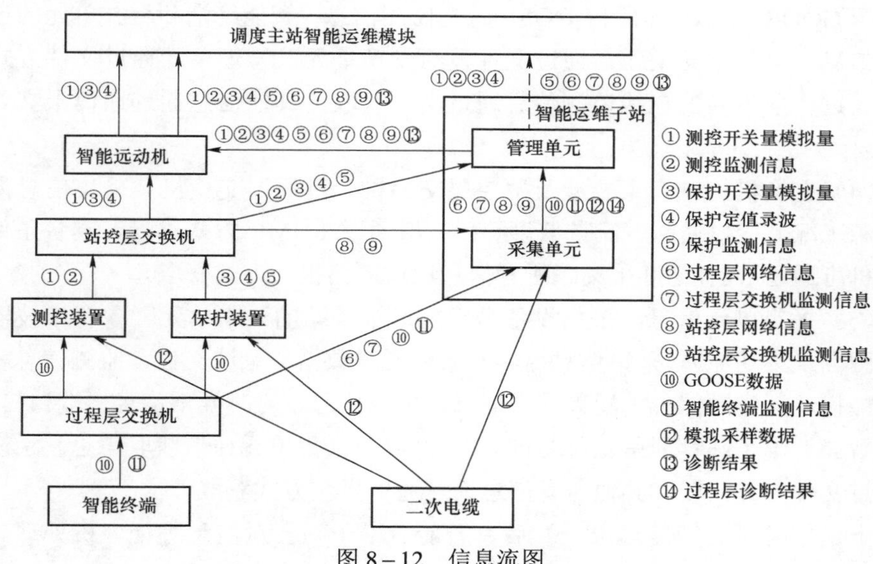


图 8－12　信息流图

变电站内的智能运维子站信息采集范围涵盖智能终端、保护装置、测控装置、安自装置、过程层交换机及构成保护控制系统的二次连接回路，同时包括站控层设备的信息。

（1）站控层信息。站控层设备包括监控主机、智能远动机（或独立的远动机和保信子站）等。采集信息内容为站控层设备的运行状态、资源信息、通信状态及告警信息等。采集方式为通过站控层网络，以简单网络管理协议（Simple Network Management Protocol，SNMP）或私有规约方式实现智能运维子站与站控层设备之间的数据交互。所有信息通过通信报文方式获取。

（2）间隔层信息。间隔层设备包括保护装置、测控装置、安自装置（硬件防火墙、隔离装置等）。采集信息内容为保护装置的保护动作、告警信息、状态变位、定值、录波、监测信息、压板状态、运行工况等，测控装置的开关量、模拟量、告警信息、监测信息、运行工况等，对于硬件防火墙、隔离装置等，可采集内部告警、运行工况信息。采集方式是通过站控层网络，以 DL/T 860 或其他站控层通信规约实现智能运维子站与保护和测控装置之间的数据交互。如果硬件防火墙、隔离装置支持，可通过 SNMP 的方式采集其信息。保护装置的录波文件可以通过文件方式传送，其他所有信息通过通信报文方式获取。

（3）过程层信息。过程层设备主要包括智能终端和合并单元。所采集信息内容为 GOOSE 信息，过程层设备自身的监测信息，例如光功率监视、光强越限、通信链路监视、对时状态监视等。采集方式是通过过程层网络，采集单元采集并分析 GOOSE 报文，得到 GOOSE 状态监测信息；智能终端和合并单元的自身监测信息，采集单元采集后通过文件发给管理单元，管理单元通过文件方式送主站。过程层设备的在线监测信息通过文件获取，其他信息通过通信报文方式获取。

（4）交换机信息。主要涉及站控层交换机、过程层交换机。采集信息内容是电源工况、接口通断、流量信息等。一般通过 SNMP 方式进行，具备条件的交换机可通过 DL/T 860 采集。所有信息通过通信报文方式获取。

（5）采集单元信息。采集设备是智能运维子站的采集单元（含有录波器采集和网分采集功能）。采集信息内容有录波通道数据、录波文件、监测信息（包括功能投退、资源信息、配置异常信息、电源信息、对时异常信息、端口信息）等。智能运维子站管理单元可通过 DL/T 860 与采集单元通信获取信息。录波文件通过文件方式获取，其他所有信息通过通信报文方式获取。

上述信息到达智能运维子站后，智能运维子站会对信息进行分析处理。在过滤掉重复信息后，利用数据实现下节所述的各种功能。

其中所涉及的各种文件形式数据，以及历史数据，都会在智能运维子站进行存储。存储的数据支持本地查询和主站召唤。

### 8.3.2 信息远传

**1.** 智能运维子站与主站的交互方式

智能运维子站与运维主站通信交互的方式主要有实时数据、响应召唤、诊断结果和图形浏览几种不同情况。

（1）实时数据是变电站内所有二次设备的实时告警，保护装置的故障相关信息（事件、故障参数、录波等），在线监测数据（通信状态，定值一致性，配置一致性，设备运行工况如温度、电压、光强等，设备资源信息，设备对时监测信息）等。此类数据除录波文件和过程层设备监测数据外，均以报文方式传送。保护事件、告警、开关量变化、通信状态变化、定值区变化、定值不一致、配置不一致等突发信息由智能运维子站主动上送给主站。故障录波文件（包括中间节点文件）由智能运维子站主动发送提示信息给主站，并在主站召唤时上送文件。

（2）响应召唤是指开关量、模拟量、定值及历史数据（历史事件、告警、遥信变位等），都可以响应主站召唤上送。此类数据均以报文方式传送。

（3）诊断结果指运维子站的智能诊断结果、自动巡视结果等。此类数据以文件方式传送。当有新的诊断结果时，智能运维子站主动发送提示信息给主站，并在主站召唤时上送文件。

（4）图形浏览是指智能运维子站可为主站提供远程浏览服务，远程浏览内容包括变电站主接线图、间隔图、二次设备状态、二次虚回路实时连接状态图等。远程浏览的图形本身为标准图形文件形式，拆分成报文传送，图形中的数据以通信规约报文方式传送。

**2.** 智能运维子站与主站的通信方式

智能运维子站与运维主站通信可能有三种方式：直连方式、经站内远传设备（国家电网数据通信网关机或南方电网智能远动机）路由方式、经站内远传设备通信方式。如需支持远程浏览，则通过 DL/T 476 规约进行，需设立单独的通道与主站直接连接。

（1）直连方式。直连方式下与运维主站之间支持 DL/T 860 规约和南网主子站 103 规约两种协议，一般在站内是 DL/T 860 协议的情况下优先考虑 DL/T 860 与主站通信，站内非 DL/T 860 的情况下采用南网主子站 103 规约通信。

此方式的优点是信息传送直接，对站内其他系统没有影响。不足是需要增加单独的通道，并且不通过智能远动机出口。

（2）经站内远传设备路由方式。经站内远传设备路由方式，是占用站内远传设备的两个通信口，分别用做信息接入和转出，但不做具体规约通信，而是在站内远传设备中进行端口映射设置，将其作为一个网络报文中转环节，其实质也相当于是与运维主站直接连接，所使用通信规约与直连方式相同。

此方式的优点是信息传送直接，对站内远传设备其他通道没有影响，同时对其他系统没有影响。虽然需要增加单独的通道，但也是通过站内远传设备出口，不破坏站内一体化平台的架构要求。

（3）经站内远传设备通信方式。经站内远传设备通信方式，是由站内远传设备与智能运维子站通信获取信息，然后将信息送给主站。这种方式中，站内远传设备接入智能运维子站通信方式可能有两种（多 IED 模式和单 IED 模式），站内远传设备转出信息给主站的通信方式也可能有两种（独立通道模式和保信通道模式），可以分别交叉组合。一般采用多 IED 模式+独立通道模式组合，或单 IED 模式+保信通道模式组合。

1）多 IED 模式+独立通道模式。站内远传设备和智能运维子站之间采用多

IED 模式通信时，子站作为通信代理，与站内远传设备之间以 SCD 为基础进行通信，所有设备的模型保留原始信息及其逻辑关系。站内远传设备与运维主站之间增加一个独立的通道，可采用 DL/T 860 或南网主子站 103 规约。

此方式的优点是智能运维子站传送给站内远传设备的信息带有原始 ID，不需重新建模，站内远传设备和主站之间增加独立通道，对站内远传设备上其他通道没有影响。不足是站内远传设备需要通过代理方式接入智能运维子站，与接入其他间隔层设备的方式不一样，需要兼容。

2）单 IED 模式+保信通道模式。采用单 IED 模式通信时，智能运维子站作为一个普通的 IED 设备，提供 ICD 模型给站内远传设备，站内远传设备按照接入普通保护或测控的方式接入智能运维子站。站内远传设备与主站之间通信利用已有的保信通道，相当于站内远传设备的保信业务通信中增加了一个设备。

此方式的优点是转出利用原有保信通道，不需要增加通道。不足是站内远传设备接入智能运维子站的方式与接入其他间隔层 IED 类似，但也有一些特殊处理。智能运维子站需要为此方式单独建模，如果保护设备的信息也都要建在模型中，则模型信息量和工作量很大；而如果智能运维子站中只建模诊断结果信息而不包含保护设备的信息，则主站拿到的信息需要综合。

考虑到监控系统有人值班，智能运维子站诊断发现的一些严重异常，以及其他需要立即处理的情况，应将信息及时传送到监控后台，提示值班人员处理。

与监控通信优先考虑采用标准规约方式，使用 DL/T 860 协议。智能运维子站将诊断信息建模送给监控系统。

如果监控系统和智能运维子站为同一厂家产品，也可以考虑更便捷的内部通信协议方式。

### 8.3.3 录波器信息远传

智能运维子站可以通过采集单元的独立通道支持录波器信息远传，同时不影响运维数据传送的通道。

变电站内的集中录波器信息，在有些地区采用接入保信子站（包括智能远动机），通过保信子站传送给主站的方式；也有些地区集中录波器数据不接入子站，单独组网上送主站的方案（或通过录波子站的方案）。

智能运维子站的采集单元本身具备集中录波器功能，对接入保信子站（包括智能远动机）和单独组网接到保信主站的两种方式适应如下：

采用录波通过保信子站（包括智能远动机）传送给主站的方案，则采集单元的录波文件仍按保信系统的传送方式，通过 DL/T 860 通信规约传送给保信子站（包括智能远动机），而智能录波器采集的所有数据（包括录波文件和其他数据），通过另一个 DL/T 860 通道传送给智能运维子站的管理单元，由管理单元上送给智能运维主站，如图 8－13 所示。

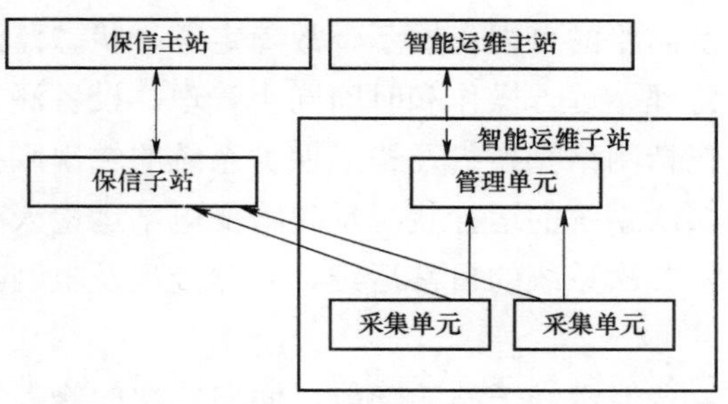


图 8－13　录波器接入保信子站示意图

如果采用录波器单独组网送主站的方式，又可分成直接接到保信主站和通过录波子站送保信主站两种方式。直接接保信主站的方式如图 8－14 所示，采集单元的录波文件通过 DL/T 860 组网上送给主站，而智能录波器的所有数据（包括录波文件和其他数据），通过另一个 DL/T 860 通道传送给智能运维子站的管理单元，由管理单元上送给智能运维主站。通过录波子站送保信主站的方式如图 8－15 所示，运维子站管理单元本身就可以承担起录波子站的功能。

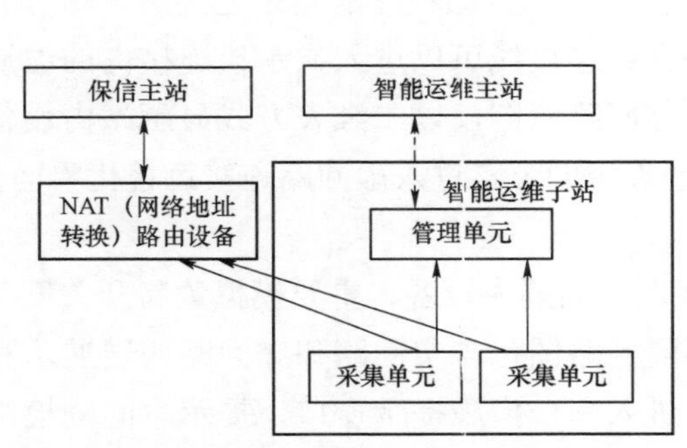


图 8－14　录波器接保信主站示意图

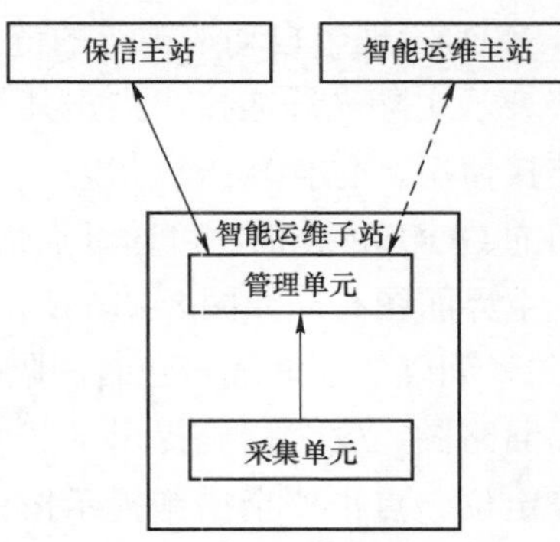


图 8－15　录波器接录波子站（管理单元兼）示意图

上述方案中，通过保信子站和直接送保信主站方式，智能录波器的采集单元都是出了两个通道，这种方式的好处是不破坏原保信系统的架构，保信系统和运维系统各自独立。

## 8.4 智能运维子站基本功能

智能运维子站的基本功能是实现对变电站二次设备及其相关回路的运维管理，包括二次设备及回路的可视化展示、故障定位、状态监测、模型管理、定值管理、故障信息管理、远方操作和时间同步管理。设备涵盖自动化和继电保护的二次设备，也包括网络交换机及构成保护系统的二次联接回路。以直观的方式将智能变电站二次系统的运行状况反映给变电站运检人员和调控机构专业人员，为智能变电站二次系统的日常运维、异常处理及电网事故智能分析提供决策依据。

（1）系统界面。智能运维子站的功能以面向二次检修人员为主。其功能和展示信息均以符合检修人员的应用需求为重点。从系统的界面展示上，分为全站、间隔、设备三级展示。功能上侧重于回路故障定位、设备功能状态判定。

1）全站级。全站级界面有主界面、网络图和二次虚回路总图。

主界面为全站信息总览。界面主体部分为站内设备总览，结合一次接线图，叠加二次设备图标，展示二次设备整体情况。每个装置带有指示灯，可指示该装置当前的异常情况。界面右侧带有系统 KPI 信息，包括目前异常设备数量、异常回路数量、设备告警数量、系统诊断出的异常告警数量、总体通信状态、动作次数、站内设备总体风险情况等。界面上方有到网络总图、二次虚回路总图、SCD 管理、自动巡视等的链接。网络图为全站设备的网络连接图。图上的连接表示实际光纤连接，点击某一条光纤连接线可以进入显示该连接内的虚端子连接情况，包含软压板状态。二次虚回路总图，以二维表方式显示站内设备之间的 GOOSE 连接，可通过点击二维表中的节点进入虚回路连接可视化界面。

主界面图布局如图 8－16 所示。

2）间隔级。间隔级包含间隔接线图、间隔内设备、重要模拟量和开关量、间隔回路图、安全措施提示。其中间隔回路图包含实回路和虚回路两层展示和故障定位。点击安全措施提示按钮可进入安全措施提示窗口，提示本间隔检修涉及的设备列表和安全措施的规则。

3）设备级。设备级包含设备健康状态评分、重要模拟量和开关量、设备操作、设备回路图、安全措施提示、检修建议。其中设备回路图包含实回路和虚回路两层展示和故障定位。点击安全措施提示按钮可进入安全措施提示窗口，提示本设备检修涉及的设备列表和安全措施的规则。点击检修建议按钮可进入检修建议窗口，提示本设备各项检修内容中已经自动完成的项目和结果、还需要人工进行的项目等。

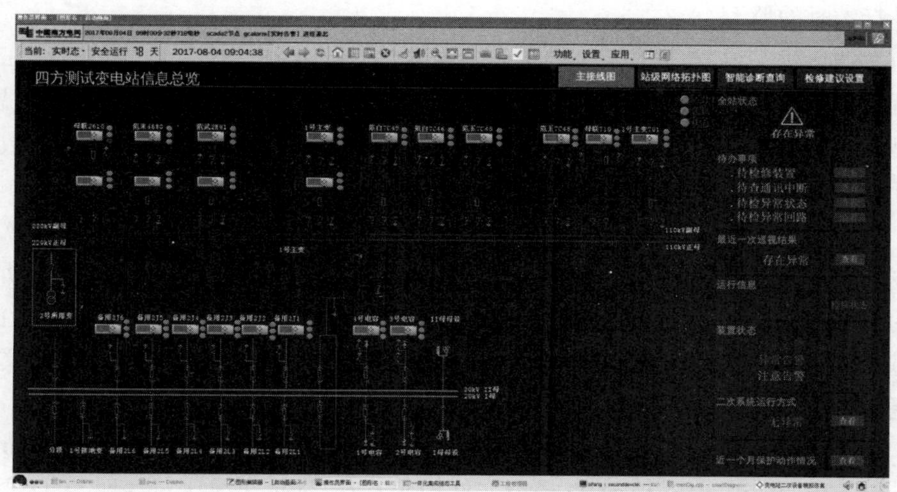


图 8－16　主界面布局图

（2）二次回路可视化。二次回路可视化可通过实回路可视化和虚回路可视化两种方式来实现。实回路可视化与虚回路可视化建立关联，通过双击实回路光纤连接线，弹出打开该光纤传输的虚端子的虚回路可视化图，实现可视化分层展示。实回路可视化展示装置、交换机、端口、网络连接线等信息。实回路通信状态可通过网络连接线的颜色实时显示。虚回路可视化展示装置、检修压板、虚端子、虚回路、与虚端子关联的软压板等信息。检修压板和软压板状态可实时显示，虚回路通信状态可通过虚回路连接线的颜色实时显示。

（3）回路通信故障定位。基于实回路和虚回路的通信状态可监测基础，回路故障反映的是实回路和虚回路的通信故障。回路故障定位基于二次回路可视化实现，在实回路图和虚回路图上通过回路线的颜色定义回路的通信状态，如虚回路线绿色表示虚回路通信正常，红色表示虚回路通信中断；实回路线绿色表示实回路通信正常，红色表示实回路通信中断，黄色表示实回路通信异常，即实回路中的虚回路存在部分通信中断。通过 IEC 61850 通信同一报告控制块上送的虚端子对应的虚回路通信状态一致，通过监测控制块的通信状态实现。

实回路通信异常存在交换机组网时，可能出现有的虚回路控制块通信正常，有的虚回路控制块通信中断。实回路点对点通信，实回路通信状态与虚回路通信状态一致，不会出现通信异常情况。

二次回路可视化支持站级、间隔级和装置级的三级展示，因此，回路故障定位也支持三级定位。

（4）状态监测。智能运维子站对站内设备的通信状态、运行状态和各类信息进行实时的监测。

智能运维子站接收装置保护动作、告警信息、状态变位、监测信息，在线分析采集的各种数据信息，收集并分类管理装置上送的二次回路实时监测信息，并显示实时状态信息，同时对收集到的数据进行必要的处理，对收集到的数据进行过滤、分类、存储等，同时实时监视及分析网络通信状态。

（5）模型管理。智能运维子站通过全站 SCD 文件获取过程层虚回路与软压板逻辑关系的描述、调度命名和一二次关联关系、继电保护系统功能实现所必需的信息，包含但不限于二次回路虚端子连接、通信参数、二次回路状态监测信息、过程层网络拓扑等配置。同时具备 SCD 文件一致性检查功能，SCD 文件变更后，保证更新后 SCD 文件的正确性并支持进行人工确认。

智能运维子站通过装置过程层虚端子配置循环冗余校验（Cyclic Redundancy Check，CRC）与继电保护 SCD 模型文件相应 CRC 进行在线比对实现 SCD 变更提示，并界定 SCD 变更产生的影响范围，影响范围可以定位到 IED 装置。可以通过可视化技术展示 SCD 变更的影响范围，GOOSE 变更范围能定位到数据属性（data attribute，DA）级，SV 变更范围能定位到数据对象（data object，DO）级，并以图形和报告的方式展示。

（6）定值管理。定值管理功能实现对站内设备的定值管理，包括继电保护设备定值管理、测控装置定值管理和远动定值管理。其中测控装置定值管理和远动定值管理功能只在国家电网范围内要求。

智能运维子站对定值管理，在大部分地区的定位主要是进行定值的监视，并不直接进行操作，但也有一些地区要求对定值进行操作，因此，智能运维子站对这些功能均需支持。对继电保护设备，智能运维子站可周期性自动召唤定值，并与数据库中保存的定值进行核对，若二者存在差异提供告警，召唤时间可配置，并可人工触发。同时支持修改定值和切换定值区操作。对测控装置，定值管理功能支持智能运维主站召唤、修改定值。对远动装置，定值管理功能要求子站在收到主站召唤远动定值命令时提供最新的远动定值文件。最新的远动定值文件从远动机中直接获取。由于远动通道通常是多个，因此远动定值的管理必须支持多个调度主站，每个调度主站支持一个或多个通信链路。

（7）故障信息管理。智能运维子站对站内保护的故障信息管理，是对某次电网故障站内所有保护动作情况的总体分析，形成保护动作简报和站级故障报告，并对录波文件进行分析。

在发生故障时，智能运维子站能自动收集厂站内单次故障的相关信息，整合为站级故障报告，内容包括一二次设备名称、故障时间、故障序号、故障区域、故障相别、录波文件名称等，同时对所接入设备的故障录波文件列表及故障录波文件进行召唤。在保护装置支持的情况下，还能召唤中间节点文件。如果保护装置支持区分启动录波和动作录波，智能录波子站还能召唤所有保护出口标识的录波。保护动作简报中包含以下信息：故障范围、故障类型、跳闸相别、测距、故障电流、故障电压、第一套保护动作情况和时间、第二套保护动作情况和时间、重合闸动作情况及时间等。

智能运维子站可以提供对故障录波文件进行波形分析的工具；能以多种颜色显示各个通道的波形、名称、有效值、瞬时值、开关量状态；能对单个或全部通道的波形进行放大缩小操作，能对波形进行标注，能局部或全部打印波形，能自定义显示的通道个数，能显示双游标，能正确显示变频分段录波文件，能进行相量、谐波以及阻抗分析。

（8）远方操作。智能运维子站的远方操作功能主要是为满足自动化专业的应用需求实现一些远方控制功能，包括信号复归、设备重启、软压板投退及其他控制功能。其基本原则是在同一时间内，只支持一个主站控制操作，如有两个以上主站同时操作，则智能运维子站对后收到的主站命令应答失败。

信号复归对象为远动设备和测控装置。智能运维子站接收到主站信号复归的命令，将对相关设备执行信号复归操作。当智能运维子站存在监控界面时，也可在其监控界面对设备执行信号复归操作。信号复归采用直控模式。

设备复位对象为远动设备和测控装置。智能运维子站接收到主站复位的命令，将对相应设备执行重启操作。当智能运维子站系统存在监控界面时，也可在其监控界面对设备执行重启操作，执行操作具有相应的操作提示及用户权限验证。设备重启采用直控模式。

软压板投退及其他控制对象为测控装置。智能运维子站接收到主站软压板投退及其他控制命令时，将对相应设备执行对应的控制操作。当智能运维子站系统存在监控界面时，也可在其监控界面对设备执行控制操作，执行操作具有相应的操作提示及用户权限验证。软压板投退及其他控制采用选控模式。

智能运维子站对所执行的远方控制操作均进行日志记录，包括控制时间、控制名称、控制设备、控制结果、操作人员等信息。对于主站的操作，日志记录中的操作人员为通道名称；对于智能运维子站系统本地的操作，日志记录中的操作人员为系统中进行操作的用户。

（9）时间同步管理。变电站的时间同步管理功能，一般由监控系统或时钟系统实现。但在需要时，智能运维子站也可实现时间同步管理功能。该功能实时监测站内自动化设备对时状态，监测数据包括：对时状态测量数据和设备状态自检数据。

站内时间采用分层管理原则，时钟和被对时设备形成闭环监测。上一层设备自身对时正常时，其管理的设备测量数据才有效。过程层设备的时钟偏差和对时状态则由测控收集将其状态上送。

站内设备的对时状态测量方法采用基于软件时标的乒乓原理，站控层、间隔层装置的时间同步状态在线监测使用 NTP/SNTP 作为基本测量手段，过程层设备的时间同步状态在线监测使用 GOOSE 作为基本测量手段。

## 8.5 智能运维子站高级应用

除上述基本功能外，智能运维子站还有一些更加深入的高级应用，如对二次回路可视化功能的进一步细化，形成了二次设备及虚回路的监视及诊断技术，对二次设备的智能预警和故障定位技术，对保护装置的操作防误技术，对网络的安全防护技术，以及主子站间配合的自动巡视技术等。

**1.** 二次设备及虚回路监视及诊断

可视化技术是对智能变电站的二次设备及虚回路进行监视及诊断的重要手段。可视化技术包含很多方面，其中和设备运维密切相关的技术，主要集中于设备状态可视化、SCD 管理可视化、虚端子可视化、故障逻辑可视化、故障回路可视化等。本章节的可视内容的介绍主要侧重于可视化技术在子站的应用，并不就技术本身展开深入探讨，具体可视化技术细节可参考第 5 章相关内容。

（1）SCD 管理可视化。基于 SCD 的二次回路监测本质是实现变电站自动化系统二次回路的可被管理。IEC 61850 体系下传统的二次回路、端子排被“虚端子”“虚回路”替代，如无有效的技术、管理措施，变电站的可靠性将大大下降。SCD 的管理可视化就是要将这些“虚端子”“虚回路”变成可见的、可被识别的、可被管理的。其中关键点在于静态文件一致性管理和动态 CRC 校验。

SCD 文件的一致性比较是 SCD 管理的重要内容，主要对不同 SCD 文件的二次回路虚端子连接做比较，并以图形化方式将比较结果展示出来，差异可以用不同的颜色和标识显示。例如：某两个装置之间有增加的虚连接，可以在连接处标一个小加号；某两个装置之间的虚端子连接有修改，可以在连接处标一个小星号等。

例如：图 8－17 中左上角的装置与本装置之间的连接标了一个小星号，表示虚端子连接发生了变化。但这个图中两个装置间只示意性地画了一个连接，若想看到具体虚连接的变化，则可点击该连接处，可以进一步看到详细信息流。

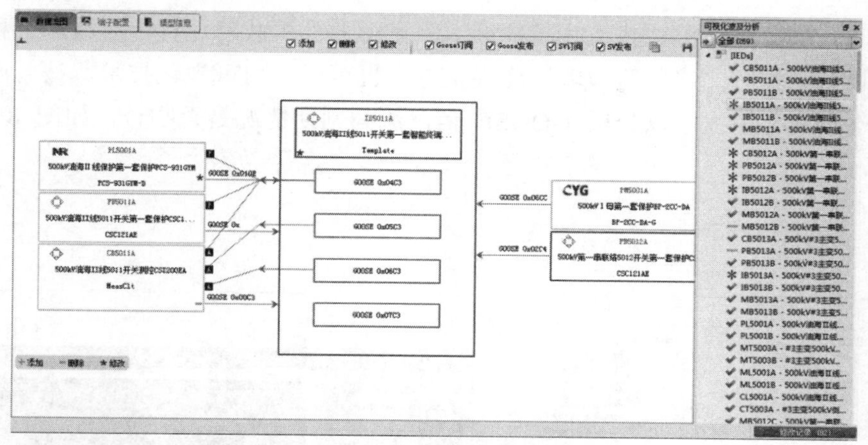

图 8－17　虚端子一致性比较示意图

随着智能变电站的建设，SCD 管控方面，电力系统厂站端采用 IEC 61850 体系标准进行全站建模，对变电站的电网结构、一次设备、二次设备及一、二次设备关联关系进行建模，生成变电站配置描述（SCD）文件，并转换成 IEC 61970 公共信息模型（CIM），主站可以根据这个 IEC 61970 CIM 模型自动导入，进行源端维护，对设备的运维管控能力也将显著得到提升。

（2）虚端子可视化。虚端子可视化包括虚端子变化可视化和虚端子实时状态可视化。前面图中 SCD 一致性比较可视化部分，已经展示了虚端子连接情况的图形化比较。图 8－18 展示的是虚端子可视化的动态状态更新，根据实时的虚端子连接情况，可动态刷新虚端子连接图，运维检修人员可一目了然地了解虚端子的连接状态是正常还是中断。

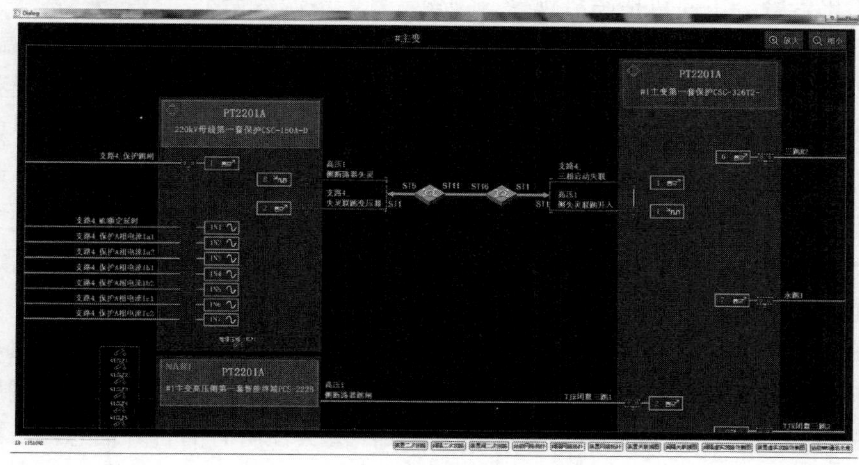

图 8－18　虚端子可视化界面

（3）故障回路可视化。为了能够清晰了解并分析故障过程，对故障过程中保护设备动作时二次回路虚端子连接状态，也可以采用可视化技术，按时序跟踪虚端子变化情况，以分析 GOOSE 信息流与预期情况是否吻合，如图 8－19 所示。

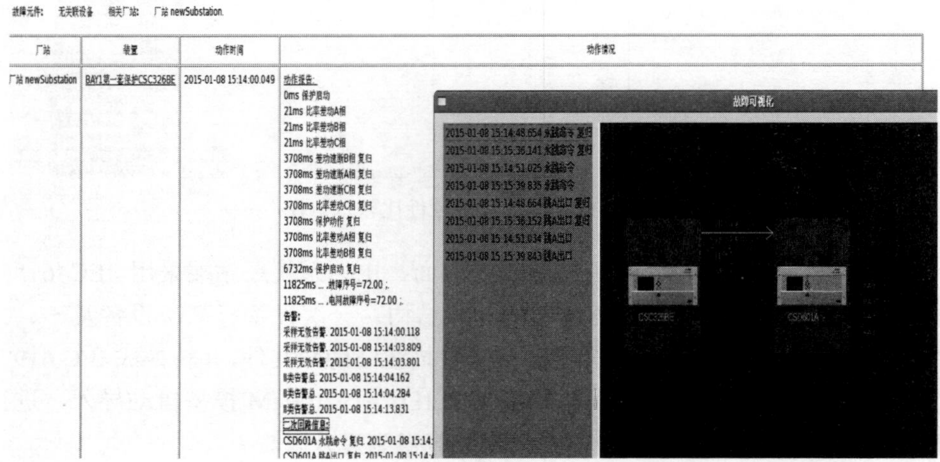

图 8－19　故障回路可视化界面

**2.** 二次设备智能诊断技术

二次设备智能诊断技术主要包括智能预警和故障定位。

（1）智能预警。智能预警是根据所获取的数据做综合分析，对可能隐含的异常给出告警。主要包括趋势预警、频繁告警、多源数据不一致告警等。

趋势预警主要针对模拟量数据。二次设备的一些模拟量信息，如装置温度、装置电源电压、过程层端口发送/接收光强和光纤纵联通道光强等，是对设备运行状态的一种侧面反映，因此，对这些模拟量信息的变化趋势进行关注，就可以根据其变化情况来预估劣化程度，对于可能出现的问题进行提前预警。趋势预警的功能主要包括对这些模拟量信息进行监测，对监测信息进行统计并支持历史数据查询功能，可根据同期数据比对、变化趋势、突变监测进行故障预警，预警值可现场设定。

频繁告警主要针对多次出现的告警。在运行过程中，变电站会产生很多告警信息，如果电网规模比较大，或者遇到告警阈值设置不当的情况，在调度端看到的告警信息将是海量的。调度运行人员不会关注所有的告警信息，一般只关注重要告警的信息，对于一般的告警，就需要根据需求启用频繁告警的功能。

所谓频繁告警，就是针对一些不重要的告警采取的过滤策略。由于该类告警本身并不重要，因此不需要每次告警都上送给调度。但如果在短时间内多次出现该类告警，则可能预示着设备的风险，此时就需要将风险信息提示调度运行人员。一般来说，所谓“短时间内多次告警”的时间段和频度都是支持设置的，使用者可以根据告警的类型，设置某类告警在多长时间内出现多少次就提示频繁告警。该种设置还应支持在线修改。

多源数据不一致告警是对来自不同信息源的数据进行比对分析，发现异常。多源数据不一致告警，其实质是数据有效性的判断。主要包括双模拟量不一致告警、双开关量不一致告警、双开关量一致告警、模拟量和开关量关系不一致告警、三相不平衡告警等。① 双模拟量不一致告警，用于多装置采集同一个模拟量数据源的比对。如双套保护采集的同一个模拟量，或者保护和测控采集的同一个模拟量。其特征是采集的数据是同一个，其有效值应为一致，如不一致则表示至少有一个出现错误，但无法判断究竟哪一个正确哪一个错误，此时应该给出告警。② 双开关量不一致告警，用于多装置采集同一个开关量数据源的比对。如双套保护采集的同一个开关量，或者保护和测控采集的同一个开关量。其特征是采集的数据是同一个，其状态应为一致，如不一致则表示至少有一个出现错误，但无法判断究竟哪一个正确哪一个错误，此时应该给出告警。③ 双开关量一致告警，用于有反逻辑关系的两个开关量的比对。如双位置开关的两个位置，在正常情况下，应该稳定的处于不同状态。其特征是采集的数据是两个有相反逻辑关系的开关量，如状态一致则表示至少有一个出现错误，但无法判断究竟哪一个正确哪一个错误，此时应该给出告警。④ 模拟量和开关量关系不一致告警，用于监视有逻辑关系的模拟量和开关量。如某线路电流与控制该线路通断的断路器。其特征是采集的模拟量数据有无是与开关量状态相关的，如状态不符则表示至少有一个出现错误，但无法判断究竟哪一个正确哪一个错误，此时应该给出告警。⑤ 三相不平衡告警，用于监视三相电流和电压的平衡。在正常情况下，三相电流值应基本相等，三相电压值也有类似关系，如果出现明显差异，就表明出现了异常。其特征是比较判断的三个数据是同一个电流或电压的三个相别对应的有效值，如果出现不等，则一般是两个相同的为正常，一个不同的为异常。

（2）故障定位。故障定位是指在出现异常时，能自动定位出异常部件，例如故障所在的插件等。

故障定位一般有两种方式，一种是由装置提供定位信息，另一种是根据预设规则判断定位。在智能变电站，二次设备能够提供的告警信息很丰富，其中一部分告警信息带有定位信息，例如“开入错”、“CPU 异常”等，对于此类告警信息，可以从其描述中定位出故障的插件。但还有相当数量的告警信息并不带有定位信息，此时就需要根据预设规则进行判断定位。

所谓的预设规则，是根据运行经验和设备数据整理出来的信息，对于某个装置的所有故障，都有其归属的定位信息。告警的定位数据，通常包括告警的分级、告警原因、处理措施建议、告警影响范围等。这些定位信息需要以装置为单位，预先设置在系统中，相当于故障定位的模板，并需要依靠积累来完成大量设备的故障定位信息。这种方式在初始阶段会消耗较多的工作量，但在模板积累之后，后续的工作将越来越轻松。

为了提高定位信息的获取效率和准确性，有的地区尝试采取由装置生成告警信息文件的模式。该模式的思路是从根源提供信息，以保证信息的一致性。在初始化时，召唤装置的告警信息文件，其中内容包括所有告警的定位信息数据。智能运维子站和主站都可以通过通信流程获取到这些信息，并导入自己的数据库。在发生告警时，就可以按照映射关系提取相关信息显示在系统界面。

**3.** 保护装置操作防误

对继电保护装置的操作，除了召唤各种信息外，主要的控制类操作就是投退软压板、切换定值区和修改定值。由于继电保护设备对于电网的安全运行起到关键性作用，因此对继电保护设备的操作必须保证其安全性，对上述几种操作的防误措施就成为应用中必须考虑的问题。

（1）双确认。为了加强操作的安全性，国家电网和南方电网分别提出了自己的防误操作要求，并列入的相应规范。具有共性特点的是，两网都提出了“双确认”的概念，即“继电保护和安全自动装置远方操作时，至少应有两个指示发生对应变化，且所有这些确定的指示均已同时发生对应变化，才能确认该设备已操作到位”。对于继电保护重合闸（备自投）软压板采用重合闸（备自投）软压板状态及“重合闸（备自投）充电完成”状态均发生相应变化作为远方操作到位判据；对于继电保护装置除重合闸（备自投）外的功能软压板采用软压板状态及对应的“××功能投入”状态作为远方操作到位判据；对于继电保护装置定值区的远方切换，应在间隔图中设置“当前定值区号”指示，采用保护装置“当前定值区号”和“当前区的定值”作为“双确认”判据。在定值区切换前、后均应召唤保护装置定值与调控主站数据库中相应定值区的基准定值进行比对。

双确认的方式，从至少两个维度确认了操作结果的正确性，有利于提高操作的安全性，但两个维度信息的互相印证，需要在主站端通过配置来进行配对，会带来一定的工程配置工作量。

（2）非当前区定值。南方电网还对召唤和修改非当前区定值进行了扩展规定。按照常规的通信方式，除了 DL/T 860 通信规范外，其他的通信规约，基本不支持召唤和修改非当前区定值。考虑到直接修改当前区定值的风险比较大，南方电网参考 DL/T 860 规约的做法，在所涉及的站控层通信规约（以太网 103 类型为主）引入了“编辑定值区”的概念。要求所有的保护装置现有的“定值区号”组定义进行修改，如表 8－1 所示。

**表 8－1　　定值区组扩充定义**

| 条目号 | 描述 | 数据类型 |
|---|---|---|
| 0 | 定值区号 | |
| 1 | 运行定值区号 | <3>无符号整数 |
| 2 | 编辑定值区号 | <3>无符号整数 |

同时，要求装置支持“运行定值预备区”。“运行定值预备区”是装置在定值固化区中专门开辟出的一段区域，用于用户存放即将投入运行的定值，此区不能投入运行，但可以用专门的命令将此区拷贝到运行区。当保信子站要访问此区时，必须将“编辑定值区号”的值置为 31。具备了这两个条件，就可以在需要修改定值时，将要修改的数据在运行定值预备区修改，并可以召唤上来核对确认。确认无误后，用专门的命令将此区定值拷贝到运行区，投入运行。

这种操作方式可以回避直接修改当前区定值的风险。但对于原本不支持“编辑定值区”和“运行定值预备区”的设备来说，需要修改软件支持这些概念及其相关操作，有软件升级的工作量，对已经运行的站，需要改造的工作量很大，不好推广。而对于在此规范出台实施后的新建站，则可以直接使用已经升级符合这些要求的设备，实现对非当前区定值的操作。

**4.** 网络安全防护

变电站的网络安全，一直是重点关注的问题。尤其是在近年来国外多次发生因网络安全问题引起的电网事故，使得国内的电网对这方面的重视程度空前提高。在国家电网和南方电网都专门成立了网络安全的相关部门，重点抓网络安全方面工作。

在智能变电站，站内所有设备共同组成了变电站内系统。变电站内系统由站控层、间隔层、过程层设备，以及网络和安全防护设备组成。站控层设备包括监控服务器（监控主机、数据服务器等）、操作员站、维护工程师站、PMU 数据集中器、数据通信网关机（国家电网）或智能远动机（南方电网）等，还可能有独立的远动机和保信子站。间隔层设备包括测控装置、保护装置、网络记录分析仪、稳控装置等。过程层设备包括合并单元、智能终端、智能组件等。网络和安全防护设备包括交换机、防火墙、正反向型隔离装置。

变电站中都设置了网络安全防护设备，对变电站各安全区之间的信息传输，以及变电站信息出站，都起到了安全防护作用。但由于管理不当或技术问题，会有一些网络安全方面的漏洞，如由于管理措施执行不到位造成的移动介质和设备随意接入站端系统，网络安全设备或站内设备的安全防护策略配置不当，高安全等级的安全区与低安全等级的安全区违规互联甚至与其他网络违规互联等，都会给变电站内系统带来网络安全的风险，如给病毒、木马等恶意代码提供了可能进入生产控制大区的通道，给其他恶意攻击软件提供了可能通过一些公共端口进行网络攻击的机会等。

变电站端系统的设计一般优先确保高可用性和业务连续性，更关注实时性、可靠性。对安全性普遍考虑不足，安全保护机制偏弱。厂站端设备的种类繁多，所使用的软件和硬件平台多样，对网络安全协议的支持情况各不相同。要维护站内设备的网络安全，需要从以下几个主要方面进行防护：

（1）人员操作权限管理：虽然变电站内无人值班正在推广，但变电站内的操作仍然不可避免。站内系统对操作功能有支持，就必须有严格的权限管理。既保证相应用户有相应权限，也防止非法攻击伪装的操作。应有专人管理人员权限，定期对用户进行确认和清理。同时，对用户的密码设置制定严格的规则，要求设置高安全性的密码。

（2）设备非法接入防护：变电站内设备，往往存在未使用的接口，如空闲的以太网口、USB 口、光驱等。对于这些端口，在投运后确认不使用时，均应采取封条方式封闭，避免运行过程中由于管理不严格造成人员随意通过这些端口将非法设备接入系统，带来安全隐患。

（3）端口攻击防护：关闭不需要的系统服务，如支持远程浏览、远程注册、远程共享、远程播放等的服务。同时应关闭不使用的端口。

（4）病毒防护：操作系统应及时更新升级补丁，弥补系统漏洞，同时在系统中安装杀毒软件，并定时更新升级包，保证能应对各种最新病毒。

**5.** 自动巡视

自动巡视是指按照运维主站下发的巡检策略，自动召唤二次设备的各类量值，以检验其保护功能是否存在问题。目前可巡检的内容有：模拟量、开关量、定值、当前定值区等，将二次设备的量值与标准值进行比对，从而判断二次设备的参数、测量回路等是否正确，巡检完成后，向运维主站返回巡检异常结果，并保存巡视报告以便运维主站通过通用文件召唤。除了按策略进行的自动巡视，同时也支持人工触发一次自动巡视。在变电站端可查询显示巡视报告。自动巡视的标准值可采用主站下发的标准文件，也可采用站内确认的方式确定。

主子站间自动巡视的流程：

（1）文件下装及召唤。主要包括标准值文件、策略文件的下装及召唤，巡视记录、巡视报告的召唤。在召唤时通过不同文件类型的扩展名进行召唤。应用可通过文件时间来确定最新的标准值文件、策略文件。标准值文件和自动巡视策略文件下发后立即生效。如果子站正在巡视过程中收到新的标准值文件，则立即停止当前巡视，按照新的标准重新巡视。如果收到新的自动策略文件，可将当前巡视完成，此后再按照新的自动策略进行巡视。

标准值文件、策略文件的下装，直接采用通用文件下载功能即可。标准值文件、策略文件的召唤，直接采用通用文件召唤功能即可，先召唤列表，再召唤文件。历史巡视记录、巡视报告的召唤，先召唤巡视记录文件，智能运维主站解析巡视记录文件后得到巡视记录，再根据巡视记录中的文件召唤巡视报告。

（2）巡视完成通知。智能运维子站提供两个信号点，分别表示“巡检完成（无异常）”、“巡检完成（有异常）”。智能运维子站在巡视完成时，向智能运维主站发送此两个信号之一的变位信息，并携带变位时间标记和巡视报告文件名，方便主站召唤巡视报告文件，无须再召唤列表。

（3）触发巡视。智能运维子站提供表示当前巡视状态的信息点，标识当前正在巡视或未在巡视。智能运维子站开始巡视即告知正在巡视，巡视完毕后告知未在巡视。智能运维主站手工触发巡视时，运维主站将此状态置为正在巡视。

## 参考文献

[1] NB/T 42088—2016 继电保护信息系统子站技术规范［S］.

[2] 鲍凯鹏，谢刚文，曾治安，等. 智能变电站二次回路在线监测研究［J］. 智能电网，2014，2（5）：23－27.

[3] 李妍，车勇，单强，等. 智能变电站二次系统在线监测评估的研究［J］. 电力系统保护与

控制，2016，44（10）66－70.

［4］刘之尧，刘正超，杜杨华. 继电保护及故障信息系统的通信协议与信息语义标识［J］. 广东电力，2007，20（1）30－45.

［5］叶远波，孙月琴，黄太贵，等. 智能变电站继电保护二次回路在线监测与故障诊断技术［J］. 电力系统保护与控制，2016，44（20）：148－153.

# 第9章

# 智能变电站设计配置一体化工具软件

随着智能变电站工作的深入进行，传统上采用由设计院进行设计、再由施工方和集成商根据设计院蓝图进行施工和维护的方式已经较难适应发展的需要。在智能变电站建设过程中不仅需要虚端子表和光缆清册等相关施工维护文档，同时由于 IEC 61850 和 IEC 61970 等模型规范的应用，更需要现场实施与设计更加同步和协调配合，因此单一独立的将设计与施工和维护分开的配置工具产品已经无法满足现有智能二次运维的需要。更加一体化的、综合设计与配置的工具已经成为建设智能变电站和二次设备运维的必要。另一方面，国家电网“四统一四规范”已逐步实施，智能变电站配置相关企标、国标也已制定，还有其他集成自动化系统的需要，也决定了配置工具的一体化，即设计与维护一体、设计与施工一体，将越来越广泛地得到应用和要求。因此尽早、尽快促进一体化工具的建设与使用是智能变电站工程实施效率的关键所在。

为满足不同用户在智能站的设计、配置、运维、管理等工作过程中对提高工作效率、提高虚实回路可视化程度、提高管控技术手段等需求，一体化工具应建立通用集成设计、配置、运维和管理环境，实现系统配置、装置配置和专用配置间的信息共享与工作协同；负责电气主接线、变电站功能、运行参数、设备间数据流、网络架构及拓扑结构等的设计与配置，并能够按照变电站自动化系统工程实施的需要，设计变电站一次接线图，创建智能电子设备实例、工程化设备配置，并进行一次设备和二次设备绑定、网络信息配置等，负责模型文件的存储、验证、变更、审核等管理。

本章主要介绍智能变电站设计配置一体化工具软件（以下简称“一体化工具”）的主要设计思路和方法，读者可根据实际情况按照上述设计思路结合具体工程状况配合使用。此外，作为智能变电站建设与维护所必需的辅助，也作为智能二次运维系统的重要支撑，一体化工具的必要性、效率性和易用性是上述两大系统在工程实施和落地的关键所在。没有工具的配合和支撑，无论是智能变电站的建设维护还是二次运维工作的开展都将是工程效率上的重大缺失。因此，设计好、用好一体化工具是二次运维工程质量的关键。

## 9.1 一体化工具设计目标与原则

（1）设计目标。本节所介绍的一体化工具设计遵循以下目标：从系统配置、工程调试和运行维护的需求出发，区分不同环境、不同人员对智能站工具系统的使用、技术、功能的要求，提供智能化的工具系统，强化与站内系统、二次运维系统的协调和对调控主站的支撑作用，提升使用安全性、便捷性和智能化水平。

（2）设计原则。本节所介绍的一体化工具设计基于以下几个原则进行：

1）开放性：一体化工具应具有良好的开放性和广泛的适应性，一体化工具及应用功能模块均应基于相关国际、国家、行业及企业标准开发，一体化工具应可扩展任何符合相关标准的应用模块或子系统，并支持模块或子系统间的数据和功能交互，工具功能可按需扩展。

2）可靠性：作为智能二次运维变电运维系统的一体化工具应充分考虑可靠性要求，通过软件技术确保配置相关的一致性、正确性、可验证，确保不因设计和维护的复杂性而丧失可靠性。

3）安全性：作为智能二次运维变电运维系统的一体化工具应满足信息系统安全等级、保护及电力二次系统安全防护相关标准、规范的要求。确保在配置过程中不对电网安全运行产生负面影响，不因配置工具的使用导致其他安全事故发生。

4）集约化：作为智能二次运维变电运维系统的一体化工具应能统一配置二次运维设计与维护相关的所有设备和文件，以实现设计与配置一体化。

5）易用性：作为智能二次运维变电运维系统的一体化工具应提供方便易用的操作、维护和管理界面，工具功能组织合理、界面美观易懂、操作方便快捷。使用人员无须经过复杂的培训即可掌握并使用此工具。

（3）一体化工具设计框架。智能变电站设计配置运维管控系统总体架构如图 6－11 所示。

设计配置一体化工具主要有五大部分组成。

1）基础管理：该部分主要包括了工具所涉及的基础性管理需求的相关功能，按照前述设计可靠性要求，该部分主要包括：网源性测试、一致性测试、数字签名、权限管理、CRC 校验和模型解析等。

2）调试基础：该部分包括了与调试相关的一些基础性需求功能，按照前述设计集约性要求，该部分主要包含以下基本功能：装置调试、通信库、FTP、SV、GOOSE、MMS 客户端和 MMS 服务端等。该部分基本囊括了工程调试过程中应有的基本功能。

3）统一图形：该部分承担了一体化工具中的设计功能角色，因此包括了设计中的图形相关的所有功能，主要有自动配置、CAD、CIMG、SVG、自动成图、间隔模板、SSD、网络可视化和可视化验收等。

4）统一配置：该部分承担了一体化工具中的配置功能角色，因此包括了配置中的主要相关功能。

5）应用展示：该部分是综合上述几大基本部分的组合之后应用于具体场景的功能应用，主要有设计配置一体化、调试配置一体化、设计运维一体化和智能化移动终端。

上述五部分构成了一体化工具的整体。

（4）一体化工具数据框架。根据实际工程设计和实施应用的流程以及二次设备运维的过程，一体化工具的数据框架如图 6－12 所示。

## 9.2　一体化工具主要功能

按照实际工程设计与配置需要，一体化工具的功能包括：管理相关、调试相关、图形相关和配置相关的内容，具体的功能安排和说明如表 9－1 所示。

**表 9－1　　一体化工具功能分类**

| 应用功能 | 功能说明 |
|---|---|
| 软压板可视化配置 | 虚回路与软压板逻辑关系定义和配置 |
| | 软压板可视化展示 |
| 导出功能 | 虚回路链接 SVG 文件导出 |
| | 导出智能变电站二次回路工程文件格式 |
| | 生成过程层 SCD 文件升级报告 |
| | 工具兼容多种 SCD 导出配置 |

续表

| 应用功能 | 功 能 说 明 |
| --- | --- |
| 网络拓扑 | 交换机建模 |
| | 支持绘制网络图 |
| | 生成虚回路通信连接图 |
| | 虚实回路图 |
| | VLAN 配置与导出 |
| SSD 建模 | 可编辑 Substation 中的对象模型 |
| | 配置全站的电气接线图 |
| | 支持 SSD 文件的解析与生成 |
| | 图形导出功能，并保存到 SVG 文件中 |
| 离线与在线校验 | 对导入的 IID、SED、ICD、SCD 文件进行合法性检测，提供 IED 模型在线检查、版本号与校验码在线检查 |
| IED 配置 | 完成 IED 配置的相关功能 |
| 上传下载 | 支持 MMS 方式上传下载 CID、CCD 配置文件 |
| 模型重载与远动重载 | 远动重载，支持兼容老版本远动配置文件中的配置 |
| | 模型重载，用 ICD 文件来更新当前 SCL 文档中的一个 IED |
| 模型解耦 | SCD 模型解耦功能 |
| 光纤建模与光缆清册 | 光纤建模功能 |
| | 光缆清册导出 |
| 报文分析 | 离线报文分析 |
| | 在线报文分析 |
| 权限管理 | SCD 应用模型文件权限管理 |
| 版本管理 | SCD 文件版本管理 |
| | 版本库中文件下载和上传 |
| | SCD 比对，SCD 变更范围定位 |

根据上述表格里所描述的功能，将具体功能在一体化工具框架中部署在统一的库框架之上。后续内容将介绍相应各个功能模块的设计思路和实现方式。

**1.** 软压板可视化配置

软压板配置模块包括软压板配置的导入导出以及关联配置功能。其中软压板分为 GOOSE 发布软压板、GOOSE 订阅软压板、SV 订阅软压板。配置导入时需要提取装置的名称、软压板描述、软压板参考路径、虚端子描述、虚端子参考路径信息，并进行简单的信息有效性检测。导出该表格时需要考虑相应的行业规范要求。

（1）软压板配置导入。软压板配置应采用行业规范要求的固定格式进行存取。导入软压板配置时需要判断配置的有效性，提取有效信息以后需要对虚端子路径（如果存在）以及软压板参考路径的有效性（对应的 DOI/DAI 节点存在）进行判断。

（2）软压板关联虚端子配置。软压板与虚端子关联配置界面采用表格拖拽方式实现，表格分为左右两部分，左侧为虚端子表格（表格显示虚端子参考路径、描述、当前配置的软压板路径、以及配置的软压板描述信息），右侧为软压板表格（显示软压板参考路径以及软压板描述信息）。选择右侧表格的软压板后拖拽到左侧要关联该压板的虚端子上放开鼠标完成虚端子配置。

（3）虚端子软压板配置。根据上一步骤所描述的软压板和虚端子的配置方式，可展示界面如图 9－1 所示。

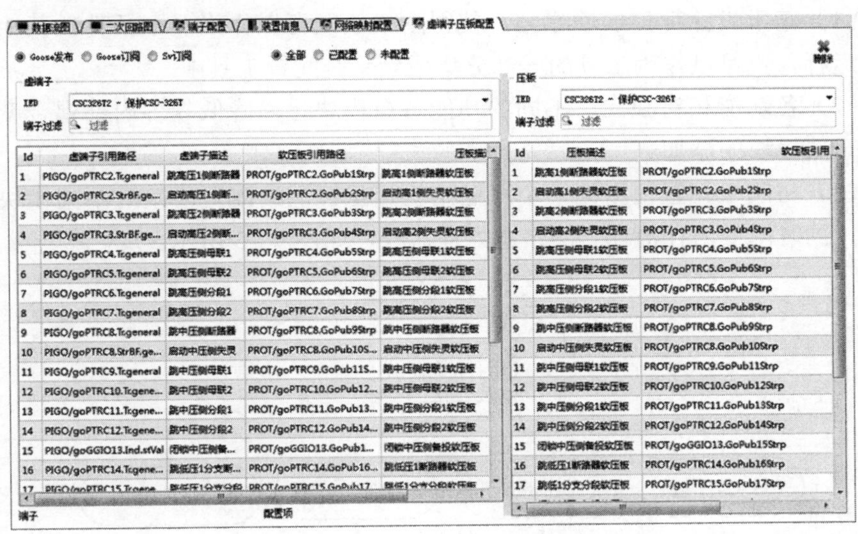


图 9－1　虚端子软压板配置界面

（4）导出软压板配置。导出软压板虚端子连接关系配置界面，提供装置选择窗口，选择要导出配置的装置，导出软压板配置文件，支持导出 CSV 格式和 EXCEL 两种格式。

（5）软压板的可视化。在软压板的可视化时，考虑对行业规范的支持。

**2.** 网络拓扑

该模块主要完成网络拓扑配置和网络自动成图的功能。包括交换机建模、网络拓扑配置、自动绘制网络图、虚实回路图、VLAN 配置与导出等。

逻辑结构如图 9－2 所示。

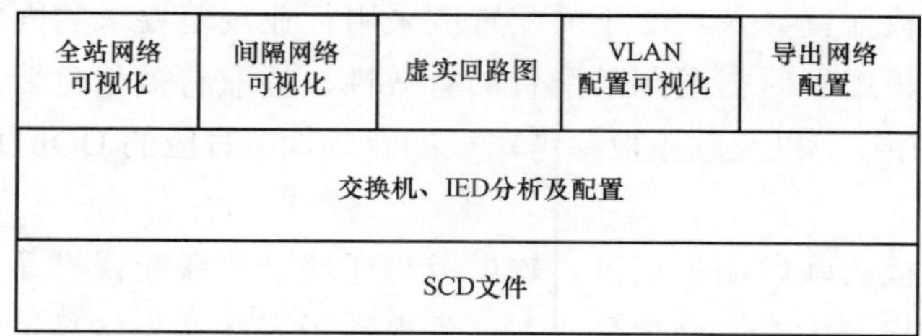


图 9－2　网络拓扑模块逻辑结构

本模块作为一体化工具的子系统，在设计上应重点关注三个方面：关注系统配置工具和其他自动化系统的复用性问题；关注增强功能，预留可扩展的接口，以便后续功能的扩展与完善；关注网络图绘制与配置复用策略。因此，在实现策略上应考虑：

（1）基于设计可扩展性原则，使得本模块既可以作为一个插件供其他系统调用运行，也可以作为工具的一部分集成到系统配置工具中。

（2）各功能相对独立，不同的功能各自模块化，降低软件内部耦合度，同时便于新模块的添加。

（3）与网络配置使用同一个存储结构，保证网络配置修改时不同模块间的同步，同时降低内存消耗。网络图处理流程，如图 9－3 所示。

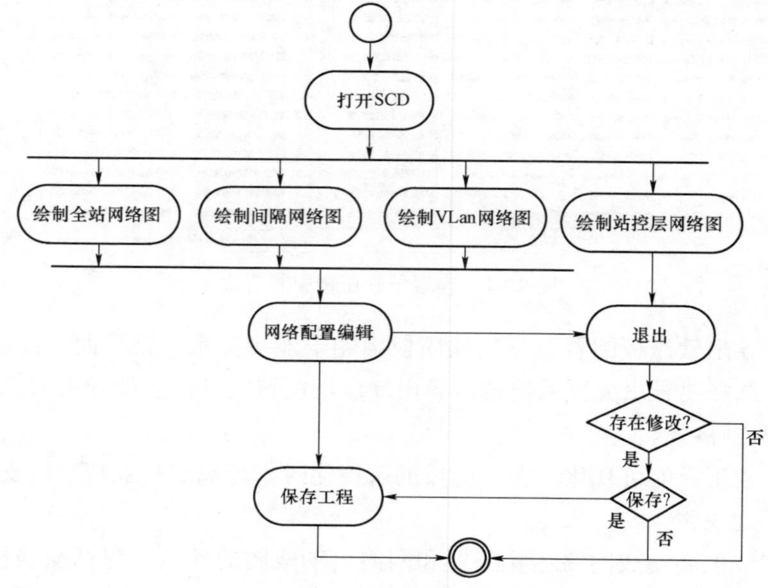


图 9－3　网络图处理流程

**3.** 界面设计

尽管工具的界面与实际工作中的使用场景、使用对象以及生产厂商的实际情况常常千差万别，但按照易用性设计原则，工具界面应可以根据网络拓扑信息自动生成：站控层网络图、间隔网络图、虚实回路图等。

（1）根据 SCD 文件显示各级网络图，根据用户选择的显示信息不同，界面展示也有所不同。

（2）在全站网络图、间隔网络图与 VLAN 网络图中，可以在显示界面通过鼠标拉线的方式对网络结构进行编辑。

（3）当网络结构在网络配置界面进行修改后，网络图显示界面可以及时刷新。

（4）可以随时保存修改后的 SCD 文件。

至于更多的界面设计要求，则偏重与用户体验的相关范畴，在这里不具体建议。

**4.** SSD 建模

下面说明工具在 SSD 建模过程中的关键功能以及使用策略。

（1）一次接线图绘制。创建变电站、电压等级、间隔等设备容器类。在间隔内创建一次设备图元，并能够对一次设备进行正确连接。支持的图元类型应不少于 IEC 61850 标准中已明确定义的设备类型。

（2）一次接线图形编辑。具有对一次接线图进行绘制、修改、删除的功能。具有复制、粘贴单个或一批图元的功能。具有批量复制粘贴电压等级、间隔等图元的功能。具有图元的自动对齐、排列的布局功能。

（3）一次模型编辑。一次模型随接线图同步更新：图形发生结构变化时，如设备图元的变更，须同步更新到模型中相关对象上。一次接线图上连接发生变化时，须同步更新模型中相应连接点的增删和修改。一次接线图上多个图元发生拷贝、复制或依据模板生成时，被复制的图元间的连接关系必须保持一致。

在一次设备树上增删设备：可增删电压等级区、间隔等容器设备。删除容器对象时，应能够同步删除间隔内部的设备。当设备删除时，一次接线图图形中应能同步删除相应的设备图元。当设备删除时，应该同步删除与该设备关联的连接对象（连接点等对象）。支持设备复制粘贴，多个设备复制粘贴时应该保持被复制粘贴的设备间的连接关系。

（4）一二次设备关联。可以在一次设备模型中增加对逻辑节点的引用。在一次设备中对象以及子设备对象中，可以添加对逻辑节点的引用。

（5）间隔复制。间隔名称能够自动更新，不会出现同名间隔。间隔内一次设备应能同步复制，同时保持设备间的拓扑关系。间隔内的逻辑节点如果来自间隔层或过程层，逻辑节点引用应同步复制。

（6）典型间隔模板。包括间隔内的一次设备以及一次设备的拓扑关系。间隔模板应可以由用户创建、修改。间隔模板应可以由自定义的属性进行分类、检索。

（7）SSD 建模。主要包括针对 SCD 中 Substation 元素内若干对象的构建和与变电站系统架构信息相关的若干内容的管理和配置，如图 9-4 所示。

（8）主接线图组态。支持绘制一次模型主接线图，实现一次模型创建、查看、修改、删除，实现一次和二次设备关联关系的创建和编辑，支持间隔复制和自动改名，内置变电站典型间隔模板。

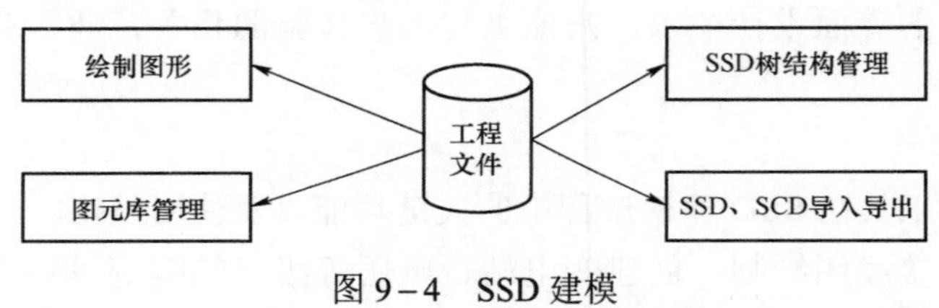


图 9-4　SSD 建模

软件部分主要由以下几个模块组成：绘图引擎、工程文件管理、文件校验模块、消息分发模块、SSD 逻辑结构模块、导入导出模块、一二次设备关联模块。

**5.** 版本管理

版本管理模块包括以下内容：SCD 文件版本管理；版本库中文件下载和上传；SCD 比对，SCD 变更范围定位。

在智能变电站的调试、运维及改扩建过程中，以 SCD 文件为主要配置内容的系统配置信息需要频繁修改，为保证配置的可靠性，设计配置一体化工具的使用人员往往需要定期对系统配置信息进行备份，并逐渐形成修改后的不同版本。一体化工具应能提供这些修改版本的管理功能，支持创建、维护系统配置信息的所有版本，并支持回溯功能用于返回到某个历史版本，除此之外，版本管理功能还应支持任意两个版本间的比对，以查看他们之间的变化。

**6.** 导出功能

该功能提供装置选择界面来导出智能变电站二次回路工程文件，界面提供装置检测按钮，可以在导出前对装置进行检测，并可以保存检测结果。导出 CCD

文件时按照规则提取相关信息进行文件导出，提取 SCD 文件中对应装置的相关信息写入 CCD 文件中。导出 CCD 文件时，提供界面选择要导出的装置，显示装置名称和装置描述。在导出前可以对装置进行单独地检测，验证导出文件的合法性，如果检测存在错误则终止导出并显示错误界面来提醒用户，检测结果保存到本地。导出 CCD 文件的处理流程如图 9-5 所示。

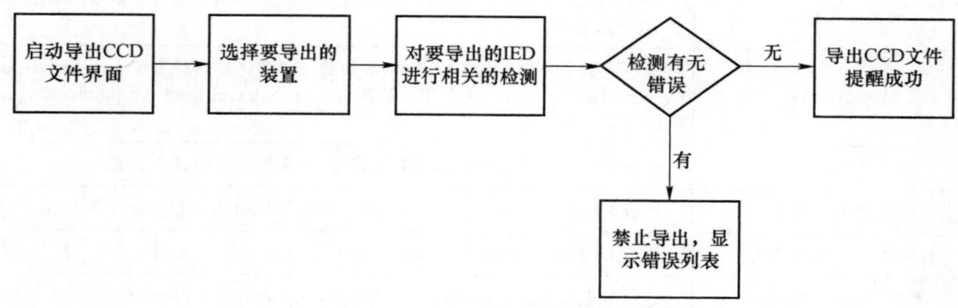


图 9-5　导出 CCD 流程

导出的 CCD 文件结构如图 9-6 所示。

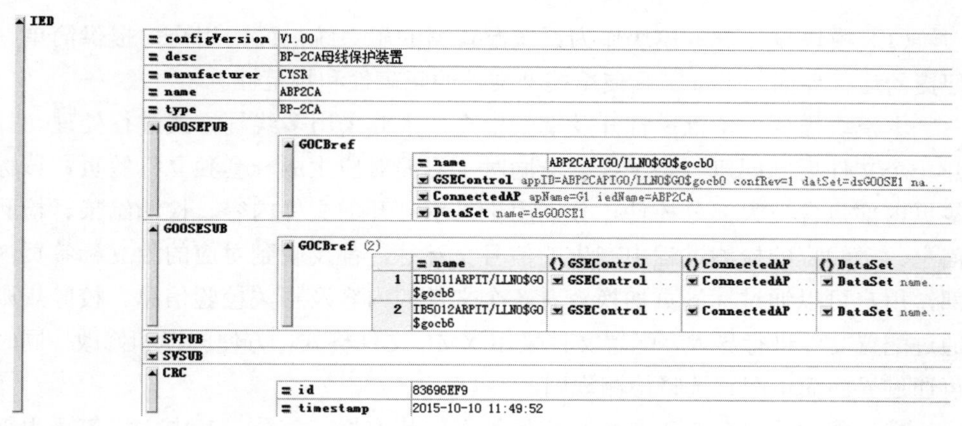


图 9-6　CCD 文件结构

**7.** 离线校验

离线校验是对导入的 IID、SED、ICD、SCD 文件进行合法性检测，主要是语法和一致性等方面的校验，并将检测结果以表格的形式提示给用户。工具提供相应的 SCL Schema 检查、模板冲突检查、通信参数校验、实例化检查、数据集引用检查、控制块引用检查、Inputs 信号引用检查、数据模板引用检查、重复模板检查、命名规范检查功能。具体检测项至少包括表 9-2 所示内容。

表 9-2　　离线校验检测项

| 功能项 | 描　述 |
|---|---|
| SCL Schema 检查 | 根据 Schema 检查 SCL 文件语法 |
| 模板冲突检查 | 检查导入 ICD 的数据模板与现有模板名称、数据成员、数据类型、数据值等有无冲突，提供忽略、替换、增加前缀/后缀（重命名）等解决方法 |
| 通信参数校验 | 检查 MMS 子网的 IP 地址有无重复，检查 GOOSE/SMV 子网的 MAC 地址和 APPID 有无重复 |
| 实例化检查 | 检查逻辑节点对应的 LNodeType 数据、实例化数据对象（Instantiated Decta Object，DOI）、SDI、实例化数据属性（Instantiated Data Attribute，DAI）等模板定义是否一致 |
| 数据集引用检查 | 检查数据集中各条数据项在相应的 ICD 模型定义中是否存在 |
| 控制块引用检查 | 检查 Report、Log、GOOSE、SMV 等控制块引用的数据集是否存在 |
| Inputs 信号引用检查 | 检查 GOOSE、SMV 信号关联的内外部虚端子是否正确 |
| 数据模板引用检查 | 检查 LNodeType、DOType、DAType、EnumType、EnumVal 等是否正确 |
| 重复模板检查 | 检查重复的 LNodeType、DOType、DAType、EnumType、EnumVal 等 |
| 命名规范检查 | 检查命名是否符合规范 |

（1）模块设计。本模块作为系统配置器的子系统，面向用户，提供简单、便捷的运行界面。保证工具使用模型文件的正确性和规范性。

本模块需要支持批量打开及批量检查，因此采用多线程方式进行处理。打开一个文件后则创建一个子线程，同时主界面对应生成一套独立标签页，该标签页内部包含三大部分控件，分别用于显示打开的文件内容、检测结果、检测信息。子线程的检测过程中产生的信号交互等，都反映到对应的独立标签页内部，用户可以通过标签页切换查看各个文件的内容及相关校验信息。校验规则通过配置文件进行导入，配置文件采用 XML 文件格式，方便阅读和修改，同时可通过界面简单配置选择检测规则。

主界面主要可分为工具栏、主标签页、状态栏三部分，其中主标签页内部的界面主要分三块：XML 文本显示区域、检测结果显示区域、检测信息显示区域。具体如图 9-7 所示。

工具栏和状态栏为公共部分，初始时，中部主标签页无内容，通过工具栏打开一个文件后，中部主标签页增加一个页签，页签头为打开的文件名。状态栏显示该文件的全路径信息等。当打开多个文件时，状态栏信息、工具栏中的按钮功能仅对当前页签有效，即：状态栏信息更新为当前文件的文件路径，单击工具栏中的按钮，按钮对应功能只对当前页签及进程有效，不影响其他页签及其他进程。

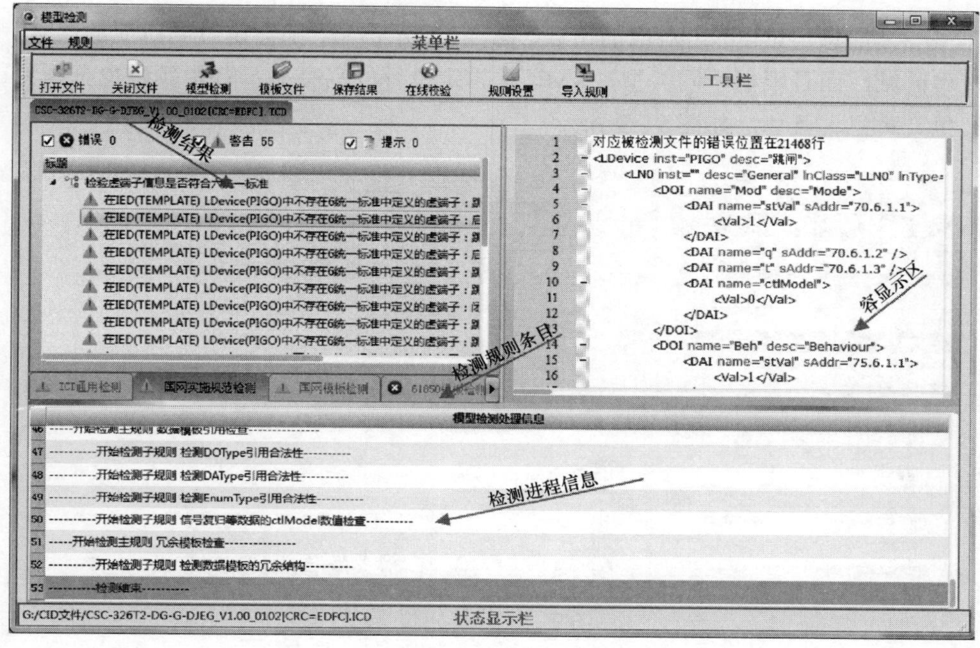


图 9-7　模型检测主界面

（2）规则配置。工具应提供相应的规则配置手段以便用户对相应的监测规则进行配置。用户可以通过配置界面对配置规则进行查看、修改、保存修改，并可查看修改操作后的检测规则。配置界面如图 9-8 所示。

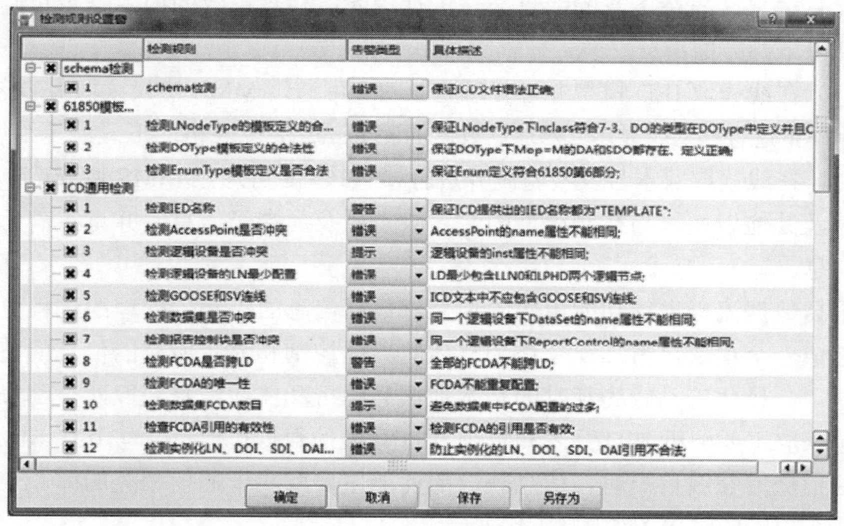


图 9-8　规则配置

（3）信息定位。单击对应的错误、警告、提示信息，都会定位到对应的 XML 文本区域，而且根据不同类型，XML 文本定位行的高亮显示背景颜色也分别为红色、黄色、蓝色，如图 9－9 所示。

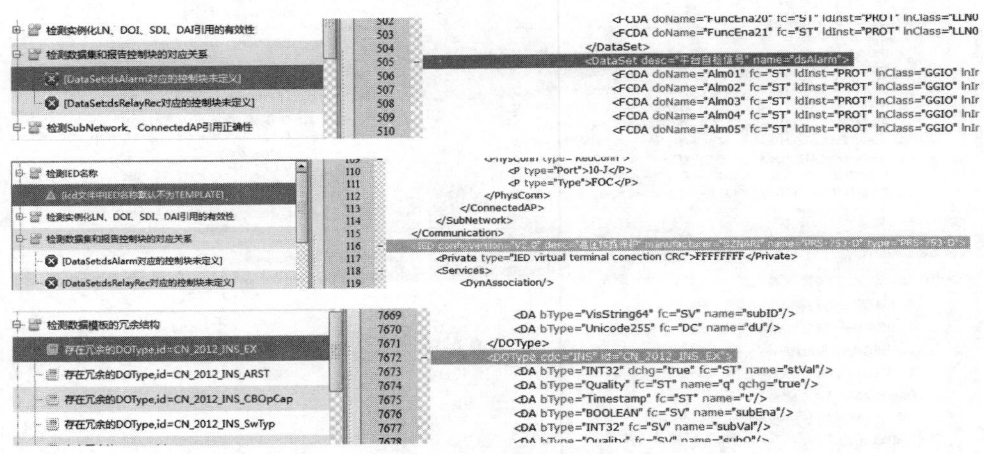


图 9－9　信息定位

**8.** 在线校验模块

在智能变电站的调试、运维及改扩建过程中，一体化工具在修改完配置后，在下发到装置上之前，需要先对待发送的配置进行校验，以免下发到装置上造成装置运行错误。在线校验的目的就是在配置下发前，通过 MMS 协议获取装置上的配置信息，与待下发的配置文件进行校验，检查修改的内容是否正确，主要包括以下两方面：

（1）在线读取 IED 模型并进行检查核对。可通过 MMS 协议读取 IED 模型，与待测模型进行核对，显示“四遥”数据的差异信息，以表格的形式展示给用户。

（2）在线读取版本号及校验码并进行检查核对。可通过 MMS 协议读取装置版本号及其他属性，与待测模型的装置版本号及虚端子信息，并重点着色显示差异信息。

根据数据流程进行功能模块的划分，数据信息的每一项处理的过程可以单独封装成一个模块，再加一个作为整体的界面控制和显示所有的信息的整体控制模块。一体化工具较为耗时的是本地信息解析和在线信息获取两个部分。本地信息获取主要解析 IED 列表和单个 IED 列表的数据集信息。与 IEC 61850 服务端通信获取在线信息时，信息获取的性能主要取决于通信相关的库。一体化工具在线校验的时序图如图 9－10 所示。

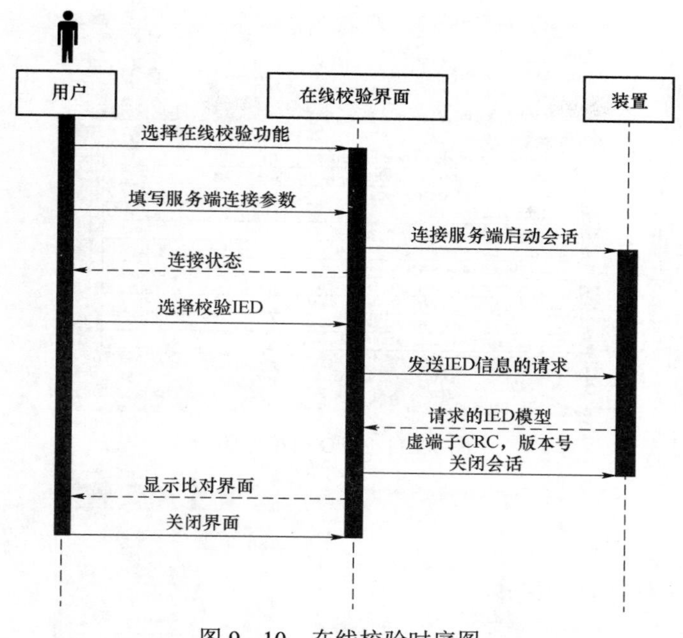


图 9－10　在线校验时序图

**9.** 配置模块

一体化工具的 IED 配置功能可以完成 IED 的新建、更新、复制和删除，数据集配置、日志控制块配置、报告控制块配置、GOOSE 配置、SMV 配置、Inputs 关联、数据描述配置、数据值配置等的相关功能的配置和浏览界面。关于 IED 配置模块是一体化工具的核心，因为当前的二次设备描述基本采用 SCD 文件，其中 IED 的配置如果只靠人工来修改将是非常庞大的工作量，而且极容易出现错误。因此提供必要的 IED 配置模块和该模块的易用性是工具效率的关键所在。

（1）基本设计策略和处理流程。

1）IED 新建：通过导入新的 ICD 模型至 SCD 中并完成相应的参数设置。选择要导入的 ICD 模型，并进行 ICD 模型检测，配置 IED 信息，配置通信信息，如图 9－11～图 9－13 所示。

2）数据集的添加：在装置信息界面可以进行数据集和数据集成员的添加。在数据集界面选择右键菜单“添加数据集”；在弹出的界面中填写数据集名称和数据集描述后点击确定，完成添加；控制块（GOOSE/SMV/Log/Report）的添加和参数修改。

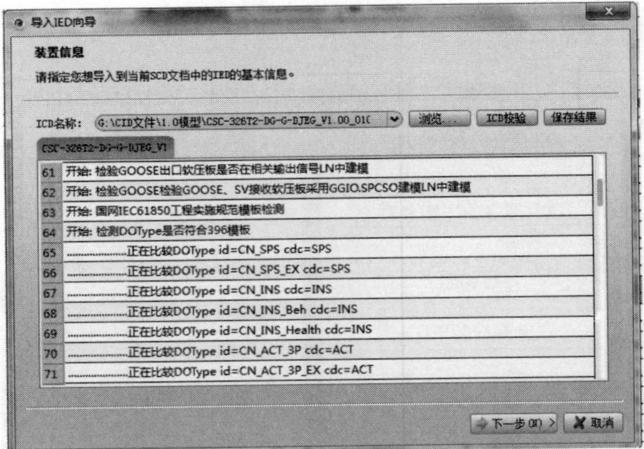


图 9－11　ICD 模型检验

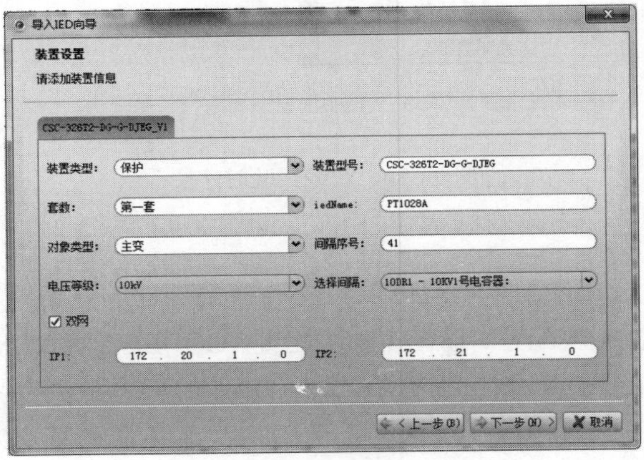

图 9－12　IED 信息配置

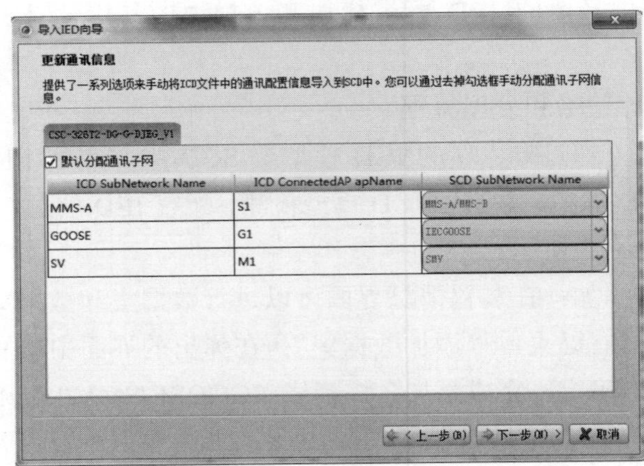


图 9－13　通信信息配置

（2）模块功能设计，IED 配置模块包括以下功能组件：

1）导入 ICD 模型：提供新建装置界面，ICD 模型检测入口，完成新装置的导入以及相应的通信配置，模板冲突处理。

2）SCD 文件结构树：提供当前变电站工程中配置装置信息以及通信信息，提供新建装置，删除装置以及更新装置等功能的入口。

3）装置信息视图：装置信息显示界面。可以在界面上以双击表格的方式对需要修改的模型数据进行修改，同时提供各控制块的添加和删除入口。

4）数据集成员添加窗口：对应逻辑设备下的数据点的提取，配置数据集中的数据集成员并写入对应的数据集中。

5）虚端子配置窗口：配置虚端子订阅发布关系，提供虚端子连接关系删除、添加、复制、粘贴等功能。

**10.** 上传下载

系统配置工具在对装置的配置文件进行配置时，首先要装置上送它的配置文件。在配置完成时，又要下装到装置上。为了使这个过程更方便快捷，在系统配置工具中直接加载了配置文件的上传下装的功能，并使用 MMS 协议来完成通信和文件传输。配置文件的上送下装时，先列举出所有装置，然后逐一进行连接装置、上送配置或下装配置的过程，完成需要的文件操作后关闭连接，选择下一个装置后再连接到其他装置。

**11.** 模型重载与远动重载

当 SCD 工程中的 IED 装置模型发生改变时，需要用新模型对旧模型进行替换，同时保证工程中已经配置的信息不发生改变，即模型重载。因工具具备站内配置一体化功能，包括自动化和保护系统的所有相关配置，在改造时，为保证旧远动配置不变，导出远动配置时需要增加旧站改造功能。

（1）基本设计策略和处理流程。

1）远动重载功能：通过读取旧配置来生成远动临时文件，利用该文件导出新的远动配置信息，如图 9－14 所示。

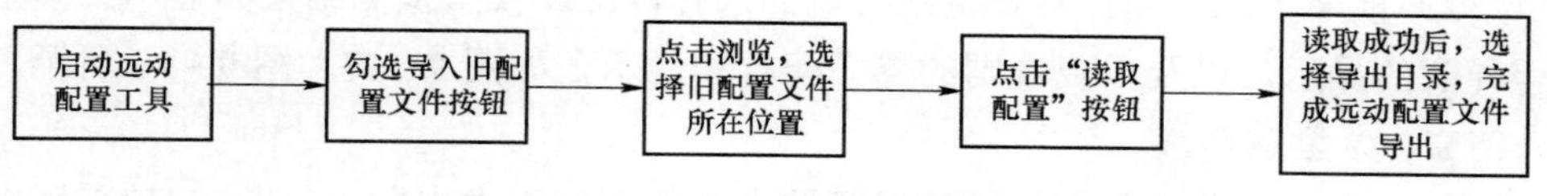


图 9－14　导出远动重载流程

2）模型重载功能：即模型更新功能。模型重载流程如图 9－15 所示。

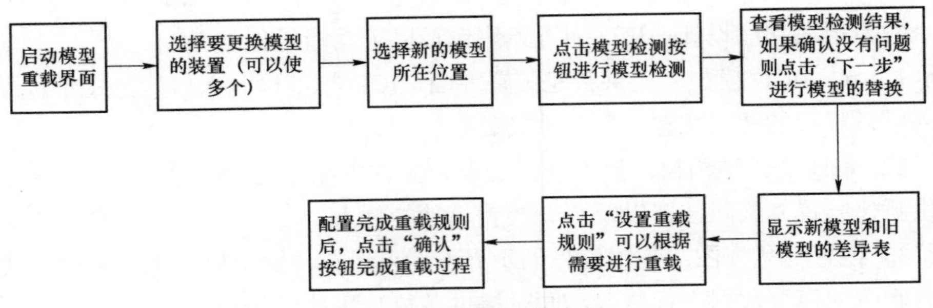


图 9－15　模型重载流程

（2）模块功能设计。

1）导出远动界面：用于配置远动 CPU 以及装置分组。改造时，导入旧配置文件以读取旧的配置文件，用于生成新的远动配置，如图 9－16 所示。

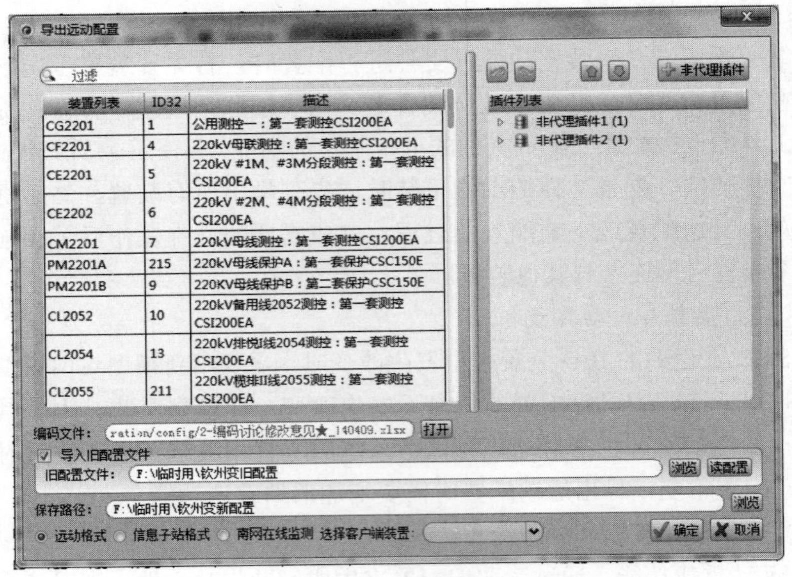


图 9－16　远动配置界面

2）模型重载界面：负责重载装置的选择，ICD 模型检测结果的显示、模型差异表的显示，以及重载规则的界面配置和显示，如图 9－17、图 9－18 所示。

**12.** 模型解耦

从变电站专业管理和改扩建对配置文件的管控需求出发，SCD 解耦采用以下两种方案来实施。一方面，面向业务对 SCD 进行逻辑解耦，按照保护、测控、计量、在线监测、安稳等不同业务要求，从 SCD 文件中提取出业务相关配置数据，以分类业务数据视图展现出 SCD 内容，通过分配业务权限来管理业务配置

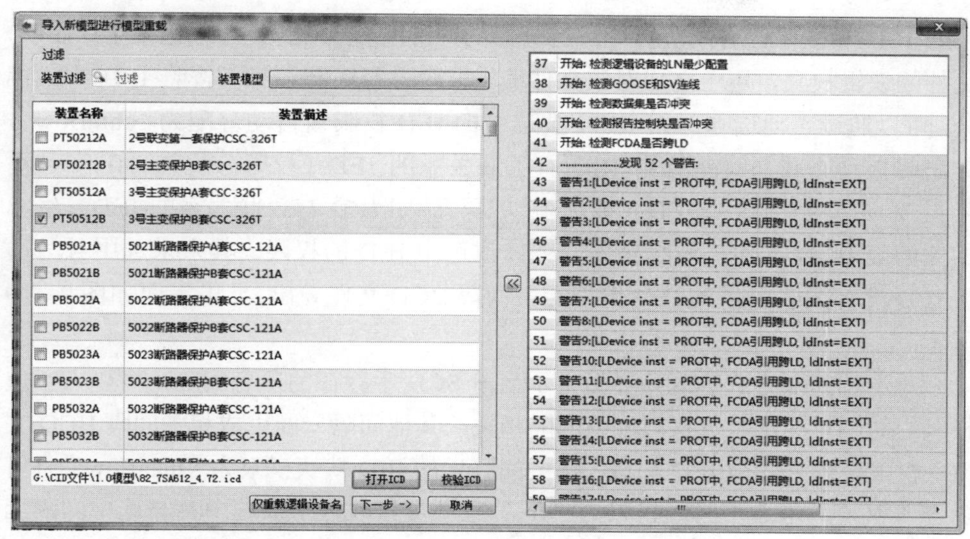

图 9-17　模型重载界面

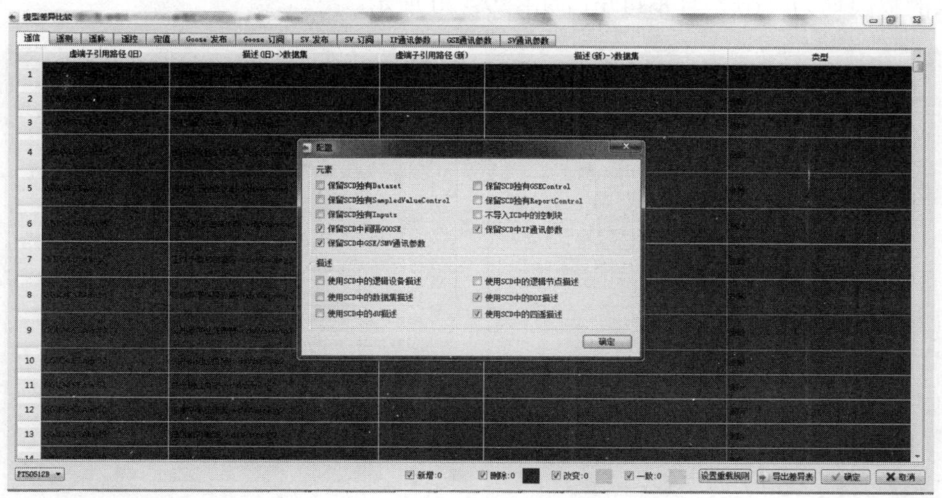

图 9-18　差异比较界面

数据，满足不同业务的 SCD 管理需要。另一方面，面向间隔对 SCD 进行物理解耦，根据变电站往往以间隔为单元进行改扩建的特点，按照主变间隔、公共间隔、各个电压等级的母线间隔、母联间隔、线路间隔的划分原则，将 SCD 文件分解成以间隔为单位的间隔配置模型文件。在设计策略上，该模块的关键在于间隔解耦和业务解耦。

（1）面向间隔的 SCD 解耦。SCD 文件按间隔分解时，提供两种拆分模式：

按照 IED 和按照已有间隔拆分。拆分后的间隔配置 BCD 文件中记录了该 BCD 文件的编辑权限，用于之后对该文件编辑权限进行限制。对于按照 IED 方式拆分，可以通过手动选择一组 IED，被选中的 IED 权限被自动分配为“dataflow”，导出时自动查找与这些选中 IED 有关联关系的 IED（权限分配为“fix”且不可更改），并利用这些 IED（被选中以及与选中 IED 有关联关系的 IED）生成相关间隔 BCD 文件，界面允许人工修改选中 IED 的权限。其余未选中且与选中 IED 没有关联关系的 IED 作为无关间隔 BCD 文件导出。导出界面如图 9－19 所示。

对于按间隔方式拆分，界面显示当前 SCD 中存在的所有间隔，可以人工选择一组间隔，导出时查找与选中间隔相关的其他间隔一同生成相关间隔 BCD 文件，权限处理方式与 IED 相似，选中间隔中的 IED 默认权限为“dataflow”且可以修改权限，未选中间隔权限为“fix”且不可修改。未被选中且与选中间隔无关联关系的间隔将作为无关间隔 BCD 文件导出，无关间隔 BCD 文件中所有间隔的权限均为“fix”且不可更改如图 9－20 所示。

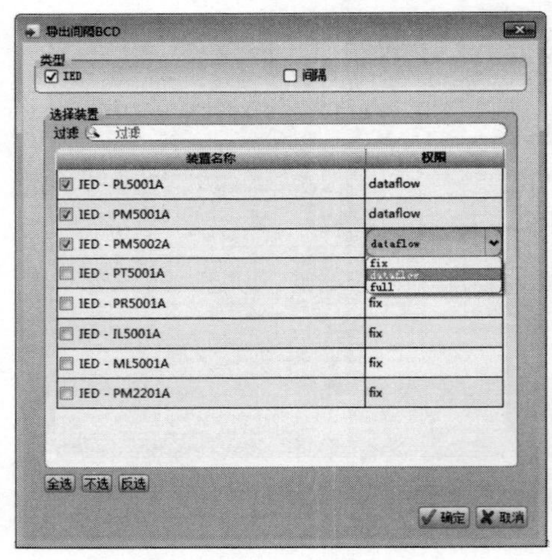

图 9－19　以 IED 方式拆分 SCD

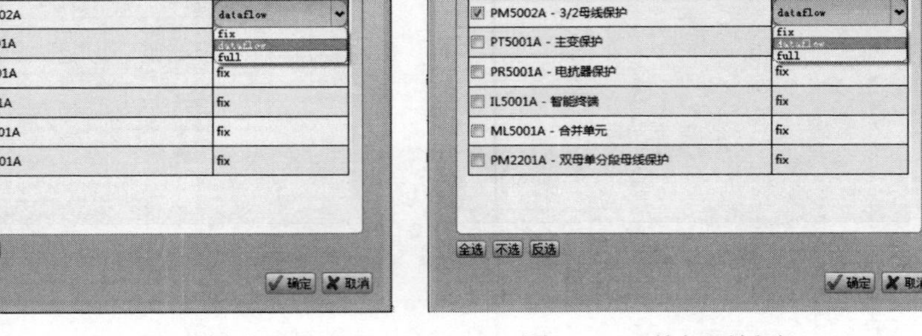


图 9－20　按间隔拆分 SCD

（2）面向业务对 SCD 进行逻辑解耦。按照保护、测控、计量、在线监测、安控、公共等不同业务要求，从 SCD 文件中提取出业务相关配置数据，以分类业务数据视图展现出 SCD 内容，通过分配业务权限来管理业务配置数据，满足不同业务的 SCD 管理需要，最终能够实现 SCD 文件中分业务配置信息的分类和基于业务权限的模型管理，不同业务具备不同的数据视图，不同的专业管理人员看到不同的数据配置内容，如图 9－21 所示。

图 9－21　业务解耦视图

模块功能和处理流程主要包括：

（1）按间隔进行 SCD 拆分：用户可以根据需要选择按照 IED 方式和 BAY 方式进行 SCD 文件的解耦拆分。将 SCD 文件解耦为两个 BCD 文件，一个相关间隔 BCD 文件和一个无关间隔 BCD 文件如图 9－22 所示。

图 9－22　按间隔解耦 SCD 文件

（2）按间隔进行 BCD 合并：将两个 BCD 文件进行合并成一个 SCD 文件，一般来说两个 BCD 文件，一个是相关间隔 BCD 文件，另一个是无关间隔 BCD 文件。

（3）按业务解耦的业务配置：将不同的装置类型划分到不同的业务单元中，方便在业务解耦时进行数据的提取。

（4）按业务解耦：提取不同业务单元下的装置，并可以对当前装置的模型数据进行配置。

**13.** 光纤建模与光缆清册

光纤建模主要涉及物理回路建模。完整的二次回路模型包括物理回路模型和逻辑回路模型，在设备制造及系统集成阶段，物理回路和逻辑回路的配置过程均为解耦操作，逻辑回路的配置流程已在相关标准中明确，物理回路的配置流程如下：

（1）设备制造阶段通过 IPCD 配置工具配置 IPCD 文件，IPCD 文件中包含单装置的板卡、端口等物理能力描述信息。

（2）系统集成阶段通过 SPCD 配置工具导入 IPCD 文件，完成全站物理回路的配置，并形成 SPCD 文件。

（3）系统集成后形成的完整 SCD 和 SPCD 文件中，包含可相互映射索引的装置标识符以及物理端口标识符，通过在 SCD 中检索逻辑回路、在 SPCD 中检索物理回路，即可获取物理回路与逻辑回路的虚实映射关系，如图 9－23 所示。

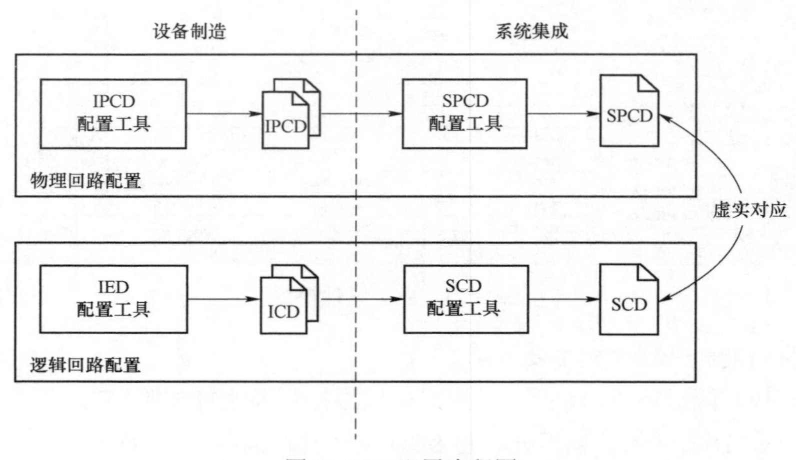


图 9－23　配置流程图

按照上述配置流程，设计光纤建模处理流程如图 9－24 所示。

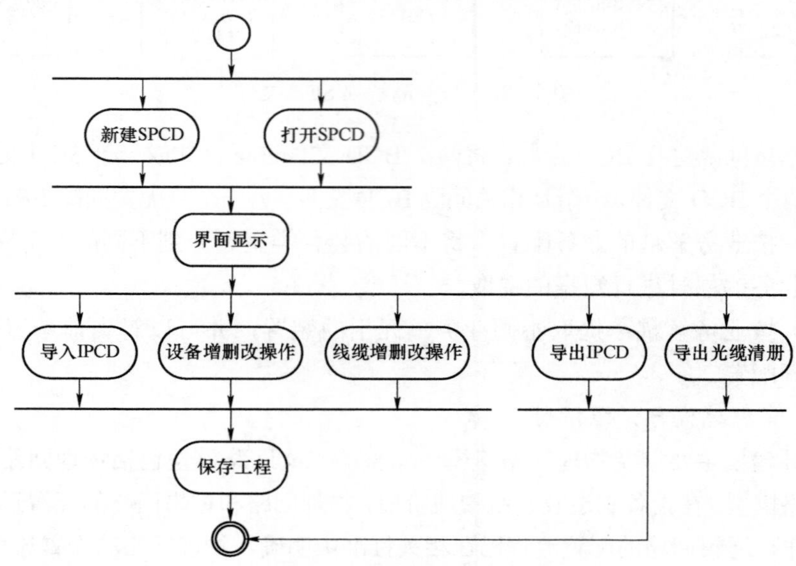


图 9－24　光纤建模处理流程图

光缆清册导出模块从 SPCD 中获取光缆列表，然后根据指定的格式，导出到 Excel 表格中。

光缆清册导出的样式如图 9－25 所示。

| A | B | C | D | E | F | G | H | I | J | K | L | M |
|---|---|---|---|---|---|---|---|---|---|---|---|---|
| 始端小室 | 始端屏柜 | 序号 | 光缆编号 | 芯数 | 备用芯数 | 终端小室 | 终端屏柜 | 缆线型号 | 长度(m) | | | |
| | | | | | | | | | 4芯 | 8芯 | 12芯 | 专用单模 |
| 光缆 | | | | | | | | | | | | |
| 小室 | 屏柜 | | | | | | | | | | | |
| | 屏柜 | | | | | | | | | | | |
| | 屏柜 | | | | | | | | | | | |
| 光缆小计 | | | | | | | | | | | | |
| 尾缆 | | | | | | | | | | | | |
| 小室 | 屏柜 | | | | | | | | | | | |
| | 屏柜 | | | | | | | | | | | |
| | 屏柜 | | | | | | | | | | | |
| 尾缆小计 | | | | | | | | | | | | |

图 9－25　光缆清册导出样式

**14.** 报文分析模块

一体化工具通过报文分析功能，可以通过查看抓取的数据包来反证配置的内容是否正确，以便工具使用者直观了解、掌握配置内容是否成功应用于智能装置。

报文分析的主要任务分为在线分析和离线分析，主要分析 MMS、GOOSE 和 SV 三种类型的报文。对报文的分析可以分为简要分析和详细分析，简要分析时只需要解析出报文的一些特征信息，详细分析时需要对报文的所有信息以树形列表的形式进行展示，用户可以通过查看报文信息了解网络中的通信内容是否符合需求，如图 9－26 所示。

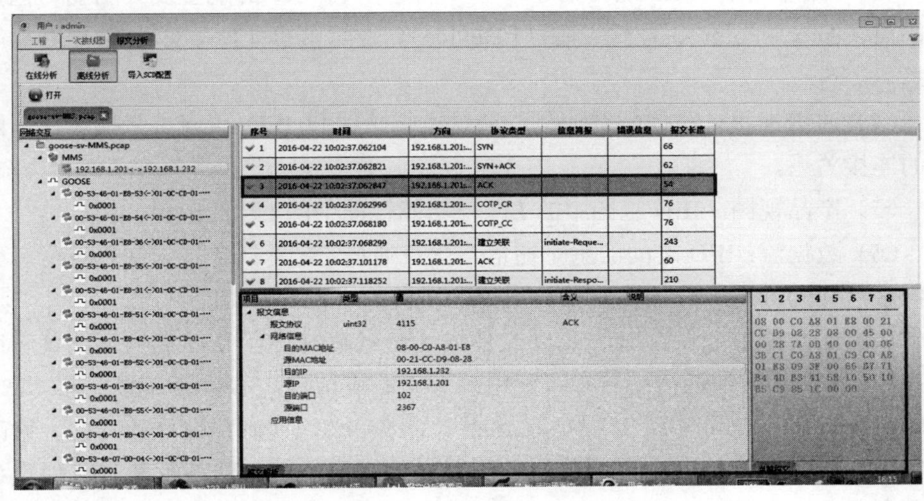

图 9－26　报文分析界面

**15.** 权限管理模块

配置权限管理是指针对 SCD 文件使用权限进行管理，对不同部门、用户组进行权限分配，负责修改 SCD 文件部分。软件使用者的身份包括：系统管理员、管理员、普通用户角色。

（1）系统管理员：系统中拥有最高权限的角色，不仅能够管理其他管理员和用户，而且还可以对系统中每个模块进行操作和维护。

（2）管理员：由系统管理员创建，并授予权限，能够管理系统中大部分功能，只能对自己创建的用户进行编辑、删除、授权操作。

（3）普通用户：系统中最低权限角色，只能对自己拥有的权限进行操作。

为了更好地管理用户，对用户进行分组归类，简称为用户组。用户组默认内置单位：基建单位、调试单位、电科院、运维单位（自动化班组）、运维单位（保护班组）、集成商、二次设备厂家。亦可以根据需要添加。

## 9.3 SCD 管控

SCD 文件全称为 Substation Configuration Description，简称变电站配置描述文件，SCD 描述文件记录了与智能变电站安全稳定运行休戚相关的大量关键信息，利用单一文件描述了：

（1）变电站一次设备模型与电气拓扑信息。

（2）功能视图：自动化功能在各间隔内的分配。

（3）IED 视图：IED 能力描述，主要描述各个 IED 的配置及其功能，包含访问点（AccessPoint）、逻辑设备（LDevice）、逻辑节点（LNode）、数据对象等信息。

（4）通信视图：通信配置信息，通过逻辑总线和 IED 访问点来描述通信网络的连接关系。

（5）产品视图：IED 视图中的 LN 与功能视图中的 LN 的映射。

（6）数据流：IED 之间的水平通信与垂直通信。它囊括全站二次系统所有配置信息，其配置正确性直接会影响到变电站设备或系统的功能。

从上述介绍中可以看出，SCD 文件描述变电站内所有 IED 的实例配置和通信参数、IED 之间的通信配置以及变电站一次系统结构，完整地描述了全站 IED 之间的逻辑关系。同时 SCD 文件包含版本修改信息，明确描述修改时间、修改版本号等内容。智能变电站中装置的配置文件表征了自身的特征和与其他设备的所有联系（也就是传统意义上的二次接线），对自动化系统的集成和设备互操作起到积极作用，即 SCD 文件承担了传统变电站中二次回路图纸的作用。智能变电站安装调试过程中，SCD 文件由系统集成商工程集成配置形成，并会根据现场调试情况做出相应修改以满足装置所需全部功能。

### 9.3.1　SCD 文件核对

SCD 文件的一致性核对是 SCD 管理的重要内容，与普通文件的比较算法相比，其特殊之处是比对的意义在于发现不一致的参数及回路，供调试人员重点进行测试，避免调试过程中的项目遗漏和重复工作。随着智能变电站的建设，厂站端全面采用 IEC 61850 体系标准，对变电站的电网结构、一次设备、二次设备及一、二次设备关联关系进行建模，生成变电站配置描述（SCD）文件，并转换成 IEC 61970 公共信息模型（CIM），主站可以根据这个 IEC 61970 CIM 模型自动导入，进行源端维护，对设备的运维管控能力也将显著得到提升。

SCD 文件比对的重点在于前后版本的变化内容，主要包括 IED 连线、GOOSE/SV 虚端子连线、控制块通信参数与数据集以及数据类型等相关错误与告警。检查出的不规范、不合理的地方以图形化方式将比较结果展示出来，差异可以用不同的颜色和标识显示。例如：某两个装置之间有增加的虚连接，可以在连接处标一个小加号；某两个装置之间的虚端子连接有修改，可以在连接处标一个小星号等。例如：图 9－27 中左上角的装置与本装置之间的连接标了一个小星号，表示虚端子连接发生了变化。但这个图中两个装置间只示意性地画了一个连接，若想看到具体虚连接的变化，则可点击该连接处，可以进一步看到详细信息流。

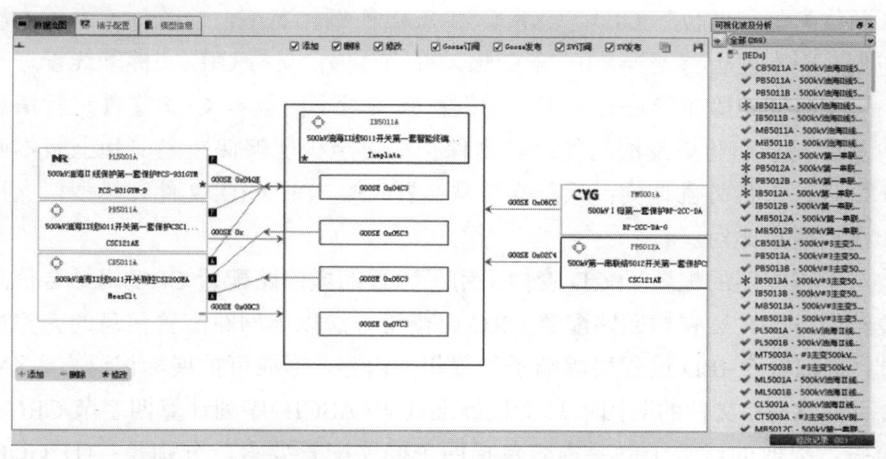


图 9－27　SCD 文件比对结果示意图

对 SCD 文件的管控还应包括：支持在线召唤及存储管理全站的继电保护装置的 CID 文件、变电站通信配置的 SCD 文件，能够检查继电保护装置的 CID 文件与实际的一致性，检查与二次回路的设计的一致性，检查通信环节的功能参数与 SCD 文件的一致性。并支持召唤数据与历史数据的比对，并将比对结果存储为文件配置变更记录。对 SCD 和 CID 文件的管理如下：

**1.** SCD 文件管理

（1）历史管理。SCD 任何修改需在历史项目中体现，包括版本变化，如装置增加、删除；装置模型更新、GOOSE 连线变化、通信设置变化等；变化时间，格式为年（四位）－月－日_时：分：秒。

（2）SCD 序列化管理。运行维护管理系统按变电站进行 SCD 文件的统一管理和存储，各个版本 SCD 文件按版本命名，名称格式为 XXX_version_reversion_年（四位）月（两位）日（两位）_时（两位）分（两位）秒（两位）.SCD；（XXX 为站名称拼音）；支持 SCD 文件基线管理和跟踪，可按时间、版本等进行查询和调阅；具备对不同版本 SCD 文件进行信息比对、差异提示和历史反演功能；能提取和解耦指定装置保护功能信息，与装置内 CID 文件进行信息比对。

**2.** CID 文件管理

（1）版本和历史管理。IED 的 configVersion 属性应与装置运行版本一致；任何 SCD 导出版本需在其导出的 CID 文件名称中体现。

（2）CID 序列化管理。CID 和 GOOSE 配置文件按照 IED 实例化名称分别存储，CID 文件名称中需包含 SCD 导出的历史信息，文件格式为 XXX_version_reversion_修改标志_年（四位）月（两位）日（两位）_时（两位）分（两位）秒（两位）.CID；（XXX 为 IED 实例化名称，修改标志表示本次模型与上一版本是否有差异，0：未变化，1：变化）；支持 CID 文件基线管理和跟踪，可按时间、版本等进行查询和调阅；具备对不同版本 CID 文件进行信息比对、差异提示和历史反演功能；继电保护装置至少能够保留当前和上版本两个 CID 文件，支持外部调阅；系统支持从装置召唤当前 CID 文件和模型，支持文件和模型信息比对。

对于虚回路的配置，SCD 管控采用了装置的虚回路配置 CRC 码结合信息比对校验的方法。装置虚回路配置 CRC 码校验方法以虚回路配置信息的完整性为基础，提取每个 IED 过程层虚端子配置相关内容，形成可扩展标记语言（XML）文件并对 XML 文件的美国信息交换标准代码（ASCII）序列计算四字节 CRC－32 校验码。提取的虚端子联系内容包括四个回路配置要素，分别是：① GOOSE 发送提取内容；② GOOSE 接收提取内容；③ SV 发送提取内容；④ SV 接收提取内容。以装置过程层配置信息为最小的CRC计算内容，为每个装置产生CRC码，并将此CRC码保存于SCD文件的CRC管控结构图。装置过程层配置信息包括装置自身，以及与其有通信关联的其他装置的全部过程层通信信息。某个装置过程层配置CRC码的改变表明，参与该CRC码计算的信息内容发生了改变。

SCD文件为每个装置提取了完整的过程层配置信息，并用CRC码将它们保护起来。当某个装置的过程层配置CRC码发生变动时，则表示与该装置相关的虚回路发生了改变，通过此原理就可以界定SCD文件升级时需要同步升级的装置。

### 9.3.2　SCD解耦

从变电站专业管理和改扩建对配置文件的管控需求出发，SCD解耦采用以下两种方案来实施。一方面，面向业务对SCD进行逻辑解耦，按照保护、测控、计量、在线监测、安稳等不同业务要求，从SCD文件中提取出业务相关配置数据，以分类业务数据视图展现出SCD内容，通过分配业务权限来管理业务配置数据，满足不同业务的SCD管理需要。另一方面，面向间隔对SCD进行物理解耦，根据变电站往往以间隔为单元进行改扩建的特点，按照主变间隔、公共间隔、各个电压等级的母线间隔、母联间隔、线路间隔的划分原则，将SCD文件分解成以间隔为单位的间隔配置模型文件。

1. 面向间隔的SCD解耦

按SCD文件按间隔分解时，提供两种拆分模式：按照IED拆分和按照已有间隔拆分。拆分后的BCD文件中记录了该BCD文件的编辑权限，用于之后对该文件编辑权限进行限制。对于按照IED方式拆分，可以通过手动选择一组IED，被选中的IED权限被自动分配为“dataflow”，导出时自动查找与这些选中IED有关联关系的IED（权限分配为“fix”且不可更改），并利用这些IED（被选中以及与选中IED有关联关系的IED）生成相关间隔BCD文件，界面允许人工修改选中IED的权限。其余未选中且与选中IED没有关联关系的IED作为无关间隔BCD文件导出。

（1）按间隔进行SCD拆分。如图9－28所示，用户可以根据需要选择按照IED方式和BAY方式进行SCD文件的解耦拆分。将SCD文件解耦为两个BCD文件，一个相关间隔BCD文件和一个无关间隔BCD文件。

图9－28　按间隔解耦SCD文件

（2）按间隔进行 BCD 合并。如图 9－29 所示，将两个 BCD 文件进行合并成一个 SCD 文件，一般来说两个 BCD 文件，一个是相关间隔 BCD 文件，另一个是无关间隔 BCD 文件。

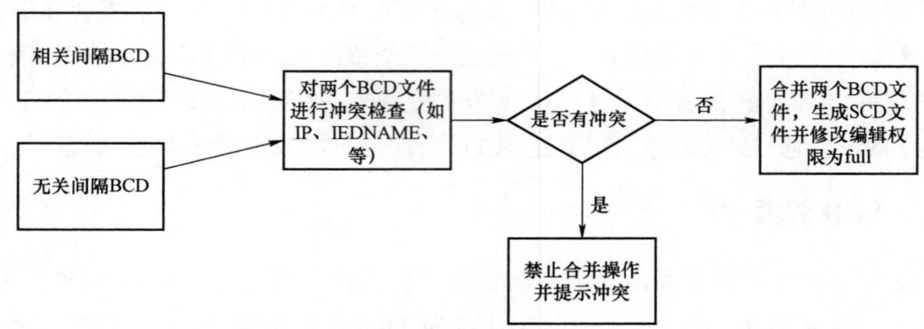


图 9－29　按间隔合并 BCD 文件

对于按间隔方式拆分，界面显示当前 SCD 中存在的所有间隔，可以人工选择一组间隔，导出时查找与选中间隔相关的其他间隔，一同生成相关间隔 BCD 文件，权限处理方式与 IED 相似，选中间隔中的 IED 默认权限为“dataflow”且可以修改权限，未选中间隔权限为“fix”且不可修改。由未被选中且与选中间隔无关联关系的间隔将作为无关间隔 BCD 文件导出，无关间隔 BCD 文件中所有间隔的权限均为“fix”且不可更改。

**2.** 面向业务对 SCD 进行逻辑解耦

按照保护、测控、计量、在线监测、安控、公共等不同业务要求，从 SCD 文件中提取出业务相关配置数据，以分类业务数据视图展现出 SCD 内容，通过分配业务权限来管理业务配置数据，满足不同业务的 SCD 管理需要，最终能够实现 SCD 文件中分业务配置信息的分类和基于业务权限的模型管理，不同业务具备不同的数据视图，不同的专业管理人员看到不同的数据配置内容。

（1）按业务解耦的业务配置。如图 9－30 所示，将不同的装置类型划分到不同的业务单元中，方便在业务解耦时进行数据的提取。

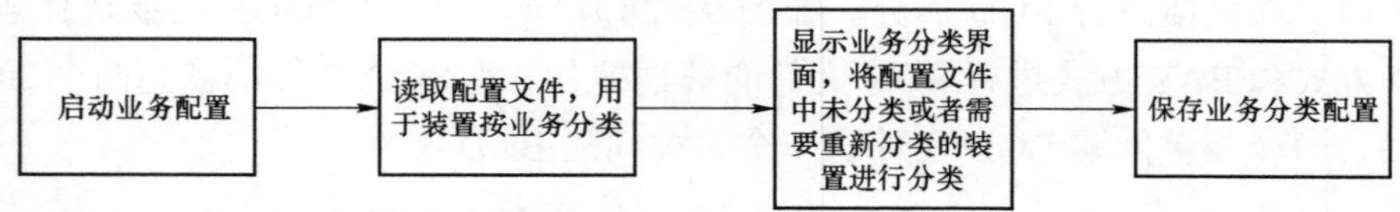


图 9－30　按业务解耦配置过程

（2）按业务解耦。如图 9－31 所示，提取不同业务单元下的装置，并可以对当前装置的模型数据进行配置。

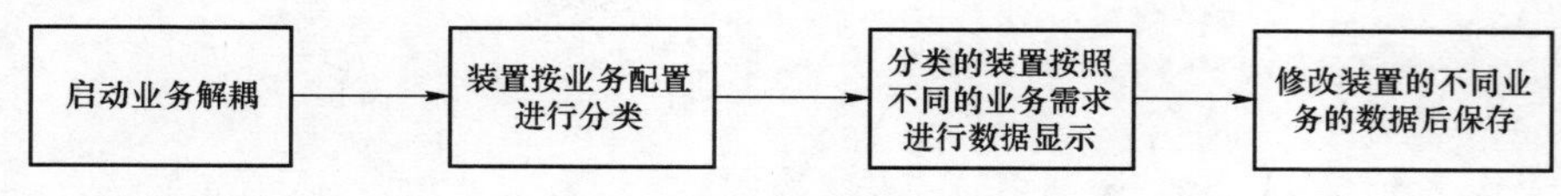


图 9－31　按业务解耦过程

## 参考文献

[1] 孙一民，裘愉涛，杨庆伟，等. 智能变电站设计配置一体化技术及方案.电力系统自动化[J]. 2013，37（14）：70－74.

[2] 笃峻，叶翔，王长瑞，等. 智能变电站设计配置一体化功能规范研究及工具开发 [J]. 电力系统自动化，2014，38（20）：85－89.

[3] 黄树帮，倪益民，张海东，等. 智能变电站配置描述模型多维度信息断面解耦技术[J]. 电力系统自动化，2016，40（22）15－20.

[4] 张海东，黄树帮，杨青，等. 面向扩建场景的变电站配置描述模型间隔解耦技术探讨[J]. 电力系统自动化，2017，41（10）129－134.

[5] 侯艾君，马凯，刘俊红.基于扩展 SSD 的变电站全景建模方法 [J]. 广东电力，2015，28（12）64－67.

[6] 梅德冬，周斌，黄树帮，等. 基于 IEC 61850 第二版变电站配置描述的集成配置解耦[J]. 电力系统自动化，2016，40（11）132－136.

# 第 10 章

# 二次设备智能运维工程实践

## 10.1 智能运维工程概述

为了适应智能电网发展建设的需要，对二次设备的运维也提出了智能化的要求，因此，现有的传动和检修模式逐步向实际运行工况的远程在线诊断方式转变，向依据设备健康状态有针对性地开展检验转变。鉴于目前输变电企业运维检修工作量大、效率低、维护成本高的现状，根据统一的数据传输规范，借助通信网络将二次设备的全景信息汇总到变电站内的在线管理集中控制单元，并对数据进行分析、处理，将信息远传到调度主站端，并提供智能查询或者智能诊断相关功能，从根本上减少运维人员对现场继电保护装置的巡视频率，提高设备的精细化管理水平。

为了实现上述目的，二次设备智能运维系统需要基于分布式协同作业模式，依托电力数据网及二次设备的通信能力实现变电站就地、调度端、检修端、运维站间的分布式数据采集及数据交换，并采用数据订阅分发机制为跨地域分布的多个数据订阅方提供继电保护数据，同时针对电网多业务的应用需求，面向不同系统使用对象，利用功能组态和人机组态方法，提供多视图的数据应用场景，在多端数据贯通的基础上去构建涵盖调度、检修、运维及就地维护的“三级一地”电网二次设备在线监视与智能管控平台，包括但不限于调度端主站、检修工区分站、运维主站、运维子站等子系统。其中：

（1）调度端主站通过对继电保护设备运行的工况信息进行在线监测，重点实现故障时所有保护动作信息筛选和智能分析，形成装置级–变电站级–电网级三级故障报告，同时实现区内（外）故障自动分类、故障简报自动推送等功能，大大提高调控人员快速判断和处理事故的能力。

（2）检修工区分站主要应用智能缺陷诊断技术，准确推断故障设备、故障类型（可定位到插件），实现快速应急抢修。构建集“状态评价、远程诊断、应急指挥、技术研究”于一体的继电保护运维体系。

（3）运维主站和子站主要完成二次设备在远方进行全景可视化展示，如同运行人员在现场保护屏前巡视一样，实现装置运行工况、压板状态等远程巡视。可在运维主站完成远程调阅、自动核对保护定值等功能。

变电站端的二次运维主要针对变电站内的数据处理与数据通信。其中，数据处理包括数据采集、数据分析、数据可视化、智能告警、智能决策、数据存储、统计分析。数据通信包括接收调度中心、检修工区、运维站的控制命令；上传给调度中心、检修工区、运维站的站内数据、模型数据。变电站端采用全模型的在线监测和智能诊断技术，达到智能变电站可视化安全措施，有效降低二次系统运行检修难度和作业安全风险。

近年来，随着电网安全运行的要求以及自动化水平的提高，国内各电网运维单位均以提高二次设备运维的自动化水平为目标，提出了建设二次设备运维管理系统的要求，已经建成或者正在建设的各系统在架构设计上均采用上述的分布式协同数据处理架构，在调度、运维中心等地部署主站系统，在变电站部署子站系统，以二次设备的运行数据为基础，从对二次设备运行数据分析入手，以智能化、自动化为特点，实现了对二次设备的在线监视和运行状态评价。其中子站系统均以数据采集为主要功能，兼顾数据的就地展示；主站系统以数据分析的应用功能和数据的可视化展示为主要功能。特别要指出的是，部分电网公司在系统的建设过程中，依据本单位工作中的应用需求，在不同应用方向上进行了重点研究，形成了各有特色的二次设备运维系统，这些二次设备运维系统均以二次设备的运行数据为系统功能实现的基础，围绕二次设备的智能化运维进行设计。下面结合几个国内较典型的系统的实现，进行二次设备智能运维系统的工程应用介绍。

## 10.2　二次设备智能运维主站工程案例一

在智能电网建设过程中，因智能变电站中基于过程层的二次回路与传统变电站二次回路的差异，引出了从设计到系统集成工作的一系列问题，如：二次设备的回路连接（虚端子连接）如何绘制，如何在设计的同时形成 SCD 文件，虚端子连接的正确性如何校验。传统的变电类二次回路等的设计方案是由设计院来完成制作蓝图的，全部现场进行的施工都必须完全依据所拟订的蓝图对二次电缆进行连接，通过万用表或者使用其他的特定仪器来连接设备进行检测。

但在智能变电站中，二次回路设计由设计院设计虚端子表和光缆清册，集成商依据虚端子表配置变电站配置描述（SCD）文件的二次虚回路，设计院需要和集成商配合完成二次回路的设计工作，两个环节的独立工作模式带来了设计和配置的一致性问题。而且，二次系统配置完毕后，从物理上仅能看到网线和光纤连接，无法直接看到虚端子连接情况，也无法通过常规变电站中巡线的方式检查二次回路，对变电站内继电保护的配置、测试、运行等环节的监视成为亟待解决的问题。因此设计和配置割裂、可视化程度不高是智能变电站建设和运行维护要优先解决的问题。在某电网二次设备运维系统的建设中，对智能变电站设计和配置一体化工具以及虚回路在线监视进行了重点研究，解决了智能变电站建设缺乏设计和配置工具、虚回路无法直观验证的问题。下面进行重点介绍。

**1.** 系统架构

该二次设备运维系统架构如图 10－1 所示。

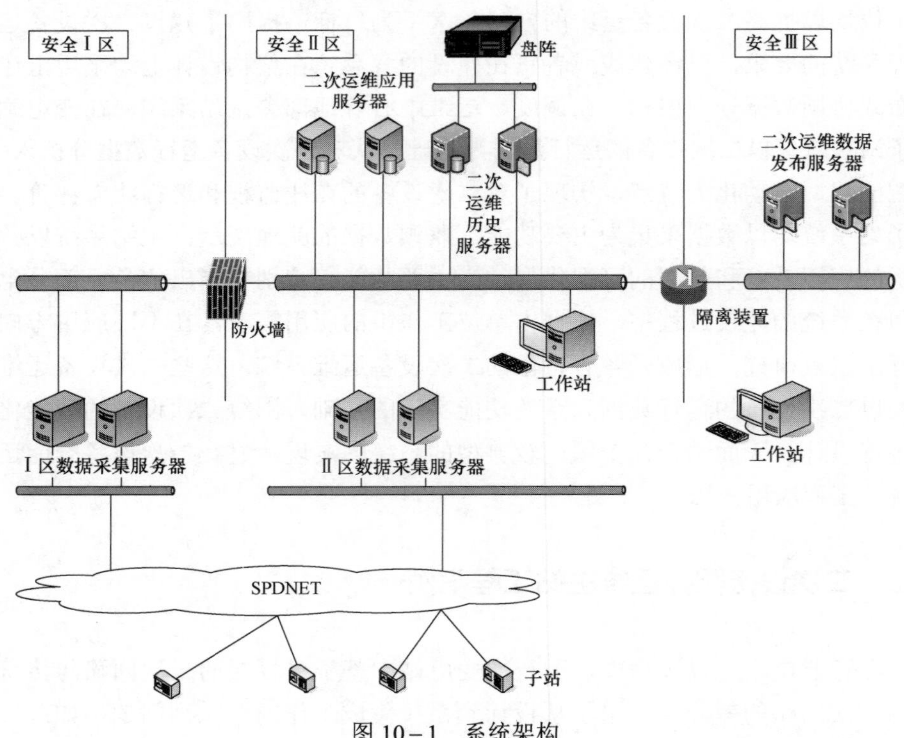


图 10－1　系统架构

在安全Ⅰ区，部署数据采集服务器，用于采集继电保护设备信息；在安全Ⅱ区，部署数据采集服务器、应用服务器和历史服务器，用于采集故障录波器等二次设备数据及数据处理和存储；在安全Ⅲ区，部署数据发布服务器，用于数据的发布。

**2.** 设计配置一体化工具

在变电站设计阶段，设备厂商将二次设备的 ICD 文件提供给设计院，由设计院利用设计与配置一体化工具形成 SCD 文件与 CAD 图纸，分别交给集成商与施工单位实施，并从 SCD 文件中形成二次设备的实例化 CID 文件返回设备厂商，由其下装至二次设备中。SCD 文件与 CAD 图纸也作为系统的档案资料，保留在变电站的运行单位。设计配置流程如图 10-2 所示。

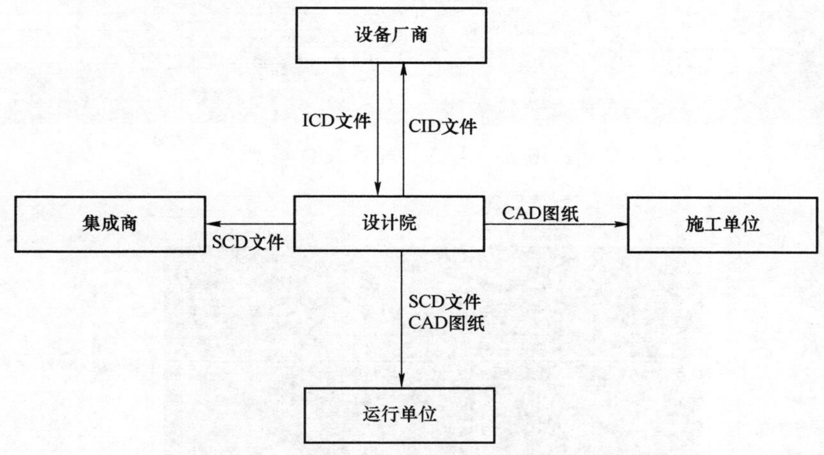


图 10-2　智能变电站设计配置工作流程

设计配置一体化要求将变电站设计和配置流程整合，设计人员在进行传统图纸设计的同时，能够同步配置后续工程所需的模型、通信等内容，从而保证设计和配置的一致性，提高设计和配置的效率，其重要基础是做到图模一体化。按照设计配置一体化的理念，以往集成商承担的很多工作，例如变电站一次设备拓扑连接、二次装置物理通信回路、虚端子连接等内容，可前移至设计阶段完成。集成商的系统配置工具通过导入、转换和补充设计输出的二次资料，完成智能变电站的现场配置。同时，现场对于设计的变更和修改可同步到设计，保证配置与设计的高度一致，减少配置和设计的重复验证，提高工程实施的效率。

为适应上述的工作流程需求，在设计配置一体化工作流程的不同阶段，提供相应的一体化配置工具，辅助该项工作的进行，即为该工作流程中的各个环节提供统一的工具，用于设计人员和系统配置人员加工处理和保存数据，使各工作环节中产生的工作成果被继承，不发生数据丢失或者变更。

系统配置 SCD 文件的典型界面如图 10－3～图 10－5 所示。

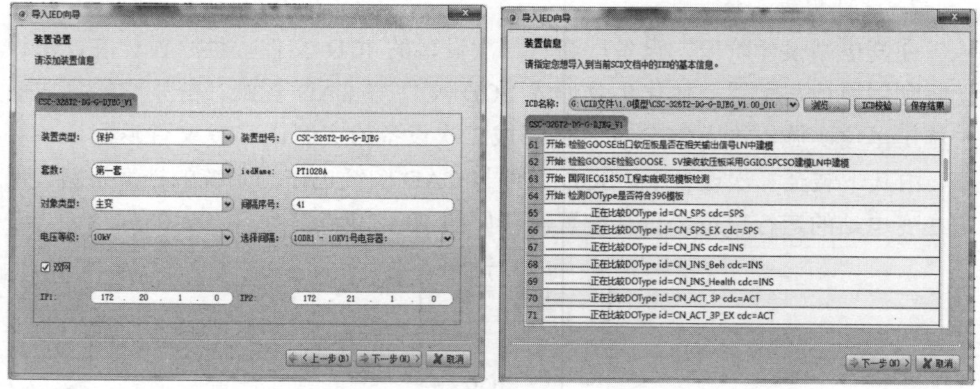

图 10－3　导入、配置 ICD 模型

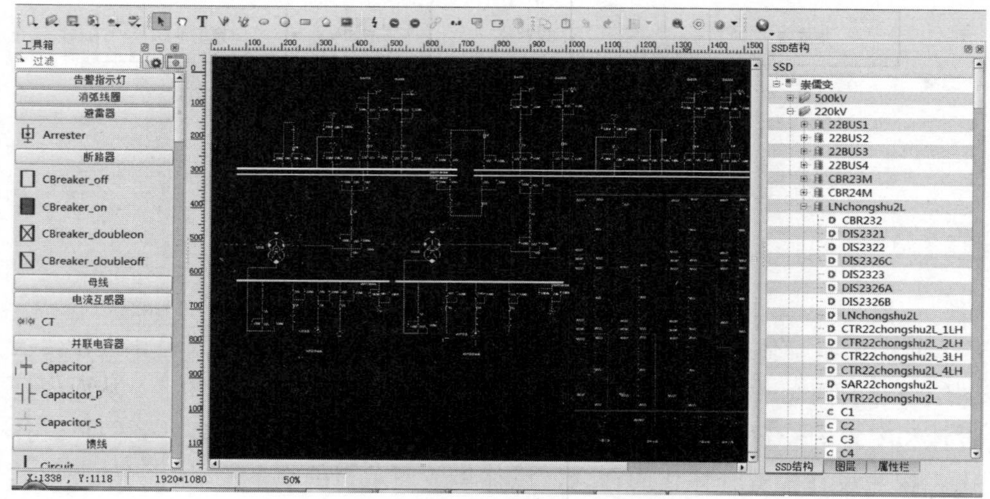

图 10－4　SSD 配置

**3.** 虚回路在线监视

虚回路在线监视。智能变电站 SCD 文件中详细描述了各二次设备间数据订阅和发布的关系，以此为基础，可实现虚端子连接关系的可视化，即以二次虚回路的方式评价险评估之处护等二次设备的为运行人员图形化地展示了网络化二次回路的虚链路的连接、报文订阅/发布关系，但是这种静态的回路图不能展示二次设备实际运行过程中回路是否正常工作，当因网络元件中网络连接中断导致数据无法正常收发，报文丢包率、误码率增大问题导致报文质量下降时，

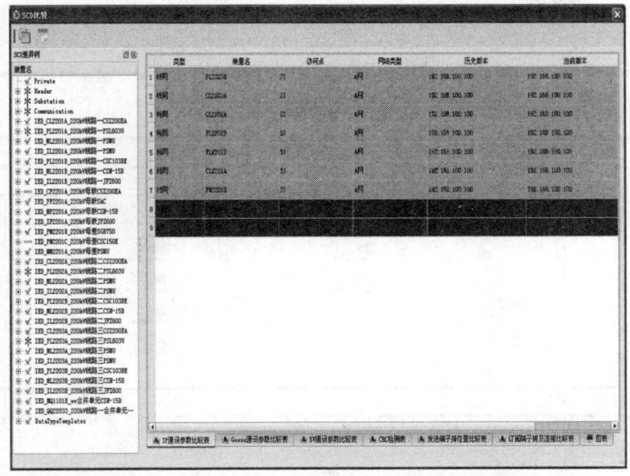

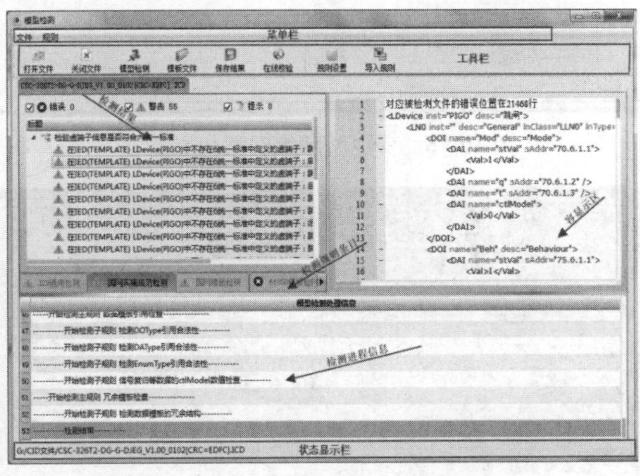


图 10-5　SCD 模型校验

通过采集继电保护、测量、控制信息的数字化报文，将其映射为上文中的二次虚回路连接图上二次回路是否工作正常，即实现继电保护等二次设备二次虚回路的动态展示。

为实现虚回路的监视，需将虚回路信息传送到变电站端的后台和运维中心的主站系统中，在变电站中，通过在线监测子站系统采集站控层网络数据，实现虚端子的监视，但对于主站系统，因变电站和主站端交互数据通过站控层网络进行，过程层数据无法传送到主站系统中，需要运维子站系统进行数据的转发。利用网络通信技术将数据采集到主站系统中后，通过可视化技术，将二次设备的虚回路连接关系和状态用类似于二次回路图的方式展示出来，实现二次回路的远程在线可视化查看和管理。虚实回路的典型界面如图 10-6、图 10-7

所示。

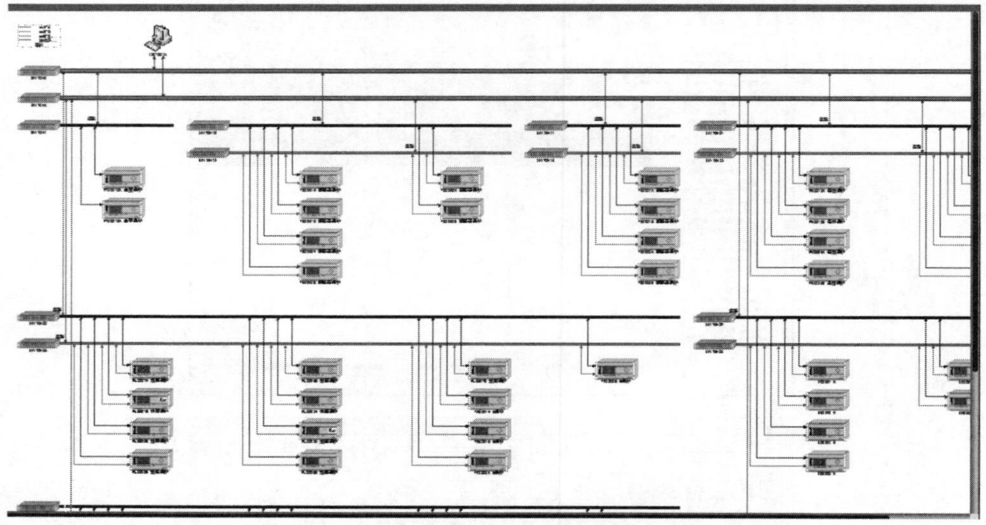

图 10-6　变电站网络回路状态展示

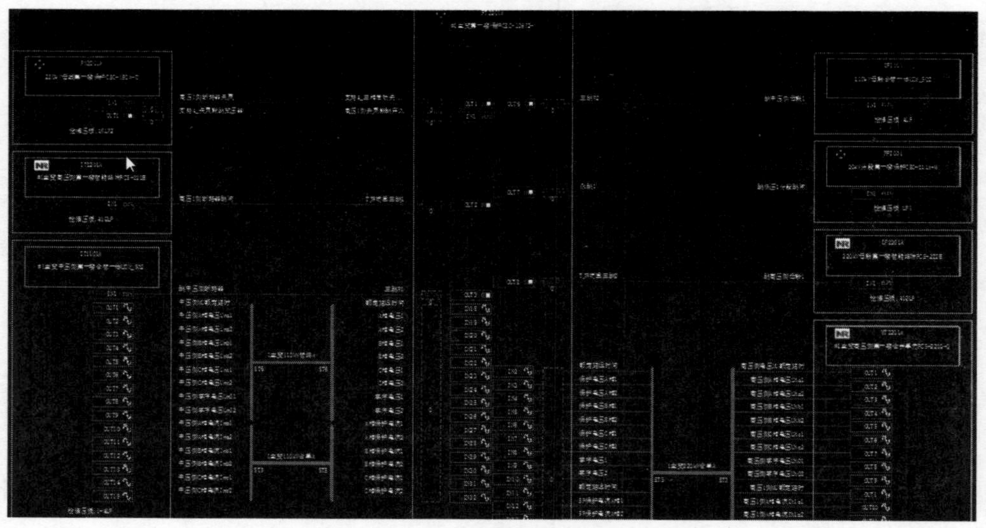

图 10-7　虚回路状态展示

为满足不同用户在智能变电站的设计、配置、运维、管理等工作过程中对提高工作效率、提高虚实回路可视化程度、提高管控技术手段的需求，在本系统建设过程中，从系统配置、工程调试和运行维护的需求出发，区分不同环境、不同人员对智能变电站工具系统的使用关于技术、功能的要求，通过建立通用集成配置环境，实现系统配置、装置配置和专用配置间的信息共享与工作协同；负责电气主接线、变电站功能、运行参数、设备间数据流、网络架构及拓扑结构等的配置，能够按照变电站自动化系统工程实施的需要，设计变电站一次接线图、创建智能电子设备实例，配置工程化设备，并进行一、二次设备绑定，网络信息配置等，并负责模型文件的存储、验证、变更、审核等管理。通过建立提供智能化的工具系统，强化与变电站内监控系统的协调和对调控主站的支撑作用，提升使用安全性、便捷性和智能化水平，较完整地满足了智能变电站建设中对二次设备配置信息的管理需求。该系统建成后，成为继电保护人员使用和管理继电保护、快速分析和处理电网事故，智能判断和评价保护健康状况和动作行为的有力的技术支持系统，对智能变电站继电保护的安全稳定运行起到了重要作用。

## 10.3　二次设备智能运维主站工程案例二

随着变电站无人值班工作模式的推广，对常规变电站二次设备的巡视工作无法继续开展，不能确定变电站内二次设备的运行状况是否能保障电网安全运行，电网安全运行存在风险。在某电网公司建设二次设备运维系统时，基于二次设备的遥信量和遥测量能够部分反映二次设备运行工况的客观认识，利用变电站中二次设备自动化程度较高，能够输出二次设备的遥信量和遥测量的基础，在变电站内利用专用设备采集二次设备的输出信息，将其通过网络送到运维中心的自动化系统中，通过利用计算机技术对二次设备的遥信量和遥测量自动巡视，分析其数据的合理性，实现对二次设备的巡视，用以代替传统的人工巡视过程。并且在本系统中基于二次设备的遥测量与一次系统的电气量关系，对于整个变电站二次系统中存在的大量遥测采样数据，基于电力一二次设备的拓扑关系，利用 KCL、KVL 等电力系统基本公式，并结合人工运维所积累的大量设备运维经验，进行数据分析，可校验或者推导出二次设备采样回路中潜在的异常，及时或者提前发现二次设备的运行风险，给出检修提示，便于二次系统及时消缺。通过对上述问题进行较深入的研究和实践，研究并形成了以对二次设备的自动巡视和智能预警为特色应用功能的二次设备运维系统，取得了较好的运行效果。下面进行重点介绍。

**1.** 系统架构

系统由部署于调度中心的调度主站、省检中心运维主站、运维站中的运维分站以及部署于变电站中的运维子站组成。调度主站实现实时监测电网故障，生成故障的详细信息并生成故障报告，并给予及时、安全及合理的处理建议，即为调度运行提供常规的保信系统功能。运维主站实现基于电网实时运行数据和历史数据的二次设备状况监视、状态评价、智能诊断及检修方式建议；运维分站侧重于运维范围内的多个变电站端设备的专业检修维护、设备管理、评价及预见变电站站端保护、自动化及其他二次设备的运行风险及缺陷。在该系统中，变电站侧的运维子站数据同时发送给三个主站，运维系统中的所有功能按照使用者的不同部署到三个主站系统上。

调度主站、调度中心运维主站、运维站中的运维分站独立建设并独立接入数据。调度主站、运维主站及运维分站系统均跨安全区部署，在安全Ⅰ和Ⅱ区完成数据的采集和处理存储，在安全Ⅱ和Ⅲ区实现数据的展示，本调度端人员可使用安全Ⅱ和Ⅲ区的人机功能实现对数据的访问，其他使用人员（如上/下级调度、检修工区）通过安全Ⅲ区的人机进行数据远程访问。在调度端，数据从安全Ⅰ区→安全Ⅱ区→安全Ⅲ区单向流动。

系统的软件系统架构依据需求按业务分层设计，分为平台层、平台无关接口层、基础应用层、业务应用层、人机交互层，各层实现不同的数据业务和功能。软件分层如图10－8所示。

图10－8　软件架构

**2.** 自动巡视

智能变电站二次设备具备较强大的自检能力和数据通信能力，而常规变电站巡视工作的大部分巡视对象，可以通过数据通信自动获取，这是实现自动巡视功能的基础。同时利用二次设备的自检能力，将自检结果和系统的自动巡视结合，实现了二次设备异常的发现和预警。

二次设备巡视主要巡视的量值类型如表 10-1 所示。

**表 10-1　二次设备巡视项表**

| 巡检项 | 巡视内容 | 巡视策略 |
| --- | --- | --- |
| 模拟量 | 二次设备的模拟量值是否偏离合理值范围 | 对比定期巡检返回的模拟量是否满足预设的模拟量合理值范围 |
| 普通开关量（包括一般开入、TV 小开关、电源开关、把手等） | 二次设备的开关量是否正常 | 对比开入量是否满足预设的模拟量合理值范围 |
| 软压板 | 软压板是否与标准值一致 | 对比软压板状态与标准的软压板状态 |
| 硬压板 | 硬压板是否与标准值一致 | 对比硬压板状态与标准的硬压板状态 |
| 当前定值区 | 当前定值区是否在可设定的定值区列表中 | 对比定期巡检返回的当前定值区号与可设定的当前定值区列表 |
| 定值 | 当前区的定值是否与标准定值单上对应定值区的定值一致 | 对比定期巡检返回的指定区定值与标准定值单中对应定值区的定值 |
| 控制字 | 当前区的控制字是否与标准定值单上对应定值区的控制字一致 | 对比定期巡检返回的指定区控制字与标准定值单中对应定值区的控制字 |
| 时钟 | 对比保护的时钟与主站时钟是否一致 | 对比带保护时标的报文获取的保护时间与主站本地时间 |

为在主站端实现二次设备的在线运维功能，需要定期查询二次设备的参数及运行状态是否正常。同时为了减少通信的信息量，降低复杂度并减轻主站端的工作负荷，宜将主要的巡视、查询工作放在子站端，由子站来实现对装置的实际巡视，并将巡视结果返回给二次运维主站。与主站端承担实际巡视的模式相比，此模式还能避免 IEC 103 主子站规约的一些不足，子站可根据实际的接入规约最大化地获取装置的各种数据。因此本功能的实现需要对主子站间的数据交互流程和数据内容进行定义。功能主要包含以下流程：

（1）正常状态专家库定义。在主站端定义正常状态专家库［包括正常状态定值（包含控制字）、定值区、软压板、硬压板、模拟量（用户给出经验值）、状态量（把手、电源开关、TV 小开关］等。正常状态专家库最终体现为标准值文件。标准值文件的命名格式为“refrencevalue_time.rval”，其中 time 为标准值文件的生成时间。标准值文件格式如下所示：

```
<System>
@        变电站名        标准值时间        装置数
#        军山变        2015-04-07T08：31：47     85
</System>
```

```
<Zone>
@  装置ID      信息点ID  信息点名称    值类型  标准值（当前定值区号）  定值区号列表
#    1         01c001     当前定值区号     int          1            1，3，5
#    2         02c001     当前定值区号     int          1            1，3，5
……
</Zone>
<Setting>
@       装置ID     定值区号   信息点ID       信息点名称          值类型   标准值
#         1         1        019001         纵联差动定值         float    3.50
……
</Setting>
<Softplate>
@       装置ID      定值区号   信息点ID      信息点名称     值类型    标准值
#         1          1        011001        纵联差动保护    int         2
……
</ Softplate >
<Hardplate>
@       装置ID      定值区号  信息点ID       信息点名称     值类型    标准值
#         1          1        011101        纵联差动保护    int         2
……
</ Hardplate >
……
```

（2）下发标准值文件。主站根据正常状态专家库，以触发的方式下发当前定值区下的标准值文件，标准值文件可以是一个文件，文件可包含多个装置的标准值。

如果在子站巡检的过程中下发标准值文件，则主站先告知子站停止巡检，然后下发标准值文件，最后告知子站恢复巡检。

（3）下发巡检策略。在运行时，主站根据需要触发下发巡检策略，巡检策略中可定义巡检的模式（单次触发立即巡检、周期巡检）、巡检的装置及巡检的数据类型等信息，站端根据此巡检策略进行巡检，并返回巡检结果。

策略文件的命名格式为“checkstrategy_time.cstr”，其中 time 为策略文件的生成时间（精确到秒）。策略值的文件格式为：

```
<System>
```

@　　变电站名　　装置数 定值区巡视周期（小时）定值巡视周期（小时）软压板巡视周期（小时）硬压板巡视周期（小时）模拟量巡视周期（小时）状态量巡视周期（小时）时钟巡视周期（小时）差流巡视周期（小时　不平衡电流巡视周期（小时）　不平衡电压巡视周期（小时）

#　　军山变　　85　360 360　168　168　8　8　8　8　8　8

</System>

<Ied>

@　　IED_ID　　巡视定值区　　巡视定值　　巡视软压板　　巡视硬压板　　巡视模拟量　　巡视状态量　　巡视时钟　　IED名称　　巡视差流　　巡视不平衡电流　　巡视不平衡电压

#　　1　　1　　1　　1　　1　　1　　1　　1　　**线主一保护 CSC103A　　1　1　　1

</Ied>

（4）巡检结果。子站依据巡检策略及标准值自动定期对站内二次设备进行巡视，巡检完成后，向主站返回巡检异常结果，主站收到子站的巡视异常结果后，可通过通用文件召唤的方式向子站召唤详细的巡视报告。其流程如图 10-9 所示。

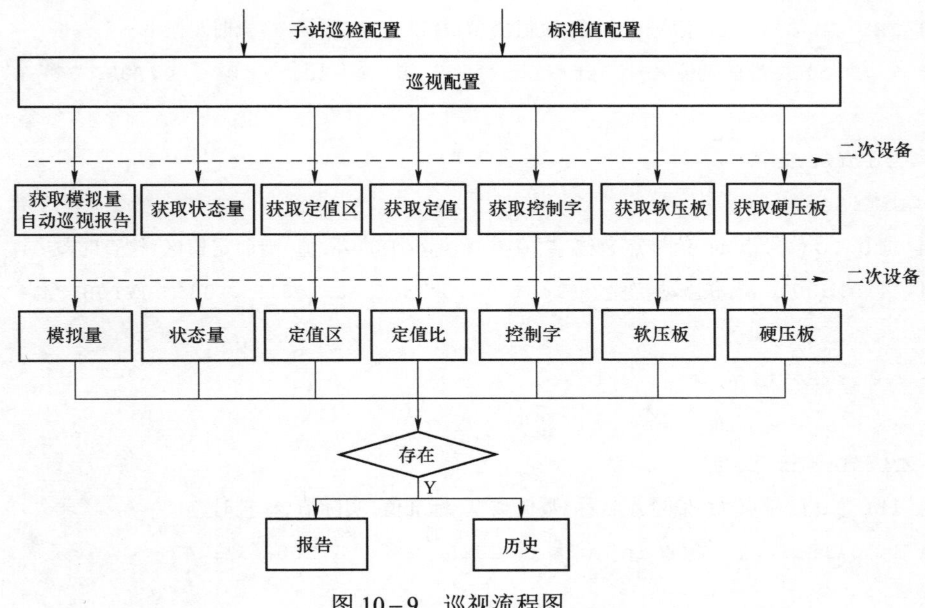


图 10-9　巡视流程图

巡视报告详细描述了巡视的结果信息，其文件命名格式为"checkreport_time.crpt"，其中 time 为报告生成时间（精确到毫秒）。其格式定义如下：

<System>

@ 变电站名 巡视时间 巡视响应类型 接入装置数 巡视装置数 异常装置个数

# 军山变 2015 04 07T08: 31: 47 1 85 75 10

</System>

<Ied>

@ IED_ID 装置名称 是否巡视 未巡视原因 巡视结果 是否巡视定值区 定值区未巡视原因 定值区巡视结果 是否巡视定值 定值未巡视原因 定值巡视结果 是否巡视软压板 软压板未巡视原因 软压板巡视结果 是否巡视硬压板 硬压板未巡视原因 硬压板巡视结果 是否巡视模拟量 模拟量未巡视原因 模拟量巡视结果 是否巡视状态量 状态量未巡视原因 状态量巡视结果 是否巡视时钟 时钟未巡视原因 时钟巡视结果 是否巡视差流 差流未巡视原因 差流巡视结果 是否巡视不平衡电流 不平衡电流未巡视原因 不平衡电流巡视结果 是否巡视不平衡电压 不平衡电压未巡视原因 不平衡电压巡视结果

# 1 **线主一保护 CSC103A 1 0 1 1 0 1 1 0 1 1 0 1 1 0 1 1 0 1 1 0 1 1 0 1 1 0 1

</Ied>

<DiffZone>

@ IED_ID 信号点 ID 信号点名称 数值类型 标准值 实际值 检查时刻

# 1 01c001 当前定值区号 string 1，3，5 2 2015 04 07T08: 31: 47

……

</DiffZone>

<DiffSetting>

@ IED_ID 信号点 ID 信号点名称 数值类型 标准值 实际值 当前定值区 检查时刻

# 1 019001 纵联差动定值 float 3.5 3.6 2 2015 04 07T08: 31: 47

……

</ DiffSetting >

……..

<DiffDiscrete>

@ IED_ID 信号点 ID 信号点名称 数值类型 标准值 实际值 检查时刻

# 1 011801 把手位置 int 2 1 2015 04 07T08: 31: 47

……

</ DiffDiscrete >

如上所述，状态巡视是一个需要主子站交互、分布式完成的功能，主要包括标准值文件（*.rval）、策略文件（*.cstr）的下装及召唤，巡视记录（*.crec）、巡视报告（*.crpt）的召唤。因此需要对使用的 IEC 103 规约进行扩展定义，具体定义包括：

1）在 IEC 103 主子站规约中扩展文件下装功能，实现标准值文件、策略文件的下装；

2）标准值文件、策略文件的召唤，直接采用通用文件召唤功能；

3）历史巡视记录、巡视报告的召唤，首先召唤巡视记录文件（checkrecord.crec），主站解析巡视记录文件后得到巡视记录，再根据巡视记录中的文件召唤巡视报告。

巡视完成后，子站将结果通知主站。子站虚装置扩展两个虚点：名称固定为“巡视完成（无异常）”、“巡视完成（有异常）”，子站在巡视完成时，向主站发送此两个信号之一的变位信息（值由 1 变为 2），其中的变位时间则直接填写文件名中的时间，方便主站召唤巡视报告文件（无须再召唤列表）。

**3.** 监视预警

监视预警是对二次设备亚健康状态的一个提前预警，引起运行维护人员的注意，达到防范设备事故的目的。对二次系统的预警是从系统的角度出发，基于变电站内大量冗余或者有关系的数据，结合人工运维经验，对系统内采集的二次设备运行信息进行分析，发现异常的数据，从而发现提供该数据的二次设备缺陷。该功能首先需要建立比较丰富的运维经验专家库，才能对系统中发现的异常进行识别，但此类信息往往存在于运维人员的头脑中，以经验的形式存在，未保存为文字资料；其次为在系统中建立一二次设备的联系关系，需要有较大的配置工作量。因此，在该系统建立的过程中，通过设计运维经验调查问卷，推动用户方进行较大范围的问卷调查，收集整理运维班组人员的运维经验，汇总资料后整理为初步的专家经验库。同时利用电网调度自动化系统中已经存在的一次设备拓扑、一二次设备关联等信息，并进行适当的补充，形成该功能的数据分析基础。

预警功能的详细判据包括保护故障/异常、动作行为异常、开关跳闸命令执行时间异常、多次故障、保护时钟异常、差流异常、零序电流异常、零序电压异常、压板异常、频繁告警、扰动预警、单台保护启动、保护久未动作等，其中：

（1）保护故障/保护异常。

产生方式：预警模块在接收保护告警时，如果该告警信息点类型属于保护异常/保护故障，则产生“保护故障/异常”告警。

包含的数据：时间、站ID、保护装置ID、告警信号点ID、告警信号点类型（故障/异常）。

（2）动作行为异常。

产生方式：电网故障中保护装置的动作行为不正确。

包含的数据：时间、故障ID、站、保护装置。

（3）开关跳闸命令执行时间异常。

产生方式：电网故障时，计算开关的跳闸命令执行时间是否异常，如果异常则产生（开关跳闸命令执行时间异常的）消息。

预警方式：通过系统的告警进行发送。

包含的数据：时间、故障ID、站ID、开关ID。

（4）多次故障。

产生方式：电网故障时，在确认该故障为真实故障后，查询该故障设备的历史故障数据，如果在指定的时间段内，还发生过其他的故障，则产生相应消息。

包含的数据：时间、故障ID、一次设备表ID、一次设备ID、故障次数。

（5）保护时钟异常。

产生方式：预警模块在收到保护事件、保护告警、遥信变位等带保护时标的主动上送信息时，比较保护时标与主站后台时标的差异，当差异超出给定的范围时，产生一条保护时钟异常的告警；注意需要屏蔽子站刚重新连上时上送的带时标的信息。

包含的数据：时间、变电站ID、IED ID、子站ID、遥信信号点ID和主站接收时间。

（6）差流异常。

产生方式：巡视模块在发现巡视结果中存在差流异常时，发送巡视异常（异常类型为差流异常）的消息。

包含的数据：时间、变电站ID、IED ID和差流大小等。

（7）零序电流异常。

产生方式：巡视模块在发现巡视结果中存在零序电流异常时，发送巡视异常（异常类型为零序电流异常）的fis消息。

包含的数据：时间、变电站ID、IED ID和零序电流大小。

（8）零序电压异常。

产生方式：巡视模块在发现巡视结果中存在零序电压异常时，发送巡视异常（异常类型为零序电压异常）的消息。

包含的数据：时间、变电站 ID、IED ID 和零序电压大小。

（9）压板异常。

产生方式：巡视模块在发现巡视结果中存在压板异常（软压板或者硬压板）时，发送巡视异常（异常类型为压板异常）的消息。

包含的数据：时间、变电站 ID、IED ID、压板点 ID、实际值和标准值。

（10）频繁告警。

产生方式：预警模块对告警进行统计，统计的频度参数和时间段参数成正比，即统计的时间越长，则发生的次数应越多，为了发现长时间频繁发生和短时间频繁发生，可设置多个时间段统计。

包含的数据：时间、变电站 ID、IED ID、告警点 ID、统计时长和发生次数。

（11）扰动预警。

产生方式：预警模块对保护启动数据及故障数据进行统计。

如果指定时间段内某保护的启动次数（仅启动无出口）大于同一变电站或同一区域或同一厂家或同一类型保护或同一型号保护的平均启动次数的 3－4 倍，则产生扰动预警。

平均启动次数＝统计范围内所有保护启动总和/保护数目

本保护启动次数，需要去除所有保护启动次数中有动作出口（相关的全部故障，包括其他保护有出口）的启动次数。

包含的数据：时间、变电站 ID、IED ID、启动信号点 ID、和统计时长。

（12）单台保护启动。

产生方式：预警模块对保护启动数据进行统计，一段时间内，本站内仅有本保护启动并且本保护未出口。

包含的数据：时间、变电站 ID、IED ID 和启动信号点 ID。

（13）保护久未动作。

产生方式：预警模块对保护启动数据进行统计。

获取保护最近动作时间或者保护投运时间和当前的时间差，如果超过了配置的时间间隔（如 1 年、2 年等）则认为该保护久未动作。

包含的数据：时间、变电站 ID、IED_ID、最近动作时间和保护投运时间。

该功能的典型界面如图 10－10 所示。

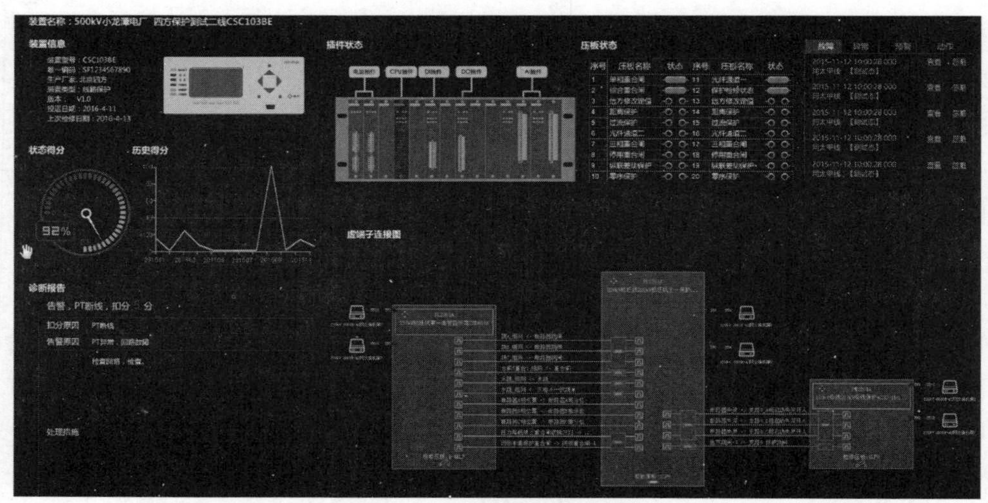


图 10－10　异常详细信息

该系统投入运行后，实现对二次设备的状态自动巡视和故障自动判别，并从系统的角度识别继电保护设备的运行异常，消减了对人工设备巡视的依赖，通过状态监测迅速发现了二次设备的薄弱点，对继电保护的运行风险给出预警，基于预警信息进行继电保护设备的状态检修，在设备发生故障前及时消除运行隐患，极大提高了继电保护设备的运行可靠性。

## 10.4　二次设备智能运维主站工程案例三

长期以来，对继电保护设备及其二次回路采用的是“应试必试、试必试全，应修必修、修必修好”的预防性计划检修模式，以确保装置元件完好、功能正常，确保回路接线及定值正确，提高继电保护健康运行水平。但继电保护周期定检方式检修计划不考虑检修对象的实际运行状况，按照既定检修项目进行检修，必然会造成检修过剩或检修不足。周期性的定检还会增加调度调整运行方式的频度，影响电网的经济运行。随着电网规模不断迅速扩大，电网设备数量众多，电网设备检修时间集中，对于维护站点数量多的单位，继电保护人员的配置情况已不能满足设备检修工作的需求，传统检验模式工作量大、工作强度高也成为继电保护设备运维过程中突出的问题。

状态检修以设备当前的工作状况为依据，借助各种技术先进的平台，通过状态监测手段，诊断设备健康状况，从而确定设备是否需要检修或检修的最佳时机。因此状态检修是解决电网规模扩大后，众多的设备检修工作与人员配置状况不能匹配问题的最佳选择。状态检修的核心是对二次设备准确的评价。国内某电网进行二次设备运维系统的建设时，以提升电网二次设备运维能力为目标，从二次系统信息的统一建模、状态监测与评价、故障诊断与智能决策等方面入手，开展二次系统的运维体系与标准规范研究，基于 IEC 61850 等标准体系和网络化信息共享技术，研究变电站二次设备状态评价方法，并以智能变电站为试点单位，对利用二次设备的状态评价实现二次设备的状态检修进行了重点研究，获得了较有特色的二次设备的状态评价和检修辅助决策的应用功能成果，在运行中取得了较好的效果。对二次设备实行状态检修减轻了二次设备定期检修带来的较大工作量，也节省了二次设备检修工作中大量资源的投入，提高了设备可用率，降低了平均检修成本。下面进行重点介绍。

**1.** 系统架构

该系统分为部署在调度端主站和部署于变电站的子站两大部分。其中主站的系统架构如图 10－11 所示。

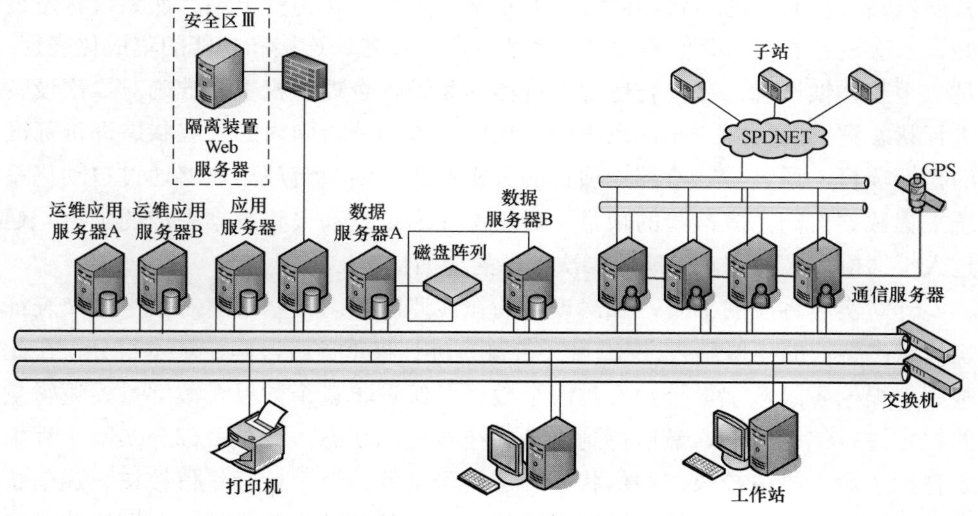


图 10－11　主站系统架构

系统的功能部署如图 10－12 所示。

**2.** 状态评价

变电站二次系统由继电保护系统、自动化系统等各个子系统构成，各个子系统基于各个装置及其回路搭建而成，这就意味着单个装置和回路的性能优劣必然会影响整个系统的功能。因此，变电站二次系统的状态主要可以从变电站

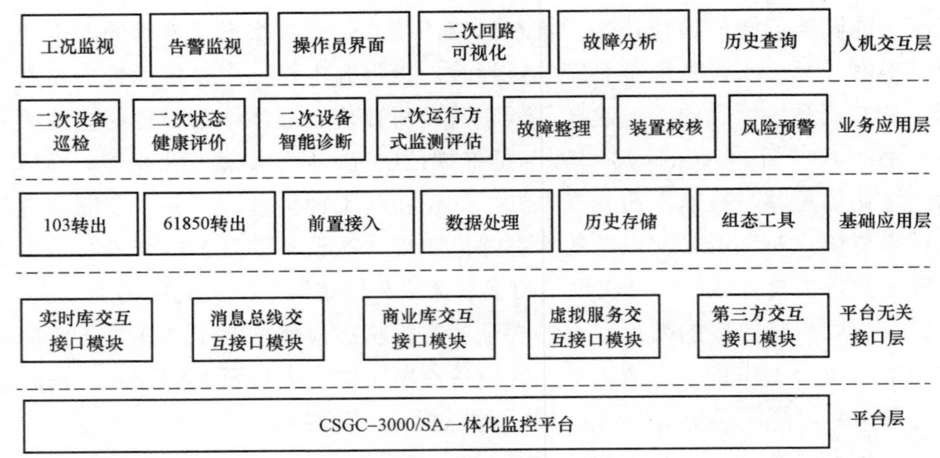


图 10－12　软件架构

二次系统的装置和回路状态两方面入手，结合两个方面的评价结果综合判断。若变电站二次系统的装置和回路状态正常，则可以认为变电站二次系统状态良好。二次设备的状态评价是对二次系统内所有设备、连接和功能的集成化表征，是一个整体性概念，寻找合适的评价指标和设置合理的权重是准确对二次设备进行状态评价的前提。在该系统的建设中，首先分析国内的一些状态评价标准的指标项目，通过与定检部检项目的分析对比，从中梳理出能够通过自动化系统采集数据自动完成检验的项目，对于不能通过自动采集数据完成的项目，通过人工巡检方式完成。实现对二次设备的全面检验。

针对实际系统的部署，二次设备的在线监测状态策略采用对数字量（表征运行状态特征的模拟量）、逻辑量（告警）进行权重评级，确定基本得分，在此基础上根据各级数字量个数及越限个数、各级逻辑量个数以及数字量、逻辑量的权重进行综合计算，最后得到设备的在线监测状态。此外，部分实际工程中还包括了运行量值校核、通信状态、巡检测试等，对于运行量值校核、通信状态、巡检测试等评价参量，可以通过处理，将其等效为逻辑量，并用这些逻辑量参与评价。对二次设备装置本体的评价指标主要包括装置自检指标和运行状况巡视状况指标，这两个指标分别表征了装置硬件功能和定值、压板等运行参数是否正常。

基于继电保护运行信息还可对二次回路正确性进行评价，对二次设备的二次回路的评价对象主要包括表征采样回路、开入回路、开出回路状况的模拟量和开关量。通过在二次运维中设置模拟量检验检测判据，并进行同源数据的校核，评价继电保护模拟量采集系统和相关二次回路的正确性。通过系统正常运行中开关量位置信息，评价开关量回路的正确性，及时发现系统运行工况及二次回路中的异常状况。

按照实际情况针对二次设备的运行情况进行历史评价，评价的维度包括：装置缺陷情况、通信率、运行年限以及动作历史。历史运行评价的基础信息如图 10－13 所示。

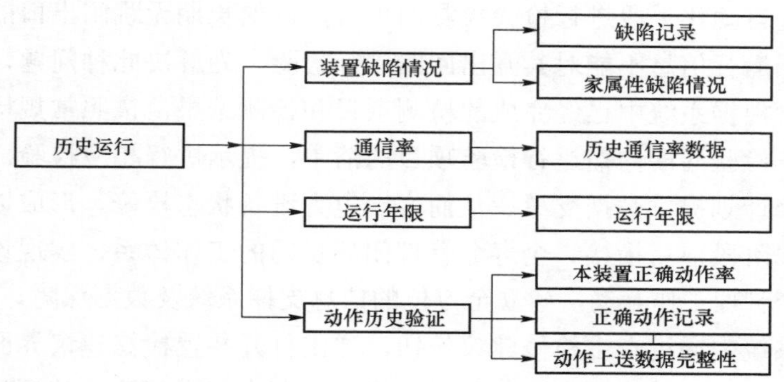


图 10－13　历史运行评价的基础信息

通过上述方法，系统对二次设备的运行状况进行了量化的评价，评价的结果以可视化的形式进行展示，为二次设备运维人员进行设备检修和运维提供支撑，如图 10－14 所示。

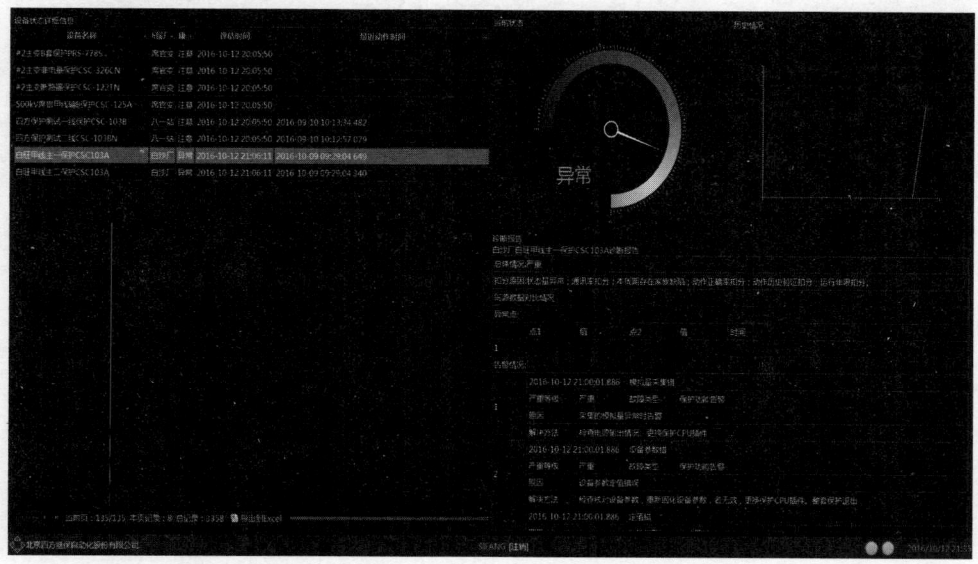


图 10－14　状态评价图

**3.** 检修辅助决策

通过设备台账、试验、运行、检修管理和知识库及智能管理系统的建立，结合状态检修策略，并基于继电保护设备运行期间产生的运行数据，对这些数据进行分析诊断，对二次设备进行状态评价。依据状态评价得出的结论，确定检修决策，依据检测结果可以得出需进行设备停运检修的工作提示。但对于一些无法通过自动化手段进行检验检测的项目，例如长期无跳闸出口的继电保护设备，基于运行信息不能对其开出回路进行检验。为解决此种问题，利用数据统计方法，根据系统中已经完成的检测项目和检测结果，按照常规检验项目周期，给出在检验周期内需进行检验项目的清单，提示进行相应检验。为检修人员制定检修计划提供数据支撑。从而实现电力设备状态检修。形成以设备为核心、各检修阶段前后衔接、全寿命管理闭环贯通的工作体系，实现设备管理与各阶段生产管理工作互动，建立全方位的信息支撑系统及数据保障。

在本系统中通过点击检修建议按钮，弹出打开装置检修建议界面，列出装置已经自动执行的检修项目及其结果，提示需要人工进行检修的项目。在装置检修建议界面，支持对检修建议内容进行导出和打印等功能，如图 10－15 所示。

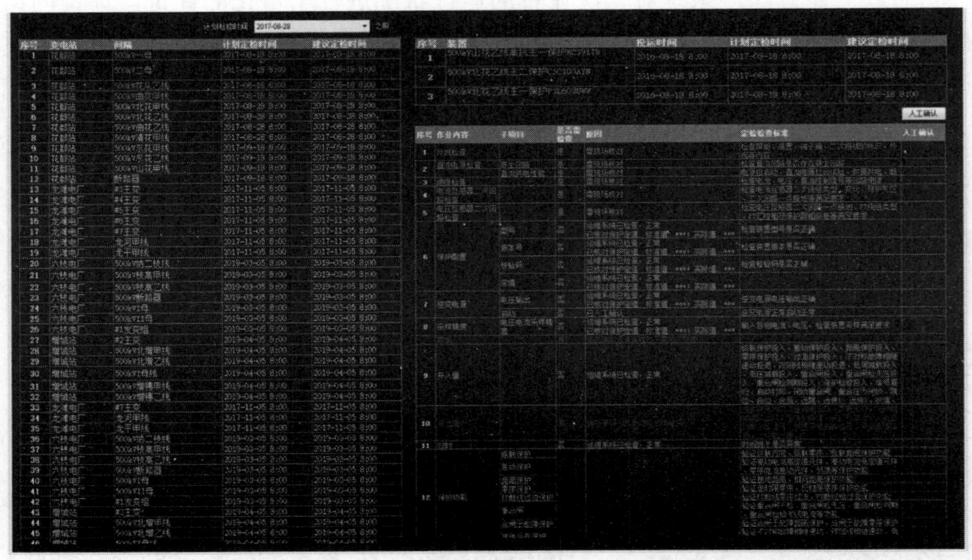

图 10－15　检修辅助决策

**4.** 台账管理部署

主站部署的台账管理功能包括设备台账信息和插件台账信息。

如图 10－16 所示为设备台账管理界面示意图，可以通过左侧的二次设备模型树对设备进行检索，模型树的层次关系依次为公司级、厂站级、电压等级、一次设备、二次设备，右侧窗口“设备台账”中显示选中层级下的所有的二次设备台账信息，在右侧窗口“插件台账”中显示选中层级下的所有的二次设备的插件信息。

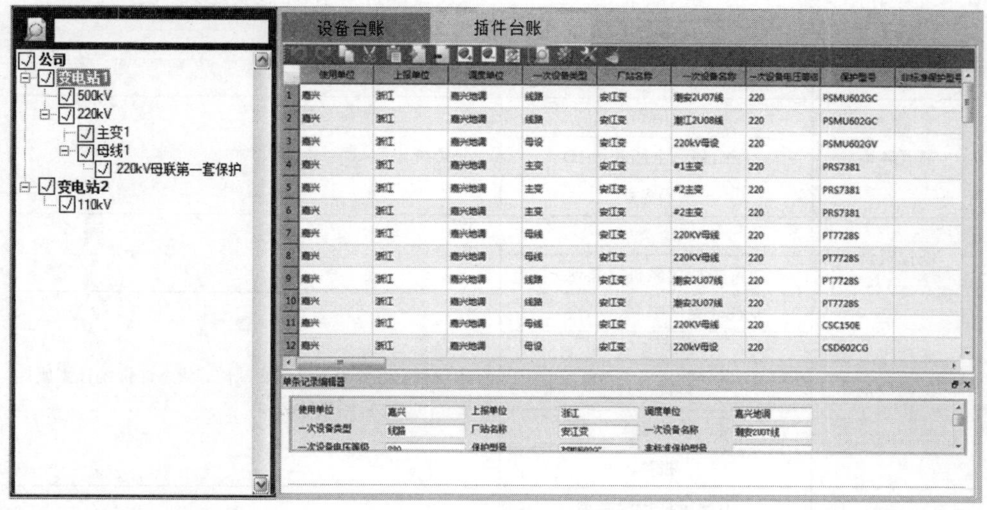


图 10－16 台账管理界面示意图

在“设备台账”及“插件台账”界面，可查看对应设备或插件的属性，对于台账信息包含以下操作。

（1）台账信息编辑：选中某条台账，可对选中的台账信息进行修改操作。其中台账的一些动态属性和固有属性不可进行编辑，只可查看，如 ID 类的属性。

（2）保存：将编辑后的结果保存至数据库中。

（3）过滤：支持台账信息列内容的过滤显示。

（4）刷新：对当前变电站下的设备台账信息重新刷新显示。

（5）导入台账信息：支持导入台账信息，台账导入可支持从 PMS 系统导入台账和文本导入台账。

（6）导出台账信息：将台账信息导出至 excel 格式文件，也可导出至 PMS 系统；也可将信息导出至 PMS 系统。

（7）台账多维度检索及统计：除了可以进行常用的历史数据检索，还可以通过通用检索条件界面进行多维度检索；多维度统计指按多种维度对设备台账进行统计，主要的统计维度如表 10－2 所示。

表 10-2　台账统计维度

<table>
<tr><th>维度</th><th>属性</th><th>统计内容</th></tr>
<tr><td rowspan="5">相关部门</td><td>所属地区</td><td rowspan="5">可统计各部门所管辖的装置规模</td></tr>
<tr><td>调度单位</td></tr>
<tr><td>运行单位</td></tr>
<tr><td>维护单位</td></tr>
<tr><td>基建单位</td></tr>
<tr><td rowspan="3">部署环境</td><td>电压等级</td><td rowspan="3">分类统计</td></tr>
<tr><td>厂站最高电压等级 ID</td></tr>
<tr><td>一次设备类型</td></tr>
<tr><td rowspan="2">硬件资源</td><td>通道类型</td><td rowspan="2">分类统计</td></tr>
<tr><td>装置类型（微机、其他）</td></tr>
<tr><td rowspan="5">家属信息</td><td>装置分类（国产、尽快）</td><td rowspan="5">家属性信息统计，可结合缺陷、状态评价统计家属性缺陷</td></tr>
<tr><td>厂家</td></tr>
<tr><td>装置型号</td></tr>
<tr><td>软件版本</td></tr>
<tr><td>批次</td></tr>
<tr><td rowspan="9">寿命相关</td><td>上次定期校验类型</td><td rowspan="9">可进行一些运行年限、设计寿命、检修管理等统计，进一步可结合状态评价、缺陷分布趋势等对设备的寿命进行预计；<br>也可对设备检修周期与设备状态、缺陷等情况进行综合统计分析，从而得到最佳的检修周期</td></tr>
<tr><td>上次定期校验单位</td></tr>
<tr><td>下次定期校验类型</td></tr>
<tr><td>定期校验周期</td></tr>
<tr><td>出厂日期</td></tr>
<tr><td>上次定期校验日期</td></tr>
<tr><td>上次定期校验类型</td></tr>
<tr><td>定期校验周期</td></tr>
<tr><td>设计寿命</td></tr>
</table>

此外，还可同时结合上表的多个维度及设备的缺陷记录、评价状态趋势等，对数据进行深入挖掘，在设备的寿命预计、可靠性水平、检修管理、家属性缺陷、设备选型等多方面提供支持。

## 10.5　二次设备智能运维子站工程实施案例一

该案例应用在国网区域，整体试点是调度主站系统、运维主站系统、检修主站系统和多套厂站系统。

**1.** 系统架构

厂站端系统所涉及设备主要包括厂站端二次运维系统、Ⅰ区通信网关机、Ⅱ区通信网关机、数据采集单元、通信服务器。其中，厂站端二次运维系统是主体，实现继电保护设备运维功能，并与Ⅰ区通信网关机通信实现信息上送。Ⅰ区通信网关机实现保护数据和运维数据传送主站，通过调度数据网，采用当地保信主子站103 规约。Ⅱ区通信网关机实现录波器数据传送主站，通过调度数据网，采用当地保信主子站 103 规约。数据采集单元主要用于采集过程层信息，也可采集 MMS 信息，用于分析网络运行状态。通信服务器仅在需要通过原保信子站接入数据时才需要配置，与原保信子站之间采用当地保信主子站 103 规约通信。厂站端二次运维系统和Ⅰ区通信网关机可以合二为一。厂站端二次运维系统、Ⅰ区通信网关机、Ⅱ区通信网关机、通信服务器这几者之间如需彼此通信，可以作为同一系统的分布式节点，采用内部通信方式。一个新建站的智能站厂站端系统如图 10－17 所示。

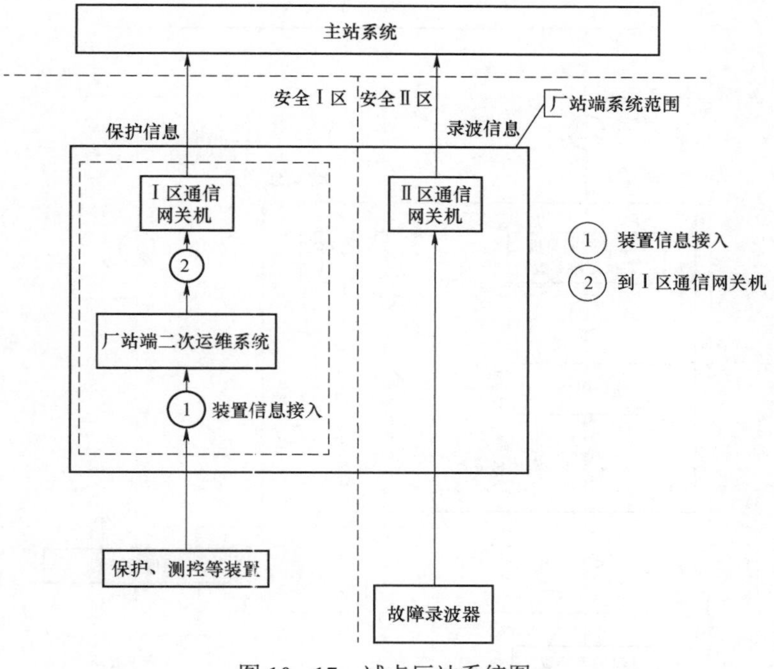


图 10－17　试点厂站系统图

由于试点区域变电站数量较多，情况各不相同，因此需要有不同的二次运维子站部署方式。以 500kV 变电站为例说明工程部署，主要分为 3 种类型：① 常规站；② 常规站，站控层支持 IEC 61850 通信；③ 智能站。在系统结构图中，厂站端二次运维系统到主站的通信接口是相同的。保护、测控等装置接入到厂站端二次运维系统的接口，与试点站的类型有关。三种类型的 500kV 变电站异同点如表 10－3 所示。

表 10－3　　不同类型变电站差异

| 接口类型 | 常规站 | 常规站支持 IEC 61850 | 智能站 |
|---|---|---|---|
| GOOSE 接入 | × | × | √ |
| SV 接入 | × | × | √ |
| MMS 接入 | × | √ | √ |
| 网络分析仪 | × | × | √ |
| 接入原保信子站 | √ | × | × |

常规站在原有保信子站系统上接入数据到厂站端二次运维系统。其中保护设备的数据从Ⅰ区送主站，录波器数据从Ⅱ区送主站。常规站的通信接口如图 10－18 所示。

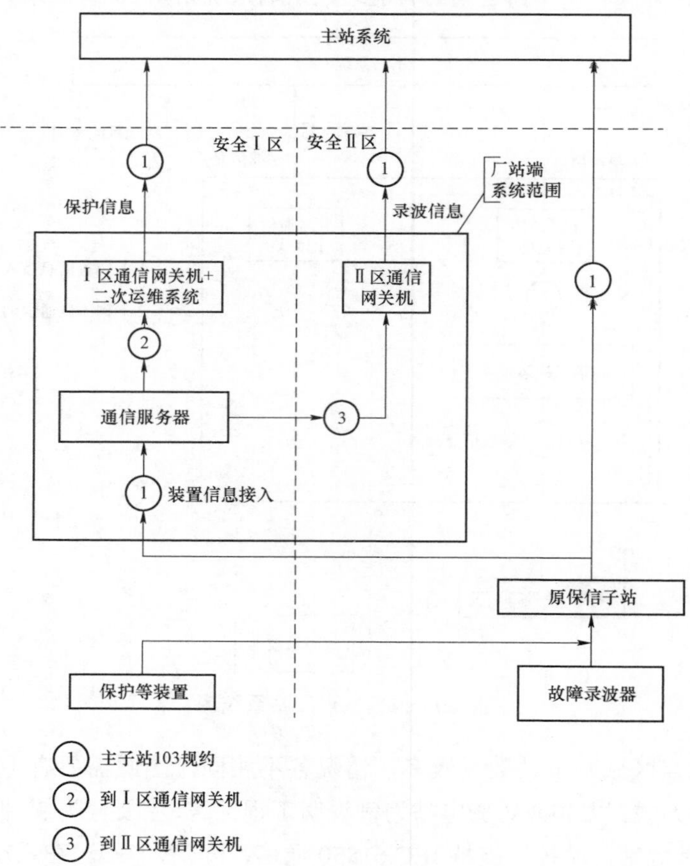


图 10－18　常规站系统方案

支持 IEC 61850 的常规站的通信接口如图 10－19 所示。厂站端的站控层虽然是支持 IEC 61850 接入的，但由于其建设时间比较早，保护和录波器能支持的客户端数量较少，目前状况已经无法再支持更多的客户端连接，因此二次运维子站不能直接与他们连接，只能同常规站一样，采取通过原保信子站获取它们信息的方案。

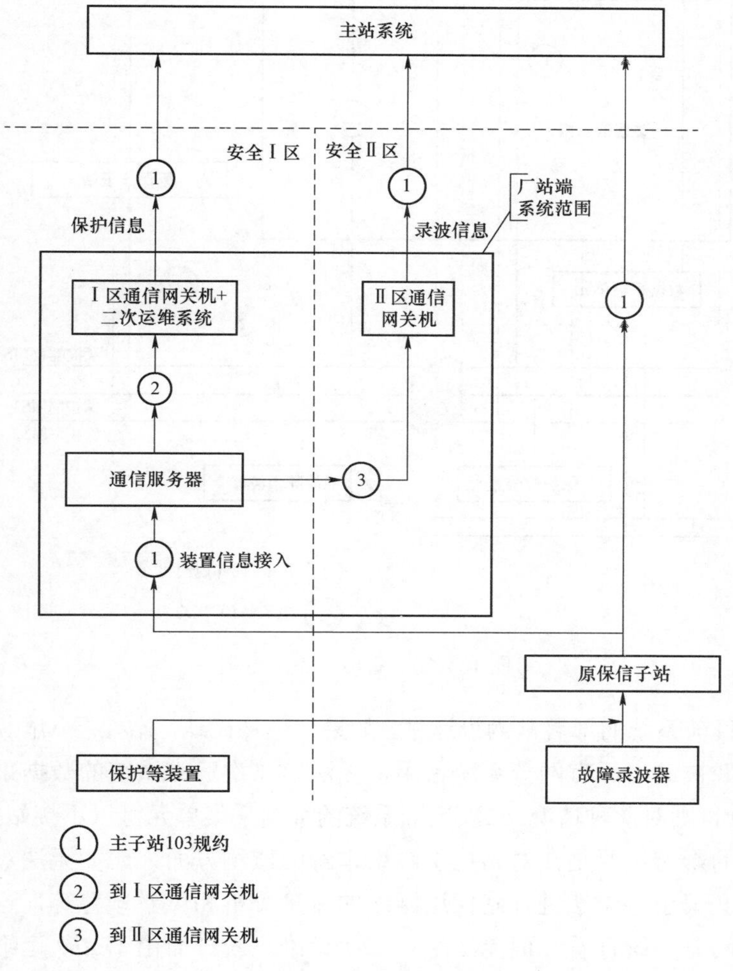


图 10－19 支持 IEC 61850 的常规站系统方案

智能站的通信接口如图 10－20 所示。站内所有设备都是通过 IEC 61850 MMS 直接接入二次运维系统。数据采集单元用于接入过程层信息，同时也采集 MMS 数据，用于诊断 MMS 网络运行状况。

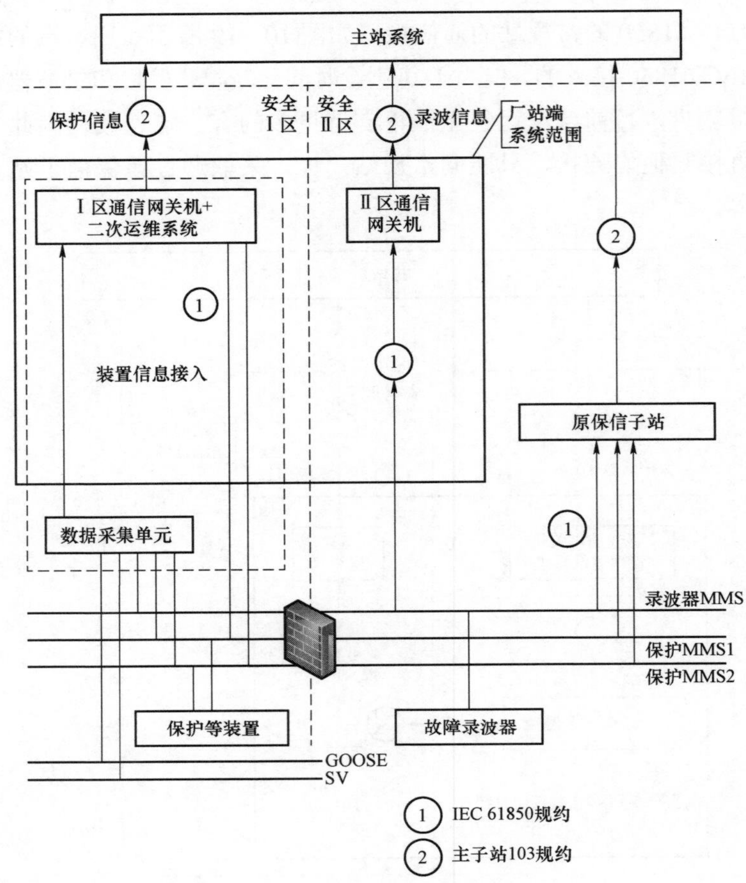


图 10－20 智能站系统方案

由于目前系统的部署常为投运站，如果经现场确认，站控层 MMS 网交换机镜像口已经被站内原有网分系统占用，无法给二次运维系统的数据采集单元再提供镜像口，则对此种情况，二次运维系统的数据采集单元可以不接站控层 MMS 网。带来的影响主要是在对站控层网络本身的监测方面，比如无法对站控层网络进行报文记录，无法进行站控层网络的流量分析和风暴预警等，这些功能可以在原有网分系统查看，但无法融入二次运维系统。而由于二次运维系统和站内二次设备采用直接通信，可以直接获取到站控层和间隔层设备的信息，因此数据采集单元是否接入 MMS，对于站内二次设备本身信息的采集和工作状态的判断是没有影响的，因此不会影响二次运维系统的主体功能。

**2.** 设备组网

站内二次设备状态监测数据采用《DL/T 860 变电站通信网络和系统》系列

标准和《DL/T 1146 DL/T 860 实施技术规范》进行建模，满足该标准的一致性测试。对于工程实施过程中对标准的具体应用，依据电力行业标准《DL/T 860 系列标准工程实施规范》执行，分为站控层、间隔层及过程层，按照三层两网原则单独组网，二次运维子站接入全站所有智能设备，监视全站状态。

（1）站控层设备组网：站控层 MMS 组双网，配置 2 套站控层交换机；二次运维子站和保护测控装置均双网接入 MMS 网交换机。

（2）过程层设备组网：保护测控装置按照 SV 采样、GOOSE 组网方式设计；采集单元通过组网方式采集 SV、GOOSE 信息。

**3.** 设备组屏

按照现场实施功能要求，试点设备组一面运维子站管理单元屏柜和多面运维子站采集单元屏柜。对于试点的 500kV 站，配置了 500kV 电压等级两面采集单元屏柜、220kV 电压等级两面采集单元屏柜。

（1）运维子站管理单元屏柜：运维子站管理单元屏柜包括二次运维子站管理单元一台、交换机两台。配置显示器、键盘鼠标。

（2）运维子站采集单元屏柜：运维子站采集单元屏柜包括二次运维子站采集单元一台，配套交换机。

**4.** 信息采集

信息采集方式如下：

（1）过程层设备包括智能终端、合并单元，采集 GOOSE、SV 的状态监测信息，设备自身的监测信息例如自身芯片的异常信息等；网络分析仪采集并分析 GOOSE、SV 报文，得到 GOOSE、SV 状态监测信息，智能终端、合并单元的自身监测信息通过 GOOSE 发送给采集单元，采集单元通过 MMS 报文上送到二次运维子站。

（2）间隔层设备包括保护装置、测控装置、采集单元、交换机等设备，采集的信息包括：二次设备 CPU、Flash 等 IC 芯片、电源、A/D、开入、开出、通信状态、时钟等硬件模块的实时状态；采集单元上送的 GOOSE、SV 通信状态信息；交换机、采集单元等网络设备的实时状态；二次设备可采集的其他状态信息。采集方式：测控、保护、采集单元的监测信息直接从 MMS 网采集；交换机信息通过 DL/T 860 采集。

（3）站控层包括网关机、监控主机等设备，采集的信息为站控层设备的运行工况及告警等信息，通过 DL/T 860 方式实现与站控层设备之间的数据交互。

**5.** 信息上传

采集的状态监测数据（开关量、模拟量）直接通过 DL/T 860 规约上送主站；

智能分析和诊断的结果形成文件，采用 DL/T 860 文件服务上送主站。

**6.** 网络评价

厂站端二次运维系统需要通过调度数据通信网与主站通信，通信的数据量与原保信系统主子站通信的数据量相当。主子站系统传输的数据，在传送录波文件时为系统通信密度最高的时刻，会连续占用带宽。按照当地保信主子站通信规范，报文长度为 2045 字节，即 2k 字节左右。报文发送的频度与硬件差异、软件实时运行情况和网络速度限制有关。厂站端二次运维系统和Ⅰ区通信网关机，对主站发送文件时速率可以达到每秒 300K 字节，即 3Mbit/s 左右。一般的网络为 10M 及以上，就可以满足应用需要。如果网络速度较低，也不会有影响，因为保信主子站通信规约采用了 IEC 104 的链路机制，主子站间通过 k/w 滑动窗口模式来控制发送速度，当数据不能及时发出时，子站会在该机制下控制发送速度。

## 10.6 二次设备智能运维子站工程实施案例二

本案例在南网区域，试点的二次运维子站的管理单元在该项目中称为二次设备状态监测工作站，采集单元在该项目中使用了报文记录分析仪扩展接口实现。该项目中，为不影响其他设备运行，采用了单间隔试点的方式。

**1.** 设备组网

网络结构如图 10－21 所示，其中右侧虚线框中为试点设备。

站内二次设备状态监测数据采用 DL/T 860 变电站通信网络和系统系列标准和 DL/T 1146 进行建模，应满足该标准的一致性测试。对于工程实施过程中对标准的具体应用，依据 DL/T 860 系列标准执行，分为站控层、间隔层及过程层，按照三层两网原则单独组网，状态监测工作站需接入全站所有智能设备，监视全站状态。

（1）站控层设备组网：站控层 MMS 组双网，配置 2 台站控层交换机；状态监测工作站、智能远动机、报文记录分析仪、保护测控装置均双网接入 MMS 网交换机；另外，状态监测工作站通过两个独立的网口接入变电站已有 MMS 网络交换机，实现全站智能设备的接入。

（2）过程层设备组网：过程层 GOOSE/SV 共网传输，组双网，配置 2 台过程层交换机；保护测控装置按照 SV 点对点采样、GOOSE 组网方式设计；报文记录分析仪通过组网方式采集 SV、GOOSE 信息。

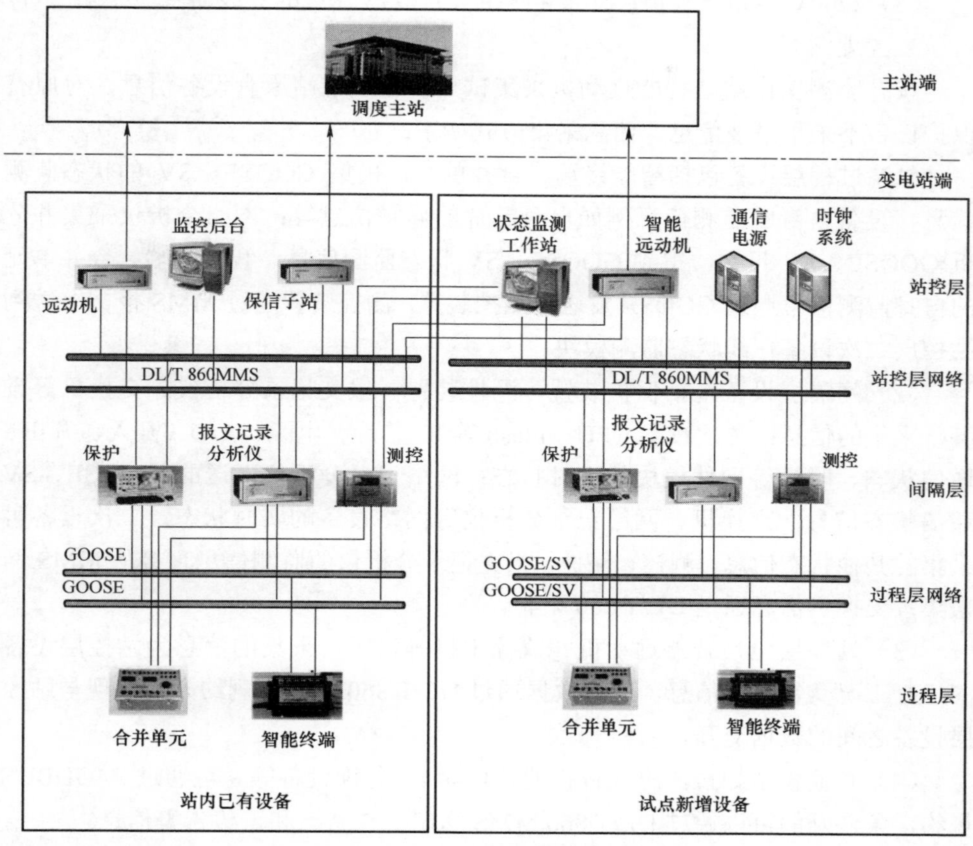


图 10－21　系统网络结构示意图

**2.** 设备组屏

按照现场实施功能要求，试点设备组五面屏。

（1）综合公用屏柜：综合公用屏柜包括状态监测工作站一台、智能远动主机一台、报文记录分析仪一套、站控层交换机两台。在屏柜内配置多计算机切换器（Keyboard、Video、Mouse Switch，KVM），状态监测工作站、智能远动机和报文分析仪共用。

（2）110kV 线路状态监测屏柜：110kV 线路设备屏柜包括有 110kV 线路测控一台、110kV 线路保护一台、110kV 合并单元一台、过程层交换机两台。

（3）220kV 线路状态监测屏柜：220kV 线路设备屏柜包括有 220kV 线路测控一台、220kV 线路保护一台、220kV 合并单元一台。

（4）110kV 线路户外柜：110kV 智能终端放置于新增的一面户外柜中。

（5）220kV 线路户外柜：220kV 线路户外柜包括 220kV 线路智能终端一台。

**3.** 信息采集

状态监测工作站与智能远动机采集试点设备及该站原有设备信息，对原有保护设备不采集录波信息。信息采集方式如下：

（1）过程层设备包括智能终端、合并单元，采集 GOOSE、SV 的状态监测信息，设备自身的监测信息例如自身芯片的异常信息等；网络分析仪采集并分析 GOOSE、SV 报文，得到 GOOSE、SV 状态监测信息，智能终端、合并单元的自身监测信息通过 GOOSE 发送给测控装置，测控装置通过 MMS 报文上送到站控层二次设备在线状态监测模块。

（2）间隔层设备包括保护装置、测控装置、报文记录分析仪、交换机等设备，采集的信息：二次设备 CPU、Flash 等 IC 芯片、电源、A/D、开入、开出、通信状态、时钟等硬件模块的实时状态；网络记录分析仪上送的 GOOSE、SV 通信状态信息；交换机、网络记录分析仪等网络设备的实时状态；二次设备可采集的其他状态信息。测控、保护、报文记录分析仪的监测信息直接从 MMS 网采集；交换机信息通过 DL/T 860 采集。

（3）站控层包括智能远动机、监控主机等设备，采集的信息为站控层设备的运行工况及告警等信息，监测数据通过 DL/T 860 或私有规约方式实现与站控层设备之间的数据交互。

（4）其他设备如直流屏（包括通信电源）、时钟设备等，可通过 MODBUS 规约，条件好的可以通过 DL/T 860 MMS 送出工作状态和自检告警信息。

二次设备状态监测工作站界面展示功能包括：同源数据比对（模拟量、开关量）、设备状态信息、虚回路展示、状态分析等。

**4.** 信息上传

采集的状态监测数据（模拟量、开关量）直接通过 DL/T 860 规约上送主站；智能分析和诊断的结果形成文件，采用 DL/T 860 文件服务上送主站。试点智能远动机对主站采用独立通道分别上送保信、远动和状态监测数据，所有二次设备状态监测数据统一通过状态监测通道上送状态监测主站，保信数据仍通过保信通道上送保信主站；状态监测主站将保护装置状态评价结果提供给保信主站。

## 10.7 子站案例主要功能

上述两个子站系统虽然分别侧重于继电保护和自动化设备，但其功能非常类似，在此统一进行介绍。

**1.** 状态监测

（1）站控层二次设备状态监测。站控层设备是变电站设备的关键一环。站控层设备失效、异常，将影响变电站的运行安全，也影响调度监视与实时控制。站控层设备状态监测信息包括如下两部分。

1）变电站监控系统主机（服务器、操作员站、“五防”工作站等）：多为机架式/塔式通用计算机，Unix/Linux/Win 商用操作系统。可采集信息包括 CPU 占有率、内存占用率、硬盘剩余空间、网络接口通断、关键进程运行状态等。采集通过 DL/T 860 或私有规约的模式进行。

2）智能远动机（网关机）、远动子站、保信子站等设备：多为装置型专用设备，一般采用 VxWorks、Linux 等嵌入式实时操作系统。可采集信息包括 CPU 占有率、内存占用率、硬盘剩余空间、网络接口通断、电源工况、关键进程运行状态等。采集通过 DL/T 860 或私有规约的模式进行。

（2）间隔层二次设备状态监测。二次运维子站具有完善的在线状态监测功能，运行过程中的异常信息可以上送到二次设备状态监测模块。间隔层二次设备一般由采集、IO、存储器、时钟及通信接口等模块构成，它监测的信息包括操作信息、动作信息、告警信息、更新信息、测量信息［交流、直流、温度、电度、遥信、变压器挡位、事件顺序记录（SOE）等］。这些信息采用 DL/T 860 建立自描述的数据模型，二次运维模块将这些信息按照二次设备类型进行归类整理，可有效监视二次设备健康状态。在试点工程中的设备增加完善间隔层和过程层装置的监测信息，如增加装置内部温度、电源电压和以太网口光功率等方面信息，并将这些数据上送到二次设备健康状态监测评价系统并保存在数据库，以便及时发现装置存在的异常。保护测控装置的告警信息主要包括硬件异常信息（采样出错、ROM 出错、RAM 出错、开出接点异常等）、内部通信异常信息、配置异常信息（定值、压板、配置文件等）、监视到的二次回路异常等。

（3）过程层二次设备状态监测。过程层设备和保护测控装置的硬件架构类似，过程层侧重于数据采集和通信功能。过程层的状态监测信息除上述保护测控装置的监测信息外，还包括光功率监视、光强越限、通信链路监视、对时状态监视等。过程层的状态监测信息通过 GOOSE 发送给测控装置，测控装置通过 MMS 报文上送到站控层二次设备状态监测模块。

（4）交换机状态监测。交换机支持硬件自检及设备外设自动检测测试，包括：内存、Flash、EEPOM、RTC、MAC/PHY 等。可采集电源工况、接口通断、流量信息，采集一般通过 SNMP 方式进行，具备条件的交换机可通过 DL/T

860 采集。

（5）采集单元监测。采集单元能够实时监控网络通信的状态。针对每条 GOOSE、MMS、104 通信，建立链路通信状态监视。新增一条链路时，可以即时给出链路信息。当某个链路报文中断时，即时产生一条链路断链告警。当发生断链的链路，重新接收到报文时，即时产生链路恢复告警。装置能够按照报文的类别统计报文网络流量。流量统计分为：

1）不同链路的流量统计。

2）不同端口不同类型报文的流量统计。

3）不同端口不同类型报文的速率统计。

4）业务行为规则分析。实时分析站端各设备之间的网络通信行为，包括源 IP、源端口、目的 IP、目的端口、最近报文时间、报文数量统计、数据流量等要素。可根据上述要素配置站端业务系统内部设备间通信的业务行为规则，并根据业务行为规则，识别发现不符合规则或异常的通信行为（如流量越界、非法 IP 接入）。

5）即时网络报文流量异常告警。报文流量超过给定阀值（装置内部配置或者是主站下发的参数配置），即时给出告警。

（6）电源设备状态监测。鉴于试点站内直流屏电源信息不支持 DL/T 860，因此采用经规约转换器的方式，转换为 DL/T 860 接入。对于直流屏可以采集的信息主要是电源的工作状态和自检告警信息。

（7）时钟设备状态监测。如果试点站的时钟设备具备自检功能，可以通过 DL/T 860 采集。时钟设备可上送信息主要是工作状态和自检状态信息。如：外部时源信号状态、天线状态、守时功能状态、时间连续性状态等相关内容。

**2.** 二次设备状态分析与诊断

（1）频繁告警。变电站中的告警信息种类繁多，且上送频繁，数量巨大。重要的告警信息常常淹没在海量的告警中而无法即时得到处理。本试点站中对告警信息进行频繁告警诊断的处理。对模拟量越限告警、开关量中自检告警点的变位信息进行统计，在一定时间段内如果统计次数大于限定值则给出提示，并上送到主站。

（2）同源多数据比较。针对站内多个设备采集同一数据源数据出现较大偏差，使数据信息的真实性不再可靠的情况，提出对同源数据进行实时在线比较方案，通过设定差值波动范围、提示警告次数、告警持续时间等策略，在不一致时给出告警并上送主站，辅助辨识数据信息的可信度。

（3）统计分析。为了解装置正常运行进行统计，通过对装置通信状态、告警状态、运行状态的实时监视和历史存储，支持按照时间段进行查询并形成分析文件上送主站。

（4）二次设备在线诊断。在传统二次健康状态评价模型基础上，增加一些与设备的健康状态的关联很强的监测信息，建立二次设备健康状态监测系统，并结合企业生产管理系统中二次设备的运维记录，提取有用的历史信息，一起上传至健康状态评价模块，评价得出二次设备健康状态和得分，然后分别从三个方面反映二次设备的状态，即历史信息、实时状态监测信息、运行环境信息，由这三个方面分析得到历史因数、实时因数、环境因数，根据这三个因数找出设备薄弱环节，针对状态监测信息对设备状态进行劣化趋势分析，为在线检修策略的制定和风险评价提供技术支持。在变电站端的状态监测工作站只实现根据实时状态监测数据的评价，即上述评价方法中的实时因数。对评价结果进行显示，并传送给调度端的状态监测主站模块。主站根据变电站传送来的原始信息、评价结果，结合历史因数和环境因数，进行综合评价。

**3.** 二次设备状态可视化展示

（1）实时监测信息可视化。按照装置级别显示反映装置运行状态的模拟量信息，如光强、温度、电源模块输出电压等，能够采用动态曲线方式显示测量点值的轨迹，当实时值超过预设限值时以不同颜色显示。装置告警类信息按照等级划分，采用不同警示颜色显示，便于区分故障重要程度。使用公式编辑功能，编辑符合系统计算规则的公式，实现不同监测信息的组合计算策略，并可动态显示编辑结果曲线。装置实时通信状态显示，并支持按时间段查询通信正常率。图 10－22、图 10－23 分别是实时告警分级显示图和通信正常率统计图。

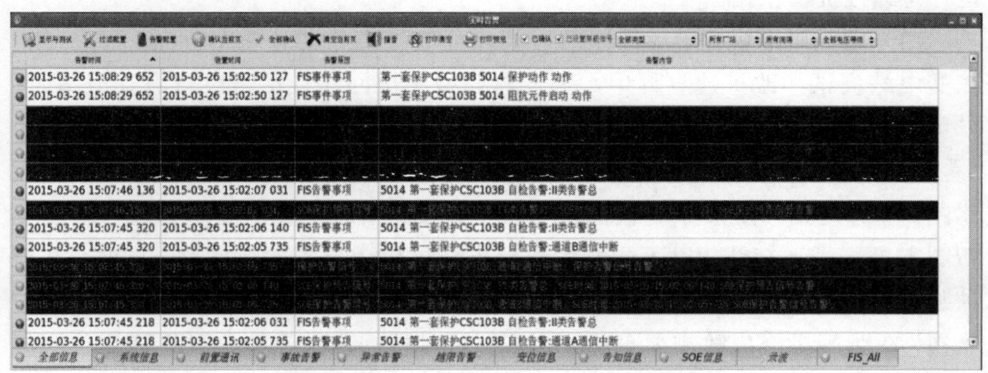


图 10－22　实时告警分级显示图

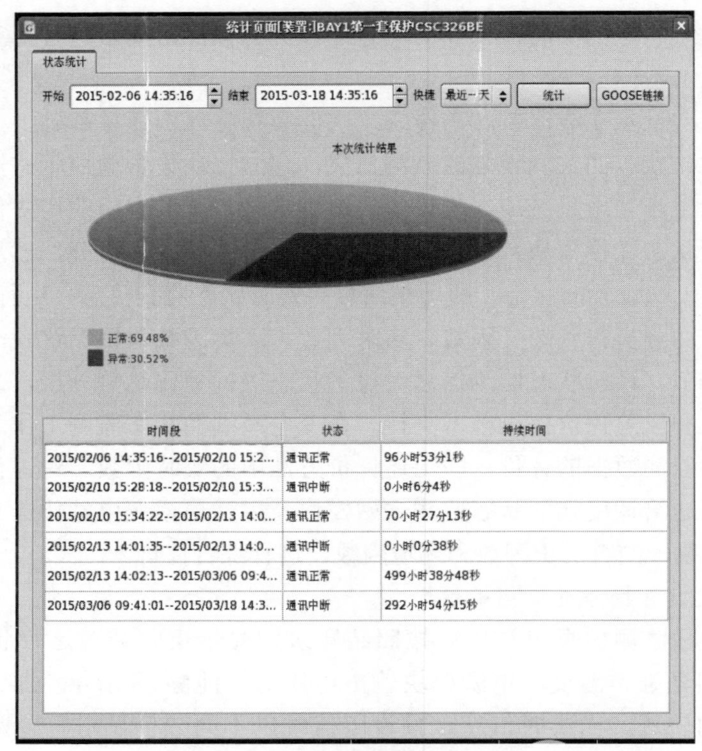


图 10－23　通信正常率统计图

（2）曲线报表。为能够分析、统计装置监测数据发展趋势，以定时及变化两种方式，完成实时测量数据的在线存储，并按不同显示格式和要求，查询历史数据库，对数据进行整合和辨识后，形成监测数据的曲线报表，为判断装置运行可靠性提供依据。

（3）虚回路可视化。虚回路的可视化分成静态和动态两个方面。静态是指在变电站调试和改扩建过程中，需要对模型中虚回路连接进行查看、编辑时，以可视化方式展示 SCD 文件中虚端子连接情况，使得因网络化造成的虚端子“看不见、摸不着”的问题得到解决。图 10－24 是智能变电站虚端子连接可视化图。动态是指在虚端子连接图的基础上，按照实时采集的虚端子连接情况刷新图上虚端子连接线，以不同颜色表示出连接出现异常的虚回路。同时，在保护装置支持上送跳闸返校信息的情况下，可以对跳闸回路的工作情况进行实时监视，在跳闸操作失败需要分析原因时，可以根据各级返校信息迅速定位到异常的点。

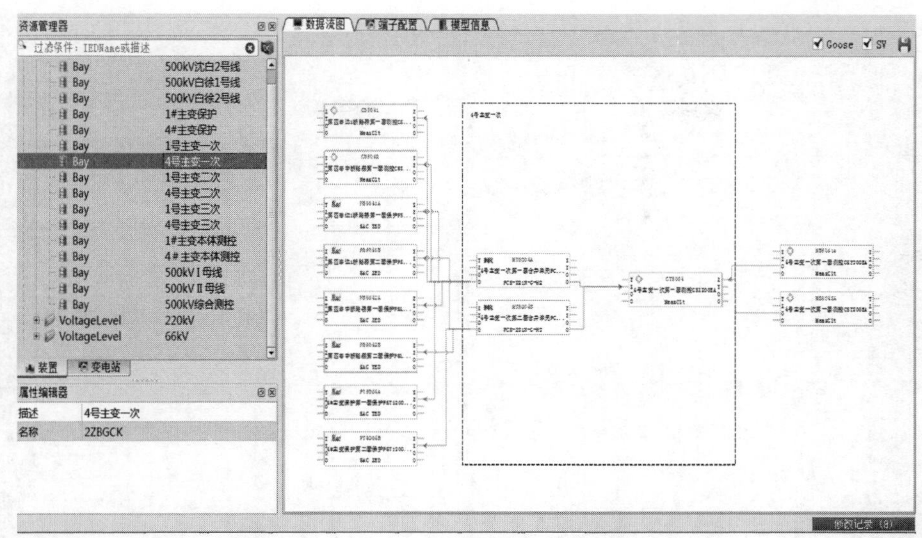


图 10－24　智能变电站虚端子连接可视化图

（4）统计分析结果可视化。按照站、设备两个层次显示相关设备的所有信息，对包括通信状态、告警状态、运行状态等在内的各种信息进行统计分析，并根据统计分析的结果，支持从不同角度对各种信息进行查询和可视化展示，如图 10－25、图 10－26 所示。

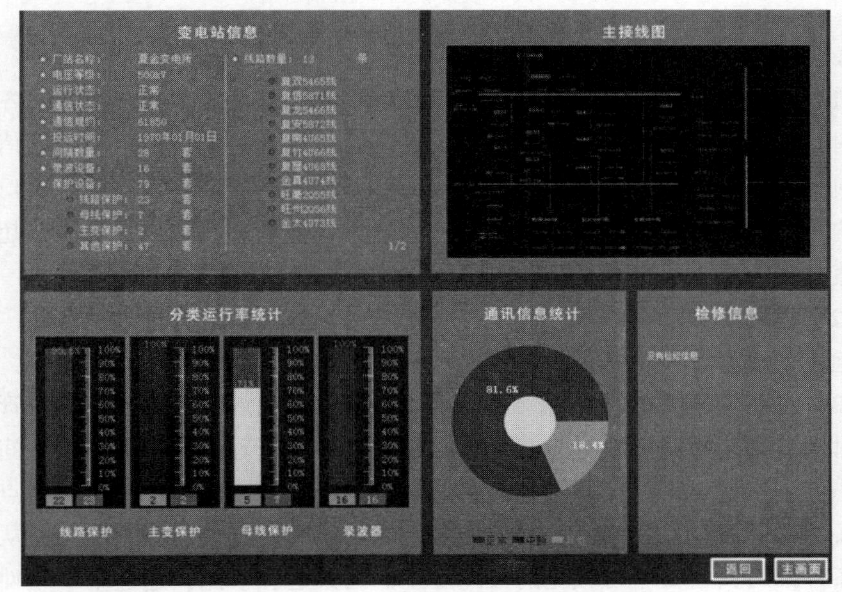


图 10－25　变电站级总体状况展示图

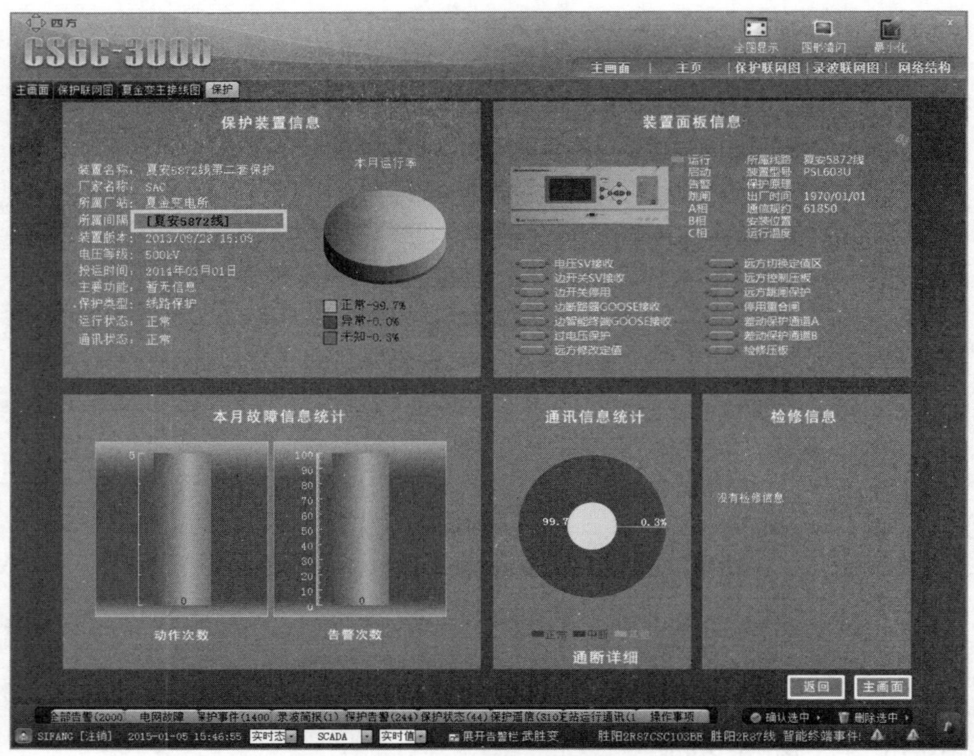

图 10－26　装置级总体状况展示图

**4.** 其他功能部署

（1）网络安全性分析。基于网络报文记录分析仪采集到网络节点的各种信息，对其中的异常信息进行过滤分析，实现对可能影响网络安全稳定的信息告警。包括对站内通信双方行为不合法的链路即时给出异常告警，对某端口单位时间内收到重复报文超过预设阀值时应给出风暴告警，对端口报文速率超过预设阀值时应给出流量异常告警等。

（2）远程维护。支持远方登录；具备变电站二次设备监控维护功能；具备记录远方登录信息功能。

（3）时间管理。在自动化智能运维的案例中，试点系统部署了时间管理功能。时间管理包括同步时钟时间状态自检信息、装置时间偏差监测。时间管理在状态监测工作站、试点间隔层装置试点应用。状态监测工作站负责试点间隔层设备的时间自检信息搜集、时间偏差监测功能。装置时间偏差监测是从被监测设备外部对其自身不可预见的故障产生的结果进行侦测，通过基于软件时标的乒乓原理实现。间隔层设备负责过程层设备的时间偏差监测，以及过程层设备的时间状态自检信息搜集。状态监测工作站负责站控层设备及间隔层设备的时间偏差监测，以及站控层设备及间隔层设备的状态自检信息搜集。

（4）自动巡视。在继电保护智能运维的案例中，试点系统部署了自动巡视功能。厂站端自动巡视模块按照运维主站下发的巡视策略，自动召唤二次设备的各类量值，以检验其保护功能是否存在问题。目前部署巡视的内容有：模拟量、开关量、定值、当前定值区等，将二次设备的量值与标准值进行比对，从而判断二次设备的参数、测量回路等是否正确，巡视完成后，向运维主站返回巡视异常结果，并保存巡视报告以便运维主站通过通用文件召唤。除了按策略进行的自动巡视，同时也支持人工触发一次自动巡视。在变电站端可查询显示巡视报告。自动巡视的标准值采用的是主站下发的标准文件。

# 第11章

# 二次设备就地化保护运维

随着智能电网的发展，传统变电站正逐步向智能变电站发展。借助关键技术的快速发展和标准化工作的同步推进，智能变电站目前已处于大规模工程实践阶段。大量的工程实践，给新技术和新设备的研制和应用提供了良好的验证环境，同时也暴露出一些新的问题。例如发生过多起由合并单元带来的问题，反映出现阶段一些技术不够完备造成了系统可靠性降低。同时智能变电站的现场运维工作量增加，现有运维人员承载力不足。现有保护设备能耗高、占地面积大，土地资源匮乏等。

为了解决智能变电站发展带来的新问题，国家电网公司通过一系列“六统一”的标准和规范对回路设计、装置接口、设备信息以及内部逻辑进行了标准化和规范化，使得上述问题在一定程度上得到了缓解。为进一步彻底解决上述问题，国家电网公司在 2015 年底联合几大继电保护生产商开始着手研究无防护安装技术的就地化保护装置，并于 2016 年下半年进入试运行阶段，开启了智能变电站新的建设模式。

## 11.1 就地化保护整体方案

新的就地化保护装置，是一种基于“即插即用”技术的新设备。与之匹配的，是基于就地化保护装置的变电站保护系统新方案。该方案架构简单，就地安装的保护装置通过电缆采样和跳闸，解决了长电缆问题的同时，缩短了保护整组动作时间，提高了保护可靠性；装置接口采用了标准化连接器，将简化变电站设计、建设和运维检修模式。

（1）标准化连接。所谓“即插即用”就地化保护装置，是指采用标准化连接器、直接安装于开关场或与一次设备集成安装的保护装置。由于需要就地化无防护安装，装置具有 IP 防护等级高、抗电磁干扰能力强、散热特性好、可靠性高等特点。就地化的安装模式，将取代传统的屏柜式的安装，大幅减少继保室的面积。标准化的连接器杜绝了现场误碰和误接线事故，“即插即用”的设计理念使得新保护设备接入变电站电气和网络系统中，能实现配置文件的自动更新：智能管理单元读取装置内的配置文件，与相应的备份文件进行比较，若不一致，则更新保护装置内的配置文件；硬件方面，现场作业时只需整机更换即可完成检修工作，提升作业效率。

（2）简化过程层。保护就地化变电站与当前智能变电站都遵循 IEC 61850 协议，均保持“三层两网”的结构，但实现方式上发生了变革。首先，由于采用电缆“直采直跳”，取消了合并单元和智能终端，只需要操作继电器组作为保护装置与开关机构的接口；而且间隔内无网络，因而可取消过程层交换机，只需在中心交换机增设端口即可，简化了过程层设备。保护装置具备 SV 和 GOOSE 输出功能，供站域保护、故障录波和网络分析等设备使用。

（3）集中界面管理。就地化安装模式要求设备取消液晶面板，因此需要增设智能管理单元，连接于站控层网络。智能管理单元对站内就地化保护设备进行界面集中展示、备份管理、保护设备在线监视与诊断等功能。智能管理单元与不同厂家的保护装置之间可实现互联互通，对各厂家保护装置采用统一的显示和操作界面。

（4）标准化设计、工厂化调试、更换式检修。保护就地化变电站采用“即插即用”就地安装的保护设备，设计、建造、调试及运维等模式发生了根本的变化，采用了“标准化设计、工厂化调试、更换式检修”，由此带来变电站全寿命周期内设备购置、安装调试和运行维护费用等各类经济因子的变更。就地化二次设备在工厂就完成预制安装和集成调试，与其相连的柜体也在工厂内完成预装，最后以整柜方式包装出厂。在现场，智能控制柜仅需通过端子排与一次设备电缆连接，同时通过光缆与相关二次设备连接；然后进行通电流、加电压试验，通过管理单元自动完成带负荷试验，即可完成调试。当装置发生故障时，采用装置整体更换方案，实现“即插即用”。

## 11.2 就地化保护特点及运维需求

在智能变电站新模式下，继电保护设备及其附属装置就地化安装。间隔线路保护就地化裸装，就地电缆采样、电缆跳闸，采用单端预制电缆和预制光缆接入。母线和变压器跨间隔保护装置，采用主子机方案，母差和变压器子机独立配置，子机就地化裸装，就地电缆采样、电缆跳闸，采用单端预制电缆和预制光缆接入。保护装置由带液晶和键盘、能够自主人机交互的装置变化为黑盒子，就地自主完成数据采集和保护判别，正常情况下，保护的运行维护、检修只能通过通信手段在远方（主控室）进行，同时给变电站的运维和检修提出了更高要求。必须在现场站端和检修工区部署一套完整的支撑系统，才能达到日常二次设备的运维和检修要求。

对就地化保护的支撑系统，主要包括就地化保护智能管理单元、虚拟仿真测试系统，以及远方的运维主站。运维主站功能对于就地化保护和非就地化保护并无明显区别，因此就地化保护智能管理单元和虚拟仿真测试系统就成为就地化保护运维的主要支撑。

就地化保护部署在就地，其性能要求决定了它不能带有液晶屏这样易损坏部件。由于保护本身的界面已经不存在，人机对话功能大大削弱，站端就必须具有能够对其信息进行监视查看和运维管理的系统，称之为就地化保护智能管理单元。智能管理单元最重要的两项功能就是需要解决就地化保护没有人机界面问题和适应更换式检修的问题。

智能变电站应用就地化保护装置后，改变了现有的运维检修模式，保护装置接口标准化，可以实现“工厂式试验、现场更换式检修”，而要实现这样的检修方式，就需要建立基于全景仿真的自动化变电站设备检测平台，解决变电站保护设备功能和性能检测手段问题，实现“一键式”测试和工厂化调试，提高调试效率。一套能满足保护全面测试要求的全景测试仿真系统就成为必需。

## 11.3 就地化保护智能管理单元

### 11.3.1 网络结构

就地化保护智能管理单元部署在变电站间隔层，站端所有就地化保护设备都具备两个 MMS/GOOSE/SV 三网合一的网口，这两个网口连接成保护专网的双网。就地化保护智能管理单元对下与保护专网双网连接，获取保护数据；对上连接到站控层 MMS 网络，将保护信息传送给站控层设备，如图 11-1 所示。

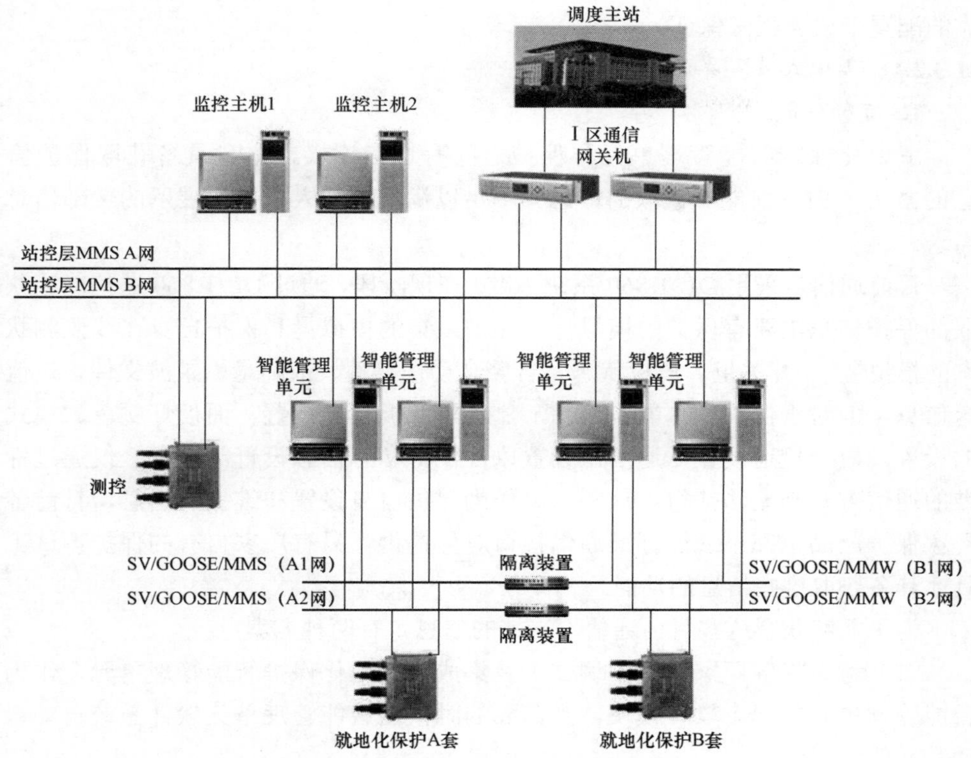


图 11－1　智能管理单元网络结构

### 11.3.2　核心功能

就地化保护智能管理单元的最核心功能，就是集中式装置界面和对更换式检修的支持。

就地化保护是一个黑盒子，无液晶屏和键盘等传统的人机界面（Man Machine Interface，MMI）设备。变电站运维人员如果要了解保护目前的状态，无法直接在保护上看到。因此，在就地化保护智能管理单元，必须能够提供保护信息的合理展示界面，供运维人员查看，并且展示的信息量应不少于原本在保护 MMI 上液晶屏能够展示的信息。为此，就需要解决信息获取和信息展示两方面的问题。

在智能变电站新模式下，保护装置芯片化、集成化，也提出了更换式检修的操作模式。当更换新的保护设备时，除了保证硬件完全相同外，还需要保证新更换的设备内部的配置与原来完全相同，才能避免因更换带来的问题。硬件的相同由厂内制造过程保证，而软件配置的相同，则需要完善的备份管理和可靠的配置下载流程来保证。

#### 11.3.2.1 集中式装置界面

**1.** 信息获取

就地化保护智能管理单元与保护之间有通信连接，本身具备获取保护信息的能力，但目前能够获取的信息并不足以满足保护人机界面展示的全部信息需求。

目前通信多采用DL/T 860系统标准。在现阶段，通过DL/T 860通信能够获取的保护信息主要有保护的模拟量（保护采集的模拟量和保护自身在线监测状态的模拟量）、开关量、压板状态、告警、动作事件、故障量、录波文件、定值等信息，但对于保护原本能在液晶上显示的面板背光设置，面板灯颜色、模式的设置，板卡投退设置，通信口设置以及保护私有信息设置等信息，仅通过标准的通信方式则无法获得。这些信息作为保护自身设置和维护的信息，目前各厂家保护产品也都不通过标准通信接口对外提供，只有厂家自有的保护调试工具才具备获取这些信息的功能。

为了能够获得这些目前通信不支持的信息，有两种方案：

（1）考虑将各厂家的保护调试工具集成到就地化保护智能管理单元，作为智能管理单元的一个软件模块，当需要的时候由智能管理单元软件系统自动启动其功能。

（2）对这些信息进行分析和分解，将其纳入对外通信的标准规约（一般考虑DL/T 860）可以传送的范围，以达到统一通信接口、统一处理、统一界面展示的目的。对信息的分解，遵循“按需分解”的原则，至少划分为面向厂家的信息和面向运维的信息。面向厂家的信息即厂家调试人员和工程人员需要、但投运后变电站运行检修人员不需要的信息，这些信息属于私有信息，不要求通过统一的通信规约送出，只要厂家自己的工具能够支持维护就可以了。面向运维的信息则是在装置投运后运行检修过程中必需的信息，应能在装置模型中包含，可以通过统一的通信规约送给就地化保护智能管理单元。

在当前不同厂家保护信息趋于统一的情况下，显然方案（2）具有更好的应用前景，并且对于使用者的统一管理更为有利。对信息的分解，需要建立在对各厂家液晶屏显示信息的汇总收集和分析的基础上，提炼出共性的内容，并确定如何在模型中扩展这些信息。

**2.** 信息展示

在获取到保护原有液晶屏能够展示的所有信息之后，有两种可能的展示方式，一种是虚拟液晶展示，另一种是自定义界面展示。

虚拟液晶展示是指在智能管理单元界面上绘制出与保护原有面板相同的画面，同样具有液晶屏和各种按键，液晶屏上显示的内容及其显示方式与具备液晶屏的保护显示的一模一样，按键也可以模拟真实按键的操作与液晶屏互动，如图 11－2 所示。采用虚拟液晶的展示方式，优点是可以使熟悉原有保护人机界面的运维人员延续以前的运行维护习惯，实现对就地化保护这样新型设备维护的平稳过渡。对于软件设计而言，则需要将原有保护界面的展示方式和液晶与按键的互动照搬到智能管理单元界面上来，具有一定的开发和工程配置工作量。但在各种类型保护的显示模板都确定后，则工程化的工作量不会很大。

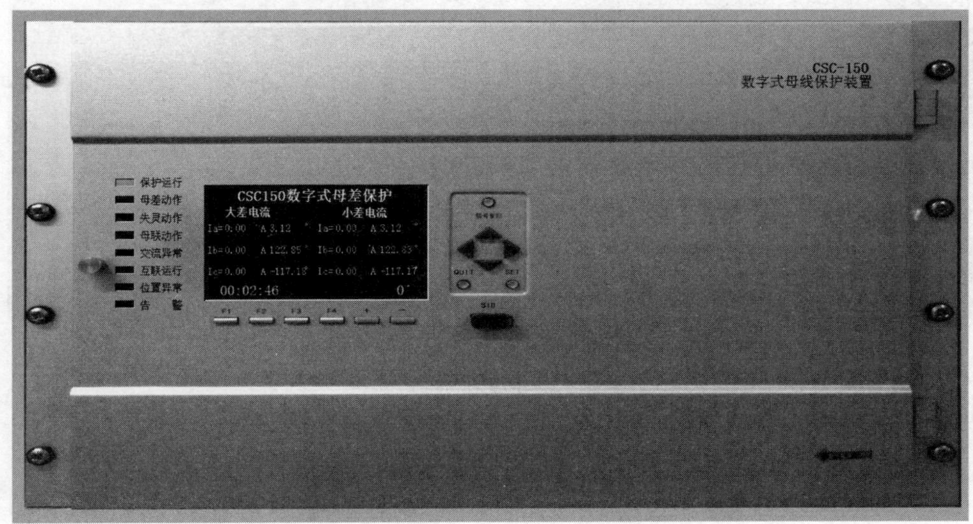


图 11－2　智能管理单元的仿真虚拟面板

自定义界面展示是指不按保护液晶屏的模式，而是由智能管理单元自己来决定所有信息的展示方式，如图 11－3 所示。一般来说，智能管理单元对于保护信息的展示都有相对独立的设计，对保护的各种信息多为分区域展示，再根据信息的重要程度辅以分层显示，足以满足各种信息的展示需求。自定义界面展示的优点是可以根据运维人员的要求，按照运维人员认为的重要性对信息进行分级定制，使重要信息能够以更为突出的方式显示，而相对次要的信息则可以隐藏在次级或者更深层级的界面，使界面更简洁明了。不足之处则是对于那些多年来习惯于从 MMI 查看保护信息的运维人员，可能一时难以适应。

上述两种方式综合比较，虚拟液晶的方式更符合运行检修人员的工作习惯，但自定义界面打破了液晶屏方寸之地的局限性，具有更多的扩展空间，因此将自定义界面显示方案作为首选方案。

首界面为变电站主接线图，二级界面为间隔分图，在间隔分图上根据保护配置原则在一次设备位置叠加保护图元形成。点击保护图元后可进入保护远程管理界面，界面如图 11－3 所示。

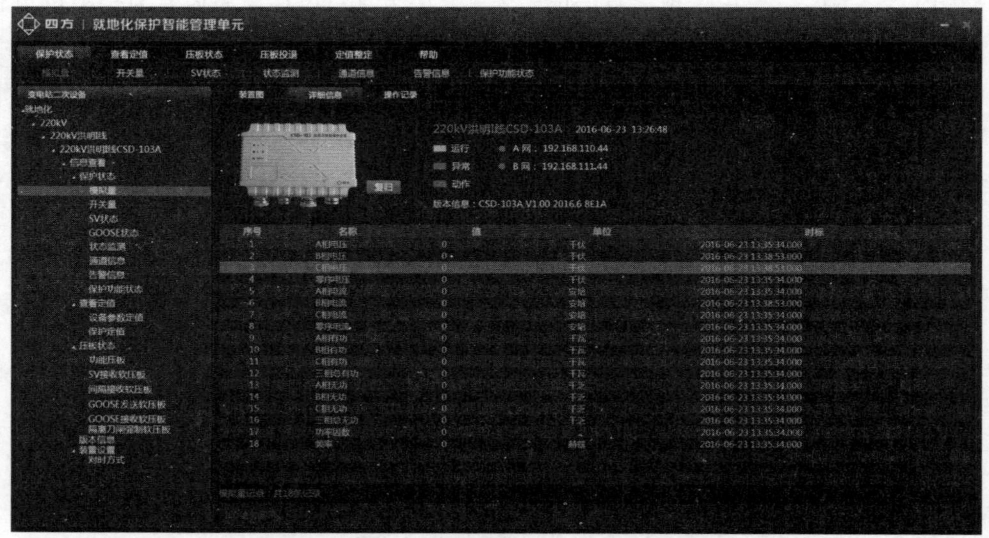

图 11－3　智能管理单元界面图

### 11.3.2.2　支持更换式检修

**1.** 备份管理

为保证备份的唯一性和可靠性，需要在就地化保护智能管理单元设置专门的保护配置备份区，以方便运维人员或厂家工程人员在更换新设备后能够有途径获得与原保护完全一致的配置。备份管理需要考虑以下问题：

（1）备份的来源，利用厂家提供的运维工具从更换前的保护获取。一般来说，在保护调试好后投入运行时，就应对其内部的配置和软件进行备份，以防因意外情况造成保护失效而无法获取备份。

（2）因备份区有各厂家设备的配置备份，为了信息安全，备份的管理应由变电站运维人员负责。当设备厂家工程人员需要使用备份文件时，应由变电站运维人员操作从备份区获取，交给厂家工程人员使用。同样，如果保护的备份是由厂家工程人员操作提取后提交的，也应由变电站运维人员放入备份区。

（3）因保护设备信息备份的重要性，可以同时在巡维中心（或运维分站）再保留一份备份。但当两份备份有出入时，则以就地化保护智能管理单元的备份为准。这需要从管理流程上保证。

**2.** 配置下载

取消装置液晶，就需要对保护的就地维护提出有实用的运维管控调试工具的需求，以方便现场装置的调试以及运维检修。就地运维管控调试工具本身与保护之间是通过通信连接的，这就决定了这个工具同样可以作为一个软件模块嵌入到就地化保护智能管理单元，实现通过智能管理单元对保护进行直接的运维管控。

装置就地化后运维管控调试工具应具备一键式配置管理功能，具体包括一键式备份、一键式下装功能。

（1）一键式备份。装置正常运行时，获取装置的配置文件，存储在管控设备中。配置文件包括 cid、ccd、cpu 程序，厂家内部配置文件等。

保护装置模型中具有启动备份的控点，智能管理单元发送启动备份命令，装置应答后启动备份，将需备份的所有内容形成一个数据文件后，上送备份文件生成报告，智能管理单元以 MMS 文件服务召唤备份数据文件，数据文件名中带有的时标为备份文件的生成时间。对于备份完成状态，智能管理单元有报告提示。

（2）一键式下装。如图 11－4 所示，设备维护或整体更换时，从管控设备中获取装置的配置文件，一键式下装配置文件到装置，重启装置，装置就可以正常工作。再辅以芯片化调试工具，对保护进行一系列功能测试，就可以实现装置的快速调试。

一键式下装配置文件后，还需要校核下载配置的正确性。一键下装后再召唤装置的配置文件，实现装置文件的可视化比对，校核下载配置的正确性。

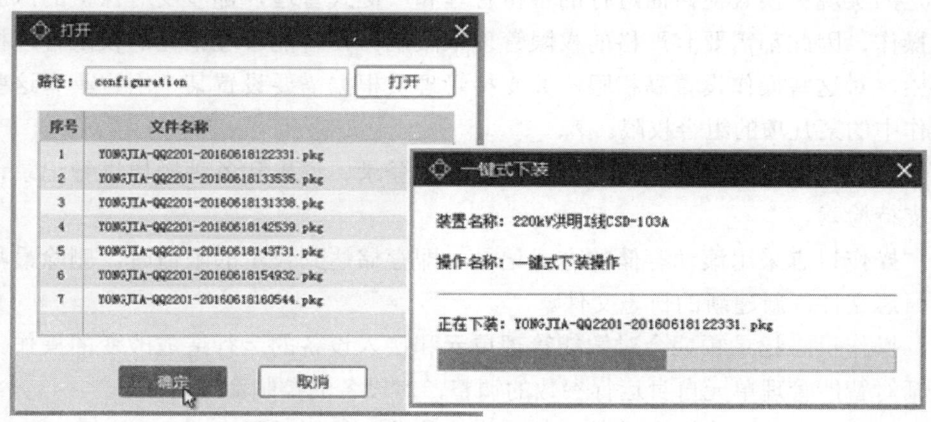


图 11－4　一键式下装

一键式下装采用 MMS 文件服务，路径同一键式备份路径。装置对下装的配置文件正确性进行校核。校核正确后装置自动重启使配置生效。对于下装备份解析成功状态、下装备份解析失败状态，智能管理单元会有报告提示。一键式备份管理应用场景如表 11－1 所示。

表 11－1　一键式备份管理应用场景

| 序号 | 操作 | 功　能 | 场　景 |
|---|---|---|---|
| 1 | 一键式备份 | 从保护装置中获取备份文件 | 保护投运时，保护投运后需要备份时 |
| 2 | 一键式下装 | 将备份的配置文件下装到保护 | 更换保护时 |

上述一键式管理流程，可以最大程度方便就地化保护的维护，但也会带来一些风险。例如，如果一键式校核做不到位，可能造成下载的配置文件出错，从而造成保护无法正常工作，如果因而造成就地化保护的网络异常，则智能管理单元无法和保护连接，就无法进行任何运维操作。因此配置下载过程必须和校核过程有密切的交互，保证下载正确才能重启设备。

由于各厂家装置的配置和程序结构差异很大，一键式管理可以采取将各厂家运维工具嵌入到就地化保护智能管理单元的方案，也可以采取统一接口的方案。从长远应用的角度，统一接口是更佳的方案。

### 11.3.3　其他功能

（1）权限管理。在智能管理单元的系统中，无论是虚拟的保护人机界面，还是为实现更换式检修而进行的备份管理和一键式管理，都涉及对保护的深层次操作，因此都需要有严格的权限管理来限制。在智能管理单元的权限管理模块中，对这些操作设置高权限，并支持管理员根据需要设置某个用户具有这些操作中的某几项的组合权限。

（2）操作日志。智能管理单元对用户的登录、退出和各种操作进行记录，并支持检索。

操作日志采用滚动存储的方式记录，即存储达到设定的限值时，删除最早的日志文件，新建新的日志文件。

操作日志记录预期会对智能管理单元和接入设备的运行造成改变的操作，包括对智能管理单元自身运行参数的调整，对设备的控制命令等。

日志文件的书写格式采用 CIM/E 文本格式。编码采用 UTF－8。

（3）保护设备状态监测。智能管理单元在运行过程中，接收装置保护动作、告警信息、状态变位、监测信息，在线分析采集的各种数据信息，对收集到的数据进行必要的处理，对收集到的数据进行过滤、分类、存储等。

智能管理单元实时监视及分析网络通信状态和各保护的通信状态和工作状态。对于采用分布式布置的元件保护，智能管理单元需要实时监测其各子机信息的一致性，如有不一致则进行告警。

（4）定值比对。智能管理单元具备自动召唤定值并和上次召唤时保存的定值进行自动比对的功能，当发现定值不一致时，能在本地给出相应提示，向站控层设备发送定值变化告警信号，并将新定值保存在数据库中作为下次比对的基础。自动召唤和比对的时间间隔可设置，并可支持人工启动定值比对功能。当定值比对不一致时，差异信息保存在数据库中并支持查询。

（5）故障信息管理。智能管理单元能对所接入保护装置的故障录波文件列表及故障录波文件进行召唤。在保护装置支持区分启动录波和故障录波的情况下，能主动召唤有保护出口标识的录波，如保护装置还可以召唤中间节点文件。

具备对故障录波文件进行波形分析的功能，能以多种颜色显示各个通道的波形、名称、有效值、瞬时值、开关量状态。能对单个或全部通道的波形进行放大缩小操作，能对波形进行标注，能局部或全部打印波形，能自定义显示的通道个数，能显示双游标，能正确显示变频分段录波文件，能进行向量、谐波以及阻抗分析。

智能管理单元能自动收集厂站内一次故障的相关信息，整合为故障报告。内容包括一二次设备名称、故障时间、故障序号、故障区域、故障相别、录波文件名称等。

（6）远程通信功能。智能管理单元将保护事件、告警、开关量变化、通信状态变化、定值区变化、定值变化等突发信息主动上送给站控层设备，故障录波文件（包括中间节点文件）主动发送提示信息给站控层设备，并在站控层设备召唤时上送文件。支持站控层设备召唤模拟量数据、定值数据、历史数据及其他文件。

智能管理单元能够同时向多个站控层设备传送信息。支持按照不同站控层设备定制信息的要求发送不同信息。

智能管理单元支持远方调度端通过数据通信网关机对继电保护设备进行远方操作，远方操作的范围包括投退保护功能软压板、召唤保护装置定值和切换保护装置定值区。在智能管理单元上为保护设置远方/就地软压板，当远方/就地软压板处于“远方”状态时，支持调度端通过数据通信网关机对继电保护进行远方操作，同时禁止在管理单元操作投退软压板、修改定值和切换定值区。当远方/就地软压板处于“就地”状态时，禁止远方操作，只能在智能管理单元上对继电保护装置进行操作。

## 11.4 全景测试仿真系统

### 11.4.1 就地化保护现场检验方式的变化

继电保护设备的检验分为四种模式：① 工厂验收检验，设备出厂时的联调检验；② 新安装检验，设备在变电站新安装时的检验；③ 定期检验，运行中设备的定期检验；④ 补充检验，运行中设备的补充检验。保护设备就地化后，继电保护装置的外部形态发生了明显的变化，装置不再具有操作按钮和液晶显示人机对话部分，对外的连接接口由开放性的端子、RJ45 以太网等变为相对封闭的预制电缆，保护装置不再能够独立进行测试和定检，需要一系列的配合和配套措施采纳完成对应的工作，实现保护装置的投运、定检和日常维护检验测试。

（1）工厂验收测试。常规变电站就地化保护装置的验收测试可以采用制造厂家的装置静态自动测试系统，如图 11－5 所示。常规的模拟量、开关量和通信接口，在试验台通过特定的试验工装，转换为预制电缆接口，然后再接入保护装置。所有试验项目均以清单的形式呈现，任何一项试验均可以一键完成，并且能够进行多项目的自动试验。

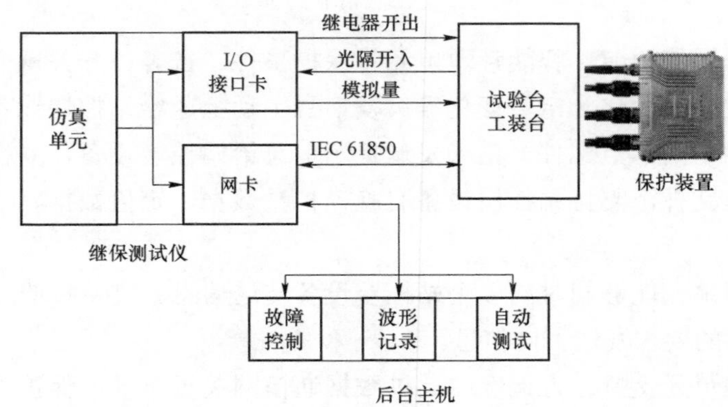


图 11－5 工厂验收静态测试系统示意图

（2）新安装设备的测试。在变电站户外新安装的设备，当在施工和未验收阶段，保护装置属于裸机，对外无信息交换途径，保护装置的调试环境相对恶劣。由于保护设备的对外接口是预制电缆，常规的模拟量和开关量无法接入，需要厂家转配调试预制电缆，测试预制电缆的一侧和保护装置接口，预制电缆的另一侧可以和测试仪接口。为了完成功能测试，需要用智能管理单元，模拟常规保护装置的液晶显示和键盘操作，也可以用制造厂家专用的调试软件进行装置的管理和调试，新安装设备的测试示意图如图 11－6 所示。

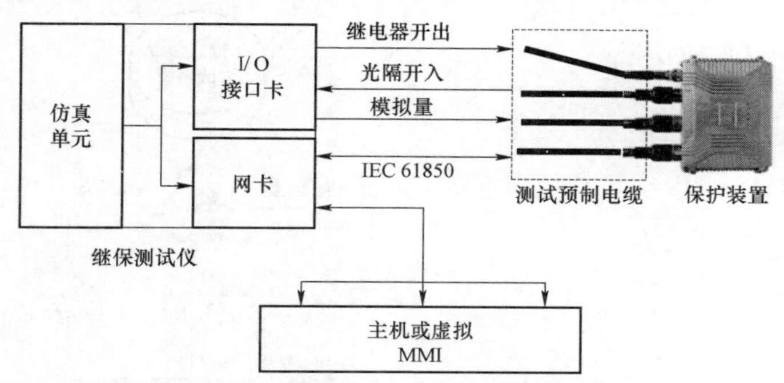


图 11－6　新安装设备测试系统示意图

（3）设备定检或补充测试。设备的定检或补充测试采用“整机以换代修”方案，可以在一个变电站设计一个测试试验台，试验台做好测试工装，整机的测试方案按照出厂测试试验的模式进行。

### 11.4.2　就地化保护全景测试仿真系统

就地化保护装置以换代修，需要有足够的措施来保证更换的装置软件及配置和现场的完全一样，主要的内容包括：保护软件、信息配置、保护定值、保护压板、通信设置以及其他私有配置等，为此必须有高度仿真的测试环境，需要建立一个变电站全景测试仿真平台，完成变电站设备的模拟和更换装置的测试。

变电站全景测试仿真平台的主要功能包括：

（1）虚拟变电站的一次设备系统。

（2）虚拟整个变电站的所有保护设备和性能相关设备。

（3）虚拟设备的虚端子和通信地址配置和待测变电站现场完全一致。

（4）虚拟设备的任意一台可以用实际设备来代替。

（5）虚拟设备能够实现真实设备的逻辑功能。

（6）模拟变电站一次系统故障和测试虚拟二次设备。

系统的总体架构如图 11－7 所示。

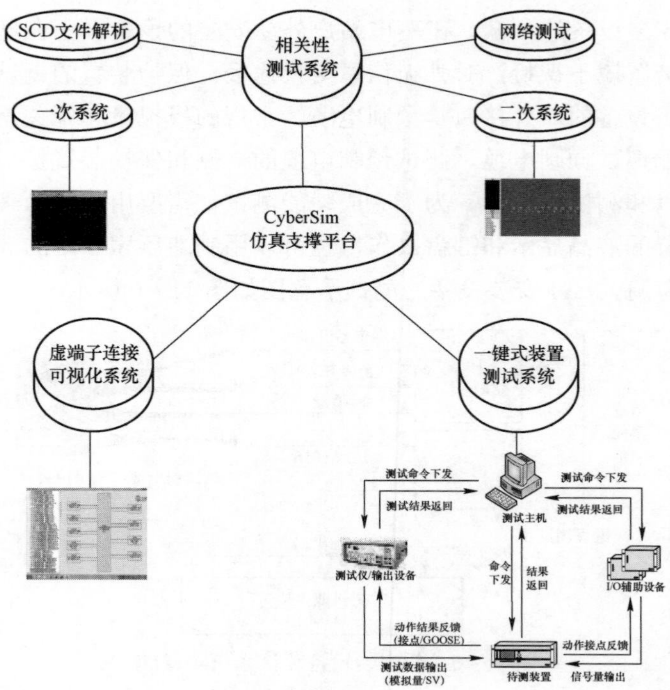


图 11－7　全景测试仿真系统示意图

系统对单装置进行模拟测试的环境搭建和一键式装置测试流程示意图如图 11－8 和图 11－9 所示。

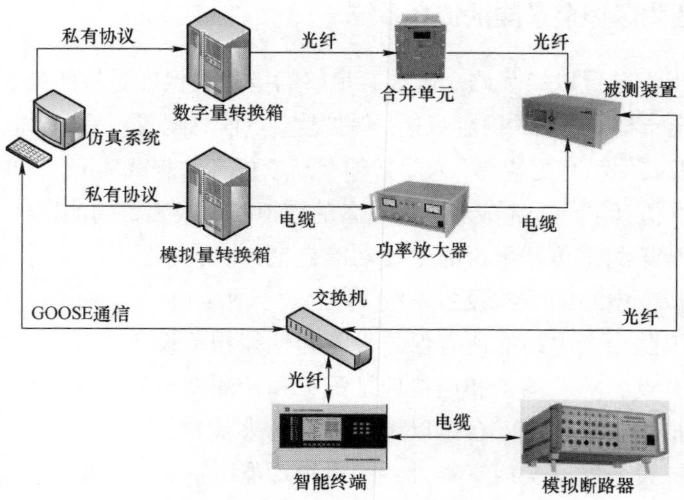


图 11－8　模拟测试环境搭建示意图

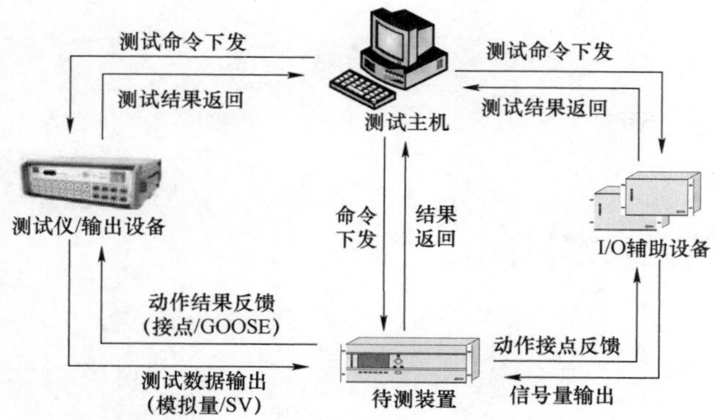


图 11－9　一键式装置测试流程示意图

全景测试仿真系统通过对 SCD 文件进行解析，构建系统所需的拓扑关系和数据库。将仿真系统与被测装置连接至 GOOSE＋SV 网络，仿真系统定位于被测装置相关的二次设备，按照系统的关联关系向被测装置发测试数据包。被测装置收到测试数据包后，按照功能要求发出相应的响应。仿真系统接收响应信息，并与预期结果进行比较，形成测试闭环，并在所有功能测试完毕后输出测试报告。

全景测试仿真系统可以实现单装置测试、全站信息仿真，既可以满足检修工区对就地化保护的测试需求，也可以实现对就地化保护运维人员的技能培训。